U1070249

Java 经典教材译丛

Java 程序设计基础

A First Book of Java

[美] Gary J. Bronson 著

赵德奎 林仕平 译

北京大学出版社

· 北 京 ·

内容简介

本书主要针对初学 Java 的读者，主要介绍了面向对象程序代码的基本概念；创建图形用户接口所要求的可视化对象；基于事件的编程等内容。本书的主要目标是：在合理的编程规则下以一种能够被初级程序员接受的方式介绍上述内容，以期提供给读者工具、技术以及创建并保持程序的必要理解，给更多的工作准备一个坚实的基础。

本书提供了非常清楚的定义，帮助读者获得和掌握 Java 知识，介绍概念的书写方式是本书最重要、最有特色的部分。本书的大量实例和习题都是笔者经验的结晶，这些例子非常适合对语言的基本介绍。

本书适合 Java 初学者做自学用书，也非常适合做大学 Java 程序设计的教材。

Original English language title:A First Book of Java,by Gary J. Bronson.

EISBN: 0-534-36923-5

Copyright © 2000 by Course Technology, a division of Thomson Learning.

Original language published by Thomson Learning (a division of Thomson Learning Asia Pte Ltd). All Rights reserved. 本书原版由汤姆森学习出版集团出版。版权所有，盗印必究。

Peking University Press is authorized by Thomson Learning to publish and distribute exclusively this simplified Chinese edition. This edition is authorized for sale in the People's Republic of China only (excluding Hong Kong, Macao SARs and Taiwan). Unauthorized export of this edition is a violation of the Copyright Act. No part of this publication may be reproduced or distributed by any means, or stored in a database or retrieval system, without the prior written permission of the publisher.

本书中文简体字翻译版由汤姆森学习出版集团授权北京大学出版社独家出版发行。此版本仅限在中华人民共和国境内（不包括中国香港、澳门特别行政区及中国台湾）销售。未经授权的本书出口将被视为违反版权法的行为。未经出版者预先书面许可，不得以任何方式复制或发行本书的任何部分。

981-254-147-0

北京市版权局著作权合同登记号　图字：01-2003-8805 号

图书在版编目(CIP)数据

Java 程序设计基础/(美)布朗森（Bronson,G.j.）著；赵德奎，林仕平译. —北京：北京大学出版社，2005.1
(Java 经典教材译丛)

ISBN 7-301-08387-4

Ⅰ. J…　Ⅱ. ①布…　②赵…　③林…　Ⅲ. JAVA 语言—程序设计—教材　Ⅳ. TP312

中国版本图书馆 CIP 数据核字(2004)第 128027 号

书　　名：Java 程序设计基础
著作责任者：[美]Gary J. Bronson 著
译　　者：赵德奎　林仕平
责 任 编 辑：黄庆生　汉　明
标 准 书 号：ISBN 7-301-08387-4/TP·0772
出　版　者：北京大学出版社
地　　址：北京市海淀区成府路 205 号　　100871
网　　址：http://cbs.pku.edu.cn
电　　话：邮购部 62752015　发行部 62750672　编辑部 62765013
电 子 信 箱：xxjs@pup.pku.edu.cn
印　刷　者：河北滦县鑫华书刊印刷厂
发　行　者：北京大学出版社
经　销　者：新华书店
787 毫米×1092 毫米　16 开本　26.25 印张　752 千字
2005 年 1 月第 1 版　2006 年12月第 2 次印刷
定　　价：38.00 元

编 者 序

欢迎学习 Java 程序设计语言！

自计算机发明以来，无处不在显示着它对整个人类文明和社会进步产生着如此巨大、如此深刻的影响，推动着人类社会一日千里地向前发展

历经半个多世纪，计算机软件——计算机的重要组成部分，也发生了日新月异的变化。从机器语言到汇编语言再到高级语言，从结构化语言到面向对象语言，人们不断地探索和发明新的、功能强大又简单易学的计算机语言。

用计算机语言编程，有如我们用世界上的任何一种语言写作一样，两者都是创造性的工作，而且都要用到相应的技术。如果您掌握了一种语言，熟知它的词汇和语法规则，也许您能熟练地运用这种语言进行表达，但这并不能使您成为一位作家。写作是一种创造性的工作，它需要有创造性的人来做。用计算机语言编程也是同样的道理。也许您掌握了当今最流行的程序设计语言，而且也能迅速地写出程序语句，但是，程序的内容只能靠您的创造性来产生。

1. 为什么要学习 Java 程序设计语言？

工欲善其事，必先利其器。没有得心应手的工具又怎么能随心所欲地发挥创意？计算机高级语言众多，而 Java 语言的得天独厚的优点，使它从众多语言中脱颖而出，越来越受到人们的青睐。Java 是一种跨平台、适合于分布式计算环境的面向对象编程语言。具体来说，它具有如下特性：简单、面向对象、分布式、易解释、可靠、安全、与平台无关、体系结构中立、可移植、高性能、多线程、动态等。

鉴于此，我们从国外遴选了 7 本流行的 Java 书，组成了《Java 经典教材译丛》，以期读者能从中受益。

2. 您渴望从《Java 经典教材译丛》学到什么？

博大精深是我们选此套丛书的宗旨，从 Java 基本概念和技术到其高级主题，丛书的内容涵盖了 Java 的全部知识。原书多由国外教学经验丰富的教师编写，书中提供大量的实例和案例。为了给读者提供良好的服务，我们将大部分书中的实例中的源代码放在 http://cbs.pku.edu.cn 中的【下载专区】上，读者可从中下载。

3. 什么人使用《Java 经典教材译丛》？

无论您是一位计算机语言初学者，还是一位熟知计算机语言的编程人员，《Java 经典教材译丛》中必有一本适合您。当然，本套丛书主要针对在校大专院校的学生而编写，所以大多数读者都可以轻松上手，教师更可以从中找到教学用书和参考读物，部分书中带有星号(*)的章节则是为更高层次的读者而设计，为选学内容。

4. 对计算机的硬件和软件有什么需求？

- 软件　可以通过访问 Sun 的网站(http://java.sun.com)下载 JDK 编译程序，下载的软件大约为 20MB。
- 硬件　必须具备可以运行 Windows 操作系统的计算机或者 Windows NT 工作站，100MB 的空闲磁盘空间，最少 32MB 的内存(如果使用 Windows NT，建议准备 64MB 的内存)。

丛书编委会

2004 年 10 月

前　言

Sun Java 正在迅速地发展成为基于微软视窗系统的一门卓越的编程语言，其从小程序到应用程序语言的转变主要有两个原因：首先，大部分小程序已经能够被包含到网页中的脚本语言所代替；其次，Java 2.0 版本以及更高的版本提供了一系列完整的可视化对象，例如按钮、标签、文本框、单选钮和复选框等，它们可以很快地集合成一个图形用户接口并结合到一个多任务操作系统环境中。

1．本书目标

不管是从教还是学的方面，都要求读者对 Java 的如下三个部分非常熟悉（这三部分对于面向对象、基于图形的程序都是必须的）分别是：

（1）面向对象程序代码的基本概念。

（2）创建图形用户接口所要求的可视化对象。

（3）基于事件的编程。由用户，特别是由程序员决定操作的执行顺序。

本书的主要目标是：在合理的编程规则下以一种能够被初级程序员接受的方式介绍这三部分，以期提供给读者工具、技术以及创建并保持程序的必要理解，给更多的工作准备一个坚实的基础。

本书的大量例子和练习都是笔者经验的结晶，这些例子适合对语言的基本介绍。

2．写作风格

本书提供了非常清楚的定义，帮助读者获得和掌握 Java 知识。介绍概念的书写方式是本书最重要、最有特色的部分。

3．灵活性

本书分为四个部分，每部分中又包含若干章。

第一部分介绍了面向对象结构的基础知识和 Java 的程序元素；还介绍了键盘和基于对话框的数据输入，包含对可视化对象的 Swing 包的介绍，并为基本的 Java 开发工具集（JDK）技术的学习提供了坚实的基础。

第一部分结束后，第二、三、四部分的知识是可互换的，例如，如果按照编程的传统介绍归类，第 13 章应该包括在第一部分；然而，如果强调类的设计和开发，第二部分可以跟在第一部分后面；如果教学要求向可视化图形用户接口倾斜，第三部分可以跟在第一部分后面。在每一种选择中，都可以实现一个精选的课程结构，以下是各章标题的一种组合：

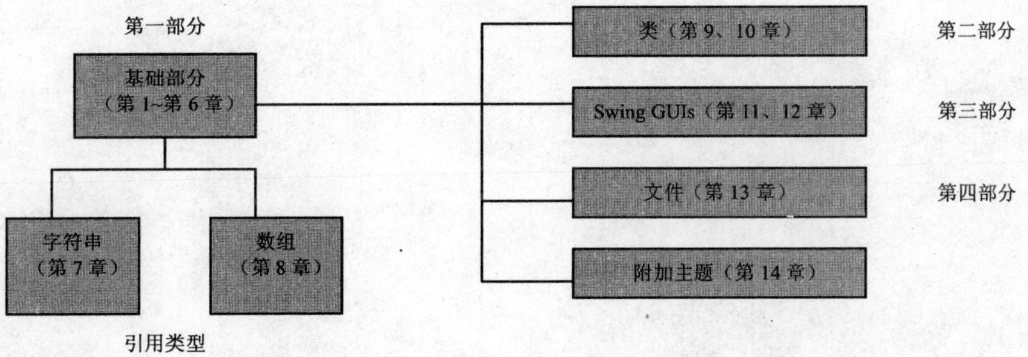

4．软件工程

虽然本书主要是对 Java 知识的介绍，但和普通的编程书不同，本书将从一个过程和面向对象的观点来向读者介绍软件工程的基本知识。在许多例子中，很多编程都交叉在主要的语言组件介绍中。

5．程序测试

本书中的每个 Java 程序都已经被成功输入并使用 Java 2.0(版本 1.2 和 1.3)执行。www.brookscole.com 上提供了本书包含的所有程序，以方便读者练习并扩展这些程序，并可以进一步地改进它们。

6．教学功能

为了在第一阶段使 Java 更容易接受，本书包含了下列的教学内容：

- 每节练习。几乎在书中的每一节都包含了许多不同的编程技巧以及编程练习。另外，在 www.brookscole.com 上也提供了一些练习的答案。
- 常见编程错误和章回顾。除了第 14 章，每章都提供了常见的编程错误，同时每章的最后一节都对本章所介绍的主要内容进行了回顾。
- 章附录。在附录中列出了可以应用在 Java 教学中的许多不同内容，包含了许多基本主题。这些附录和把理解位和字节作为基本教学、把格式化和产生随机数作为实际教学、把内部和外部类作为理论教学有所不同，它们的目的是在选择那些主题介绍和在什么时候介绍它们之间提供了灵活性。
- 知识点。本书的阴影部分主要是对常用任务、快速引用、高专业编程技术提供了一个延伸，并提供了额外的概念知识。

7．附录和补充

本书提供了一个扩展的附录。这包括了运算符优先级、Unicode 码、包含本地信息的包、格式化、一个键盘输入类和浮点小数存储。

8．致谢

在本书的写作过程中，Brook/Cole 的许多人员给了我很大的帮助。首先，我要感谢 Kallie Swanson——Brook/Cole 的编辑，她对本书编写工作给予了巨大的支持和鼓励。

我也非常感谢 Carla Vera，他为我处理了很多计划和细节，使我能够专注于本书的实际写作中。

本书由赵德奎、林仕平主译，参加翻译和校对的还有杨章玉、范谦、李欣、胡巍、张红霞、孙闽、李军玲、侯军波、丛聪、栾琳等。

最后，我深深地感谢我的妻子、朋友和同事的理解和帮助。

目　　录

第一部分

创建程序

第 1 章　基 础 知 识

本章将介绍 Java 编程语言的主要背景以及在本书中构造 Java 程序所要使用的具体结构；本章还将介绍方法和类的概念，介绍 Java 中的两个具体方法：print()和 println()，在完整的程序环境中，这两个方法被用于在视频屏幕上显示数据；最后，介绍方法 showMessageDialog()，在完整的程序环境中，该方法被用来构造一个简单的图形用户界面（GUI）。

1.1　编 程 简 介

计算机就像是汽车或割草机一样，是一种机器，首先必须将其启动，然后再驾驶或控制它来完成要做的工作，就好比汽车是由坐在里面并且指挥它的驾驶者来控制的一样，计算机则是由计算机程序来控制的，更准确地说，**计算机程序**是能够操纵计算机的数据和指令的结构化组合，计算机程序的另一个代名词是**软件**，我们将在本书中互换使用这两个术语[①]。

编程是使用计算机能够响应、其他程序员能够理解的语言来编写计算机程序的过程。被用来构造程序的一系列指令、数据和规则被称为**"编程语言"**。

编程语言通常根据级别和面向对象进行分类。

使用类似于书面语言（例如，英语）结构的语言被称为**"高级语言"**，Pascal、Visual BASIC、C、C++和 Java 都是高级语言，使用这种语言编写的程序能够在不同类型的计算机上（例如，IBM、Apple 和 Compaq 等）运行；相反，**低级语言**使用与某一种类型的计算机直接相关的指令[②]，虽然使用低级语言编写的程序只能被限制在针对它们的计算机上运行，但是它们可以使用对应计算机的与众不同的特定功能。

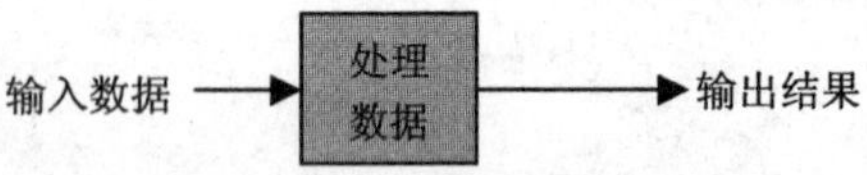

图 1.1　基本程序操作

基本上，几乎所有程序的目标都用来处理数据，以产生一个或多个特定的结果（如图 1.1 所示），直到 20 世纪 90 年代中期，用来执行这些基本任务的高级语言基本上都是面向过程的，**面向过程的语言**是使用一系列被称为"过程"的一组或多组指令构成程序的语言，这些指令分别通过一组输入来生成结果。实际上，面向过程的语言的重点是在如图 1.1 所示的过程上，每个过程都从输入的数据向得到最终所需的结果更进一步。自从 20 世纪 90 年代中期以来，面向对象的编程方式已经发展成为第二种编写应用程序的主要形式。

面向对象的语言发展的动机之一是发展和扩展图形化屏幕的使用，以及对图形用户界面（GUI）的支持，这些图形化屏幕能够显示多个窗口，以提供数据的输入和显示功能，而使用面向过程技术的程序是很难实现这些功能的。在图形环境下，屏幕上的每一个窗口都可以方便地被看作是一个对象，它们具有颜色、位置和大小等相关特性。使用这种对象面向性，程序首先定义它将要操作的对象，包括描述对

① 从本质来说，术语"软件"也被用来表示程序以及程序所要处理的数据。

② 通常，低级语言是针对组成计算机的处理器而定义的。这些处理器包括 IBM 个人计算机的 Intel 微处理器芯片、Apple 计算机的 Motorola 芯片和很多 Compaq 计算机的 Alpha 芯片。

象的常规特性及操纵对象的特定单元。Java 是一种面向对象的语言。

1991 年，Sun 公司的 James Gosling 最早设计了 Java 语言，它是一种能够被嵌入到电子消费产品中以创建智能电子设备的语言，当时，这种语言被称为“Oak”。1993 年，当开发 Oak 的项目面临终止时，Internet 却刚刚开始飞速地增长。Sun 的工程师们意识到，Oak 可以很容易地用于在 Internet 上创建动态的 Web 页面，这些页面将会包括作为整体的可执行的程序，而不只是包含静态的文本和图片，虽然通常从理论上也可以通过其他编程语言做到这些，但由于处理器类型的多种多样，这实际上是不可行的，而 Oak 程序将在所有的 Web 页面上执行相同的操作，而与显示页面的计算机无关，为了证明这种方式的可行性，Sun 创建一个名为“HotJava”的 Web 浏览器，这种浏览器本身就是使用重新命名的、被称为“Java”的 Oak 语言编写的。**Web 浏览器**是一种存在于用户计算机中，并在其中运行以显示 Web 页面的程序。虽然它最初是与 HotJava 浏览器相关的，但很快得到证明，Java 是一种功能强大的、面向对象的通用语言，从这方面来看，Java 的发展与 20 世纪 70 年代后期开发的用来编写 UNIX 操作系统程序的 C 语言是同步的。就像应用程序的开发者以前认为 C 语言可被用作独立于 UNIX 的通用过程语言一样，同样的认识过程很快就出现在 Java 身上。

对于 Java 来说，促进它作为一种通用的应用程序编程语言而受到欢迎和得到广泛接受，主要是因为它能够创建可以在任意计算机上执行、而与计算机所用的中央处理器无关的程序，不必重新编写或重新翻译程序，这种能力被称为**“跨平台的兼容性”**和**“一次编写，随处运行”**。

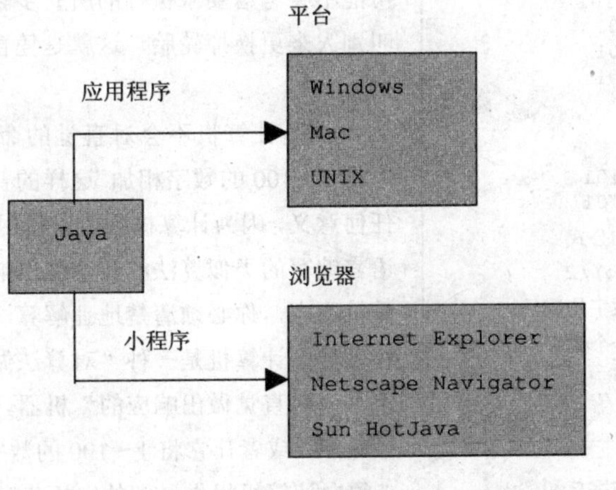

图 1.2　两种不同的 Java 环境

如图 1.2 所示，创建可以在用户计算机（正式名称为“本地计算机”和“Web 客户计算机”）上使用的 Java 程序，主要有两种方法①：

（1）作为嵌入到 Web 页面中的小程序，这种程序被称为“applet”。

（2）作为独立的程序，类似于使用像 C 和 C++这样的高级语言编写的程序，这种程序被称为“应用程序”。

虽然 Java 最初主要是用于创建 applet，但现在这种用途已经很小了，因为 applet 的功能可以很容易地使用像 JavaScript 这样的脚本语言来创建。虽然名称相似，但 JavaScript 与 Java 编程语言并没有多大的关系，因此，本书没有深入介绍 JavaScript②，而主要介绍的是以 Java 2 SDK（1.2 或 1.3 版本）规范（通

① 第三种也是更奇特的方法是，作为一种在特定 Web 页得到访问时自动在 Web 服务器计算机上运行的程序，这种程序被称为“servlets”。

② JavaScript 是由 NetScape 公司开发的，但只有名称是属于 Sun Microsystems 公司的。

常被称为“Java 2”）定义的 Java，并且将它用作一种功能齐全、通用的编程语言。

1.1.1 算法和方法

在编写任何过程或面向对象的程序之前，程序员必须清楚地理解将要使用的数据、需要的结果，以及将要产生这个结果的过程（所用的过程被称为“算法”）。准确地说，**算法**是一系列逐步执行的指令，它们描述了如何处理数据以产生所需的期望的输出结果。从本质上说，算法针对下面这个问题做出回答：你将使用什么方法来产生特定的结果？

为了说明算法，我们来看一个简单的问题。假设一个程序必须计算 1～100 的所有数的总和。图 1.3 列出了可以用来得到所需结果的 3 种方法。每种方法构成了一个算法。

方法 1——列：将数字从 1 到 100 排成一列，然后进行加操作

```
   1
   2
   3
   4
   .
   .
   .
  98
  99
+ 100
------
 5050
```

方法 2——组：将和为 101 的两个数字分为一组，将组数乘以 101

```
1 + 100 = 101
2 +  99= 101
3 +  98= 101
4 +  97= 101
.        .
.        .
.        .
49 +  52= 101
50 +  51= 101
```

方法 3——公式：使用下面的公式

```
sum = n(a+b)/2
```

这里，n 是要进行加操作的数字的数目

a 是进行加操作的第一个数字（1）

b 是进行加操作的最后一个数字（100）

```
sum = 100(1+100)/2 = 5050
```

图 1.3 计算 1～100 的数字总和

显然，像图 1.3 那样先逐步详细地列出所有可能的选择，然后选择其中一个算法来解决问题并不是一件难事，但是，大多数人都不会考虑算法，而总是凭直觉考虑问题，例如，如果你不得不更换汽车的轮胎，那么你可能不会考虑要求执行的所有步骤；你可能只会自己或叫别人来更换掉轮胎，这就是凭直觉考虑问题的一个示例。

但是计算机不会对直觉的命令做出响应，一个像“将 1～100 的数字相加”这样的普通语句对计算机没有任何意义，因为计算机只能对使用像 Java 这样的可接受语言编写的类似算法的命令做出响应。要成功地编写计算机程序，你必须清楚地理解算法和直觉命令之间的这种差异，计算机是一种“对算法做出响应”的机器，而不是“对直觉做出响应的”机器，你不能让计算机去更换轮胎，或者让它将 1～100 的数字相加起来，相反，你必须向计算机提供详细的、逐步顺序的指令，这些指令合在一起就组成了一种算法，例如，下面的一系列指令

```
Set n equal to 100
Set a = 1
Set b equal to 100
Calculate sum = n×(a+b) / 2
```

组成了一个详细的方法（或算法），来计算 1～100 的数字的总和。请注意，这些指令并不是计算机程序。与程序必须使用一种计算机能够做出响应的语言来编写不同，算法可以采用不同的方式来编写或描述；当使用类似英语短语的词来描述算法（处理步骤）时，这种描述被称为**“伪代码”（Pseudocode）**；当使用数学等式来描述时，这种描述被称为**“公式”（Formula）**。当使用下面列出的符号图来描述时，这种描述被称**“流程图”（Flowchart）**。

“终止”符号，表示程序的开始和结束。

“输入/输出”符号，表示输入或输出操作。

“过程”符号，表示计算或数据操纵。

“流程线”符号，用来连接其他流程符号并表示逻辑流程。

“决定”符号，表示程序的分支点。

“循环”符号，表示循环的初始值、限制和步长值。

预先定义的过程，表示预先定义的过程，例如调用函数。

连接点，表示流程图其他部分的入口点或退出点，或者表示连接点。

“报告”符号，表示所写的输出报告。

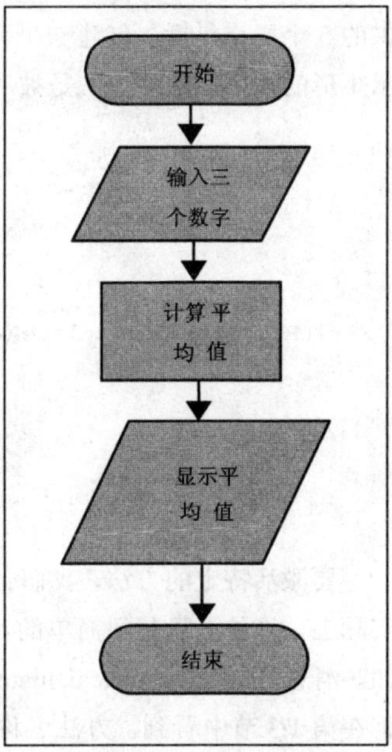

图 1.4　计算平均值的流程图

计算 3 个数字的平均值的流程图如图 1.4 所示。因为流程图很难修改，并且可以很容易地支持非结构化的编程做法，所以除了以可视化方式描述基本的编程结构之外，专业的程序员已经不再习惯使用流程图，他们更愿意接受伪代码。在使用伪代码描述算法时，可以使用简短的英语短语，例如，下面是一个描述计算 3 个数的平均值的步骤的伪代码：

```
    Input the three numbers into the computer.
    Calculate the average by adding the numbers and
dividing the sum by 3.
    Display the average.
```

只有在选定了算法，并且程序员理解了所需的步骤之后，才可以使用计算机语言的语句来编写算法。使用计算机语言的语句编写算法被称为“算法的编码化”，如图 1.5 所示。

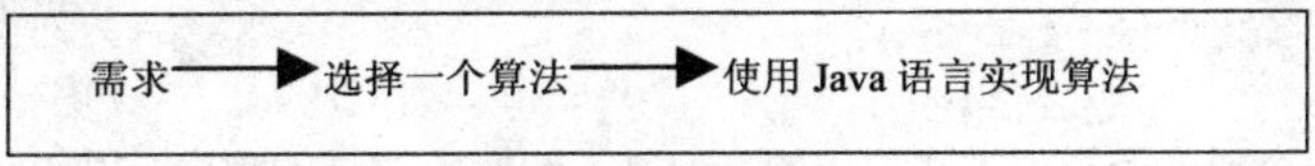

图 1.5　算法的编码化

1.1.2　类和对象的概述

除了将要用来操纵数据以产生输出结果的算法之外，类也是面向对象的语言的重点，这是因为在像 Java 这样的面向对象的语言中，类是一个同时定义将要使用的数据和可以对数据执行的操作的单元。可以执行的操作被正式称为**“方法”**（**Method**），它们也被非正式地称为**“过程”**（**Procedure**）和**“函数”**（**Function**），我们将在讨论类时互换使用这 3 个术语。个别地方，方法就是指使用适当的 Java 代码编写的算法。

一旦定义了类，就可以创建被称为“对象”的单元。**“对象”**（**Object**）就是来自于类的特定项目。对象与类的关系类似于特定几何形状与一类形状之间的关系，例如，如果我们将 Rectangles 定义为一类四边形的图形，其对边的长度相等，邻边相互垂直，那么一个 2 英尺×3 英尺的特定矩形就是类 Rectangles 的一个对象，这个特殊的对象就是所定义的类的一个特定情况或实例。

除了定义用来创建特定对象的通用特性之外，类还可以提供应用于该类对象的方法或操作，例如，如果我们使用刚才描述的 Rectangles 类，那么可能会提供适当的方法，来计算特定矩形的面积和周长，以及显示和更改矩形对象的尺度。特定的方法是通过向特定对象发送消息来运行所需的方法来激活（面向对象的术语）的，该消息即为：“针对这个特定对象运行该方法”。

图 1.6 展示了两个“Rectangle”类型的对象。请注意，所示的每一个对象都不是实际的矩形，而只是包含两块数据，其中第一块是特定矩形的长度，第二块是特定矩形的宽度。此外，如图 1.6 所示，提

供的 5 个操作包括：创建一个新的矩形、计算矩形的面积、计算矩形的周长、更改矩形的尺度，以及显示矩形的尺度，这些方法是被所有对象共享的。

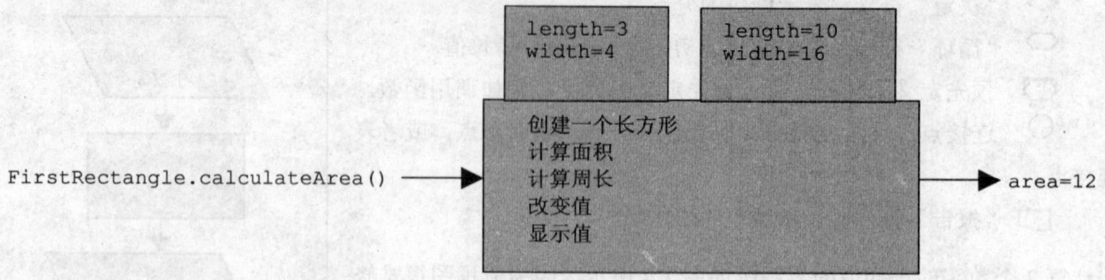

图 1.6　一组 Rectangle 对象

要激活特定的方法，我们必须发送一条相当于“针对这个特定的对象使用这个特定的方法”的消息。实际上，这种消息是很简单的，通过两块使用句点分隔的信息来提供对象的名称和方法的名称即可，例如，消息 firstRectangle.calculateArea()足以告诉 calcuateArea 方法来计算对象 firstRectangle 的面积。我们将在第 1.3 节中看到，方法名称后的括号被用来向该方法提供完成它的操作所需的其他数据。

虽然在熟练掌握 Java 后我们将会定义自己的类并创建对象，但是，只要我们知道如何激活适应预先定义的方法的正确方式，就可以使用 Java 所提供的任何对象和类。因为 Java 提供了很多内置类，并且是以这些内置类为基础的，所以使用 Java 编写程序要求我们至少非常熟悉它的可用类的一部分、它们各自的方法，以及任何已经为我们的使用创建的现有对象。

1.1.3　程序翻译

Java 程序是以一个或多个类的方式构成的，但是，编写完这样的程序，若不进行进一步的翻译，程序仍不能在计算机上得到执行，这是因为所有计算机的内部语言都是由一系列的数字 1 和 0 组成的，这种语言被称为计算机的**“机器语言”（Machine Language）**。要生成可以由计算机执行的机器语言程序，需要将 Java 程序——被称为**“源程序”（Source Program）**——翻译成计算机的机器语言。在这种翻译过程中，可以实际地体会到 Java 的跨平台能力（在计算机之间传递的能力，这意味着在一台机器上编写并翻译的程序不需要进行重新翻译就可以在另一台机器上得到执行）。

在所有其他主要的计算机语言中（从 1957 年产生的 Fortran 开始，到连续经历的 Pascal、C、C++，以及 Visual BASIC），从源程序到机器语言的翻译过程通常都是采用两种完全不同的方法之一来完成的，这两种方法分别被称为“解释”和“编译”。Java 通过一种经过修改的方式同时使用了这两种方法。

图 1.7　传统的翻译过程

当源程序的每一条语句被分别翻译并立即执行时，这种编程语言被称为**“解释性语言”（Interpreted Language）**，而执行翻译操作的程序被称为**“解释器”（Interpreter）**。另一种翻译源程序的方法是在执行任何语句之前完整地翻译源程序中的所有语句，当采用这种方法时，这种编程语言被称为**“编译性语言”（Complied Language）**，而执行翻译操作的程序被称为**“编译器”（Compiler）**。由编译器产生的输出结果被称为“对象程序”，**对象程序（Object Program）**就是源程序经过翻译的版本，它可以通过计算机系统的多个执行步骤来得到执行，下面我们来看一看这样做的原因。

对于输入和输出，以及查找像平方根、绝对值及其他常见的数学计算的等式，大多数计算机程序都包含一些使用预先编写的例程的语句；此外，较大的程序还可能采用两个独立的程序文件来存储，在这种情况下，可以分别编译每个文件，然而在执行该程序之前，最终必须将两个文件合并成一个程序。在上述两种情况下，都是由链接程序（常常是由编译器自动调用的）来将所有预先编写的例程和个别对象文件组合为一个准备执行的程序，这个得到的最终的程序被称为**"可执行程序"**（**Executable Program**）。图 1.7 展示了翻译者程序（编译器或解释器）在传统上是如何将源程序翻译成对应的可执行程序的。

Java 程序的翻译过程是一个在同时使用编译器和解释器的传统过程的基础上修改的过程。如图 1.8 所示，编译步骤的输出结果是字节编码格式的程序，这种字节码格式是一种机器码，它不是针对特定计算机的内部处理器的，而是针对被称为"Java 虚拟机"（Java Virtual Machine，JVM）的计算机的。"Java 虚拟机"计算机不是一台实际的计算机，而是一种可以读取并执行由编译器产生的字节码的软件程序。

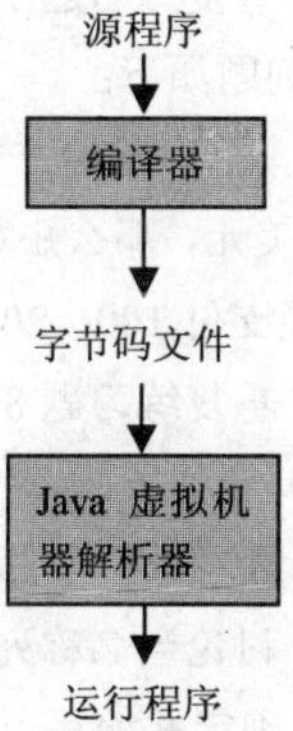

图 1.8　编译和执行 Java 程序

在其中运行 JVM 的计算机被称为**"主机"**（**Host Computer**）。如图 1.8 所示，在主机的 JVM 中，字节码最终被翻译成适合于主机的机器语言码。具体来说，JVM 是一种翻译器，当它遇到每个字节码指令时，将它们翻译成特定的、由计算机立即执行的机器码。

这种两阶段的翻译过程提供了 Java 的跨平台能力，它使每台计算机（不管它们的内部处理器类型）都能执行相同的 Java 程序，把最终翻译步骤的具体细节放在主机的 JVM 中实现，而不是放在编译源代码的计算机中。

1.1.4　练习题

1．定义下面的术语：

计算机语言、编程语言、编程、算法、伪代码、流程图、过程、对象、方法、类、源程序、编译器、对象程序、可执行程序、解释器。

2．问题如下：

（1）确定绘制如图 1.9 所示的花的可能的 6 种过程（列出步骤），要求每种颜色必须在开始绘制新的颜色之前完成（提示：其中一种算法是，先使用黄色，再使用绿色，最后使用黑色）。

（2）如果限制只能使用一个画笔，并且无法清洗画笔，那么在这 6 种绘图算法中，哪一种是最好的？

3．确定执行下列任务的逐步过程，即列出步骤（注意：这些任务没有单一的正确答案。该题旨在让读者练习如何将直觉命令转换成相应的算法，并理解这两种响应方式所涉及的思考过程的差异）。

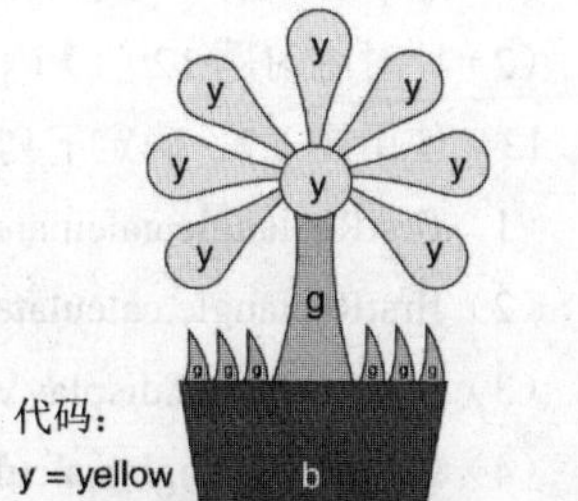

图 1.9　一个简单的按编号绘制的插图

（1）使用备用轮胎更换磨平的轮胎。

（2）拨打电话。

（3）去商店购买面包。

（4）烘烤火鸡。

4．确定并编写一个算法（列出步骤）来互换两杯液体的内容。假设可以使用第三个杯子来临时盛放其中一杯液体。在倒入新的液体之前，必须清洗每个杯子。

5．用英语编写一组详细的指令，来计算银行的美元总数，其中 h 表示 0.5 美元、q 表示 0.25 美元、n 表示 5 美分、d 表示 10 美分、p 表示 1 美分。

6．用英语编写一组详细的逐步指令，在 3 个整数中找到最小的整数。

7．问题如下：

（1）用英语编写一组详细的逐步指令，计算在进行一次购买之后，从 1 美元找回的零钱（假设购买的商品的价格不足 1 美元）。找回的零钱应该由可能的最少数目的硬币组成。

（2）重复练习题 7（1），但是假设零钱只能使用美分来支付。

8．问题如下：

（1）用英语编写一组详细的逐步指令，计算支付一个总额账单所需的最少美元钞票。例如，如果总额为 98 美元，那么账单应该由一张 50 美元、两张 20 美元、一张 5 美元和三张 1 美元的钞票组成（该题假设只能支付 100、20、50、10、5 和 1 美元）。

（2）重复练习题 8（1），但是假设账单只能使用 1 美元的钞票来支付。

9．问题如下：

（1）编写一种算法，在一个随机排列的名称列表中定位到第一个出现名称“Jeans”的情况。

（2）讨论当名称列表是按照字母顺序排列时，如何改进练习题 9（1）的算法？

10．确定并编写一种算法，以升序（从小到大）排列 3 个数字。

11．针对下列特定的对象，定义适当的类：

（1）数字 5。

（2）4 英寸×4 英寸的正方形。

（3）这本 Java 教科书。

（4）一辆 2002 年出厂的福特雷鸟汽车。

（5）你所用的最后一支圆珠笔。

12．问题如下：

（1）下面的对象能够执行哪些操作？

① 一辆 2002 年出厂的福特雷鸟汽车。

② 你所用的最后一支圆珠笔。

（2）针对练习题 12（1）确定的操作是只适用于上述的特定对象，还是更通用而适用于更多的对象？

13．使用图 1.7，确定下列消息将会产生的响应：

（1）firstRectangle.calculateArea()。

（2）firstRectangle.calculatePerimeter()。

（3）firstRectangle.displayValues()。

（4）secondRectangle.calculateArea()。

（5）secondRectangle.calculatePerimeter()。

（6）secondRectangle.displayValues()。

14．练习题 13 中的所有消息提供了将要操作的对象名称，以及将要使用的方法。在创建一个新的 Rectangle 对象，或者更改现有 Rectangle 对象的尺度时，必须提供长度和宽度，你认为如何在消息中包含这些信息？

15．假设在一个能够在屏幕上绘制图形化对象的程序中使用如图 1.7 所示的 Rectangle 对象，问还有什么方法适用于 Rectangle 类？

1.2　构造 Java 程序

设计良好的程序与构建良好的建筑物一样，要想达到预期的目的，取决于认真的计划和最终设计的执行。由按照逻辑顺序排列以形成完整单元的关联片段组成的程序称为**"模块程序"**（**Modular Program**）（如图 1.10 所示）。模块程序比其他结构的程序更容易开发、改正和修改。在通用的编程术语中，用来构造模块程序的较小片段被称为**"模块"**（**Module**）。在 Java 中，模块通常是一些类，其中每个类都被定义为一个包含数据结构及可能会应用于该数据结构的方法的单元。**方法**（**Method**）是只包含一系列操作的简单单元。需要注意的是，在 Java 中，"只能在类中构造方法"；与 C++等其他面向对象的语言不同，Java 的方法不能作为类之外的独立实体存在。

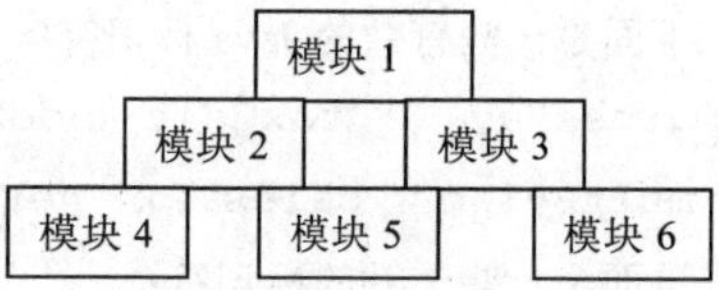

图 1.10　使用模块来构建的程序

同时包含数据和操作的类可以被看作是一家拥有原材料、成品，以及在从原材料转换成最终产品的不同过程中对各种材料进行加工的机器的小型工厂，在计算机术语中，原材料就是数据，机器就是应用于数据的方法，而最终产品就是机器的输出结果。

通常，在从原材料到成品的最终转换过程中，将会有很多阶段，在每个阶段，可能会使用特定的机器完成整个转换过程中的一项小的任务，这种情况同样适用于方法。也就是说，将方法看作是以某些方式将它的输入数据转换成所需输出结果的小型机器是非常有利于理解的，例如，图 1.11 演示了一个接受两个数字作为输入，并将这两个数相乘得到结果的方法。

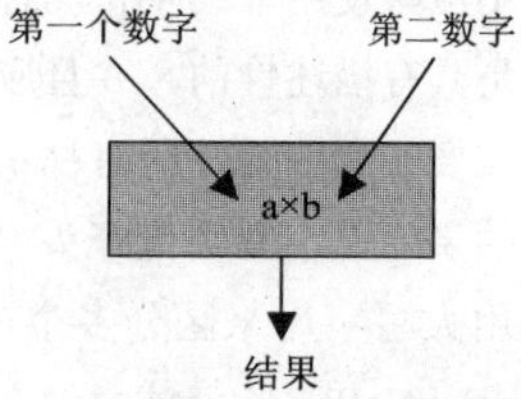

图 1.11　乘法方法

正如图 1.11 所描述的，方法与外界的接口是它的输入和结果。输入被转换成结果的方式是密封的，并且被隐藏在方法中。在这一点上，方法可以被看作是一个提供特定目的的操作的单元。

设计好的类或方法的一个重要要求是：为它指定一个能够向读者传达该类或方法的作用的名称。方法和类允许的名称也可以用来命名 Java 语言的其他元素，它们被统称为**"标识符"**（**Identifier**）。

根据下面的规则，标识符可以由字母、数字、下划线_或美元符号$等的任意组合来构成：

（1）标识符的第一个字符不能是数字。

（2）只有字母（包括大写和小写）、数字、下划线和美元符号可以跟在首字母后。不允许使用空格。还有一项约定，在由多个单词组成的标识符中，每个单词的第一个字母采用大写形式。

（3）标识符不能是表 1.1 中所列出的关键字（关键字是某种语言为了特殊目的而预留的单词，只能以特定的方式来使用它①）。

表 1.1　Java 关键字

abstract	default	if	private	this
boolean	Do	implements	protected	throw
break	double	import	public	throws
byte	Else	instanceof	return	transient
case	extends	int	short	try

① Java 中的关键字也被称为"预留字"，表示它们只能用于特定的目的。试图将它们用于其他目的将会产生编译器错误的消息。

（续表）

catch	final	interface	static	void
char	finally	long	strictfp	volatile
class	float	native	super	while
const	for	new	switch	
continue	goto	package	synchronized	

（4）标识符中字符的最大数目是没有限制的。对于实际的操作，为了尽可能减少键入的次数和出现键入错误的可能，一个标识符一般应控制在 14 个字符之内，最多不要超过 20 个字符。

下面是一些有效的 Java 标识符：

```
grossPay    taxCalc  addNums    degToRad
multByTwo   salesTax  netPay    bessel
```

下面是一些无效的标识符：

lab3（以数字开头，违反了规则（1））

e*6（包含特殊字符，违反了规则（2））

while（是一个关键字，违反了规则（3））

除了遵守 Java 标识符的规则之外，好的方法或类的名称也应该是一个**助记符**（**Mnemonic**）。助记符是有助于记忆的单词或名称，例如，如果作为将度数转换为弧度的方法的名称，那么名称 degToRad 就是一个助记符，这里的名称本身就有助于标识它的作用。

下面列举一些不是助记符的有效标识符：

```
easy  duh  doIt  theForce  mike
```

不应该使用非助字符的标识符，因为它们没有传达有关其功能的信息。为类和方法所选的名称通常应该是具有描述性的，并且应该指出所命名的类或方法的目的或意图。

需要注意的是，所有标识符几乎都特意使用小写字母来键入。我们将在本书中遵循的 Java 约定是，方法的名称以小写字母开头，而类名的第一个字母通常采用大写字母；另外，对于类和方法的名称，通常采用大写字母来区分多个单词组成的标识符中的每个单词，例如，DateAndTime、degreesToRadians 和 displayNetPay，请注意，在这 3 个标识符中，从第二个单词开始，每个单词的第一个字母都采用的是大写形式，此外，因为标识符 DateAndTime 的第一个字母是大写的，所以表明它是一个类的名称；全部由大写字母组成的标识符通常被预留为符号常量（将在第 3 章介绍）；要分隔符号常量中的每个单词，有时可以使用下划线字符_；最后，要注意 Java 是一种**区分大小写**（**Case-Sensitive**）的语言，这意味着编译器将区分大写字母和小写字母，因此，在 Java 中，TOTAL、total 和 Total 表示 3 个截然不同的名称。

1.2.1 类的结构

在 Java 中，使用类及其相关方法的一个明显的好处是，在通常情况下程序的整体结构，以及特殊情况下的每个模块，可以是预先计划好的（包括事先测试和验证每个模块的操作）；然后，可以编写每个类和方法，以满足它们预期的目的；此外，因为作为 Java 语言的一部分提供了一组丰富的类，所以很多程序可能是简单地直接使用这些现有的类及其相关方法来构造的。

每个 Java 应用程序必须至少有一个类。类是由类标题行和正文组成的。我们将要使用的类标题行（通常是类的第一行）包含 3 个单词：

- 关键字 public 或 private。
- 关键字 class。
- 类的名称。

类的正文被包含在一对大括号{和}内，它们指出类正文的开始和结束，并包含组成该类的数据字段和方法。图 1.12 演示了前面命名的类 DisplayHelloWorld 的基本结构，请注意，该类的名称，是程序员可能会选择使用的，它符合创建 Java 标识符的规则，因为该标识符表示一个类的名称，所以该名称的第一个字母已经被大写。

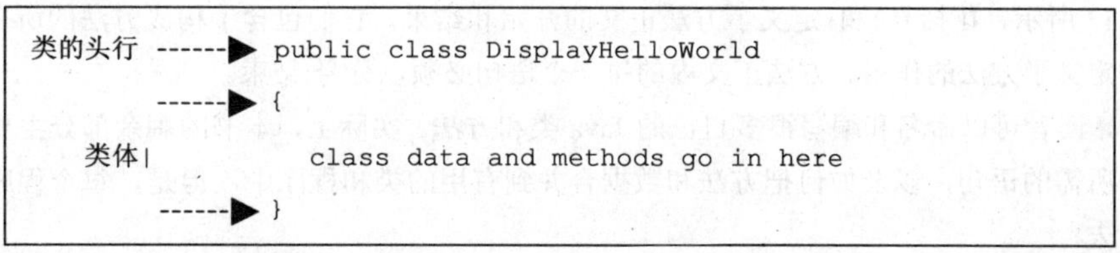

图 1.12　Java 类 DisplayHelloWorld 的类结构

一个类可以包含的最简单的正文可以由一个方法组成。因为所有可执行的 Java 应用程序(不是 applet)必须包含一个名为“main”的方法，所以我们将把这样的一个方法放在 DisplayHelloWorld 类中。

1.2.2　main 方法

图 1.13 演示了将要在本书中使用的 main 方法的基本结构。像类一样，方法是由两部分组成的：标题行和正文。标题行通常是方法的第一行。

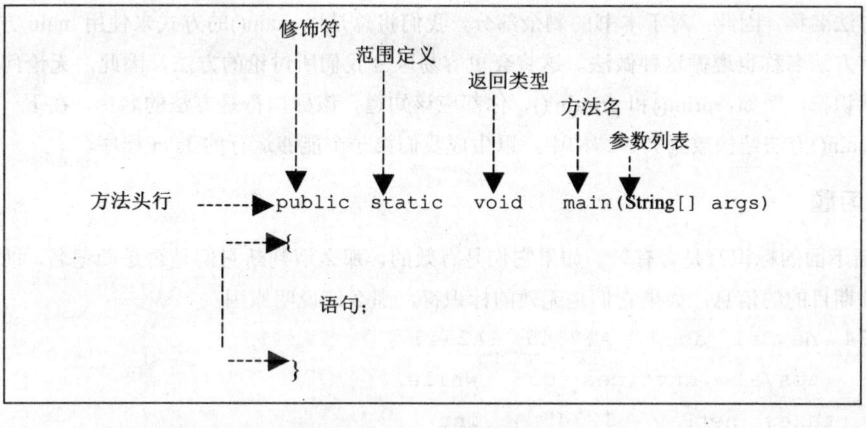

图 1.13　main()方法的结构

图 1.13 所示的标题行为：

```
public static void main (String[] args)
```

就像类的标题行一样，对于本书中所有的 main 方法，我们将简单地使用这个标题行，现在不必完全理解该行所提供的信息（第 6 章将详细介绍这个标题行的各个部分），但应该知道，该行提供了 5 条不同的信息[①]：

（1）方法的主要范围规范，在该示例中，是通过关键字 public 指定的，public 也被称为“可视性修改符”。

（2）方法的次要范围指定，在该示例中，是通过关键字 static 指定的，它指定了方法在计算机内存中的创建和存储方式。通用方法（可以独立于任何特定对象使用）必须被声明为 static。

---

① 第 4 项和第 5 项，从方法的名称到标题行结束，被称为方法的签名。将在第 6.1 节介绍签名的重要性和使用。

（3）方法返回的数据类型（如果有的话）。关键字 void 指定了当执行完该方法时将不会返回任何值。

（4）方法的名称，它是一个标识符。在该示例中，方法被命名为“main”。

（5）传递给方法的数据类型（如果有的话）。圆括号内的信息定义了在运行方法时将要传递给它的数据的类型，这种数据被称为方法的**参数**（**Argument**）。

如图 1.13 所示，花括号{和}定义了方法正文的开始和结束，它们包含了构成方法的所有语句。花括号内的语句定义了方法的作用。方法正文内的每一个语句必须以分号;结束。

接下来，读者可以命名和编写很多自己的 Java 类和方法。实际上，本书的剩余部分主要是介绍构造有用的方法所需的语句，以及如何把方法和数据合并到有用的类和程序中，但是，每个程序都必须有一个 main()方法。

在我们掌握如何把数据传递给方法，以及从方法返回数据（将在第 6.2 节介绍）之前，图 1.12 和图 1.13 分别演示的类和方法的结构将作为我们需要编写的所有程序。在这个阶段，你可以将 main 方法的前两行：

```
public static void main (String[] args)
{
```

看作是“main 方法从这里开始”，而把最后只有一个花括号组成的行：

```
}
```

看作是“该方法在这里结束”。因为每个 Java 方法都要求在它的名称后跟圆括号，以明确地指出该标识符指的是方法名称，因此，对于本书的剩余部分，我们将总是以 main()的方式来使用 main 方法，并且对于其他所有方法名称也遵循这种做法，这将会更容易区分我们所讨论的方法，因此，无论何时看到后跟圆括号的标识符，例如，print()和 println ()，你都应该知道，该标识符是方法的名称。在下一节中，我们将把这个 main()方法结构放到类的结构中，以生成我们第一个能够运行的 Java 程序。

1.2.3 练习题

1．判断下面的标识符是否有效。如果它们是有效的，那么请判断它们是否是助记名，助记标识符传达了它的预期目的的信息；如果它们是无效的标识符，那么请说明原因。

```
1m1234   newBal   abcd   A12345   1A2345
power   absVal   invoices  do   while
add5   taxes  netPay   12345   int
newBalance  a2b3c4d5   salesTax  amount  $taxes
```

2．假设已经编写了具有下列名称的方法：

```
retrieveOldBal   enterSoldAmt calcNewBal   report
```

（1）通过这些方法的名称判断，你认为每个方法可能是用来做什么的？

（2）你认为 main 方法可能以什么顺序来执行这些方法（根据它们的名称来判断）？

3．假设已经编写了下列方法：

```
inputBill  calcSalestax  calcBalance
```

（1）通过这些方法的名称，你认为每个方法可能是用来做什么的？

（2）你认为 main 方法可能以什么顺序来执行这些方法（根据它们的名称来判断）？

4．确定执行下列操作的方法的名称：

（1）查找一组数字中的最大值。

（2）查找一组数字中的最小值。

（3）将小写字母转换成大写字母。

（4）将大写字母转换成小写字母。

（5）由小到大排序一组数字。

（6）按字母顺序排序一组名称。

5. 就像关键字 void 指出方法不返回任何值一样，关键字 int、char、float 和 double 可以指出方法将分别返回整数、字符、单精度浮点数和双精度浮点数。使用这些信息，为将不接受任何参数，但返回下列值的 main 方法编写标题行：

（1）整数

（2）字符

（3）单精度浮点数

（4）双精度浮点数

1.3　print()和 println()方法

print()和 println()是 Java 提供的两个预先编写的非常有用的方法。这两个方法都是类 PrintStream 的成员，从它们的名称可以看出，它们是用于输出的方法。它们的功能是在标准输出显示设备上显示传递给它们的数据，对于大多数系统来说，这种输出设备就是视频屏幕。这两个方法的不同点是，当 print()方法结束时，它将把屏幕光标定位在发送到监视器中的最后一个字符后；而 println()方法在运行完成后，将把光标放到下一个新行的开始处。光标的位置决定了在使用新的 print()和 println()方法时下一个发送到监视器中的字符的显示位置。现在，我们将重点介绍 print()方法，注意，我们所讲述的关于这个方法的一切也完全适用于 println()方法。

print()方法的一般语法为：

```
objectName.print (data);
```

句点（必需的）左边的 objectName 指出将要为其发送显示内容的对象，句点右边的名称指出方法，在该示例中为 print()。通过这个方法显示的任何数据都必须包含在方法名称后的圆括号内，例如，如果要将数据“Hello World !”传递给 print()，那么这些数据将会通过该方法显示出来。正如我们在该示例中所做的，当数据是由字符组成时，它们也被称为“字符串”，即一串字符。将数据发送给方法的正式说法为“将数据传递给方法”。将字符串（例如，Hello World!）传递给 print()方法只需将该字符串包括在一对双引号内，然后将它放在方法名称后的圆括号内，如下所示：

```
System.out.print ("Hello World!");
```

在这个语句中，out 是一个对象的名称，该对象是在执行 Java 程序时通过名为“System”的 Java 类自动创建的对象，具体来说，out 对象被称为**“标准输出流”**（**Standard Output Stream**），对于大多数系统，它将把程序的输出与视频监视器连接起来，因此，组合起来的术语 System.out 惟一地标识了一个对象，该对象有效地使 print()方法知道将要在哪里显示它的数据。因为有很多区域都可以显示字符串，例如，视频监视器、打印机或文件，所以必须向 print()方法提供我们希望显示其输出结果的对象的名称。对象名称之间的句点（System.out）和 print()方法的名称都是必需的。

方法名称后面的圆括号提供了将信息传递给方法的方式（例如，System.out.println("hello world")将字符串传递给 print()），对于我们将要遇到的所有方法都是如此，并不只局限于 print()方法。通过圆括号传递给方法的项目被称为**“参数”**（**Parameter, Argument**）或**“实际参数”**（**Actual Argument**），虽然这些术语可以互换使用，但我们通常将传递给方法的一块数据称为“参数”。现在，我们通过一个 Java 工作程序来进一步理解所学内容，请参考程序 1.1。

程序 1.1

```
//文件: DisplayHelloWorld.java
//说明: 显示字符串 Hello World!
//程序员: G. Bronson
//日期: 6/15/01

public class DisplayHelloWorld
{
  public static void main (String[] args)
  {
    System.out.println ("Hello World!");
  } //main()方法结束
} //类结束
```

该程序的前 4 行代码，每行都是以双斜线//开始的，它们都是注释（在下一节中，我们将会详细介绍注释），每一个源代码程序都应该以类似这样的注释开始，这些初始的注释行至少应该提供源代码保存的文件名、简短的程序描述、程序员的姓名，以及该程序最后的修改日期等。对于本书中的所有程序，文件名指的都是本书提供的源代码文件的名称，请注意，该名称是类名称（第 6 行，包括空行在内）加上扩展名.java，这是 Java 的一项要求。程序的第 6 行（包括空行）是程序类的开始，它本身包括 main()方法。main()方法以上一节介绍的标题行开始，而方法的正文（包含在花括号内）是由一个语句组成的，它是以必需的分号;结束的，该语句将字符串“Hello World!”传递给 print()方法。因为 print()是一个已经存在的类的方法，并且在我们所编写的每个 Java 程序中都是自动可用的，所以我们只需正确地激活就可以使用它（如程序 1.1 所示）。通常，一个字符串可以由包含在双引号中任意数目的字母、数字和特殊字符组成（"String in here"）。双引号用来限定（标记）字符串的开始和结束，而不是字符串的一部分。

☆ <u>*知识点*</u> 什么是语法？

编程语言的“**语法**”（**Syntax**）是一组在语法上编排正确的语言语句的规则。这意味着具有正确语法的 Java 语句具备编译器所特定的正确形式，因此，编译器将接受这样的语句，而不会产生错误消息。应该注意的是，虽然个别语句或程序在语法上可能是正确的，但在逻辑上却是错误的，这种语句或程序将会正确地得到结构化，但将会产生错误的结果，这类似于语法正确、但没有任何意义的英语语句，例如，虽然句子“The tree is a ragged cat”在语法上是正确的，但它没有任何意义。

下面我们来编写另一个程序以演示 print()的通用性。阅读程序 1.2，确定它的作用。

程序 1.2

```
//文件: DispalyTwoLines.java
//说明: 演示 printf()的应用
//程序员: G. Bronson
//日期: 6/15/01
public class DisplayTwoLines
{
  public static void main(String[] args)
  {
    System.out.print("Computers, computers everywhere");
    System.out.print("\n as far as I can see");
  }
}
```

运行程序 1.2 将显示下面的结果：

```
Computers, computers everywhere
as far as I can see
```

你可能会奇怪为什么输出结果中没有出现\n。当\和 n 这两个字符一起使用时，被称为**“新行转义序列”**（**Newline Escape Sequence**），它们告诉 print()将指令发送给显示设备，以移动到新的一行。在 Java 中，反斜线\字符通过更改下一个字符的意思，来转换其后字符的正常解释。如果在程序 1.2 的第二个语句中省略反斜线，那么 n 就会以字母 n 的形式显示，因此，该程序的输出结果为：

```
Computers, computers everywhere/as far as I can see
```

新行转义序列可以被放在传递给输出语句的消息中的任何地方。下面看看你是否可以确定程序 1.3 产生的显示结果。

程序 1.3

```
//文件: ShowEscapeSequence.java
//说明: Test program
//程序员: G. Bronson
//日期: 6/15/01

public class ShowEscapeSequences
{
  public static void main(String[] args)
  {
    System.out.println("Computers'/computers everywhere\n as far as\n\nI
 can see");
  }
}
```

程序 1.3 的输出结果如下所示：

```
Computers, computers everywhere
 as far as

I can see
```

通常，特别是在介绍性的简单程序中，你可能希望在一行文本后跟一个新行。在这些情况下，可以使用 println()方法，它将会在所显示的数据结尾自动附加一个换行符，因此，语句

```
System.out.println("This is a test.");
```

将会产生与下面的语句相同的输出结果：

```
System.out.print("This is a test.\n");
```

你可能想知道，既然 println()方法将会自动输出一行，并将光标定位在下一行的开始处，那为什么还需要 print()方法，原因是许多编程形式将会在所要显示的数据变得可用时，强制要求你把一行中的某些部分组合成几节。这种对行的结构的细微控制最终使 print()方法更有价值。对于简单的单行消息，可以更方便地使用 println()方法。最后，需要注意的是，你也可以在 println()方法内包括换行符，使用 println()方法的惟一好处是，它能够自动在它的输出结果的结尾处提供一个换行符。

☆ *知识点*　System 类

Java 的 System 类提供了一些用于检查系统相关信息（例如，操作系统的名称和 Java 的版本号）和用于更改系统相关信息（例如，用户的根目录）的方法；另外，更重要的是，该类还支持一些基本的输入和输出服务。在这一点上，它提供了一种将数据从程序发送到标准输出设备（通常为视频屏幕）上的方法。这种方法是通过名为“out”的对象来完成的，该对象是使用名称“System.out”惟一标识的。

正如你可能期望的，System 类还提供了一种将数据从标准输入设备（这种标准设备通常是键盘）发送到程序中的方法，而这种方法是通过名为“in”的对象来完成的。我们将在第 3 章介绍 System.in 对象的使用方法。

1.3.1 练习题

1．问题如下：

（1）使用 print()，编写一个 Java 程序，在第一行显示你的姓名，在第二行显示你的街道地址，在第三行显示你所在的城市、省份和邮政编码。

（2）在计算机上运行你在练习题 1（1）中编写的程序（注意：你必须理解在你所用的特定计算机上输入和运行 Java 程序的过程）。

2．问题如下：

（1）编写一个 Java 程序，显示下面的句子：

```
Computers, computers everywhere
  as far as I can see
I really, really like these things,
  Oh joy, Oh joy for me!
```

（2）在计算机上运行你在练习题 2（1）中编写的程序。

3．问题如下：

（1）要显示下面的内容，最少需要多少个 print()方法？

```
PART_NO.   PRICE
T1267      $6.34
T1300      $8.92
T2401      $65.40
T4482      $36.99
```

（2）显示练习题 3（1）中的表格，最少需要多少个 println() 方法调用？

（3）要产生练习题 3（1）中的表格显示，在 print()和 println()方法之间，使用哪一个更好？

（4）编写一个可生成练习题 3（1）中的输出结果的完整 Java 程序。

（5）在计算机中运行你为练习题 3（4）编写的程序。

4．对于新行转义序列，将要显示的下一个字符的位置位于一个新行的开始处。下一个字符的这种定义方式实际表示了两种完全不同的光标定位操作，问这两种光标定位操作是什么？

1.4 编 程 风 格

因为每个可执行的 Java 应用程序都是从 main()方法开始执行的，所以你必须在希望运行的所有 Java 程序中包括 main()方法。正如我们看到的，组成 main()方法的所有语句都被包括在方法名称后的花括号{ }内。虽然在每个 Java 程序中必须存在 main()方法，但是 Java 不要求以特定形式放置单词 main、圆括号()或花括号{}。上一节中使用的格式

```
public static void main(String[] args)
{
  program statement in here;
}
```

是为了使程序清晰，更具可读性，例如，也可以使用下面常见的main()方法格式：

```
public static void main
(String[] args
){first statement;second statement;
    third statement;fourth
statement;
}
```

注意，多条语句可以放在一行中，一条语句也可以占用几行。除了字符串、双引号、标识符和关键字之外，Java将忽略所有的空格（空格是指一个或多个空白间隔、制表位或新的行），例如，在确保没有将字符串“Hello World!”拆成两行的同时更改程序1.1中的空格，并省略所有的注释，将得到下面有效的程序：

```
public class DisplayHelloWorld
{
  public static void main
(String[] args
){print(
"Hello World!");
}}
```

虽然main()的这个版本也能运行，但这是一个编程风格非常差的示例，它很难阅读和理解。考虑到可读性，我们通常以下面的格式编写main()方法：

```
public static void main(String[] args)
{
  program statement in here;
}
```

在这种格式中，方法的标题行从第一列开始，并与必需的圆括号放在同一行。方法正文的开花括号跟在下一行，并放在包含方法名称的行的第一个字母下。类似地，关闭方法的花括号独自放在第一列，作为该方法的最后一行。这种结构可以强调方法是一个单元，该结构也适用于方法所属的类。

在方法中，所有的语句都至少被缩进两个空格。缩进是另一种好的编程习惯，特别是将同样的缩进用于相似的语句组。回顾程序1.2可以看到，对于两个print()方法的调用，使用了相同的缩进。

在理解并掌握Java编程的过程中，你将会形成自己的缩进标准。只是要记住，程序的最终格式应该保持一致，并且通常应该有助于阅读和理解。

1.4.1 注释

注释是在程序中所做的解释标记。注释可以是非常有用的，它可以阐明整个程序的作用，解释将如何实现一组特定的语句、或者某行将要做什么。Java 支持两种类型的注释：行注释和块注释①，这两种注释都可以被放在程序的任何地方，而对程序的执行没有任何影响。编译器将忽略所有的注释以方便读者阅读程序。行注释以两个斜杠//开始，并延续到该行结束，例如，下面都是行注释：

```
//this is a comment
//this program prints out a message
//this program calculates a square root
```

符号//（之间没有空格）指定了行注释的开始。注释所在行的结束就是该注释的结束。

---

① 第三种类型的注释被称为“文档注释”，以字符序列“/**”开始，以字符序列“*/”结束，它们被用来通过Javadoc程序创建HTML文档。

可以单独在一行编写行注释，也可以在包含程序语句的行的结尾处编写行注释。当一个注释太长而无法容纳在一行时，有两种解决方法：首先，可以将该注释分成两行或多行注释，每个单独的注释前面都使用双斜杠符号，例如，注释

```
//this comment is invalid because it
  extends over two lines
```

在编译时将会产生 Java 错误消息，下面这种写法是正确的：

```
//this comment is used to illustrate a
//comment that extends across two lines
```

但是，对于占据两行或多行的注释，更便于采用块注释的方式，而不太适合采用多个单行注释的方式。块注释以符号/*开始，并以符号*/结束，例如：

```
/*  This is a block comment that
    spans
    across three lines */
```

你会经常看到如下所示的块注释：

```
/* This is a block comment that
 *  spans
 *  across three lines
*/
```

在这种形式中，插入额外的星号*只是为了强调注释块。但是，请注意，只有开始/*和结束*/对才实际限制（即标记）了注释。这些限制符中的所有字符就构成了注释内容本身。

在 Java 中，程序的结构应该使程序具有可读性和可理解性，而没有必要使用大量的注释，但如果方法、类和变量名称（将在下一章中介绍）是经过慎重选择的，以向阅读程序的人表达它们的意思，那么就需要加强一下注释的作用：如果方法、类或语句的目的仍不能从它的结构、名称或上下文表达清楚，那么包含阐述的注释就是必要的。没有注释的或使用难于理解的代码是坏的程序习惯的一个真切标志；过多的注释也是坏的程序习惯的一个标志，因为它们暗示着编程者没有提供足够的思想来使代码本身具有描述性。通常情况下，你所编写的任何程序都应该以一组初始的程序注释开头，其中包括一个简短的程序描述、你的姓名，以及程序最后修改的日期。考虑到空间问题，而且因为本书中所有的程序都是笔者编写的，当初始的注释没有作为伴随文字提供时，它们将只被用作简单的程序描述。

1.4.2 练习题

1．问题如下：

（1）下面的程序能运行吗？

```
public class TestIt
{
  public static void main(String[] args)
  {System.out.println("Hello World!");}}
```

（2）为什么练习题 1（1）中的程序不是一个好程序？

2．重新编写下面的程序，以遵循好的编程习惯。

（1）程序如下：

```
public class TestIt
{
```

```
  public static void main(String[] args)
  {
     System.out.print("The time has come")
  ; }
 }
```

（2）程序如下：

```
public class TestIt
{
   public static void main
   (String[] args)
   {System.out.println("Newark is a city");System.out.println("in new Jersey");
    System.out.println("It is also a city")
   ; System.out.println("in Delaware")
      ; }
}
```

（3）程序如下：

```
public class TestIt
{
  public static void main
  (String[] args)
  {System.out.print("Reading a program");System.out.print(" is much easier")
          ;System.out.println("if a standard form  for main is used")
                  ;System.out.println(" and each statement is written")
                      ;System.out.println("on a line by itself. ")
                      ;}
}
```

（4）程序如下：

```
public class TestIt
{
   public static void main
  (String[] args){System.out.println("Every Java application");System.out.println
   ("must have one and only one"
   );
   System.out.println("main() method. "
   );
   System.out.println(
   "The escape sequence of characters"
   );System.out.println(
   "for a newline can be placed anywhere"
   );System.out.println
   ("within the message passed to System.out.println"
   ); }
}
```

3．问题如下：

（1）当用于消息时，反斜杠字符\将会更改紧跟在它后面的字符的意思。如果我们想打印反斜杠字符，那么我们不得不告诉 print()方法，转义解释反斜杠通常的用法。你认为什么字符被用来更改单个反斜杠解释的方式？

（2）使用你对练习题 3（1）的答案，编写用来打印反斜杠的转义序列。

4．问题如下：

（1）计算机语言的标记就是字符的任意组合，作为一个单元，它包括没有间空的字符、空格，表示一个惟一的意思，使用这个定义，确定表 1.1 中列出的转义序列、方法名称和关键字是否是一些 Java 语言标记？

（2）讨论为一个字符串添加空格是否会更改该字符串。讨论是否可以将字符串看作是 Java 的标记。

（3）使用练习题 4（1）中提供的标记定义，确定下面的语句是否正确：“除了语言的标记之外，Java 将忽略所有的空格”。

1.5 创建对话框

Java 2 提供了一些易于使用的、用来生成图形用户界面（GUI）的组件，这些组件被称为“Swing 组件”，它们被包含在一组统称为“javax.swing 包”的类中。正式来说，Java **包**（**Package**）是由一个或多个存储在同一目录下的单独的类组成的。正如你可能期望的，被封装或存储在一起的类在某些方面是相关的。对于 swing 包，这些类提供了一种方便的方法，可以使用一些典型的组件，例如，复选框、文本框、下压按钮和对话框等，来指定一个具有完整功能的 GUI。我们将使用的第一个 Swing 组件是对话框。在 GUI 术语中，**对话框**（**Dialog**）是一个可以向用户展示信息的框，但它通常需要一些类型的输入，或者来自用户的响应。

有两种类型的对话框：一种被称为“**有模式对话框**”（**Modal box**），用户必须对这种对话框做出响应，并在显示该对话框的应用程序可以继续执行之前将其关闭；第二种称为“**无模式对话框**”（**Modeless Box**），这意味着不需要用户首先关闭这种对话框，应用程序就可以继续运行。

我们将用来创建对话框的 Swing 方法命名为“showMessageDialog()”，例如，图 1.14a～图 1.14e 描述的对话框都是使用 showMessageDialog()方法来创建的。ShowMessageDialog()方法的一般格式如下：

```
JoptionPane.showMessageDialog(null, “message”, “title”, icon-type);
```

虽然该方法的调用具有与 print()和 println()方法相同的形式，但实际上是有很大不同的。这里，名称“JoptionPane”是一个 Java 类的名称，而不是特定对象的名称。知识点“严格方法和静态方法”部分解释了为什么采用类名而没有采用对象名。现在，我们只需使用方法在 main()方法内来创建对话框。

ShowDialogMessage()方法根据在调用它时为它指定的 4 个参数，来创建对话框。第一个参数是一个定位参数，我们通常将它指定为“null”，它会使在运行该 Java 程序时，对话框在窗口中居中显示；第二个参数定义了将要在对话框中显示的消息；第三个参数定义了将要显示在对话框顶部的标题；最后一个参数定义了将要在对话框中显示的图标。表 1.2 列出了在本书中将要使用的 5 种图标类型。

表 1.2 showMessageDialog()图标类型

类　型	图　标	示　例
WARNING_MESSAGE	三角形中有一个感叹号	图 1.14a
QUESTION_MESSAGE	方框中有一个问号	图 1.14b
INFORMATION_MESSAGE	圆中有一个字母“i”	图 1.14c
ERROR_MESSAGE	八边形中有一个连字符号“-”	图 1.14d
PLAIN_MESSAGE	无图标	图 1.14e

下面的语句

```
JOption.ShowMessageDialog(null,"Hello world!",
                          "Sample",JOptionPane.WARNING_MESSAGE);
```

将产生如图 1.14a 所示的对话框。注意，消息“Hello World!”被包括在对话框中，对话框顶部的标题为

"Sample"。对话框中包含的感叹号图标是通过 WARING_MESSAGE 图标类型指定而生成的（WARING_MESSAGE 是 Java 提供的一个符号常量，将在第 3.5 节中详细介绍它）。图 1.14b～图 1.14e 中的图标是分别使用 QUESTION_MESSAGE、INFORMATION_MESSAGE、ERROR_MESSAGE 和 PLAIN_MESSAGE 图标类型生成的，也就是说，图 1.14b 是由下面的语句生成的：

```
JOptionPane.showMessageDialog(null,"Hello World!",
                              "Sample", JOptionPane.QUESTION_MESSAGE);
```

需要注意的是，像使用所有 Java 语句一样，上述语句可以占据多行，但惟一要求是，方法名及所包含的字符串不能被拆分到不同的行中，因此，前面的语句可以被写成：

```
JOptionPane.showMessageDialog(null, "Hello World",
"Sample", JOptionPane.QUESTION_MESSAGE);
```

考虑到使用 showMessageDialog()的语句长度，通常你将会看到它被拆分到两行或多行中。

在图 1.14 所示的对话框中，需要用户做出的输入操作是：单击"确定"按钮、按下 Enter 键或 Escape（Esc）键，或者单击对话框顶部的关闭按钮来关闭对话框。因为由 showMessageDialog()方法产生的对话框都是有模式的对话框，所以，在可以继续进一步执行该程序之前，用户必须先将该对话框关闭。

图 1.14a　WARNING_MESSAGE

图 1.14b　QUESTION_MESSAGE

图 1.14c　INFORMATION_MESSAGE

图 1.14d　ERROR_MESSAGE

图 1.14e　PALIN_MESSAGE

☆ *知识点*　严格方法和静态方法

我们在 Java 里使用的每个方法都采用与 main()方法相同的方式被包含在一个类中，然而，在一个类中，可以包含两种截然不同的方法类型：

（1）必须和对象一起使用的方法被称为“**严格方法**”（**Strict Method**），print()和 println()就是两个严格方法，这些方法是类 PrintStream 的一部分。严格方法通常使用下面的语法：

```
objectName.methodName(arguments);
```

该语法的一个示例为 System.out.println("Hello World");，在该示例中，对象是同时使用类名和对象名标识的，该对象是一个名为“out”的输出流——它是 System 类的一个对象（参见知识点“系统类”部分），因此，它是由全名 System.out 来完全指定的。虽然严格方法仅限于与对象一起使用，但是，如果它们的标题行包含关键字 public，那么可以从其所在的类之外来访问它们。

（2）第二种类型的方法被称为“**静态方法**”（**Static Method**）。静态方法是不需要对对象操作、但能够接收它的所有数据作为参数的方法。与使用严格方法一样，如果静态方法的标题行包含关键字 public，那么可以从它所在的类之外来调用它，在这种情况下，该方法被称为“通用方法”。这意味着，该方法被构造用来执行通用任务，在一些地方这可能是非常有用的，例如，构造一个对话框，或者计算一个数的平方根，showMessageDialog()就是这样一个方法。

然而，在使用其类之外的通用方法时，你必须指明该方法位于哪里，可通过使用下面的语句在方法名之前列出它的类名来实现：

```
ClassName.methodName(arguments);
```

从操作上说，严格方法和通用方法的语法看起来是相同的，都是在方法名之前加上句点及对象名和（或）类名。这里，只需按照它们指定的方式来使用每个方法即可。在每个情况下，每当展现新的方法时，我们都将指出它是静态方法还是严格方法。当学习完第 3 章介绍的一些通用数学方法，6 章介绍的构造自己的静态方法，以及在第 9 章介绍的构造自己的严格方法之后，你将会更加清晰地理解和欣赏这两种类型的方法。

程序 1.4 将用来生成图 1.14a 的 showMessageDialog()方法合并到一个完整程序的环境中，虽然你已经比较熟悉该程序的结构，但仍需要注意一些新的项目。

首先，因为我们使用的是来自 Swing 包的类，在该示例中为 JOptionPane，所以，我们需要告诉程序可以在哪个包中找到该类，该信息是通过 import 语句提供的。当遇到 JOptionPane 时，编译器将首先搜索一个名为“java.lang”的包，这是一个不需要明确的 import 语句、而为所有 Java 程序提供的默认包，如果在该包中没有找到所需的类，那么将会使用通过 import 语句提供的明确命名的包来继续搜索该类，在该示例中，它指定的是 javax.swing 类包（请注意，该包的名称是以“javax”而不是“java”开始的），在该包中，编译器将会定位包含在 JOptionPane 类中的 showMessageDialog()方法。import 语句中的星号*允许编译器搜索该包中所有的类，而不管这些类是否位于该包中。

main()方法的正文由两个语句组成，一个是对 showMessageDialog()方法的调用，用来创建如图 1.14a 所示的对话框；第二个语句是 System.exit()方法，用来在用户关闭对话框之后强制终止程序。若没有 System.out()，则下面的 Java 程序，即使没做任何事情，在用户关闭对话框之后，它仍是活动的，虽然我们将会在第 12 章介绍其中的原因（将详细介绍 GUI），但现在，每当应用程序创建一个图形用户界面时（例如，程序 1.4 所产生的对话框），我们通常将使用 System.exit()方法。

程序 1.4

```
//文件: DisplayADialog.java
//说明: Construction of a dialog
//程序员: G. Bronson
//日期: 6/15/01
import javax.swing.*;
public class DisplayADialog
```

```
{
   public static void main(String[] args)
  {
  OptionPane.showMessageDialog(null,"Hello World",
                                  "Sample",JOptionPane.WARNING_MESSAGE);
    System.exit(0);
  }
}
```

对话框中显示的消息和标题都必须是字符串。虽然必须将标题字符串放在一行中，但消息字符串与通过 print()和 println()方法显示的字符串遵循相同的规则，这意味着，可以在消息中包含新行转义序列，例如，程序 1.5 显示了与程序 1.3 相同的字符串，但是现在这个显示被包含在一个对话框中（如图 1.15 所示）。显示的字符串的惟一不同是，对话框中使用的默认字体是等间距的 Times Roman 字体，而不是在基于字符的输出中使用的固定间距的 Courier 字体。

图 1.15　程序 1.5 产生的对话框

程序 1.5

```
// 文件: MultiLineDialog.java
// 说明: Construction of a dialog
// 程序员: G. Bronson
// 日期: 6/15/01
import javax.swing.*;
public class MultiLineDialog
{
 public static void main(String[] args)
  {
    JOptionPane.showMessageDialog(null,"Computers, computers everywhere\n
         as far as\n\nI can see","Sample", JOptionPane.WARNING_MESSAGE);

    System.exit(0);
  }
}
```

1.5.1　练习题

1．在你的计算机中输入并运行程序 1.4。

2．问题如下：

（1）修改程序 1.4，产生图 1.14c 中显示的输出结果。

（2）修改程序 1.4，产生图 1.14e 中显示的输出结果。

3．编写并执行一个 Java 程序，在一个使用信息图标的对话框中的第一行显示你的姓名，在第二行显示你的家庭住址，在第三行显示你所在的城市、省份和邮政编码。

4．编写并执行一个 Java 程序，在一个使用警告图标的对话框中，显示下列语句：

```
Computers, computers everywhere
as far as I can see
I really, really like these things,
Oh joy, Oh joy for me!
```

5．编写并执行一个 Java 程序，在一个不显示任何图标的对话框中，显示表 1.3 所示的数据。

表 1.3 显示数据

PART NO.	PRICE
T1267	$6.34
T1300	$8.92

1.6 常见编程错误

在学习任何编程语言之初，我们会犯一些常见的基础错误，这些错误很可能会使你感到受挫，不过不必紧张，因为每种语言都有它自己的一组常见编程错误。在最初编写 Java 程序时较常遇到的错误包括：

（1）忘记使用与在该程序中使用的类名相同的文件名来保存程序。

（2）忘记使用扩展名.java 来保存程序。

（3）忽略 main 后的圆括号。

（4）忽略或错误键入表示类方法正文开始的开花括号。

（5）忽略或错误键入表示方法和类结束的闭花括号。

（6）错误拼写对象或方法的名称；例如，把 print()键入成 pint()。

（7）忘记分别以 System.out.print()和 System.out.println()的形式键入 print()和 println()的完整名称。

（8）忘记以双引号封闭一个字符串。

（9）忽略每个语句结尾的分号。

（10）忘记\n 表示一个新行。

（11）当导入 Swing 包时，将 javax.swing 错误拼写成 java.swing。

（12）当创建基于对话框的应用程序时，没有使用 System.exit(0)来结束程序。

以笔者的经验，错误（1）、（5）、（8）和（9）最为常见。建议你编写一个程序，每次特意包含其中一个错误，看看编译器将会产生什么错误消息，这样当以后出现这些错误消息时，你将能够理解这些消息，并改正这些错误。

1.7 本 章 小 结

（1）最简单的 Java 程序由一个类组成，该类只包含一个 main()方法，其形式如下所示：

```
public class name
{
  public static void main(String[] args)
  {
   program statements in here;
  }
}
```

该程序由一个类标题行和一个类正文组成。类的正文以左花括号{开始，以右花括号}结束。类名是由程序员指定的。类的正文包含一个 main()方法的标准标题行和 main()方法的正文。对于类的正文，每个方法的正文都是以左花括号{开始，以右花括号}结束。

（2）main()方法表示一个 Java 程序执行的开始点。一个可执行的 Java 程序必须要有一个 main()方法。

（3）方法正文内的每个 Java 语句都必须以分号;结束。

（4）print()和 println()方法都是通过 PrintStream 类提供的，都被用来显示文本和数字结果。这些方法的参数可以是一个用双引号括起来的字符串。这个字符串接下来将会被显示在执行该 Java 程序的窗口中，它也可以包括转义序列，例如，新行转义序列\n。println()方法将会自动提供最后一个新行转义序列。当将一个字符串发送给与你的程序连接的标准输出设备（通常为视频屏幕）时，print()和 println()方法都是针对 System.out 对象操作的。

（5）Java 包由一个或多个存储在相同目录下的类组成，这允许将在某些方面相关的类封装或存储在一起。它还提供了一种方法，使用 import 语句来限制编译器搜索在程序中使用的类。

（6）Swing 类包可被用来创建功能完全的图形用户界面（GUI），它被命名为“javax.swing”。要使用 Swing 包中的类，需要在你的 Java 程序的顶部放置语句：import javax.swing.*;。

（7）和 javax.swing 包类一起，每个 Java 编译器还提供了很多其他包。一组提供语言支持和基本系统服务的类是在 java.lang 包中定义的。print()和 println()方法都是 PrintStream 类的一部分，都被包含在 java.lang 类包中，因为该类包是由编译器自动搜索的，所以对于该包，没有明确要求必须包含 import 语句。

（8）可以通过 JOptionPane 类提供的 showMessageDialog()方法来创建对话框，该类包含在 javax.swing 包中。因此，创建对话框的 Java 程序必须导入 javax.swing 类包。showMessageDialog()方法调用的一般语法为：

```
JOptionPane.showMessageDialog(null, "message", "title", icon-type);
```

其中 message 是在对话框中显示的字符串、title 是在对话框标题栏中显示的字符串，而 icon-type 为下列类型之一：

```
JOptionPane.WARING_MESSAGE
JOptionPane.QUESTION_MESSAGE
JOptionPane.INFORMATION_MESSAGE
JOptionPane.ERROR_MESSAGE
JOptionPane.PLAIN_MESSAGE
```

（9）创建对话框的 main()方法应该以 System.exit(0)语句结束。

1.8 本章概念——位和字节

计算机所用的物理组件要求其内存单元中的数字和字母不能使用与人们常用的相同符号来存储，如果计算机硬件可以使用与人们常用的相同的符号，那么，数字 126 将会使用符号 1、2 和 6 来存储；类似地，我们所识别的字母 A 将会以相同的符号来存储。在本节中，我们将学习为什么计算机不使用人们常用的符号并学习计算机是如何存储数字的。

计算机中最小的和最基本的数据项目是**位**（**Bit**）。位实际上是一个或开或关的开关，每个开关开和关的状态分别以 0 和 1 表示[①]。

一个只能以 0 和 1 表示的位本身的作用是非常有限的，因此，所有计算机都需要将一组位组合在一起进行存储和传输。组合 8 个位形成一个较大的单元几乎是计算机通用的一个标准，这种组合通常被称为“**字节**”（**Byte**）。一个由 8 个位组成的字节（每个位为 0 或 1），可以表示 256 种不同的模式，包括 00000000 模式（所有 8 个开关都是开的）和 11111111 模式（所有 8 个开关都是关的），以及其间所

① 在实际应用中，该约定是非常随意的，你将经常遇到开和关的位置分别以 1 和 0 表示的情况。

有可能的 0 和 1 组合，这些模式可以分别用来表示字母表中的一个字母、其他单个字符（美元符号、逗号等）、单个数字，或者包含多个数字的数。由 0 和 1 组成的、用来表示字母、单个数字及其他单个字符的模式集合被称为**“字符代码”**（**Character Code**）（这种代码有两种：ASCII 码和 Unicode 码，我们将在第 2.1 节中介绍）。存储数字的模式被称为**“数字编码”**（**Number Code**），本节后面将介绍其中一种数字编码。

1.8.1 字和地址

一个或多个字节本身可以被组合成较大的单元，称为**“字”**（**Word**），它适用于更快、更广泛的数据访问，例如，从计算机内存中检索一个由 4 个字节组成的字将会得到比检索只由一个字节组成的字更多的信息，这种检索也要比 4 个单独字节检索的速度快得多，然而，这种在速度和容量上的增加是通过提高计算机的成本和复杂性来实现的。

早期的个人计算机，例如 Apple IIe 和 Commodore 机器，内部的存储和传输的都由单个字节组成的字。第一台 IBM PC 使用的是由 2 个字节组成的字，而目前基于 pentium 的 PC 存储和处理的都是由 4 个字节组成的字。

计算机内存中字的排列方式类似于大宾馆中套间的安排，每个套间都由相同大小的房间组成。就像每个套间具有惟一的房间编号，以使顾客能够定位和识别它一样，每个字都有一个惟一的编号地址。在允许分别访问每个字节的计算机中，每个字节都有它自己的地址。像房间编号一样，字和字节地址通常是一些用于定位和标识的整数。同样，像宾馆里的门将房间连接形成大的套间一样，也可以将字组合在一些，形成适用于不同大小的数据类型的较大单元。

1.8.2 二进制补码数字

在计算机中存储整数值最常用的数字编码被称为**“二进制补码（Twos Complement）”**。这种编码相当于任意位模式（例如 10001101）的整数，并且可以在转换方法中找到相等的正整数或负整数。为了方便，我们假设，字节位模式分别是由 8 个字节组成的，但过程直接进位到较大的位模式。

确定每个位模式表示的整数，最简单的方法是首先构造一个称为“值盒”的简单设备。图 1.16 演示了这样一个单字节的盒子，从数学上讲，图 1.16 所示的盒子中的每个值依次增加 2 次方。因为二进制补码数字必须能够表示正整数和负整数，所以，最左边的位置，除了有一个最大的绝对值之外，还有一个负号。

任何二进制数字的转换，例如 10001101，只需在值盒中插入位模式，并将为 1 的值相加。因此，如图 1.17 所示，位模式 10001101 表示整数－115。

```
-128 | 64 | 32 | 16 | 8  | 4 | 2 | 1
----|---|---|---|---|--|--|--
    |   |   |   |   |  |  |
```

图 1.16 8 位值盒

```
-128 | 64 | 32 | 16 | 8  | 4 | 2 | 1
----|---|---|---|---|--|--|--
  1 | 0 |  0|  0|  1 | 1 | 0 | 1
-128 + 0 + 0 + 0 + 8 +4+0 + 1 =-115
```

图 1.17 将 10001101 转换成十进制数

虽然值盒的转换方法比较简单，但该方法与二进制补码数字的基本数学算法有关。二进制补码原来的名称是“加权符号编码”，它与值盒直接相关。正如名称**“加权符号”**（**Weighted Sign**）所示，每个位的位置都有一个以 2 递增幂次方、并带有符号的加权或值。除了最左边的位，其他所有位的符号都是正号，而最左边的符号是负号。

回顾值盒，很明显，任何以1开头的二进制补码数值都表示负数，而任何以0开头的位模式都表示正数。使用值盒，很容易确定可以存储的最大正值和最小负值。在一个字节中，可以存储的最小负值是−128，其位模式为10000000，其他任何非零位只需用一个相应的正值与该数值相加即可。另外，很显然，正数必须采用0作为它最左边的位，因此，你可以看到，最大的8位二进制补码正值是01111111，即127。

第 2 章　值、变量和运算符

Java 程序以不同的方式处理不同类型的数据，例如，计算污染池中的细菌生长需要对数字数据进行数学运算，而排序一列名称则要求使用字母数据进行比较操作。Java 有两种基本的数据类型，分别被称为“原始数据类型”和“引用数据类型”。本章将介绍 Java 的原始数据类型以及可对它们进行的一些操作，还将讲述如何使用 print 方法和对话框来显示这些操作的结果。

2.1　数据类型和文字值

Java 采用两种基本数据类型之一来存储和处理数据，这两种基本数据类型分别被称为“原始数据类型”和“引用数据类型”。原始数据类型，也被称为“内置类型”，如图 2.1 所示；引用数据类型（如图 2.2 所示）是与类、数组或接口相关的。从实际来看，针对原始类型的操作只能是以运算符号的形式体现的（例如，加法、减法、乘法运算符号等），而对于引用类型，绝大多数操作都是以方法的形式体现的。

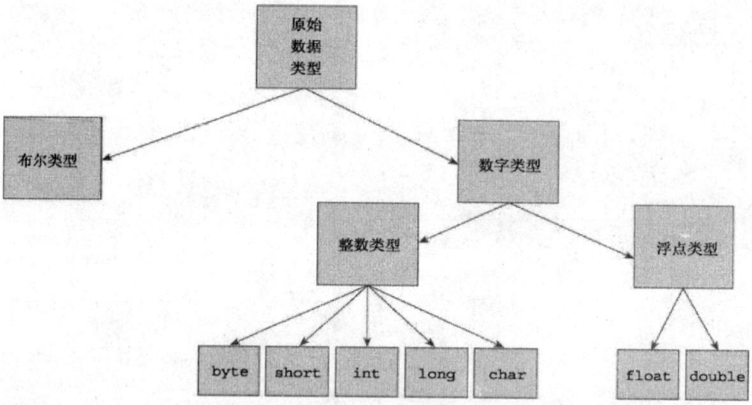

图 2.1　原始数据类型

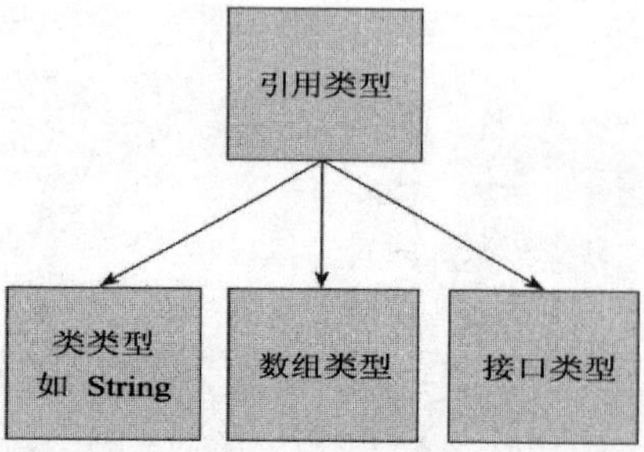

图 2.2　引用数据类型

在本节中，我们将介绍所有 8 种原始数据类型，包括我们所知的整数和浮点数、字符，以及布尔值；另外，还将介绍引用数据类型 String；我们将展示与每种数据类型相关的特定类型值（被称为“文字”）。**文字（Literal）**是明确标识它本身的值，例如，在计算机术语中，所有数字（例如 2、3.6 和－8.2）既被称为文字，也被称为文字值，因为它们在字面上显示了它们的值。像“Hello World!”这样的字符串也被称为文字字符串值，因为字符串本身将会被显示出来。其实在生活中，你一直在使用文字值，只是不习惯将它们称作数字和单词。在本章稍后的部分，我们将会介绍一些本身没有显示，但被存储在按照它们的名称访问的内存中的非文字值。

2.1.1 整数

整数文字（Integer Literal），通常被简单地称为“整数”，它为0或任何正的或负的不带小数点的数字。下面是一些有效的整数文字：

```
0   5   −10 +25   1000   253   −26351 +36
```

正如这些示例所演示的，整数文字可以是带符号的（以“+”或“−”符号开头），也可以是不带符号的（不是以“+”或“−”符号开头）。整数文字不允许包含逗号、小数点或特殊符号（如美元符号），下面是一些无效的整数文字值：

```
$255.62   2,52   3.   6,243,892  1,492.89   +6.0
```

Java语言将int数据类型定义为−2147483648～+2147483647的任意整数值，它必须以二进制补码形式使用4个字节（32位）来存储①。对于必须使用的更大整数值，Java还定义了long整数数据类型。long整数值是以8字节的二进制补码形式存储的，它的取值范围为−9223372036854775808～9223372036854775807。long整数文字的写法与整数文字的写法基本相同，只是在值的结尾处附加一个L。因此，下面的文字值：

```
8976929L   2147483649L   62L
```

是以long整数形式存储的②。

Java还支持byte和short整数数据类型，它们可以用来存储一定范围的整数值。然而，byte和short整数不能被指定为文字（也就是说，不能指定以byte或short整数形式存储的整数值），对于这两种数据类型，在赋值语句中，特定值只能是使用整数文字存储的（将在下一节中介绍）。表2.1列出了Java能够识别的各种整数类型的存储要求和取值范围。

表2.1 整数数据类型

类 型	存 储	数 值 范 围	注 释
byte	1字节	−128～127	仅通过赋值存储的值。没有任何byte文字值
short	2字节	−32,768～32,767	仅通过赋值存储的值。没有任何short文字值
int	4字节	−2,147,483,648～2,147,483,647	默认的整数类型，允许使用文字值
long	8字节	−9,223,372,036,854,775,808～9,223,372,036,854,775,807	通过为整数附加一个L来表示文字值

2.1.2 浮点数字

浮点文字（Floating-Point Literal），也被称为**“实际数字”（Real Number）**，是带符号或不带符号的具有小数点的数字。下面是一些浮点文字：

```
+10.625   5.   −6.2   3251.92   0.0   0.33   −6.67   +2.
```

请注意，数字5.、0.0和+2.被归类为浮点文字，但是不带小数点的相同数字（5、0、+2）应该属于整型文字。与整数文字一样，在实际数字中不允许使用特定的符号，例如美元符号和逗号，下面是一些无效的实际数字：

```
5,326.25   24   6,459   $10.29  7.007.645
```

---

① 需要注意的是，负数下限的绝对值比正数上限大1，这是因为这些值是以第1.7节介绍的二进制补码格式存储的。

② 虽然也可以使用小写字母l，但是，因为该字母经常与数字1混淆，所以我们通常使用大写字母L来表示long整数。

Java 支持两种不同类型的浮点数据类型：**double** 和 **float**，这两种数据类型之间的不同点在于 Java 编译器为每种类型分配的存储空间量，它将影响可以存储的数字的取值范围（允许的最大值和最小值）和精度（小数点位数）。**double** 浮点值要求使用 8 个字节来存储[①]，是浮点数字的默认类型。

float 类型只使用 4 个字节来存储带小数点的数字。因为 double 类型的存储要求是 float 类型的两倍，所以一个 double 值的精度约是 float 类型的两倍，因此，有时我们把 double 称为**"双精度数"**（**Double-Precision Numbers**），把 float 称为**"单精度数"**（**Single-Precision Numbers**）。表 2.2 列出了每种浮点数据类型可以存储的最大值和最小值。要具体指出浮点文字值，必须在数字后附加 F 或 f，如果缺少这些后缀，那么带小数点的数字将会被看作 double 类型，例如：

9.234 表示一个 double 值

9.234f 表示一个 float 值

9.234F 表示一个 float 值

表 2.2 浮点数据类型

类型	存储	绝对取值范围（+或−）	注 释
float	4 字节	1.40129846432481707e−45～3.40282346638528860e+38	通过在数字结尾添加 f 或 F 表示文字值
double	8 字节	4.94065645841246544e−324～1.79769313486231570e-308	默认的浮点类型

对于小数点右边超过 6 位有效数字的数字，你应该使用 double 值。附录 I 描述了由"电器电子工业协会"（IEEE）标准 754 定义的二进制存储格式，以及它对数字精度的影响。

2.1.3 指数记数法

浮点文字也可以使用指数记数法来编写，它类似于科学记数法，通常被用来以紧凑的方式表示非常大和非常小的值。表 2.3 描述了如何以指数记数法和科学记数法表示带小数的数值。

表 2.3 带小数的数值表示法

十进制记数法	指数记数法	科学记数法
1625.	1.625E3	1.625×10^{3}
63421.	6.3421E4	6.3421×10^{4}
.00731	7.31E−3	7.31×10^{-3}
.000625	6.25E−4	6.25×10^{-4}

在指数记数法中，字母 E 代表指数。E 后的数字代表 10 的幂次方，并表示为得到标准的小数值而应该将小数点移动的位数。如果 E 后面的数字是正数，那么应该将小数点向右移动；如果 E 后面的数字是负数，那么应该将小数点向左移动，例如，1.625E3 中的 E3 表示将小数点向右移动三位，得到 1625，而 7.31E−3 中的 E−3 表示将小数点向左移动三位，得到.00731。

2.1.4 字符

Java 识别的第三种基本数据类型是字符。字符包括字母表中的所有字母（大写和小写）、0～9 的 10 个数字，以及像+、$、.、,、−、!等这样的特殊符号。单个字符值是任何一个用单引号括起来的字母、数字或特殊符号。下面是一些有效的字符值：

```
'A'  '$'  'b'  '7'  'y'  '!'  'M'  'q'
```

Java 中的字符值要求使用 Unicode 编码以 16 位无符号值的形式来存储，这种编码提供了一组由

① 要了解浮点存储的描述，请参见附录 I。

65,536 个编码组成的扩展字符集，可以用来处理多语言符号。目前，已经定义了来自像阿拉伯语、希腊语和希伯来语等不同语言的超过 35,000 个不同的字符（包括中文和日文中的一些常见的象形符号），来自这些语言的每个符号和字符都被定义了特定的 0 和 1 的模式。表 2.4 列出了英语大小写字母对应的位模式①。

从内部来看，字符是采用 0～65,535 的不带符号的整数形式存储的。因为这些是整数值，所以 Java 正式将字符定义为不带符号的整数数据类型。虽然字符串是以一系列单个或多个字符的方式构造的，但在 Java 中，字符串并不是原始数据类型，相反，Java 为操纵这种类型的数据提供了一个名为“String”的类。我们已经知道如何通过在双引号内包含一些字符来构造字符串，String 类型是引用类型，正如本节开始所提到的，对于引用类型的字符串可用的大多数操作都是以方法的形式，而不是以算术符号的形式来提供的。

表 2.4　英语字母表的 Unicode 码

字母	二进制码	十六进制值	十进制值	字母	二进制码	十六进制值	十进制值
a	00000000 01100001	0x0061	97	A	00000000 01000001	0x0041	65
b	00000000 01100010	0x0062	98	B	00000000 01000010	0x0042	66
c	00000000 01100011	0x0063	99	C	00000000 01000011	0x0043	67
d	00000000 01100100	0x0064	100	D	00000000 01000100	0x0044	68
e	00000000 01100101	0x0065	101	E	00000000 01000101	0x0045	69
f	00000000 01100110	0x0066	102	F	00000000 01000110	0x0046	70
g	00000000 01100111	0x0067	103	G	00000000 01000111	0x0047	71
h	00000000 01101000	0x0068	104	H	00000000 01001000	0x0048	72
i	00000000 01101001	0x0069	105	I	00000000 01001001	0x0049	73
j	00000000 01101010	0x006A	106	J	00000000 01001010	0x004A	74
k	00000000 01101011	0x006B	107	K	00000000 01001011	0x004B	75
l	00000000 01101100	0x006C	108	L	00000000 01001100	0x004C	76
m	00000000 01101101	0x006D	109	M	00000000 01001101	0x004D	77
n	00000000 01101110	0x006E	110	N	00000000 01001110	0x004E	78
o	00000000 01101111	0x006F	111	O	00000000 01001111	0x004F	79
p	00000000 01110000	0x0070	112	P	00000000 01010000	0x0050	80
q	00000000 01110001	0x0071	113	Q	00000000 01010001	0x0051	81
r	00000000 01110010	0x0072	114	R	00000000 01010010	0x0052	82
s	00000000 01110011	0x0073	115	S	00000000 01010011	0x0053	83
t	00000000 01110100	0x0074	116	T	00000000 01010100	0x0054	84
u	00000000 01110101	0x0075	117	U	00000000 01010101	0x0055	85
v	00000000 01110110	0x0076	118	V	00000000 01010110	0x0056	86
w	00000000 01110111	0x0077	119	W	00000000 01010111	0x0057	87
x	00000000 01111000	0x0078	120	X	00000000 01011000	0x0058	88
y	00000000 01111001	0x0079	121	Y	00000000 01011001	0x0059	89
z	00000000 01111010	0x007A	122	Z	00000000 01011010	0x005A	90

☆ *知识点*　精度

在数字理论中，术语“**精度**”（**Precision**）通常是指数字的准确性。如果使用像“这个计算被准确到或精确到小数点后 5 位”这样的语句，意味着小数点后的第 5 位数字已经是经过四舍五入的，也就是说，该数字被精确到 ±.00005。

在计算机编程中，精度可以指数字的准确性，也可以指数字的有效数字的位数，其中有效数字的位数被定义为正确数字的位数加 1，例如，如果数字 12.6874 已经被四舍五入到小数点后第 4 位，那么正确的说法是，该数字被精确到（即准确到）第 4 位小数，这个语句表示，除了第 4 位小数是被四舍五入的之外，其他所有数字都是准确的；类似地，也可以说，这个数字具有 6 位精度，这意味着前 5 位数字

① 前 128 个 Unicode 字符的值与大多数高级语言使用的 ASCII 码使用的 128 个字符的值完全相同。

是正确的，而第 6 位数字已经被四舍五入；另一种说法是，数字 12.6874 有 6 位有效数字。

请注意，数字的有效数字不必与显示的位数有任何关系，例如，如果数字 687.45678921 有 5 位有效数字，那么它只被准确到 687.46，其中最后一位是经过四舍五入的。以类似的方式，在很多非常大的财务应用中，美元值通常被四舍五入到 10 万美元，例如，一个显示为$12,400,000 的美元值，并不是被准确到最后一位美元值，如果该值被指定为只有三位有效数字，那么它只被精确到 10 万位。

使用表 2.4，我们可以确定 Java 程序存储字符'J'、'E'、'A'、'N'和'S'的方式。使用 Unicode 编码，这个字符序列需要 10 个字节的存储空间（每个字符 2 个字节），它的存储方式如图 2.3 所示。

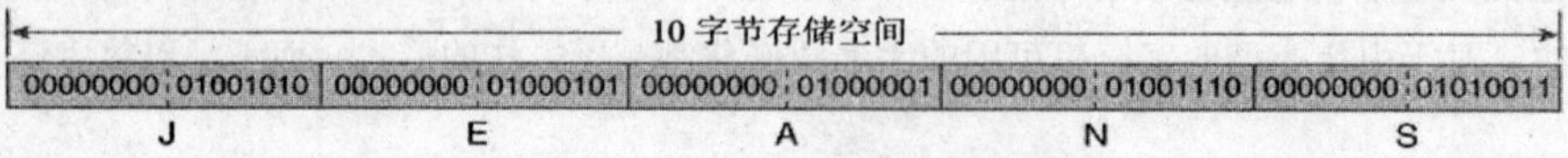

图 2.3 Java 程序存储的字母 JEANS

2.1.5 转义序列

当在一组选定的字符前直接使用反斜杠\时，它将告诉编译器转义这些字符通常的解释方式。因此，反斜杠和这些特定字符的组合被称为**"转义序列"**（**Escape Sequences**）。我们已经遇到过新行转义序列"\n"。表 2.5 列出了 Java 常用的转义序列。

表 2.5 转义序列

转义序列	含义
\b	向后移动一个空格
\f	移动到下一页
\n	移动到下一行
\r	回车
\t	移动到下一个制表位
\\	反斜杠字符
\'	单引号
\"	双引号

虽然表 2.5 中列出的每个转义序列都是由两个不同的字符组成的，但是两个之间没有空格的字符组合将使计算机只存储一个字符码。表 2.6 列出的是表 2.5 中的转义序列的 Unicode 字节模式。

表 2.6 Java 转义序列码

转义序列	含义	Unicode 码
\b	退格	00000000 00001000
\f	换页符	00000000 00001100
\n	新行	00000000 00001010
\r	回车	00000000 00001101
\t	换页	00000000 00010001
\\	反斜杠	00000000 01011100
\'	单引号	00000000 00100111
\"	双引号	00000000 00100010

2.1.6 Boolean 常量

Boolean 数据只能是下列两个值之一：true 或 false。实际上，Boolean 数据常被用于检查特定的条件，并根据条件的结果为 true 或 false，来采取事先描述的动作过程。我们将在第 4 章介绍条件的检查时，进一步讨论 Boolean 数据。

2.1.7　练习题

1．为下列数据确定适当的数据类型：

（1）4 个级别的平均分。

（2）一个月的天数。

（3）金门大桥的长度。

（4）彩票的数字。

（5）从纽约布鲁克林区到新泽西纽瓦克的距离。

2．将下列数字转换成标准的小数格式：

```
6.34E5   1.95162E2      8.395E1     2.95E-3     4.623E-4
```

3．将下列小数转换成指数表达式：

```
126.     656.23      3426.95     4893.2      .321       .0123      .006789
```

4．问题如下：

（1）使用 Unicode 编码，确定存储字母 KINGSLEY 所需的字节数。

（2）展示字母 KINGSLEY 在计算机内是如何以 Unicode 码序列方式存储的，也就是说，为 KINGSLEY 绘制一个类似于图 2.3 的插图。

5．问题如下：

（1）使用你自己的名字重复练习题 4（1）。

（2）使用你自己的名字重复练习题 4（2）。

6．因为大多数计算机对于整数、浮点数、双精度和字符值使用不同数量的存储空间，所以请讨论一下对于程序中不同数据类型所需的存储空间量，程序将如何向计算机发出警告。

注意：对于下面的练习题 7，读者应该理解一些基本的计算机存储概念。具体地说，如果你对字节的概念不是很熟悉，那么在做练习题 7 之前，请参考第 1.8 节的有关内容。

7．虽然字节总数是随着计算机的不同而变化的，但 65,536 到几百万字节以上的内存量并不很常见。在计算机语言中，字母 K 用来表示数字 1024，它是 2 的 10 次方；字母 M 用来表示数字 1,048,576，它是 2 的 20 次方。因此，640 K 的内存大小实际是 1024 的 600 倍，即 655,360 个字节；4 M 的内存大小是 1,048,576 的 4 倍，即 4,194,304 个字节。使用这些信息，计算下列内存的实际字节数：

（1）包含 8 M 字节的内存。

（2）包含 16 M 字节的内存。

（3）包含 32 M 字节的内存。

（4）包含 96 M 字节的内存。

（5）由 8 M 单词组成、每个单词由 2 个字节组成的内存。

（6）由 16 M 单词组成、每个单词由 4 个字节组成的内存。

（7）可以存储 1.44 M 字节的软盘。

2.2　算术运算符

整数和实际数字可以进行加、减、乘和除运算。虽然在执行算术运算时最好不要混合使用整数和实际数字，但在同一个表达式中使用不同的数据类型时，可以得到预期的结果。

用于算术运算的操作符被称为**“算术运算符”**（**Arithmetic Operator**），如表 2.7 所示。

表 2.7 算术运算符

操　作	运 算 符
加	+
减	−
乘	*
除	/
模	%

一个简单的**算术表达式**（**Arithmetic Expression**）是由两个运算对象和连接它们的运算符组成的，即：

运算对象 运算符 运算对象

其中最简单的运算对象是由一个文字值（即一个数字）组成的[①]。

下面是一些简单的算术表达式：

```
3+7、18-3、12.62+9.8、.08 * 12.2、12.6 / 2.0
```

在这些示例中，运算符两侧的空格是为了清晰起见而严格插入的，但是它们可以被忽略，而不会影响表达式的值。请注意，Java 中的表达式必须以一行的形式输入，因此，12.6 除以 2 对应的 Java 表达式必须采用 12.6 / 2 的形式来输入，而不能采用代数表达式：

$$\frac{12.6}{2}$$

当计算一个简单的算术表达式时，结果的数据类型是按照下列规则来确定的，它们也是以下列顺序来应用的：

（1）如果有一个运算对象是 double 类型的值，那么结果也将是 double 类型的值。

（2）如果有一个运算对象是 float 类型的值，那么结果也将是 float 类型的值。

（3）如果有一个运算对象是 long 类型的值，那么结果也将是 long 类型的值。

（4）结果是一个精确的整数值（32 位）。

只包含整数运算对象（long 或 int）的表达式被称为**“整数表达式”**（**Integer Expression**），其表达式的结果是一个整数值（规则（3）和（4））；类似地，只包含实际值运算对象（double 或 float）的表达式被称为**“浮点表达式”**（**Floating-Point Expression**）或**“实际表达式”**（**Real Expression**），其表达式的结果是一个浮点值（规则（1）和（2））；同时包含整数和非整数运算对象的表达式被称为**“混合表达式”**（**Mixed-Mode Expression**），混合表达式的结果通常是一个浮点值（规则（1）和（2）），例如，在混合表达式 16.4+3 中，在内部为了进行计算，3 将会被转换成 3.0，而表达式的结果是浮点数 19.4。

值得注意的是，对于整数和浮点值，加、减、乘和除算术运算的执行方式是不同的。具体来说，无论是整数还是浮点数，算术运算都是根据算术表达式中的运算对象类型（整数或浮点）来执行的，在这层意义上，算术运算符被认为是过载的，详细地说，**过载运算符**（**Overloaded Operator**）是一个表示多个操作、其执行取决于运算对象的类型的符号。虽然算术运算符过载的本性是很简单的，但我们将会在学习 Java 的过程中多次遇到过载的概念。

2.2.1 整数相除

两个整数相除可能会产生一个奇怪的结果，例如，整数表达式 15/2，表示用整数 15 除以整数 2，它

① 更为正式地说，运算对象可以是一个常量、变量（将在第 2.4 节中介绍）、函数调用，或任何能够产生单个值的这些元素的有效组合。

将会得到一个整数结果（如上面的规则（4）），因为整数不能包含小数部分，所以不会得到像 7.5 这样的结果。在 Java 中，两个整数相除时，结果中的小数部分将会被舍去（截取）。因此，15/2 的值为 7、9/4 的值为 2，而 17/5 的值为 3。

有时，我们可能需要保留整数相除的余数。要做到这一点，Java 提供了一个仅用于整数的非过载算术运算符，该运算符被称为“余数”和“模运算符”（这两个术语是可以互换使用的），其符号为%，用来得到两个整数相除时的余数，例如：

9%4 是 1（即，9 除以 4 得到的余数为 1）

17%3 是 2（即，17 除以 3 得到的余数为 2）

14%2 是 0（即，14 除以 2 得到的余数为 0）

2.2.2　非运算符

除了进行加、减、乘、除的二元运算符之外，Java 还提供了一元运算符。**一元运算符（Unary Operator）**是操作一个运算对象的运算符。其中一个一元运算符使用与二元减法相同的符号（−）。一个数字运算对象前的减号表示该数的相反数。

表 2.8 列出了到目前为止我们已经介绍的 6 个算术运算符，并列出了所涉及的运算对象的数据类型以及每个运算符所得到的结果的数据类型。

表 2.8　算术运算符

操　作	运 算 符	类　型	运 算 对 象	结　果
加	+	二元	两个都是整数	整数
			一个运算对象不是整数	浮点数
减	−	二元	两个都是整数	整数
			一个运算对象不是整数	浮点数
乘	*	二元	两个都是整数	整数
			一个运算对象不是整数	浮点数
除	/	二元	两个都是整数	整数
			一个运算对象不是整数	浮点数
取余	%	二元	两个都是整数	整数
取反	−	一元	整数	整数
			浮点数	浮点数

2.2.3　运算符优先级和结合运算符

除了 5 + 12 和.08 * 26.2 这样的简单表达式，我们经常需要创建更加复杂的算术表达式。Java 和大多数其他编程语言一样，在编写包含多个算术运算符的表达式时，要求遵守一定的规则，这些规则包括：

（1）两个二元算术运算符不能放在一起使用，例如，5*%6 是无效的，因为*和%这两个运算符被放在了一起。

（2）圆括号可以用来构成组，所有的以圆括号封装的表达式都会被首先计算。这允许使用圆括号来改变计算的顺序，例如，在表达式(6 + 4) / (2 + 3)中，6 + 4 和 2 + 3 被首先计算，并得到结果 10 / 5，然后计算 10 / 5，得到 2。

（3）也可以用其他圆括号来封装一组圆括号，例如，表达式(2 * (3 + 7)) / 5 是有效的，其运算结果是 4。当在圆括号内使用圆括号时，总是先计算最内层圆括号中的表达式，然后由内层向外层计算，直到计算完所有圆括号里的表达式。右圆括号的数目总是要等于左圆括号的数目，这样就不会存在不配对的圆括号。

（4）圆括号不能用来表示乘法。必须使用乘法运算符*来做到这一点，例如，表达式(3 + 4) (5 + 1)是无效的，正确的表达式应该是(3 + 4) * (5 + 1)。

（5）圆括号应该指定运算对象的逻辑分组，并向计算机和程序员清晰地指明所需的算术运算顺序。虽然总是先计算圆括号内的表达式，但包含多个运算符的表达式，无论有无圆括号，都要按照运算符的优先权或**优先级**（**Precedence**）来运算，并遵从以下规则：

① 首先执行所有的取反运算。

② 先执行乘、除和模运算。包含多个乘、除或模运算符的表达式按照从左到右的顺序执行运算，例如，在表达式 35 / 7 % 3 * 4 里，所有的运算具有相同的优先级，因此，将按照从左到右的顺序执行运算，这意味着，先执行除法，得到表达式 5 % 3 * 4；然后执行模运算，得到结果为 2；最后计算 2 * 4 得到 8。

③ 最后执行加和减运算。包含多个加或减运算符的表达式按照从左到右的顺序执行运算。

表 2.9 列出了本节介绍的运算符的优先级及结合性。正如我们所看到的，运算符的优先级是相对于所有其他运算符来确定其优先权的。表 2.8 顶端的运算符比底端的运算符具有更高的优先级。在包含不同优先级的运算符的表达式中，将在低优先级运算符之前使用高优先级运算符，例如，在表达式 6 + 4 / 2 + 3 中，因为除法运算符比加法运算符的优先级高（规则（6）），所以先执行除法运算，得到中间结果 6 + 2 + 3。然后执行加法运算，按照从左到右的顺序得到最终的结果 11，这种从左到右的计算顺序（如表 2.9 列出的最后两组运算符）被称为运算符的**结合性**（**Associativity**）。请注意，取反运算符的结合性是从右到左。

表 2.9　运算符的优先级和结合性

运 算 符	结 合 性
一元一	从右到左
* / %	从左到右
+ −	从左到右

最后，我们使用表 2.9 或前面的规则来计算一个包含不同优先级的运算符的表达式，例如，8 + 5 * 7 % 2 * 4。因为乘法和模运算符比加法运算符的优先级高，所以先按照从左到右的顺序执行这两个运算（规则 6），然后再执行加法运算。因此，整个表达式的计算过程如下所示：

```
8 + 5 * 7 % 2 * 4 =
    8 +35 % 2 * 4 =
        8 + 1 * 4 =
            8 + 4 = 12
```

2.2.4　字符串连接

虽然有很多可用于操纵字符串的运算，但它们大多数都是通过方法的方式来实现的。其原因是，在 Java 中，字符串不是原始数据类型，而是引用数据类型，它是在一个名为“String”的类中定义的。但是，一个运算可以使用与数字加法相同的运算符+，对于字符串数据，该符号将两个或多个字符串连接成一个字符串，正式地说，该操作被称为**“字符串连接”**（**String Concatenation**）。虽然字符串连接不是一个算术操作，但它是惟一以类似操纵数字数据的方式直接操纵字符串数据的操作。

例如，表达式

```
"Hot" + " Dog"
```

将两个单独的字符串"Hot"和" Dog"连接成一个字符串"Hot Dog"。请注意，两个单词之间的空格是由单词 Dog 前面的空格产生的。

若一个表达式中同时使用有字符串和数字数据，则在进行连接之前，+符号会把数字数据转换成字符串数据，例如，表达式"The result is " + 5 是一个连接操作，它将得到字符串"The result is 5"。

值得注意的是，连接运算符与加法运算符具有相同的优先级，有时这可能会导致奇怪的结果，例如，表达式：

```
"The result is" + 15.4 * 2
```

将得到字符串值：

```
"The result is 30.8"
```

之所以产生这样的结果是因为乘法运算符比加法运算符具有更高的优先级，这意味着，将先执行乘法运算，然后将得到的值 30.8 转换成字符串"30.8"，并附加到第一个字符串后。

现在请考虑表达式"The result is " + 15.4 +2。其中加法运算是从左向右执行的，这是由加法运算符的结合性决定的。因为字符串与数字值的相加是一个连接操作，所以中间结果是"The result is 15.4" + 2，现在 2 被连接到第一个字符串，得到的结果为"The result is 15.42"。要想先将两个数字相加，正确的表达式为"The result is "+ (15.4 + 2)，在该表达式中，圆括号用来更改默认的计算顺序，并确保在执行任何连接操作之前，先将数字值相加。

从这个讨论得到的一般规则是，为了防止得到不期望的结果，**“在任何包含字符串的表达式中进行算术运算时，通常要使用圆括号”**，在下一节开始使用 print()、println()和 showMessage()方法显示数字计算的结果时，我们将大量应用这个规则。

2.2.5 练习题

1．表 2.10 是一些代数表达式及其对应的不正确的 Java 表达式，请找出其中的错误，并写出正确的 Java 表达式。

表 2.10 代数表达式及其对应的不正确的 Java 表达式

代数表达式	Java 表达式
(2)(3) + (4)(5)	(2)(3) + (4)(5)
$\frac{6+18}{2}$	6 + 18 / 2
$\frac{4.5}{12.2-3.1}$	4.5 / 12.2 – 3.1
4.6(3.0 + 14.9)	4.6(3.0 + 14.9)
(12.1 + 18.9)(15.3 – 3.8)	(12.1 + 18.9)(15.3 – 3.8)

2．假设 amount = 1、m = 50、n = 10、p = 5，请计算下列表达式的值：

（1）n / p + 3

（2）m / p + n – 10 * amount

（3）m – 3 * n + 4 * amount

（4）amount / 5

（5）18 / p

（6）18 % p

（7）–p * n

（8）–m / 20

（9）–m % 20

（10）(m + n) / (p + amount)

（11）m + n / p + amount

3．重复练习题 2，假设 amount = 1.0、m = 50.0、n = 10.0、p = 5.0。

4．确定下列整数表达式的值：

（1）3 + 4 * 6

（2）3 * 4 / 6 + 6

（3）2 * 3 / 12 * 8 / 4

（4）10 * (1 + 7 * 3)

（5）20 – 2 / 6 + 3

（6）20 – 2 / (6 + 3)

（7）(20 – 2) / 6 + 3

（8）(20 – 2) / (6 + 3)

5．确定下列浮点表达式的值：

（1）3.0 + 4.0 * 6.0

（2）3.0 * 4.0 / 6.0 + 6.0

（3）2.0 * 3.0 / 12.0 * 8.0 / 4.0

（4）10.0 * (1.0 + 7.0 * 3.0)

（5）20.0 – 2.0 / 6.0 + 3.0

（6）20.0 – 2.0 / (6.0 + 3.0)

（7）(20.0 – 2.0) / 6.0 + 3.0

（8）(20.0 – 2.0) / (6.0 + 3.0)

6．计算下列表达式并列出结果的数据类型。在计算表达式时，请注意所有中间计算的数据类型。

（1）10.0 + 15 / 2 + 4.3

（2）10.0 + 15 % 2 + 4.3

（3）10.0 + 15.0 / 2 + 4.3

（4）3.0 * 4 / 6 + 6

（5）3.0 * 4 % 6 + 6

（6）3 * 4.0 / 6 + 6

（7）20.0 – 2 / 6 + 3

（8）10 + 17 % 3 + 4

（9）10 + 17 % 3 + 4

（10）10 + 17 / 3. + 4

2.3 显示数值结果

除了显示字符串之外，print()、println()和 showMessage()方法还允许我们将表达式的数值结果显示成字符文本或显示在 GUI 中，这是通过在显示之前把期望的值转换成字符串来做到的，例如，语句

```
System.out.println((6 + 15));
```

将得到输出结果 21。请注意，表达式 6 + 15 两边的双括号不是必需的，也就是说，语句

```
System.out.println(6 + 15);
```

也将显示 21。但是，通常建议把算术表达式包含在圆括号内，因为最终传递给 print()和 println()方法的参数在显示之前，通常将被转换成字符串。把表达式包含在圆括号内可以确保算术运算在进行字符串转换之前完成。下面我们将会看到一个示例，没有包含算术表达式将会导致在进行期望的算术加法之前，先进行了字符串连接。

除了显示单个数字值之外，输出的字符串还可以通过在输出方法中同时包括字符串和值来得到显示，例如，语句

```
System.out.println("The total of 6 and 15 is "+(6 + 15));
```

将把两个项目连接为一个字符串，然后将结果传递给 println()进行显示。这里，首先执行的是算术加法运算，然后将得到的值 21 连接到字符串“The total of 6 and 15 is”中。因为第一个运算对象是字符串，所以程序将把第一个加号解释为连接操作。要执行连接操作，数字值 21 将在内部被转换成字符串“21”，然后用于字符串连接。最后，因为得到的是一个字符串，所以它将被传递给 println()方法进行显示，该语句的输出结果为：

```
The total of 6 and 15 is 21
```

对于 System.out.println()，它的输入就是一个将要被发送出去用于显示的字符串。还要注意的是，这里表达式 6 + 15 两侧的圆括号是必需的。如果没有这些圆括号，那么由于第一个运算对象是字符串，程序将会简单地从左向右连接所有的运算对象，并得到显示结果：

```
The total of 6 and 15 is 615
```

请注意，单词“is”和所显示的数字之间的空格是由传递给 println()方法的字符串中的空格产生的。在字符串中添加空格、制表位或新行转义序列将会使这些字符作为最终所显示的输出结果的一部分，例如，语句

```
System.out.println("The sum of 12.2 and 15.754 is\n" + (12.2 + 15.754));
```

显示的结果为：

```
The sum of 12.2 and 15.754 is
27.954
```

应该注意，最终发送给打印方法的字符串可以占用多行，并且可以包含多个连接，因此，下面的语句也将得到前面显示的结果：

```
System.out.println("The sum of 12.2 and 15.754 is\n"
          + (12.2 + 15.754)
          );
```

使用多行的限制是，双引号内包含的字符串不能被拆分成多行，最后的分号只能出现在最后一行。在一行中，可以使用多个连接符号。正如最后的显示结果所示，浮点数字可以使用充分的空间来显示数字的小数部分。Java 语言特别要求，在将浮点值或双精度值作为字符串显示时，要提供尽可能多的小数位来显示数字的小数位，以确保不会损失精度[①]。

程序 2.1 演示了使用 System.out.println()来显示表达式的结果。

程序 2.1

```
public class ShowOperations
{
 public static void main(String[] args)
 {
  System.out.println("15.0 plus 2.0 equals " + (15.0 + 2.0) + '\n'
```

① 笔者从 www.javasoft.com/docs/books/jls/index.html 获得的 Java 规范。

```
                + "15.0 minus 2.0 equals " + (15.0 - 2.0) + '\n'
                + "15.0 times 2.0 equals " + (15.0 * 2.0) + '\n'
                + "15.0 divided by 2.0 equals " + (15.0 / 2.0) );
  }
}
```

程序 2.1 的输出结果为：

```
15.0 plus 2.0 equals 17.0
15.0 minus 2.0 equals 13.0
15.0 times 2.0 equals 30.0
15.0 divided by 2.0 equals 7.5
```

在回顾程序 2.1 产生的显示结果时，请注意，最终只有一个字符串作为参数被传递给 println()方法，该字符串由 11 个项目连接而成，其中 4 个项目是从算术表达式计算得到的值，3 个项目是新行转义序列。

2.3.1 格式化输出①

除了显示正确的结果，对于一个程序来说，恰当地表现它的结果也是很重要的。实际上，大多数程序都力争使数据输入及其输出样式和表现都比较方便，例如，将货币结果显示为 1.897000 并不符合日常习惯，根据应用的四舍五入和截断原则，应该显示为$1.90 或$1.89。

整数和浮点数的精确显示可以通过 Java 提供的 format()方法来控制，该方法包含在 java.text.DecimalFormat 类中。在每个准确对齐的列中显示包含数字的列，格式化数字是非常有用的，例如，程序 2.2 演示了在没有任何格式规范的情况下，如何对齐整数列。

程序 2.2

```
public class NoFormat
{
  public static void main(String[] args)
  {
    System.out.println(6);
    System.out.println(18);
    System.out.println(124);
    System.out.println("---");
    System.out.println(6+18+124);
  }
}
```

程序 2.2 的输出结果为：

```
6
18
124
---
148
```

因为没有提供明显的格式化规范，所以 println()根据需要为每个数字分配了足够的空间。要强制使数字对齐，要求字段的长度足够大，以显示最大的数字。对于下面的特定的示例，3 个字段宽度就足够了，程序 2.3 演示了如何设置最小的字段宽度。

程序 2.3

```
import java.text.*;  //用来访问 DecimalFormat 类
public class WithFormats
{
```

① 在阅读时，可以跳过这部分内容，不会影响到内容的连续性。

```
public static void main(String[] args)
{
    //下面的一个语句创建了一个默认的格式
  DecimalFormat num = new DecimalFormat("000");

  System.out.println(num.format(6));
  System.out.println(num.format(18));
  System.out.println(num.format(124));
  System.out.println(num.format(---));
  System.out.println(num.format(6+18+124));
 }
}
```

程序2.3的输出结果为：

```
006
018
124
---
148
```

回顾程序2.3和它的输出，可以看到，前两个数字使用了前导0。附录E中介绍了一个简单的用户自定义的方法，可以使用空格代替这些前导0①。

程序本身包含了一些创建格式化输出所必需的项目，这些项目是由下列内容组成的：

（1）java.text类包的import语句。

（2）main()方法中使用new操作符创建所需的格式化字符串的语句。

（3）将字符串格式化为数字值的format()方法调用。

第一个项目（1）import语句是必需的，因为我们将要使用java.text类包中的DecimalFormat类提供的格式化能力。在使用DecimalFormat类的格式化能力的程序中包括import java.text.*;语句，意味着你可以像程序2.3那样调用所需的format()方法。

第二个项目（2）是通过下面的语句来提供的：

```
DecimalFormat num = new DecimalFormat("000");
```

它被放在程序2.3的main()方法的顶部。除了名为“num”的标识符（这是由程序员选择的一个名称，你也可以选择任意有效的Java标识符），在可以进行任何明确的格式化之前，该语句是必需的，在上面的特殊情况下，该语句创建了一个DecimalFormat类的对象，名为“num”，并创建了一个格式化字符串“000”②。表2.11列出了可接收的符号，以及当包含在格式化字符串中时，每个符号所表示的意思。特别地，格式化字符串“000”意味着总是生成具有三位数字的整数数字，如果数字少于三位，那么将使用前导0，如程序2.3生成的结果所示：如果数字超过三位，那么，稍后将会看到，指定字段宽度的整数将会被忽略，并显示完整的数字。

例如，下面语句中的格式化字符串：

```
DecimalFormat num = new DecimalFormat(",###");
```

指定将要显示不带前导0的整数数字，并且每三位数字用一个逗号分开。当将该格式化字符串应用于数字12345.648时，字符串的结果为“12,345”。要格式化数字的小数部分，应遵循被小数点分开的两个

---

① 虽然附录E中介绍的方法可以做到这一点，但要完全理解该方法的工作原理，需要参考第5.3节（for循环）和第12.3节（字符串方法）的有关内容。由于#符号的作用，格式“##0”并没有解决这个问题，如表2.11所示。

② 正式地说，该语句中的关键字new是Java的“动态内存分配操作符”。这种操作符为引用对象分配空间，并使用字符串“000”初始化该对象。然后，该格式化字符串可以被名为“num”的标识符访问（即引用），num标识符通常被称为“引用变量”。第2.4节将详细介绍这方面的内容。

格式化规范：小数点前面的符号表示如何格式化整数部分；小数点后面的符号表示如何格式化数字的小数部分，例如，下面语句中的格式化字符串：

```
DecimalFormat num = new DecimalFormat(",###.##");
```

指定在每三位整数组之间使用一个逗号，小数点右边最多保留两位（四舍五入）。使用这种格式，值 12345.648 将会被转换成字符串"12,345.65"，但是，需要注意的是，如果使用该格式化字符串来格式化数字 345.60，那么将会得到字符串"345.6"，这是因为占位符#不会为开始或结尾的 0 保留空间。因此，如果使用占位符#，并且所格式化的数字不要求占用格式化字符串中由#提供的所有位置，那么将会忽略小数点两边多余的#，但是，如果数字的整数部分的位数超过小数点左边的#的数目，那么将会分配额外的空间，以容纳该数字。

这些规则同样适用于 0 占位符，一个重要的不同是：如果数字没有填满由 0 指定的空间，那么将会使用 0 来填满未被占用的空间，如程序 2.3 的输出结果所示，例如，在下面的语句中使用格式化字符串：

```
DecimalFormat num = new DecimalFormat("0,000.00");
```

值 12345.648 将会被转换成字符串值"12,345.65"，而值 345.5 将会被转换成字符串"0,345.60"。因为数字输出通常不需要前导 0，所以#格式化符号常常被用来指定数字的整数部分，而 0 格式化符号被用来强制小数部分保留固定的小数位数，例如，在下面的语句中使用格式化字符串：

```
DecimalFormat num = new DecimalFormat(",###.00");
```

值 345.6 将会被转换成字符串"345.60"。

除了数字占位符之外，还可以直接在数字指定位置之前和之后放置其他符号，并且在格式化值时，这些符号将会被包含在所返回的字符串中，例如，在下面语句的格式化字符串中设置竖线符号 |：

```
DecimalFormat barform = DecimalFormat("|,###.00|");
```

将会强制在被格式化的每个数字之前和之后设置一个竖线符号。这里需要注意的是，我们使用的是名为“barform”的标识符，而不是名为“num”的标识符。另外，你可以选择任意符合 Java 标识符规则的标识符名称。

使用竖线符号 | 可以清楚地标记所返回的字符串的开始和结束位置。表 2.11 演示了各种用户格式的效果，在该表中请注意，如果指定的整数格式太小，那么将会忽略格式化字符串指定的整数部分，因此，无论指定什么样的格式化字符串，通常都要求为数字的整数部分提供足够的空间。如果使用 0 占位符，那么数字的小数部分将根据指定的位数来显示，在这种情况下，如果小数部分的位数少于指定的位数，那么将会在数字的结尾补足尾随 0。对于 0 和#占位符，如果小数部分的位数大于格式中指定的位数，那么将会把该数字四舍五入为指定的小数位数。

表 2.11 数字格式示例

格式化字符串	数 字	返回的字符串值	注 释
"|##|"	3	|3|	只使用一个#位置
"|##|"	43	|43|	使用两个#位置
"|##|"	143	|143|	忽略#占位符
"|00|"	3	|03|	使用前导 0 位置
"|00|"	43	|43|	占用两个 0 占位符
"|00|"	143	|143|	忽略 0 占位符
"|00|"	143.66	|143|	忽略 0 占位符，截取小数位
"|##.00|"	2.466	|2.47|	小数位四舍五入
"|##.##|"	2.466	|2.47|	小数位四舍五入
"|00.00|"	123.4	|123.40|	忽略前导占位符，小数部分强制保留两位
"|00.##| "	123.4	|123.4|	忽略前导占位符，小数部分不强制保留两位

在使用 DecimalFormat 类定义格式化字符串之后，仍必须明确地将它应用于所要格式化的所有数字。可以使用 DecimalFormat 类的 format()方法来做到这一点，例如，在程序 2.3 中，数字值的实际格式化就是通过每个用来显示数字值的 println()方法内包含的表达式 num.format()实现的。需要注意的是，这些 format()方法调用都是以一个句点和标识符名称（这里为 num）开始的，我们可以在定义格式化字符串时自己选择该标识符名称；还需要知道，format()的功能就是把每个数字转换成字符串，而这正是通过各个 println()语句所要显示的字符串。

除了使用 print()或 println()方法来显示格式化的数字（如程序 2.3 所示）之外，还可以将相同的格式化技术应用于创建对话框的程序中，例如，首先识别创建程序 2.4 中的格式化数字所必需的 3 个项目，然后使用 showMessageDialog()方法来创建它的输出显示。

程序 2.4
```
import java.text.*;
import javax.swing.*;
public class GuiFormat
{
   public static void main(String[] args)
   {
     DecimalFormat num = new DecimalFormat("$,###.00");

     JOptionPane.showMessageDialog(null,
       "The result is " + num.format(25625.648), "Output Display",
      JOptionPane.INFORMATION_MESSAGE);

      System.exit(0);
   }
}
```

在分析程序 2.4 中用来创建格式化输出数字的语句时，请注意以下内容：

（1）已经包括了 `import java.text.*;`。

（2）语句 `DecimalFormat num = new DecimalFormat("$,###.00");`被用来创建格式化字符串。

（3）使用表达式 num.format(25625.648)将格式化字符串应用于数字值，图 2.4 显示的是该表达式的输出结果（字符串"$25,625.65"与字符串"The result is "连接的结果），而整个字符串被用作 showMessageDialog()方法的消息部分。

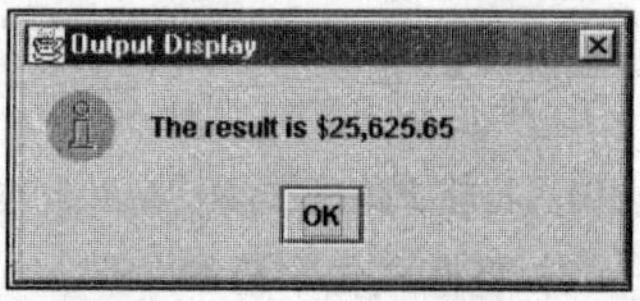

图 2.4　程序 2.4 的输出结果

程序 2.4 的输出结果如图 2.4 所示。

2.3.2　练习题

1. 在你的计算机上输入并运行程序 2.1。

2. 确定下列程序的输出结果：

```
public class Test1
{
 //a program illustrating integer truncation
   public static void main(String[] args)
  {
        System.out.println("answer1 is the integer " +(9/4));
        System.out.println("answer2 is the integer " +(17/3)");
  }
}
```

3．确定下列程序的输出结果：

```
public class Test2
{
  //a program illustrating the % operator
  public static void main(String[] args)
  {
    System.out.println("The remainder of 9 divided by 4 is " +(9 % 4));
    System.out.println("The remainder of 17 divided by 3 is "+(17 % 3));
  }
}
```

4．编写一个 Java 程序，显示表达式 3.0 * 5.0、7.1 * 8.3 – 2.2 和 3.2 / (6.1 * 5)的结果。手工计算这些表达式的值，以验证所显示的值的正确性。

5．编写一个 Java 程序，显示表达式 15 / 4、15 % 4 和 5 * 3 – (6 * 4)的结果。手工计算这些表达式的值，以验证所显示的值的正确性。

6．问题如下：

（1）在你的计算机上输入并运行程序 2.3。

（2）如果使用格式化字符串"###"替代"000"，确定程序 2.3 的输出结果。

7．在你的计算机上输入并运行程序 2.4。

8．确定在下列情况格式化字符串得到的结果：

（1）将格式化字符串"##"应用于数字 5。

（2）将格式化字符串"####"应用于数字 5。

（3）将格式化字符串"####"应用于数字 56829。

（4）将格式化字符串"###.##"应用于数字 5.26。

（5）将格式化字符串"###.##"应用于数字 5.267。

（6）将格式化字符串"###.##"应用于数字 53.264。

（7）将格式化字符串"###.##"应用于数字 534.264。

（8）将格式化字符串"###.##"应用于数字 534.0。

9．确定在下列情况格式化字符串得到的结果：

（1）将格式化字符串"###.##"应用于数字 126.27、82.3 和 1.756，并且每个格式化数字单独显示在一行。

（2）将格式化字符串"###.##"应用于数字 26.27、682.3、1.968 和表达式(26.27 + 682.3 + 1.968)，并且每个格式化数字单独显示在一行。

（3）将格式化字符串"###.##"应用于数字 34.164、10.003 和表达式(34.164 + 10.003)，并且每个格式化数字单独显示在一行。

2.4 变量和声明

计算机程序中的所有整数、浮点数和其他值都被存储在计算机的内存单元中，并且可从中进行检索。从概念上讲，内存单元中的每个位置就像大宾馆中的房间那样排列，每个内存位置都有一个惟一的地址（像宾馆的“房间号”一样）。

在像 Java 这样的高级语言产生以前，内存位置都是通过它们的地址来引用的，例如，将整数 45 和 12 分别存储在内存位置 1652 和 2584 中（如图 2.5 所示），需要如下所示的指令：

```
put a 45 in location 1652
put a 12 in location 2548
```

要将刚才存储的两个数字相加起来，并将结果保存在另一个内存位置（例如，存储在位置 3000），需要下面的语句：

```
Add the contents of location 1652
to the contents of location 2548
and store the result into location 3000
```

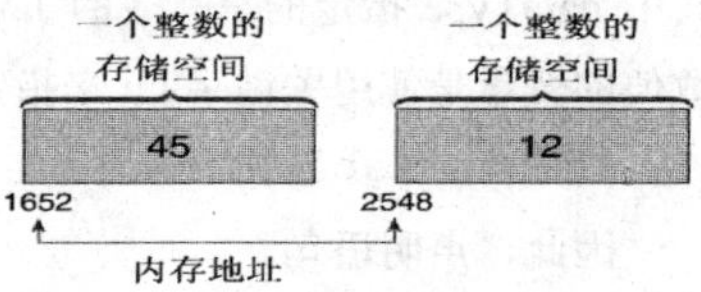

图 2.5　两个整数的存储空间

显然，这种存储和检索是一个较为麻烦的过程。在像 Java 这样的高级语言中，使用符号名来代替实际的内存地址。对于原始类型的值（例如整数、实际数字和个别字符），存储这些值的符号名被称为“变量”。**变量**（**Variable**）就是程序员指定的、用来指计算机存储位置的名称。之所以使用变量这个术语，是因为变量中存储的值是可以改变的。对于程序员使用的每个名称，计算机都能够跟踪与该名称对应的实际内存地址，就像宾馆的房间一样，这相当于为每个房间指定了一个名称，并使用该名称来引用房间，例如 BLUE 房间，并不是使用实际的房间号。

在 Java 中，变量名是由程序员来选择的，只要选择符合前面在第 1.2 节介绍的标识符的规则，因此，选择变量名的规则与选择类和方法名的规则是完全相同的。就像类和方法名一样，变量名应该是易记的，能够对变量的作用提供一些提示，例如，对于用来存储其他值的总和的变量，sum 或 total 将是比较好的变量名。不应该选择不能对所存储的值提供任何提示的变量名，例如，goForIt、Linda、bill 和 duh 等。像方法名一样，可以使用大写或小写字母来键入变量名。

现在假设图 2.5 所示的第一个内存位置（地址为 1652）的变量名被指定为“num1”；内存位置 2548 的变量名被指定为“num2”；而内存位置 3000 的变量名被指定为“total”，如图 2.6 所示，使用这些变量名，将 45 存储在位置 1652、将 12 存储在位置 2548，将这两个位置中的内容相加的操作是通过下列 Java 语句来完成的：

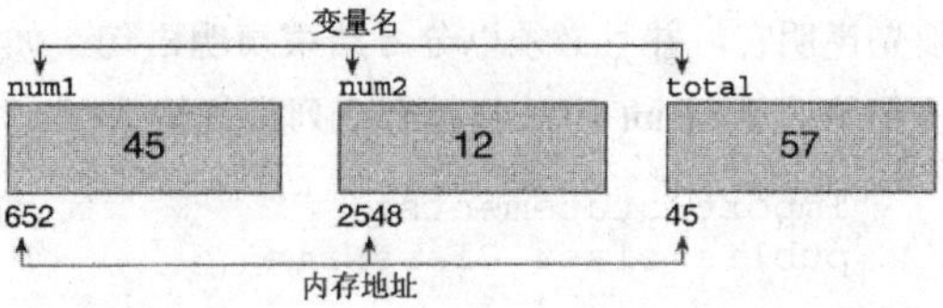

图 2.6　命名存储位置

```
num1 = 45;
num2 = 12;
total = num1 + num2;
```

这 3 个语句分别被称为“**赋值语句**”（**Assignment Statement**），因为它们告诉计算机将值分配（存储）到变量中。赋值语句通常是在一个变量名后紧跟一个等号=，等号右边的值是事先确定的，并且该值被赋给等号左边的变量。在赋值语句中插入空格是为了增加程序的可读性。我们将在下一章中详细介绍赋值语句，这里我们可以使用赋值语句将值存储在变量中。

变量名是非常有用的，因为它不要求程序员考虑数据在计算机中实际的存储位置，我们只需简单地使用变量名，而让编译器考虑数据在内存中实际存储的位置。但是，在将值存储在变量中之前，Java 要求明确声明将在其中存储的数据类型。我们必须事先告诉编译器，将要用于字符的变量名、将要用于整数的变量名，以及将要用来存储其他 Java 数据类型的变量名。

2.4.1　声明语句

命名变量，并指定可以在其中存储的数据类型是使用**声明语句**（**Declaration Statement**）来实现的。声明语句的常规格式如下所示：

```
dataType variableName;
```

其中 dataType 指定的是有效的 Java 数据类型，而 variableName 是用户选择的变量名。声明用来存储整数值的变量是使用关键字 int 来指定数据类型的，其格式如下所示：

```
int variableName;
```

因此，声明语句

```
int sum;
```

将 sum 声明为一个能够存储整数值的变量名。

除了用来指定整数的预留字 int 之外，还可以使用预留字 long 来指定长整数，例如，语句

```
long datenum;
```

将 datenum 声明为一个将要用来存储长整数的变量。另外，关键字 short 和 byte 分别用来指定其他两种整数类型。

存储单精度浮点值的变量是使用关键字 float 来声明的，而存储双精度值的变量是使用关键字 double 来声明的，例如，语句

```
float firstnum;
```

将 firstnum 声明为将要用来存储浮点值的变量。类似地，语句

```
double secnum;
```

声明变量 secnum 存储的是双精度数值。

虽然可以将声明语句放在方法的任意位置，但通常是将所有的声明语句放在一起，并紧跟在方法开花括号的后面，或者放在首次使用该变量的地方。但是，无论采用哪种方式，在可以使用变量之前，必须先声明它，并且必须以分号结束声明语句。如果将声明语句放在开花括号的后面，那么一个包含声明语句的简单 main()方法将具有下列常规格式：

```
import statements;
public class ClassName
{
    public static void main(String[] args)
    {
        declaration statements;

        other statements;
    }
}
```

程序 2.5 举例说明了这种格式，其中声明并使用了 4 个双精度变量，System.out.println()方法被用来显示其中一个变量的内容。

程序 2.5

```
public class ShowDeclarations
{
  public static void main(String[] args)
  {
    double grade1;          //声明了一个 double 类型的变量 grade1
    double grade2;          //声明了一个 double 类型的变量 grade2
    double total;           //声明了一个 double 类型的变量 total
    double average;         //声明了一个 double 类型的变量 average

    grade1 = 85.5;
    grade2 = 97.0;
    total = grade1 + grade2;
```

```
        average = total/2.0;           //将总和 total 除以 2.0
        System.out.println("The average grade is " + average");
    }
}
```

程序 2.5 中的声明语句的位置设置是非常直观的，但是稍后我们将会看到，可以将 4 个独立的声明合并成一个声明。当运行程序 2.5 时，将会得到下面的输出结果：

```
The average grade is 91.25
```

需要注意程序 2.5 中的 println()方法调用。当变量名是传递给方法的其中一个参数时，例如程序 2.5 中的 println()，该方法接收到的只是变量中存储的值的一个副本，并没有接收到变量名。当程序在方法的圆括号中看到变量名时，它将首先转到该变量，并检索其中存储的值，然后将该值传递给方法，因此，当变量被包括在 println()的参数列表中时，println()将接收该变量中存储的值，将它转换成字符串，然后显示该值。从内部来看，println()并不知道它所接收的值来自何处，也不知道值被存储在哪个变量名下。

虽然将数据传递到方法中的过程看起来有些奇怪，但它确实是一个安全的过程，它能够确保调用的方法不会访问原始变量，这可以保证调用的函数不会无意中更改所声明的变量中的数据。我们将在第 6 章介绍编写调用方法时详细介绍这方面的内容。

就像整数和实际数字（单精度和双精度）变量必须在使用它们之前进行声明一样，用来存储单个字符的变量也必须事先声明。字符变量是使用预留字 char 来声明的，例如，表达式

```
char ch;
```

声明 ch 是一个字符变量。程序 2.6 举例说明了这个声明，并使用 System.out.println()方法显示字符变量中存储的值。

程序 2.6

```
public class ShowChar
{
    public static void main(String[] args)
    {
     char ch; //声明了一个字符类型的变量 ch

     ch = 'a';      //将字符 a 保存在 ch 中
     System.out.println("The character stored in ch is " + ch);
     ch = 'm';      //将字符 m 保存在 ch 中
     System.out.println("The character now stored in ch is " + ch);
    }
}
```

当运行程序 2.6 时，将会得到如下所示的输出结果：

```
The character stored in ch is a
The character now stored in ch is m
```

在程序 2.6 中请注意，变量 ch 存储的第一个字母是 a，存储的第二个字母是 m。因为一个变量一次只能存储一个值，所以将 m 赋值给变量将会自动覆盖 a。

2.4.2　多重声明

相同数据类型的变量通常可以被组合到一起，使用一个声明语句来声明，这种声明的常规格式为：

```
dataType variable list;
```

例如，程序 2.5 中使用的 4 个单独的声明：

```
double grade1;
```

```
double grade2;
double total;
double average;
```

可以被一个声明语句取代：

```
double grade1, grade2, total, average;
```

类似地，下面两个字符声明

```
char ch;
char key;
```

可以使用一个声明语句来取代：

```
char ch, key;
```

请注意，在一个声明语句中声明多个变量要求，只能指定一次变量的数据类型，所有的变量名使用逗号分隔，并且只使用一个分号来结束整个声明语句。在每个逗号后插入空格是为了提高代码的可读性，并不是必需的。

声明语句还可以用来将初始值存储到已声明的变量中，例如，下面的声明语句

```
int num1 = 15;
```

将变量 num1 声明为整数变量，并为该变量设置了值 15。当声明语句被用来将值存储到变量中时，该变量就被认为得到**初始化**（**Initialized**），因此，在该示例中，正确的说法是，变量 num1 已经被初始化为 15。类似地，声明语句

```
double grade1 = 87.0;
double grade2 = 93.5;
double total;
```

声明了 3 个双精度变量，并且初始化了其中两个变量。

在初始化单精度变量时，为初始化的值添加后缀 f 或 F 是非常重要的，如果没有这样做，那么将会产生一个编译错误，并通知进行了不兼容的数据类型声明，这是因为小数数字的默认类型为双精度类型，并且编译器将试着警告你，试图将双精度值存储到单精度变量中，将会损失精度，因此，下面的初始化语句

```
float number= 26.3;       //这是一个无效的初始化
```

是无效的，而正确的初始化为：

```
float number= 26.3f;      //有效，因为在数字后面添加了 f 作为后缀
```

在使用初始化时，在单独一行声明每个初始化的变量是一种好的编程习惯。文字、只使用文字的表达式（例如 87.0 + 12 – 2），以及使用文字和以前初始化的变量的表达式，都可以用作方法中的初始化语句，例如，包含声明初始化的程序 2.5 可被改写成程序 2.7。

程序 2.7

```
public class Initializations
{
    public static void main(String[] args)
    {
      double grade1 = 85.5;
      double grade2 = 97.0;
      double total, average;

      total = grade1 + grade2;
      average = total/2.0;     //将总和 total 除以 2.0
      System.out.println("The average grade is " + average);
```

```
    }
}
```

请注意最后一个声明语句后的空行。将变量声明放在方法正文的顶部，并在之后插入一个空行，是一个好的编程习惯，它不仅可以改善程序的外观，而且可以提高程序的可读性。

2.4.3　字符串声明

到目前为止，我们所用的全部声明都是针对 Java 的原始数据类型。声明还可以针对引用数据类型，我们将在第 7 章中详细介绍这方面的内容，现在，我们先局限于字符串数据类型，将其作为引用数据类型的常规介绍。

图 2.7 演示了原始数据类型的变量存储值的方式。这里请注意，变量名是非常易于记忆的，它代表着实际的内存地址，并且值是直接存储在该地址下的。

图 2.7 所示的存储方式与图 2.8 所示的引用变量的存储方式有很大的不同。在图 2.8 中，变量包含内存地址，以及在该地址下存储的实际字符串值。理解这一点的另一种方式是，变量引用在其中存储实际值的内存位置，这里，变量被称为“引用变量”，而实际存储的值被称为“对象”。

图 2.7　在原始数据类型的变量中存储值的示例

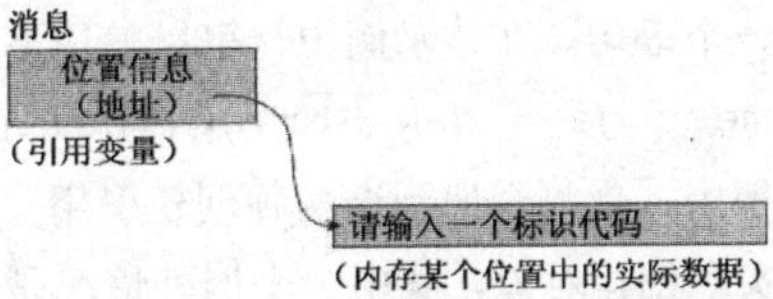

图 2.8　在引用变量中存储值的示例

假设图 2.8 所示的引用变量消息（message）已经被声明为字符串，像 System.out.println(message); 这样的语句将使程序首先获得在 message 中存储的内存地址，然后检索在该地址下存储的字符串值。首先从引用变量获得地址，进入该地址，然后检索适当字节数的对象，该过程是自动完成的，被称为“**自动取消引用**”（**Automatic Dereferencing**）。字符串的长度是与字符串一起存储的。

所有的引用类型（包括字符串类型），都是从类中派生出来的，并被称为“对象”。正如我们已经看到的，术语**引用变量**（**Reference Variable**）被用于存储对象地址的标识符。

除了可以采用多种方式声明的字符串对象之外，大多数对象都可以使用一个两步过程来得到声明和初始化，这与声明原始数据类型的变量所用的方法有很大的不同。我们先介绍一下这个两步声明，然后介绍一个简单的使用 String 对象的过程。

声明引用对象的第一步是声明引用变量，这与声明原始变量是完全相同的，例如，下面的语句

```
String message;
```

声明了一个名为“message”的引用变量，它将要被用来访问一个字符串（String）类型的对象。图 2.9a 演示了该声明生成的结果，它表明已经为引用变量 message 预留了内存存储区域，并且该引用变量中存储的值是一个被指定为 null 的地址，这个 null 值意味着，该引用变量目前还不被认为是一个有效对象。

第二步是创建一个引用变量指向的 String 对象，这是通过如下所示的语句来完成的：

```
message = new String("Hello World!");
```

该语句中的关键字“new”是一个操作符，它为指定类型的对象创建存储空间，这是通过为指定类型的对象分配足够的内存来实现的，在该示例中为字符串值"Hello World!"。因为这种分配是在程序执行时动态完成的，所以“new”操作符被称为“**动态内存分配操作符**”（**Dynamic Memory Allocation Operator**）。另外，因为该过程创建了一个特定的对象实例，所以该过程本身被称为“**对象实例化**”（**Instantiating An**

Object）；另外一种说法是，动态内存分配操作符被用来实例化（即创建）对象。图 2.9b 显示了我们提供的特定实例化产生的内存分配结果，这里请注意，字符串值已经被放在内存中，并且该内存的位置（地址）已经被放到引用变量 message 中，这个过程与原始变量的声明和初始化过程完全不同，它们是将值直接放到变量中。

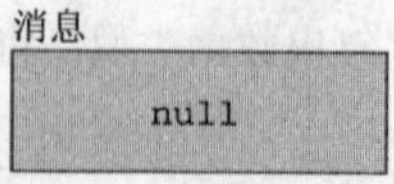

图 2.9a 创建引用变量

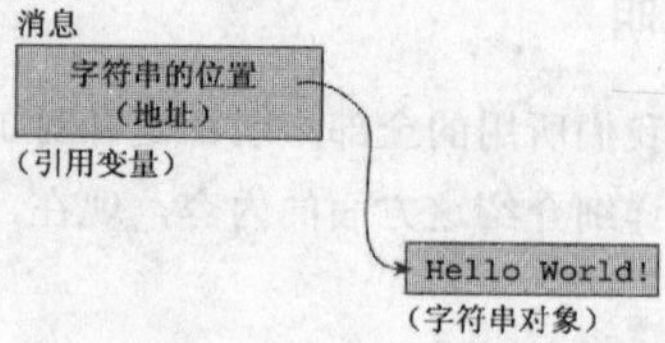

图 2.9b 实例化对象

实际上，先声明引用变量，然后实例化对象的这两个步骤：

```
String message;
message = new String("Hello World! ");
```

可以被合并成一个语句。在该示例中，可以使用下面的语句：

```
String message = new String("Hello World! ");
```

在编程过程中，你将会遇到这两种创建引用变量和对象的方法。有两个常见的例外情况不需要使用 new 操作符来实际创建对象，其中一个例外情况是，可以在不使用 new 操作符的情况下创建 String 文字（另一个例外情况是数组的声明，将在第 8.1 节中介绍），例如，下面的声明

```
String message = "Hello World! ";
```

自动创建了一个引用变量，然后在没有明确使用 new 操作符的情况下实例化（创建）一个 String 对象。但是，值得注意的是，该语句将产生与图 2.9b 所示的相同结果，并且字符串值没有被存储在 message 中，而 message 是一个真正的引用变量，因此，它包含了其中实际存储字符串值的第一个内存地址，因为该语句不仅简单，而且与原始变量的声明相当，所以我们通常使用这种形式来声明和初始化 String。

应该注意的是，因为字符串属于引用数据类型，并且 Java 没有为这种类型提供内置的操作，所以没有为字符串提供单个操作符符号及其各自的操作（除了连接和赋值操作符），但是，可以使用字符串处理方法的扩展集合来执行字符串比较以及其他有用的字符串操作，这些方法是 String 类的一部分，我们将在第 7 章中详细介绍。

2.4.4 内存回收

虽然一个引用变量只能包含一个对象的位置信息，但可以更改这个位置信息，也就是说，在一个程序中，相同的引用变量可以用来定位多个对象，例如，如图 2.10 所示，引用变量 message 被用来定位 3 个不同的 String 对象。

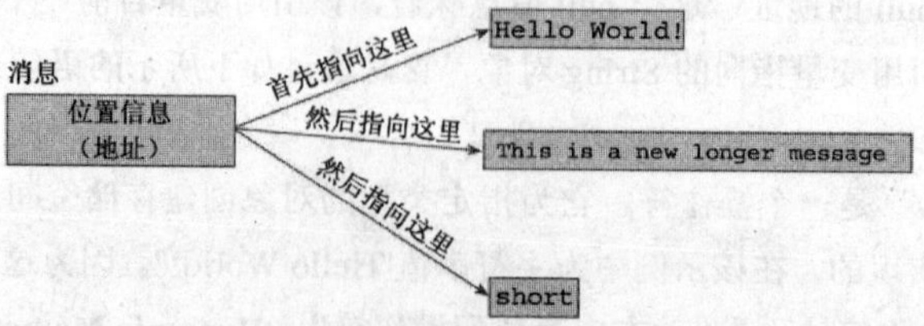

图 2.10 使用相同引用变量的不同字符串的位置

不幸的是，图 2.10 中惟一活动的对象是最后一个对象，因为前两个对象的位置信息已经不存在了，所以现在这两个对象只是占据着不再被引用的内存空间。如果创建并允许存在太多的对象，而无法访问它们或回收它们所占用的存储空间，那么系统将会耗完内存，并造成异常终断，这种问题被称为**“内存溢出问题”**（**Memory Leak Problem**），现在这种问题在 Java 中已经得到相当好的解决，体现了在使用 Java 的中间处理器（C++）中没有包括的引用方面的一个重要改进。

程序 2.8 对应于图 2.10 所示的特定示例。

程序 2.8

```
public class NoMemoryLeak
{
    public static void main(String[] args)
    {
      String message = "Hello World! ";

      System.out.println(message);
      message = "This is a new and longer message";
      System.out.println(message);
      message = "shorter";
      System.out.println(message);
    }
}
```

程序 2.8 的输出结果为：

```
Hello World!
This is a new and longer message
shorter
```

让我们分析一下这个输出是如何产生的，以及程序 2.8 所创建的最终的内存分配情况。首先，main()中的声明语句

```
String message = "Hello World! ";
```

创建了一个 String 类型的引用变量 message，并使该变量指向包含字符“Hello World!”的 String 对象（如图 2.10 所示）。当 message 中的位置信息被用作 println()方法的参数时，它将被自动用来定位并显示正确的字符值，这将产生程序显示的第一行[①]。

创建 message 引用变量并显示引用的 String 之后，message 内的位置信息将会通过下面的语句得到更改：

```
message = "This is a new and longer message";
```

可见，新字符串值首先被存储到内存中（与它的长度指示一起），它的地址被放入到 message 中，并且在内部它被标记为对它有一个引用。第一个字符串对象暂时被保留在内存中，但是它的内部引用数被减去 1，这意味着，它现在有 0 个对它的引用。在此期间，Java 虚拟机将自动激活它的内存清理程序（称为“垃圾回收程序”），当垃圾回收程序到达第一个字符串对象，并发现没有指向它的引用时，它将把该内存标记为可用；以同样的方式，当第二个对象不再被引用时，它的内存也将被回收。

虽然图 2.10 显示了 3 个完全不同的对象存储区域，但第三个字符串使用的内存位置可能与用来存储第一个字符串的部分位置是相同的，如果垃圾回收程序在创建第二个字符串对象之后、创建第三个写字符串对象之前出现，那么可能会出现这种情况。

实际上，Java 的自动内存清理操作对于持续运行的程序是非常重要的，这也是许多操作系统和商业程序的特点，它也是一个安全机制，可以保证一个程序的运行不会因为无意中创建太多不再被引用的对

① 自动使用引用变量的位置信息来定位相关对象通常被称为**“自动取消引用”**（**Automatic Dereferencing**）。

象而导致系统崩溃。内存溢出对于完成它的执行的程序来说不是问题，因为分配给这种程序的内存是由独立于 Java 的操作系统自动回收的。

2.4.5 指定存储器分配

我们已经介绍的声明语句执行了两项完全不同的任务。从程序员的角度来看，声明语句通常提供了一个所有变量及其数据类型的列表；同时，变量声明有助于控制程序中由于错误地拼写变量名造成的常见错误，例如，假设变量 distance 是使用下面的语句得到声明和初始化的：

```
int distance = 26;
```

现在假设在下面的语句中，无意中错误拼写了该变量：

```
mpg = distnce / gallons;
```

在不需要变量声明的语言中，程序将会把 distnce 看作一个新的变量，或者为它分配初始值 0，或者使用变量存储区域中某个值，无论是哪种情况，都会使用该值进行计算，并将结果赋值给 mpg，而发现错误甚至知道发生错误，可能是非常困难的。在 Java 中，不可能出现这种问题，因为编译器将会把 distnce 标记为未声明的变量。当然，在应该敲入一个已声明的变量而错误地敲入成另一个已声明的变量时，编译器是无法检测出来的。

除了上述作用（对程序员确实非常有益）之外，声明语句还起到编译器所需的另一个作用。因为每个数据类型都有它自己的存储要求，所以，只有在知道变量的数据类型之后，编译器才能为变量分配足够的存储空间。因为变量声明提供了这些信息，所以它们强制编译器为每个变量保留足够的物理内存存储空间。因为 Java 声明语句定义或告诉编译器变量需要的内存量，所以它们也被称为**“定义语句”**（**Definition Statement**）。

图 2.11a～图 2.11d 演示了一些原始数据类型的声明语句的系列操作，该图显示出声明语句有效地使用名称标记了每组预留字节的第一个字节。当然，该名称就是变量名，并被计算机用来正确地定位每个变量预留内存区域的起始点。

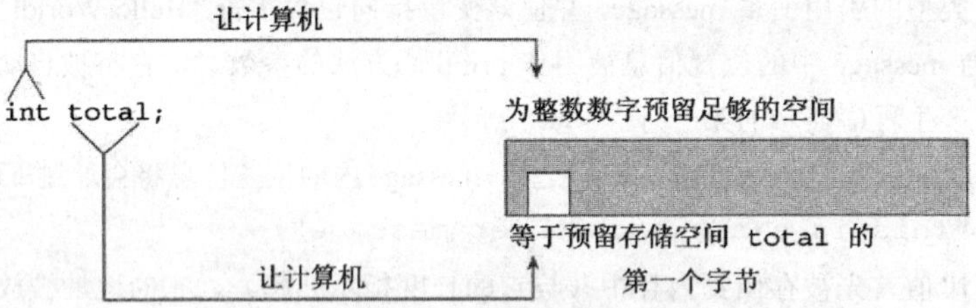

图 2.11a　定义整数变量 total

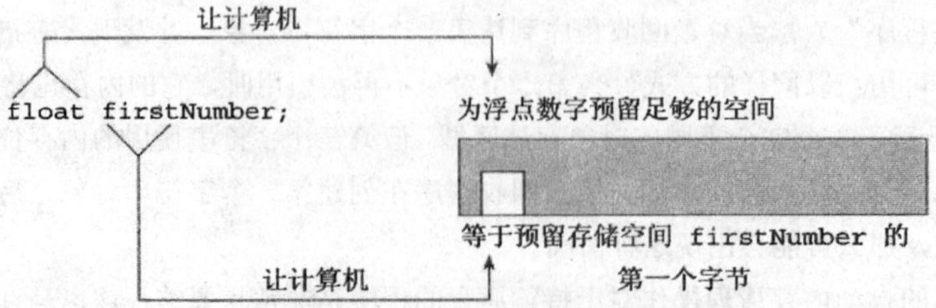

图 2.11b　定义浮点变量 firstNumber

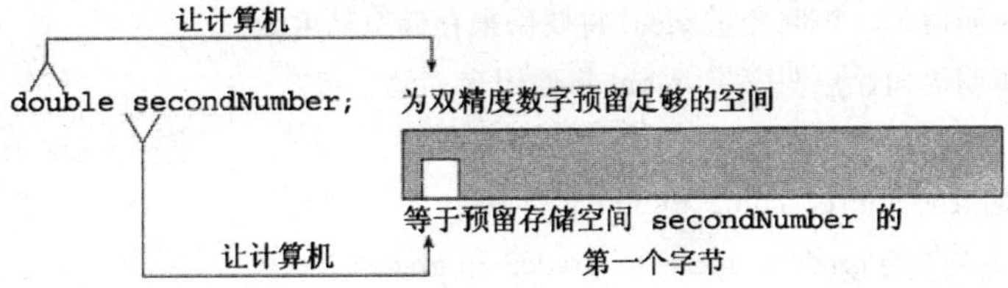

图 2.11c　定义双精度变量 secondNumber

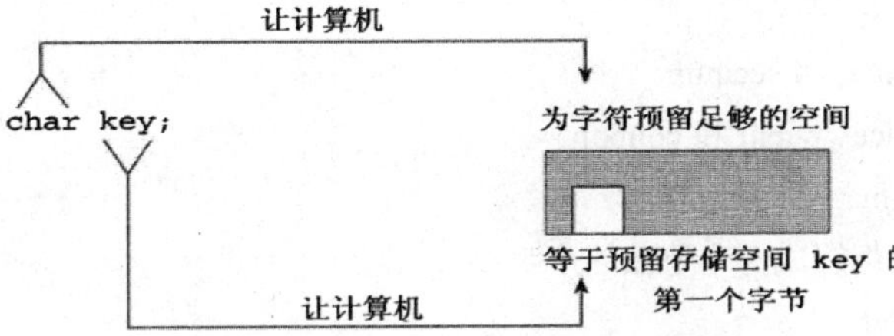

图 2.11d　定义字符变量 key

在程序中，当声明完原始变量之后，通常它将被程序员用来引用变量的内容（即变量的值），程序员通常不需要考虑该值在内存中的存储位置，但是，编译器必须考虑每个值的存储位置，并且应能够正确定位每个变量，在这项任务中，计算机使用变量名来定位事先分配给变量的存储空间的第一个字节，然后，知道变量的数据类型使编译器能够存储或检索适当数目的字节。对于引用变量，最初可以应用相同的操作。因为每个引用变量具有同样的大小，所以可以采用与原始数据类型变量中的值相同的方式，来访问引用变量中的位置信息。

因为引用数据类型的值（例如字符串文字）在长度上是可以改变的，所以对象本身的实际存储空间只能在实例化新对象时得到分配，然后，当实际实例化对象时，可以将它的位置信息加载到先前定义的引用变量中。

2.4.6　练习题

1. 重新编写程序 2.5，使它的输出显示在对话框中。

2. 重新编写程序 2.6，使它的每行输出都显示在对话框中。

3. 判断下列变量名是否有效，如果是无效的，请说明原因。

```
proda    c        1234     abcd     _c3       12345
newbal   while    $total   new bal  a1b2c3d4
9ab6     sum.of   average  grade1   finGrad
```

4. 判断下列变量名是否有效，如果是无效的，请说明原因。另外，请指出哪些有效变量名因为没有表达任何变量有关的信息而不应该被使用。

```
Salestax   a243    r2d2     firstNum   ccal
harry      sue     c3p0     average    sum
maximum    okay    a        awesome    goforit
3sum       for     tot.al   c$five     netpay
```

5. 问题如下：

（1）编写一个声明语句，声明变量 count 将要用来存储整数。

（2）编写一个声明语句，声明变量 grade 将要用来存储浮点数。

（3）编写一个声明语句，声明变量 yield 将要用来存储双精度数。

（4）编写一个声明语句，声明变量 initial 将要用来存储字符。

6. 为下面的变量编写声明语句：

（1）用来存储整数的 num1、num2 和 num3。

（2）用来存储浮点数的 grade1、grade2、grade3 和 grade4。

（3）用来存储双精度数的 tempa、tempb 和 tempc。

（4）用来存储字符的 ch、let1、let2、let3 和 let4。

7. 为下面的变量编写声明语句：

（1）用来存储整数的 firstnum 和 secnum。

（2）用来存储浮点数的 price、yield 和 coupon。

（3）用来存储双精度数的 maturity。

8. 将下面的声明语句重新编写成 3 个单独的声明：

（1）int month, day = 30, year;

（2）double hours, rate, otime = 15.62;

（3）float price, amount, taxes;

（4）char inKey, ch, choice = 'f';

9. 问题如下：

（1）确定下列程序中每条语句的作用：

```
public class Test
{
  public static void main(String[] args)
  {
     int num1, num2, total;

     num1 = 25;
     num2 = 30;
     total = num1 + num2;
     System.out.println("The total of "+num1+ " and " + num2 + " is " + total);
  }
}
```

（2）当运行程序 9（1）时，将得到什么样的输出结果？

10. 编写一个 Java 程序，将整数 12 和 33 的和存储到变量 sum 中，并让程序显示 sum 中存储的值。

11. 编写一个 Java 程序，将整数值 16 存储到变量 length 中，将整数值 18 存储到变量 width 中，并让程序使用赋值语句 `perimeter = 2 * length +2 * width;`将计算得到的值赋给变量 perimeter，并显示变量 perimeter 中存储的值。要确保在 main()方法的开始部分将所有变量声明为整数。

12. 编写一个 Java 程序，将整数值 16 存储到变量 num1 中，将整数值 18 存储到变量 num2 中（要确保将这两个变量声明为整数类型）。让程序计算这些数字的总和及其平均值。将计算得到的总和存储到整数变量 total 中，将平均值存储到整数变量 average 中（使用语句 average = total/2;来计算平均值）。在对话框中也可以使用 println()方法显示总和及平均值。

13. 重复练习题 12，但将数字 15 存储到变量 num1 中。使用铅笔记下 num1 和 num2 的平均值。你认为程序将会在用来存储这两个数的平均值的整数变量中存储什么内容？如何确保将会显示出正确的平均值？

14. 编写一个 Java 程序，将数字 105.62 存储到双精度变量 firstnum 中，将 89.352 存储到双精度变量 secnum 中，将 98.67 存储到双精度变量 thirdnum 中（确保将这些变量声明为双精度类型）。让程序计算这 3 个数的总和及其平均值。将总和存储到变量 total 中，将平均值存储到变量 average 中（使用语句 average = total/3.0;来计算平均值）。在对话框中也可以使用 println()方法显示出总和及平均值。

15．每个变量至少有两个与之相关的项目，这两个项目是什么？

16．问题如下：

（1）用来区分正方形和长方形之间关系的语句为“所有正方形都是长方形，但并不是所有的长方形都是正方形”。请编写一个类似的语句，来描述定义语句和声明语句之间的关系。

（2）为什么必须在使用一个变量的其他 Java 语句之前声明该变量？

（请注意练习题 17～19）：一个字符需要 2 字节的存储空间，一个整数需要 4 字节的存储空间，一个浮点数需要 4 字节的存储空间，一个双精度数需要 8 字节的存储空间，并且这些变量是按照声明它们的顺序来分配存储空间的（如果你还不是很熟悉字节的概念，那么请参见第 1.8 节的有关内容）。

17．问题如下：

（1）参见图 2.12，假设变量 rate 分配到的存储空间位于字节的开始部分，内存地址为 160。请确定下面的语句中声明的每个变量对应的地址，并将声明语句中包括的初始化数据填写到相应的字节中（使用字母字符，不要使用实际存储的 Unicode 代码）：

```
float rate;
char ch1 = 'w', ch2 = 'o', ch3 = 'w', ch4 = '!';
double taxes;
int num, count = 0;
```

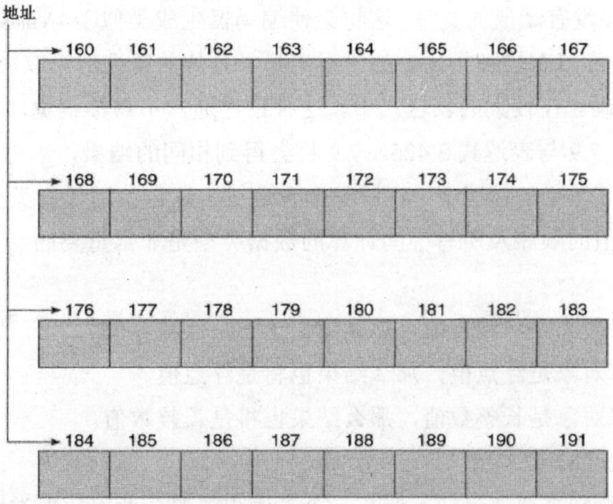

图 2.12　练习题 17、18 和 19 的内存字节

（2）重复练习题 17（1），但使用 Unicode 代码来描述变量 ch1、ch2、ch3 和 ch4 中存储的字符的实际字节模式（提示：请参见表 2.4）。

18．问题如下：

（1）参见图 2.12，假设变量 cn1 分配到的存储空间位于字节的开始部分，内存地址为 160。请确定下面的语句中声明的每个变量对应的地址，并将声明语句中包括的初始化数据填写到相应的字节中（使用字母字符，不要使用实际存储的 Unicode 代码）：

```
char cn1 = 'a', cn2 = ' ', cn3 = 'b', cn4 = 'u', cn5 = 'n';
```

```
char cn6 = 'c', cn7 ='h', key = '\\', sch = '\'', inc = 'o';
char inc1 = 'f';
```

（2）重复练习题 18（1），但使用 Unicode 代码来描述所声明的每个变量中存储的字符的实际字节模式（提示：请参见表 2.4）。

19．参见图 2.12，假设变量 miles 分配到的存储空间位于字节的开始部分，内存地址为 160。请确定下面的语句中声明的每个变量对应的地址：

```
float miles;
int count, num;
double dist, temp;
```

2.5 常见编程错误

与本章内容有关的常见编程错误包括：

（1）忘记声明程序中使用的所有变量。这种错误将会被编译器检测到，并针对所有未声明的变量生成错误消息。

（2）试图将高精度的值存储为低精度的数据类型，因此，整数值将会被浮点和双精度变量所接受，并自动转换成正确的数据类型，但双精度值不能被存储到浮点变量中。这种错误将会被编译器检测到，并提供类似于“Incompatible type for declaration”（与声明的类型不兼容）的错误消息（具体的错误消息取决于编译器）。

（3）在表达式中使用还没有赋值的变量。这将会使编译器生成类似于“Variable……may not have been initialized”（变量……可能还没有被初始化）的错误消息（具体的错误消息取决于编译器）。

（4）整数值相除不正确。在较大的表达式中，这种错误通常不易被察觉，并且很难被检测出来，例如，表达式：3.425 + 2/3 + 7.9 与表达式 3.425 + 7.9 将会得到相同的结果，因为整数相除 2/3 的值为 0。

（5）在没有清楚理解其效果的情况下，在同一个表达式中混合使用数据类型。因为 Java 允许混合模式的表达式，所以清楚赋值的顺序及所有中间计算的数据类型是非常重要的。当计算数字表达式时，将按照顺序应用以下规则：

① 如果任何一个运算对象是双精度值，那么结果也将是双精度值。

② 如果任何一个运算对象是浮点值，那么结果也将是浮点值。

③ 如果任何一个运算对象是长整数值，那么结果也将是长整数值。

④ 结果将是整数精度（32 位）值。

作为常规规则，除非特别需要，最好不要在一个表达式中混合使用数据类型。

（6）忘记使用+连接符号分隔每个将要发送给 showMessage()、print()和 println()方法的数据项目。

（7）当要计算表达式，并将结果与字符串相连时，没有使用圆括号括住算术表达式。按照算术运算的优先级和结合性，若没有使用圆括号，可能会进行不期望的赋值操作，也可能在没有数字赋值的情况下发生不正确的字符串连接，甚至可能产生错误。

2.6 本 章 小 结

（1）Java 识别的原始数据类型是数字和布尔类型。数字类型被进一步分为整数、浮点和字符类型。每个类型的数据在计算机中通常使用不同的内存量来存储。无效的数据类型不能被实例化。

（2）所有的原始数据类型都可以使用 showMessage()、print()和 println()方法来显示。

（3）Java 程序中的每个变量都必须根据它可以存储的类型值得到声明。方法中的声明可以放在该方法内任意地方，但只能在声明变量之后才能使用该变量。变量也可以在声明时得到初始化。另外，同一类型的变量可以使用一个声明语句来声明。变量声明语句具有下面的常规格式：

```
dataType variableName(s);
```

（4）包含声明语句的简单 Java 程序具有下面的常规格式：

```
import statement;
public class className
{
 public static void main(String[] args)
  {
    declaration statements;

    other statements;
  }
}
```

虽然声明语句可以放在方法正文中的任意地方，但只能在声明变量之后使用该变量。

（5）声明语句通常通知程序员阅读程序，让编译器翻译方法的有效变量名的程序。变量声明也通知编译器为变量预留内存位置。

（6）引用变量是与类、数组或接口相关的。

（7）当与类相关时，引用变量被用来定位类的对象。对象是通过一个两步过程得到声明和初始化的。第一步是声明引用变量，这与声明原始变量的方法完全相同，例如，语句

```
String message;
```

声明了一个引用变量 message。

第二步是使用 new 关键字创建该引用变量指向的对象。当实际创建了对象时，可以说该对象得到了实例化，例如，语句

```
message = new String("Hello World! ");
```

实例化了一个字符串对象，将它初始化为字符“Hello World!”，并将存储该值的第一个内存地址放在引用变量 message 中。这个两步过程可以使用两个完全不同的语句来完成（如示例所示），也可以使用一个语句，声明引用变量，并在同一个语句中实例化对象。

（8）引用变量的声明和对象的创建通常可以使用一个语句来完成，例如，下面两个语句

```
String message;      //声明引用变量
message = new String("Hello World! "); //创建对象
```

可以被替换成一个语句

```
String message = new Sting("Hello World! ");
```

（9）字符串对象的创建可以通过将字符串文字分配给字符串引用变量来实现，这种分配只能针对 String 类，例如，语句

```
String message = "Hello World! ";
```

创建了一个引用变量 message，同时创建了一个其位置被存储在该引用变量中的字符串文字。该声明可以被替换成下面这个较长的声明：

```
String message = new String("Hello World! ");
```

（10）字符串值是与它们的长度的指示存储在一起的。

2.7 本章附录 使用 NumberFormat 类编排格式

在第 2.3 节中，我们介绍了如何使用 DecimalFormat 类来格式化字符串。在本节中，将介绍使用 NumberFormat 类来编排格式。虽然这些过程比前面介绍的要稍微复杂一些，但它们提供了更多的格式化选项，其中包括货币、日期和时间格式。

要理解 NumberFormat 的使用方法，请考虑程序 2.9，它演示了如何为整数设置最小的字段长度。

程序 2.9

```
import java.text.*;       //用来访问 NumberFormat 类
public class FormatIntegers
{
 public static void main(String[] args)
 {
     //设置了要求的格式
     NumberFormat num = NumberFormat.getInstance();
      num.setMinimumIntegerDigits(3);

     System.out.println(num.format(6));
     System.out.println(num.format(18));
     System.out.println(num.format(124));
     System.out.println("---");
     System.out.println(num.format(6+18+124));
 }
}
```

程序 2.9 的输出结果与程序 2.3 产生的结果一样，如下所示：

```
006
018
124
---
148
```

虽然程序 2.9 的输出结果显示的数字是对齐的，但最值得注意的是，前两个数字使用了前导 0。附录 E 将介绍一种简单的用户定义的方法，使用空格代替这些前导 0①。程序 2.9 本身展示了创建格式化的输出结果所需的一些内容。第一个需要注意的内容是位于 main()方法顶部的第一个非注释语句

```
NumberFormat num = NumberFormat.getInstance();
```

除了标识符 num（程序员可以选择这个名称，也可以选择任何有效的 Java 标识符）之外，该语句是必需的，它为计算机的地区建立一个默认的数字格式，同时提供了一些可以用来更改该默认格式的方法②，例如，在美国，使用小数点分隔数字的整数部分和小数部分，在数字的整数部分，使用逗号按每三位进行分组。请注意，在等号的右边，我们使用的是标准的 Java 句法：类名后跟句点，然后跟所需的方法名。在该示例中，NumberFormat 类是通过 java.text 类包提供的。要确保该类包对于编译器是可用的，必须将导入语句 import java.text.*;放在程序的顶部。

一旦获得 NumberFormat 类的对象，我们就能够自动访问该类提供的 4 个方法，来指定将要格式化

① 虽然可以使用附录 E 中介绍的方法，但完全理解该方法的工作方式需要参考第 5.3 节（for 循环）和第 12.3 节（字符串方法）中的有关知识。

②“地区”是一组与指定的国家及其语言对应的信息。地区提供了小数和分组分隔符、货币显示约定，以及日期和时间格式的默认设置。附录 D 介绍了如何获得计算机系统可用的地区设置，以及如何打开和关闭分组符号。

数字的整数部分和小数部分的最大和最小位数，这些方法是：

```
setMinimumIntegerDigits(value);
setMaximumIntegerDigits(value);
setMinimumFractionDigits(value);
setMaximumFractionDigits(value);
```

例如，程序 2.9 中的语句

```
num.setMinimumIntegerDigits(3);
```

设置了当格式化数字时，必须被转换成字符串的最小位数。实际执行格式化的表达式是 num.format()方法调用。需要注意的是，format()方法调用的前面加上了对象和句点，在该示例中，该对象是我们在 main()方法的顶部选择的 num；还要注意，format()方法将每个数字值转换成字符串，如果数字少于 setMinimumIntegerDigits()方法指定的数字位数，那么将会使用 0 来填充，以达到要求的最小字符串字符数，因为 setMaximumIntegerDigits()方法确保任何大于最大值的整数将不会被包含在最终的字符串中，所以通常不需要使用这个特殊的方法；格式化的浮点数字要求遵循两组字段长度规范，第一组指定整数的长度，第二组指定小数点右边显示的位数，例如，考虑程序 2.10。

程序 2.10

```
import java.text.*;      //用来访问 NumberFormat 类中的方法
public class FormatReals
{
 public static void main(String[] args)
  {
     NumberFormat num = NumberFormat.getInstance();
     num.setMinimumIntegerDigits(2);
     num.setMinimunFractionDigits(2);
     num.setMaximumFractionDigits(6);

     System.out.println(num.format(3));
     System.out.println(num.format(43));
     System.out.println(num.format(143));
     System.out.println(num.format(2143));
     System.out.println(num.format(3.7));
     System.out.println(num.format(33.77));
     System.out.println(num.format(333.777));
     System.out.println(num.format(333.4444444));
     System.out.println(num.format(3333.7777777));
 }
}
```

☆ <u>*知识点*</u>　格式化数字数据

可以使用精确的方法来格式化数字值。要访问将数字值转换成字符串的 NumberFormat 方法，必须首先使用下面的语句声明一个 NumberFormat 对象：

```
NumberFormat num = NumberFormat.getCurrencyInstance();
```

在该语句中，标识符 num 是由程序员选择的任意有效的 Java 标识符，通常被称为“引用变量”。一旦声明了 NumberFormat 对象，就可以使用下面的句法将任何数字值格式化为默认的数字约定：

```
num.format(value);
```

其中 value 是任意数字值或变量。另外，可以使用下列方法设置将要显示的最大和最小整数值及小数值：

```
setMinimumIntegerDigits(value);
setMaximumIntegerDigets(value);      //通常不用此方法
setMinimumFractionDigits(value);
```

```
setMaximumFractionDigits(value);
```

上述这些方法定义了将要被转换为字符串的最小和最大的值。因为 setMaximumIntegerDigits()方法确保任何大于最大值的整数不会被包含在最终的字符串中，所以通常不需要这个特殊的方法。如果出现发生冲突的设置，那么将优先采用最后的设置。

在分析程序 2.10 的输出结果之前，让我们先回顾一下创建格式化输出的代码，这些代码包括：

（1）java.text 类包的导入语句。

（2）main()方法的前 5 个语句，其中第一个调用了 getInstance()方法，其余的语句指定了将要显示的最大和最小长度。

（3）所有 println()语句中的 format()方法调用。

对于所有数字（整数、浮点和双精度），println()方法都使用指定的最小位数来显示数字的整数部分和小数部分。如果某个值的小数部分的位数小于指定最小值，那么将会使用尾随 0 来填充该数字，以使小数部分显示最小的位数；如果小数部分的位数大于指定的最大值，那么将会对小数部分进行四舍五入，以使小数部分显示最大的位数。对于数字的整数部分，通常显示最小的位数，也就是说，如果数字的整数位不足，那么将会使用前导 0 填充整数部分，当位数超过最大的整数位时，将会丢弃掉整数部分多出的位，所以当你发现 format()方法并没有显示现有数字的格式，而是将数字中的字符转换成字符串时，就不会对此感到奇怪了。通过指定字符串最大的整数位（这是 setMaximumIntegerDigits()方法的作用），可以限制将要在字符串中显示的位数，因此，除非你绝对确定没有任何整数值会超过你所设置的最大整数位，否则不要使用该方法。

表 2.12 列出并分析了通过程序 2.10 传递给 format()方法的每个值，以及由 println()方法输出的结果。请特别注意一下带有箭头的三行，它们演示了所设置的最大整数字段宽度，以及因截取掉超出的整数位而产生不正确的整数部分的情况。最后两行演示了当数字的小数部分超过相应的 setMaximumFractionDigits()方法中指定的最大长度时，format()方法进行四舍五入的情况。最后，还应该注意，如果最大和最小设置发生冲突，那么编译器将会应用最后的设置。

表 2.12 分析程序 2.10 的输出结果

数 字	显 示	注 释
3	03.00	应用最小的字段长度
43	43.00	应用最小的字段长度
143	143.00	满足最大的整数宽度；应用最小的小数字段宽度
→2143	143.00	超过最大的整数宽度；应用最小的小数字段宽度
3.7	03.70	应用最小的字段宽度
33.77	33.77	应用最小的字段宽度
333.777	333.777	满足最大的整数宽度；超过最小的小数字段宽度
→2333.7777777	333.777778	超过最大的整数宽度；应用最小的小数字段宽度，进行四舍五入
→2333.4444444	333.444444	超过最大的整数宽度；应用最小的小数字段宽度，进行四舍五入

2.7.1 格式化货币值

使用 Java 提供的国际货币格式化能力可以很容易地将小数值格式化为任何本地货币表示形式，在美国，这种表示形式是使用前导的美元符号，对于较大的数字，使用逗号进行每三位的分组，并使用句点作为小数点。创建这种格式与格式化小数值的过程基本相同，只是使用 NumberFormat 类的 getCurrencyInstance()方法取代了 getInstance()方法[①]。要理解它的实现方法，并假设执行程序的主机使用

① 该方法（没有任何参数）根据主机的地区设置所有的默认格式。要了解指定非默认地区设置的信息，请参见附录 D。

美国作为它的默认地区，请考虑程序 2.11，它以货币格式显示了一些值。

☆ *知识点* 货币格式化

最常见的格式化要求之一是：在货币格式显示数字，通常需要显示美元符号，每三位整数值分为一组，并保留两位小数，例如，$3,125.48。这是通过首先使用下面的语句声明一个 NumberFormat 对象来实现的：

```
NumberFormat num = NumberFormat.getCurrencyInstance();
```

在该语句中，标识符 num 是程序员选择的任意有效的 Java 标识符（通常，该标识符是 NumberFormat 类的对象）。一旦声明了 NumberFormat 对象，就可以使用下面的句法将数字值格式化为默认的货币格式：

```
num.format(value);
```

其中 value 是任意的数字值或变量。

程序 2.11

```
import java.text.*;
public class FormatCurrency
{
  public static void main(String[] args)
  {
    NumberFormat num = NumberFormat.getCurrencyInstance();

    System.out.println("The dollar amounts are: ");
    System.out.println(num.format(2143));
    System.out.println(num.format(3.7));
    System.out.println(num.format(3333.777));
    System.out.println(num.format(3333.444));
  }
}
```

程序 2.11 的输出结果为：

```
The dollar amounts are:
$2,143.00
$3.70
$3,333.78
$3,333.44
```

请注意，在所有示例中，输出结果都包括美元符号，并且保留两位小数。另外，正如最后两个值所示，所有的小数值都被四舍五入。最后，输出结果自动包括了一个逗号，将每三位整数分为一组，这种格式是通过在程序 2.11 的 main()方法的顶部包括语句

```
NumberFormat num = NumberFormat.getCurrencyInstance();
```

获得的，而不是采用程序 2.10 中的相应语句：

```
NumberFormat num = NumberFormat.getInstance();
```

另外，程序 2.11 没有采用程序 2.10 中的任何 setDecimalMinimum()或 setDecimalMaximum()方法，如果使用这些方法，那么它们将具有比默认货币设置更高的优先级。

第 3 章 赋值和交互式输入

上一章介绍了数据存储、变量及其相关声明语句的概念，还介绍了格式化输出的创建。本章将讨论如何在构造表达式中正确使用常量和变量，以及如何在程序运行时使用 Input 对话框以交互方式输入数据。

3.1 赋 值 操 作

我们已经在第 2 章中介绍过简单的赋值语句。赋值语句是最基本的 Java 语句，用来将值分配给变量，并执行计算，该语句的句法如下所示：

```
variable = expression;
```

在 Java 中，最简单的表达式是一个常量，它也可以被称为“文字值”或“文字”。在下面的赋值语句中，等号右边的表达式都是文字：

```
length = 25;
width = 17.5;
```

在这两个赋值语句中，等号右边的常量值都被分配给等号左边的变量。需要注意的是，Java 中的等号与代数学中的等号的作用不同。赋值语句中的等号让计算机首先确定等号右边运算对象的值，然后将该值存储（或分配）到与等号左边的变量相关的位置中，在这方面，Java 语句 length = 25;读作“length 被赋值为 25”。在赋值语句中插入空格只是为了提高程序的可读性。

回顾一下，变量可以在声明时得到初始化。如果初始化不是在声明语句内完成的，那么当在任何计算中使用一个变量之前，必须先使用赋值语句为该变量分配一个值。当然，随后的赋值语句可以更改分配给变量的值，例如，假设下面的语句是依次执行的，而 total 在声明时没有被初始化：

```
total = 3.7;
total = 6.28;
```

第一个赋值语句将值 3.7 分配给变量 total，如果这是首次为该变量赋值，那么它将被称为“初始化”。接下来的赋值语句将值 6.28 分配给 total，因为变量一次只能存储一个值，所以 total 中存储的值 3.7 将被新值 6.28 覆盖。有时将等号左边的变量看作是大停车场的一个停车点是非常有帮助的，就像每个停车点一次只能被一辆车占用一样，每个变量一次只能存储一个值。在变量中存储新值将会自动使计算机删除此前在其中存储的值。

除了常量之外，赋值语句等号右边的运算对象还可以是变量或其他任何有效的 Java 表达式。**表达式（Expression）**是任何常量及可以被赋值而产生结果的变量的组合。因此，赋值语句中的表达式可以使用第 2.2 节中介绍的算术运算符执行计算。下面是一些赋值语句的示例，它们使用了包含这些运算符的表达式：

```
sum = 3 + 7;
diff = 15 - 6;
product = 0.05 * 14.6;
tally = count +1 ;
```

```
newtotal = 18.3 + total;
taxes = 0.06 * amount;
totalWeight = factor * weight;
average = sum / items;
slope = (y2 - y1) / (x2 - x1);
```

在赋值语句中，通常首先会计算出等号右边的表达式的值，然后将该值存储到等号左边的变量中，例如，在赋值语句 totalWeight = factor * weight;中，将首先计算算术表达式 factor * weight，得到一个值。然后，将得到的结果（数字）存储到变量 totalWeight 中。

在编写赋值表达式时，必须注意两个重要的事项：

（1）因为将首先计算等号右边的表达式，所以若使结果有意义，必须事先为表达式中使用的所有变量指定一个有效的值，例如，只有当程序员事先为变量 factor 和 weight 指定有效的数值时，赋值语句 totalWeight = factor * weight;才能将一个有效的数字存储到 totalWeight 中，因此，下列顺序的语句

```
factor = 1.06;
weight = 155.0;
totalWeight = factor * weight;
```

可以确保我们知道将要使用哪些值来获得将存储到 totalWeight 中的结果。图 3.1 演示了变量 factor、weight 和 totalWeight 中存储的值。

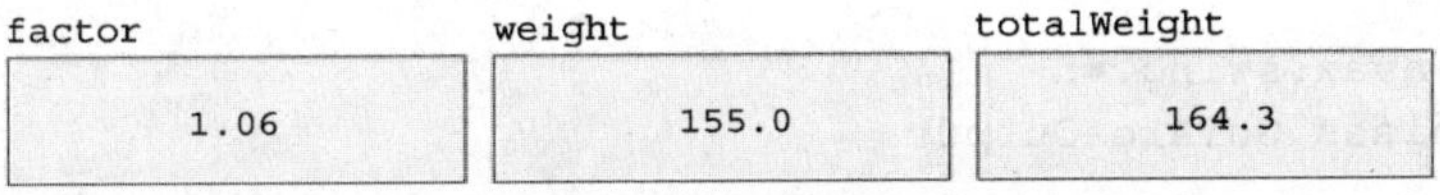

图 3.1　变量中存储的值

（2）因为表达式的值被存储在等号左边的变量中，所以等号左边必须是一个变量，例如，赋值语句

```
amount + 1892 = 1000 + 10 * 5;
```

是无效的。计算等号右边的表达式将得到整数 1050，而这个值只能被存储在变量中。因为 amount + 1892 不是一个有效的变量名，所以程序不知道该把计算得到的值存储在哪里。程序 3.1 演示了如何使用赋值语句来计算矩形的面积。

程序 3.1

```
// 该程序计算一个长方形的面积
// 给定它的长度和宽度

public class RectangleArea
{
  public static void main(String[] args)
  {
    double length, width, area;

    length = 27.3;
    width = 13.4;
    area = length * width;
    System.out.println("The length of the rectangle is " + length);
    System.out.println("The width of the rectangle is " + width);
    System.out.println("The area of the rectangle is " + area);
  }
}
```

当运行程序 3.1 时，得到的输出结果为：

```
The length of the rectangle is 27.3
```

```
The width of the rectangle is 13.4
The area of the rectangle is 365.82
```

请考虑在执行程序 3.1 时计算机所用的控制流程。程序从 main()的第一个语句开始执行，然后依次逐个语句地继续下去，直到遇到 main()的闭括号，这种控制流程对于所有程序都是如此。计算机一次只能操作一个语句（且是在不知道下一个语句的情况下执行该语句），这就解释了为什么必须在计算表达式之前要先为表达式中的所有运算对象指定值。

当计算机执行程序 3.1 中的语句 area = length * width;时，它将使用在执行赋值操作时在变量 length 和 width 中存储的值，因此，要确保进行正确的计算，你必须为这些变量指定有效的值。为方法中声明的变量指定无效的值将会导致编译错误消息。

需要注意的是，在 Java 中，赋值语句中所用的等号=本身就是一个运算符，这一点与其他大多数高级语句处理这种符号的方式有所不同。在 Java 中（与在 C 和 C++中一样），等号被称为**“赋值运算符”**（**Assignment Operator**），而使用该操作的表达式（例如，interest = principal * rate）是一个赋值表达式。因为赋值运算符的优先级低于其他算术运算符，所以在进行赋值之前，必须先计算出等号右边的所有表达式的值。

像通常一样，如果不像程序 3.1 中那样使用 println()方法提供基于字符的输出结果，我们也可以很容易地提供 GUI 输出结果，程序 3.2 提供了与程序 3.1 相同的处理，但它将在对话框中显示结果。

程序 3.2

```
import javax.swing.*;
public class GuiAreaOutput
{
  public static void main(String[] args)
  {
     double length, width, area;
     String output;

     length = 27.3;
     width = 13.4;
      area = length * width;
     output = "The length of the rectangle is " + length+"\nThe width of the rectangle
                  is " + width+ "\nThe area of the rectangle is " + area;
      JOptionPane.showMessageDialog(null, output, "Program 3.2",
                                         JOptionPane.INFORMATION_MESSAGE);
     System.exit(0);
  }
}
```

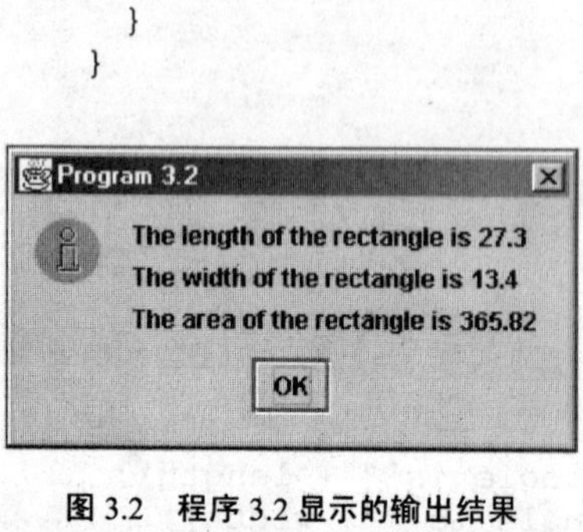

图 3.2 程序 3.2 显示的输出结果

在回顾程序 3.2 时，请注意我们已经声明了一个名为“output”的字符串引用变量，然后使用连续的连接操作“构造”了字符串，其中包括一些新行转义序列。变量 output 然后被传递给用于显示的 showMessageDialog()方法，该方法采用与 println()方法相同的方式检索传递给它的所有变量名的值。因此，output 中存储的字符将被显示出来，得到如图 3.2 所示的对话框。

因为在 Java 中，等号是一个运算符，所以可以在同一个表达式或相当的语句中进行多个赋值操作，例如，在语句 a = b = c = 25;中，所有的赋值运算符都具有相同的优先级。因为赋值运算符具有从右向左的结合性，所以该语句相当于：

```
a = (b = (c = 25));
```

这个计算的效果相当于按照下面的顺序将数字 25 分别分配给每个变量：

```
c = 25;
b = 25;
a = 25;
```

3.1.1 强制转换

在有些情况下，将会通过赋值运算符进行数据类型的转换，也就是说，赋值运算符右边的表达式的值被转换成赋值运算符左边的变量的数据类型，这种强制进行的转换被称为“**强制转换**”（**Coercion**）。

只有当将范围较小的数据类型指定给范围较大的变量时，才会自动进行强制转换。因此，如果将整数指定为被声明为浮点或双精度类型的变量时，该整数将会被转换成所声明的变量数据类型，例如，将整数指定给被声明为双精度类型的变量，将会指定值 14.0，但是，如果试图进行逆向转换，那么将会导致编译错误；也不能将范围较大的数值指定给范围较小的数字数据类型，其原因是，后一种转换可能导致精度损失，例如，如果 temp 是一个整数变量，那么赋值语句 temp = 25.89 将会导致编译错误，因为它将损失小数值.89。下面是一个更为完整的强制转换数据类型的示例，它同时包括混合模式和赋值转换，其表达式如下所示：

```
a = b * c;
```

其中，a 是一个双精度变量，b 是一个整数变量，而 c 是一个单精度（浮点）变量。当计算混合模式的表达式 b * c 时①，为了进行计算，表达式中所用的 b 的值将被转换成浮点值（需要注意的是，b 中存储的值仍保持为整数）。最后，将会通过赋值运算符进行数据类型的强制转换。因为赋值运算符左边是一个双精度变量，所以表达式（b * c）的值被扩展为 64 位的双精度值，并存储在变量 a 中。

3.1.2 赋值变化

虽然在一个赋值表达式中只允许在等号左边存在一个变量，但等号左边的这个变量也可以用于等号的右边，例如，赋值语句 sum = sum + 10 是有效的。显然，作为代数等式，sum 永远不可能等于自己加上 10，但是，在 Java 中，表达式 sum = sum + 10 不是一个等式，它是一个采用两个主要步骤进行计算的表达式，第一步是计算 sum + 10 的值；第二步是将计算得到的值存储在 sum 中。下面看看你是否可以确定程序 3.3 的输出结果。

程序 3.3

```
public class ReusingAVariable
{
  public static void main(String[] args)
  {
    int sum;

    sum = 25;
    System.out.println("The number stored in sum is "+ sum);
    sum = sum + 10;
    System.out.println("The number now stored in sum is " + sum);
  }
}
```

赋值语句 sum =25;将数字 25 存储在 sum 中，如图 3.3 所示。

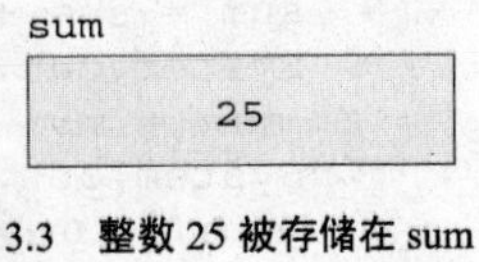

图 3.3 整数 25 被存储在 sum 中

程序 3.3 的第一个 println()语句使 sum 中存储的值通过消息“The number stored in sum is 25”得到显示；第二个赋值语句 sum = sum + 10

① 要了解混合模式的表达式的计算方法，请参见第 2.2 节中介绍的一些规则。

将使计算机检索到 sum 中存储的 25，并将它与 10 相加，得到数字 35，然后，将数字 35 存储到等号左边的变量 sum 中，这时，sum 中原来的 25 就会被新值 35 覆盖，如图 3.4 所示。

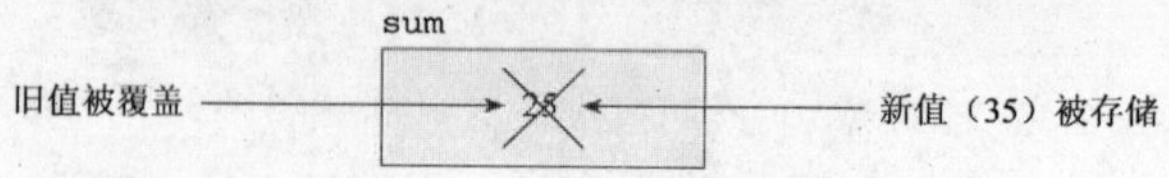

图 3.4 sum = sum + 10 将会把新值存储到 sum 中

像 sum = sum + 25 这样在赋值运算符两侧使用相同变量的赋值表达式，可以使用下面的**快捷赋值运算符**（**Shortcut Assignment Operator**）来编写：

+=　　　-=　　　*=　　　/=　　　%=

例如，表达式 sum = sum + 10 可以被写成 sum += 10。类似地，表达式 price *= rate 等同于 price = price * rate。

在使用这些新的赋值运算符时，要注意，赋值运算符左边的变量被应用于右边的整个表达式，例如，表达式 price *= rate + 1 等同于表达式 price = price * (rate + 1)，而不等同于 price = price * rate + 1。

3.1.3 累积

在编程过程中，像 sum += 10 或它的等同式 sum = sum + 10 这样的赋值表达式是相当常见的。在通过一次输入一个数据的方式来累积计算小计值时，这些表达式是必需的，例如，如果我们想以计算器的方式将数字 96、70、85 和 60 相加起来，那么可以使用表 3.1 中的语句。

表 3.1 累积语句

语　句	Sum 中 的 值
sum = 0	0
sum = sum + 96	96
sum = sum + 70	166
sum = sum + 85	251
sum =sum + 60	311

表 3.1 中的第一个语句将 sum 初始化为 0，这将删除 sum 中以前存储的任何值（“垃圾值”），否则将会导致总计计算错误。当相加每个数字时，sum 中存储的值将相应地增加。在完成最后一个语句后，sum 将包含所有加数的总和。程序 3.4 通过在进行完所有加法后显示出 sum 的内容，演示了这些语句的作用。

程序 3.4

```
public class SubTotals
{
 public static void main(String[] args)
 {
    int sum;

    sum = 0;
    System.out.println("The value of sum is initially set to " + sum);
    sum = sum + 96;
    System.out.println("   sum is now  " + sum);
    sum = sum + 70;
    System.out.println("   sum is now  " + sum);
    sum = sum + 85;
    System.out.println("   sum is now  " + sum);
    sum = sum + 60;
    System.out.println("   The final sum is now  " + sum);
 }
}
```

程序 3.4 显示的输出结果为：

```
The value of sum is initially set to 0
sum is now 96
sum is now 166
sum is now 251
The final sum is 311
```

虽然程序 3.4 不是一个实用的程序（手工相加这些数是很容易的），但它演示了如何重复使用下面的语句来计算小计值：

```
variable = variable + newValue;
```

在第 5 章中，我们将会看到这种语句的很多用途，但是，最有用的一个应用是连续构造一个输出字符串，例如，在程序 3.2 中，字符串变量 **output** 是使用下面的语句来赋值的：

```
output = "The length of the rectangle is " + length + "\nThe width of the
rectangle is " + width + "\nThe area of the rectangle is " + area;
```

也可以按照下面的方式很容易组合得到指定给 **output** 的最终值：

```
output = "The length of the rectangle is " + length;
output += "\nThe width of the rectangle is " + width;
output += "\nThe area of the rectangle is " + area;
```

这种方式的一个优点是，现在每个语句是彼此独立的，并且可以根据你的阅读习惯放在程序的任何地方，而不再只是作为获得 **area** 值后的一个单元，这样就意味着你可以使用第一个赋值语句初始化字符串，然后在程序后面部分来累积最终字符串的其他每个部分（显然，每个语句必须被放在指定各自的变量值之后），例如，程序 3.5，它在程序的不同部分使用这些语句来构造最终显示的字符串。

程序 3.5

```
import javax.swing.*;
public class BuildAString
{
  public static void main(String[] args)
  {
     double length, width, area;
     String output;

     length = 27.3;
     output = "The length of the rectangle is " + length;
     width = 13.4;
     output += "\nThe width of the rectangle is "+ width;
     area = length * width;
     output += "\nThe area of the rectangle is " + area;

      JOptionPane.showMessageDialog("null, output, "Program 3.5",
                                JOptionPane.INFORMATION_MESSAGE);

     System.exit(0);
  }
}
```

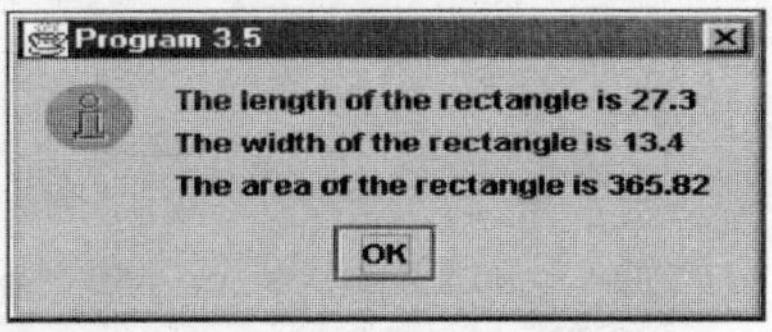

图 3.5　程序 3.5 显示的输出结果

程序 3.5 显示的输出结果与程序 3.2 的输出结果完全相同，为了学习方便起见，图 3.5 重复显示了输出结果。虽然与程序 3.2 相比，程序 3.5 没有什么天生的优点，但通过几部分来构造一个字符串的概念是经常使用的，因此你应该熟悉它。在某些情况下

（将在第 5 章中介绍），这实际上是创建所需的字符串的惟一方法。

3.1.4 计数

计数语句是非常类似于累积语句的赋值语句。计数语句的格式如下所示：

```
variable = variable + fixedNumber;
```

下面是一些计数语句的示例：

```
i = i + 1;
n = n +1;
count = count + 1;
j = j +2;
m = m +2;
kk = kk +3
```

在以上示例中，等号两侧使用的都是相同的变量。在执行完语句之后，每个变量的值都会被递增固定的量。在前 3 个示例中，变量 i、n 和 count 都是以 1 递增的；在接下来的两个示例中，变量 j 和 m 都是以 2 递增的；而在最后一个示例中，变量 kk 是以 3 递增的。

对于变量以 1 递增或递减的特殊情况，Java 提供了两个二元运算符。使用**递增运算符（Increment Operator）**++，表达式 variable = variable + 1 可以被替换为 variable++或++variable。表 3.2 是一些递增运算符的示例。

表 3.2 递增运算示例

表 达 式	替代表达式
i = i + 1	i++或++i
n = n + 1	n++或++n
count = count + 1	count++或++count

程序 3.6 演示了递增运算符的使用方法。

程序 3.6

```
public class IncrementOperator
{
 public static void main(String[] args)
 {
    int count;

    count = 0;
    System.out.println("The initial value of count is " + count);
    count++;
    System.out.println("  count is now " + count);
    count++;
    System.out.println("  count is now " + count);
    count++;
    System.out.println("  count is now " + count);
    count++;
    System.out.println("  count is now " + count);
  }
}
```

程序 3.6 的输出结果为：

```
The initial value of count is 0
count is now 1
count is now 2
count is now 3
```

```
count is now 4
```

当++运算符出现在变量之前时，它被称为**“前缀递增运算符”**（**Prefix Increment Operator**）；当它出现在变量之后时，它被称为**“后缀递增运算符”**（**Postfix Increment Operator**）。在赋值语句中使用递增的变量时，区分前缀递增运算符和后缀递增运算符是非常重要的，例如，表达式 k = ++n 将完成两项工作，首先，n 的值被递增 1，然后将 n 的新值指定给变量 k，因此，语句 k = ++n;相当于两个语句：

```
n = n + 1;         //首先将 n 的值递增
k = n;             //将 n 的值赋值给 k
```

使用后缀递增运算符的赋值表达式 k = n++将逆向执行这个过程。后缀递增操作是在完成赋值后进行的，因此，语句 k = n++首先将 n 当前的值指定给 k，然后将 n 的值递增 1，这相当于下面两个语句：

```
k = n;             //首先将 n 的值赋值给 k
n= n + 1           //然后将 n 递增
```

除了递增运算符之外，Java 还提供了**递减运算符**（**Decrement Operator**）--。正如你可能期望的，表达式 variable--和--variable 相当于表达式 variable = variable – 1。表 3.3 是一些递减运算符的示例。

表 3.3 递减运算示例

表 达 式	替代表达式
i = i – 1	i--或--i
n = n – 1	n--或--n
count = count – 1	count--或--count

当--运算符出现在变量之前时，它被称为**“前缀递减运算符”**（**Prefix Decrement Operator**）；当它出现在变量之后时，它被称为**“后缀递减运算符”**（**Postfix Decrement Operator**），例如，表达式 n--和--n 都以 1 递减 n 值，这两个表达式都相当于一个较长的表达式 n= n – 1。但是，就像递增运算符一样，当用于赋值语句时，前缀递减运算符和后缀递减运算符将产生不同的结果，例如，表达式 k = --将在把 n 值指定给 k 之前以 1 递减 n 值；而表达式 k = n--将先把 n 的当前值指定给 k，然后以 1 递减 n 值。

3.1.5 练习题

1．确定并更正下面 main()方法中的错误：

（1）
```
public static void main(String[] args)
{
  width = 15;
  area = length * width;
  System.out.println("The area is " + area);
}
```

（2）
```
public static void main(String[] args)
{
  int length, width, area;
  area = length * width;
  length = 20;
  width = 15;
  System.out.println("The area is " + area);
}
```

（3）
```
public static void main(String[] args)
{
  int length = 20; width = 15, area;
  length * width = area;
```

```
        System.out.println("The area is " , area);
    }
```

2．问题如下：

（1）编写一个 Java 程序，计算并显示数字 32.6、55.2、67.9 和 48.6 的平均值。

（2）在计算机上运行为练习题 2（1）所写的程序。

3．问题如下：

（1）编写一个 Java 程序，计算圆的周长。确定圆的周长的公式为 circumference = 2 * 3.1416 * radius。假设圆的半径为 3.3 英寸。

（2）在计算机上运行为练习题 3（1）所写的程序。

4．问题如下：

（1）编写一个 Java 程序，计算圆的面积。确定圆的面积的公式为 area = 3.1416 * radius * radius。假设圆的半径为 5 英寸。

（2）在计算机上运行为练习题 4（1）所写的程序。

5．问题如下：

（1）编写一个 Java 程序，计算游泳池的容积。确定容积的公式为 volume = length * width * depth。假设游泳池的长为 25 英尺、宽为 10 英尺、深为 6 英尺。

（2）在计算机上运行为练习题 5（1）所写的程序。

6．问题如下：

（1）编写一个 Java 程序，将华氏温度转换成摄氏温度。这种转换的公式为 Celsius = 5.0 / 9.0(Fahrenheit – 32.0)。让你的计算机将华氏 98.6 度转换并显示成对应的摄氏温度。

（2）在计算机上运行为练习题 6（1）所写的程序。

7．问题如下：

（1）编写一个 Java 程序，计算银行中的美元数目。银行目前拥有 12 个 0.5 美元、20 个 0.25 美元、32 个 0.1 美元、45 个 5 美分，以及 27 个 1 美分。

（2）在计算机上运行为练习题 7（1）所写的程序。

8．问题如下：

（1）编写一个 Java 程序，以英尺为单位计算 2.36 英里的旅程距离。1 英里=5280 英尺。

（2）在计算机上运行为练习题 8（1）所写的程序。

9．问题如下：

（1） 编写一个 Java 程序，计算完成 183.67 英里的旅程所需的时间。计算所需时间的公式为 elapsed time = total distance / average speed。假设这段旅程的平均速度为 58 英里/小时。

（2）在计算机上运行为练习题 9（1）所写的程序。

10．问题如下：

（1）编写一个 Java 程序，计算数字 1～100 的总和。计算公式为 sum = (n/2) * (2*a + (n-1)*d)，其中 n 为加数的个数，a 为第一个数，d 为每个数字之间的差。

（2）在计算机上运行为练习题 10（1）所写的程序。

11．程序员将程序 3.4 中的语句错误地排列成下列形式：

```
public class SubTotals
{
    public static void main(String[] args)
    {
```

```
        int sum;
        sum = 0;
        sum = sum + 96;
        sum = sum + 70;
        sum = sum + 85;
        sum = sum + 60;
        System.out.println("The value of sum is initially set to " + sum);
        System.out.println("  sum is now " + sum);
        System.out.println("  sum is now " + sum);
        System.out.println("  sum is now " + sum);
        System.out.println("  The final sum is "+ sum);
    }
}
```

确定该程序产生的输出结果。

3.2 数 学 方 法

正如我们已经看到的，赋值语句可以被用来执行算术计算，例如，赋值语句

```
totalPrice = unitPrice * amount;
```

将用 unitPrice 中的值乘以 amount 中的值，并将得到的结果指定给 totalPrice。虽然加、减、乘、除可以很容易地使用 Java 的算术运算符来完成，但不存在用来计算数字的幂次方、平方根和三角函数值的算术运算符。为了适应这些计算的需求，Java 在一个名为"Math"的类中提供了一些标准的预先编程的方法，因为这些方法是通用的，所以它们都被同时写成 static 方法（可以在没有对象的情况下使用）和 public 方法（可以在 Math 类之外使用）。

在使用 Java 的数学方法之前，你需要知道：

- 所需数学方法的名称。
- 该数学方法的作用。
- 该数学方法所需的数据类型。
- 该数学方法返回的结果的数据类型。

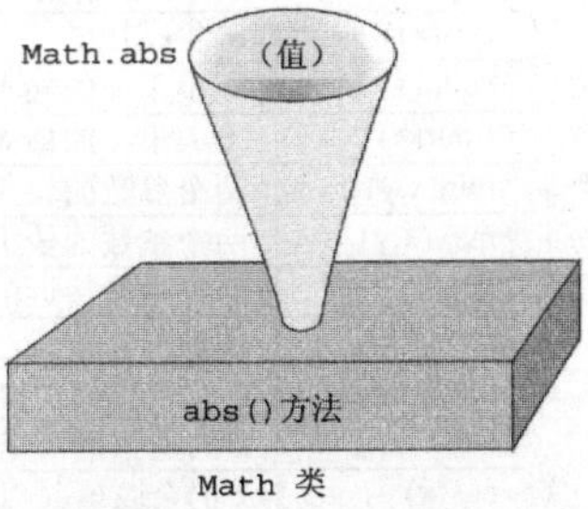

图3.6 将数据传递给Math类的abs()方法

为了演示 Java 数学方法的使用方式，让我们来看一个计算数字绝对值的数学方法 abs()。数字的绝对值都是正值。如果一个数字不是负值，那么它的绝对值就是它本身，而如果一个数字是负值，那么它的绝对值是它的相反数。数字的绝对值是使用下面的表达式来计算的：

```
Math.abs(number)
```

请注意，该表达式使用的是与所有通用方法相同的句法，在类名后跟一个句点，然后跟方法名，最后，在方法名后用括号括住将要传递给该方法的数据。在该示例中，方法名为 abs，它是在 Math 类中提供的一个方法。方法名后的括号有效地提供了一个渠道，可以将数据传递给该方法（如图 3.6 所示）。正如我们前面在 println()方法所提到的，通过括号传递给方法的内容被称为方法的"**参数**"（**Argument**），它们构成了输入的数据，例如，下面的表达式被用来计算参数 4、–4、–56789L、–17.25f、1043.29f 和–23456.78 的绝对值：

```
Math.abs(4);
Math.abs(-4);
Math.abs(-56789L);
```

```
Math.abs(-17.25f);
Math.abs(1043.29f);
Math.abs(-23456.78);
```

注意，Math.abs()方法的参数可以是整数、长整数、浮点数或双精度值，这是 Java 重载能力的一个实例。方法重载允许为不同的参数数据类型定义相同的方法名。在该示例中，实际有 4 个名为“abs”的绝对值方法——它们分别是为整数、长整数、浮点数和双精度参数定义的。abs()方法是根据指定的参数的类型来得到正确调用的。上述表达式返回的值见表 3.4。

表 3.4 递减运算示例

表达式	返回值	返回值的数据类型
Math.abs(4)	4	整数
Math.abs(–4)	4	整数
Math.abs(–56789L)	56789	长整数
Math.abs(–17.25f)	17.25	浮点数
Math.abs(1043.29f)	1043.29	浮点数
Math.abs(–23456.78)	23456.78	双精度

除了 Math.abs()方法之外，表 3.5 列出了 Java 提供的其他数学方法。虽然其中有些数学方法需要多个参数，但根据定义，所有方法最多只能直接返回一个值。除了重载方法 abs()、min()、max()和 round()之外，其他方法都是将它们的参数转换成双精度值，并返回双精度值。表 3.6 演示了示例参数通过所选方法返回的值。

表 3.5 Java 的 Math 类方法

方法名	描述	返回值
abs(x)	绝对值	与参数的数据类型相同
pow(x1,x2)	x1 的 x2 次方	双精度
sqrt(x)	x 的平方根	双精度
log(x)	x 的自然对数	双精度
exp(x)	e 的 x 次方	双精度
ceil(x)	不小于 x 的最小整数值	双精度
floor(x)	不大于 x 的最大整数值	双精度
min(x,y)	两个参数的较小值	与参数的数据类型相同
max(x,y)	两个参数的较大值	与参数的数据类型相同
rint(x)	与参数最接近的整数值（若有两个最接近值，则返回偶数值）	双精度
round(x)	四舍五入值	整数
random(x)	0.0（包括）～1.0（不包括）的随机数字	双精度
sin(x)	x 的正弦值（以弧度为单位）	双精度
cos(x)	x 的余弦值（以弧度为单位）	双精度
tan(x)	x 的正切值（以弧度为单位）	双精度
asin(x)	x 的反正弦值	双精度
acos(x)	x 的反余弦值	双精度
atan(x)	x 的反正切值	双精度

表 3.6 使用示例参数通过所选方法返回的值

示例	返回值
Math.abs(–7.362)	7.362
Math.abs(–3)	3
Math.pow(2.0,5.0)	32.0
Math.pow(10,3)	1000
Math.log(18.697)	2.928363083183137
Math.exp(–3.2)	0.040762203978366204

需要记住的是，每个 Math 类方法都是通过依次列出类名、句点、方法名，以及方法名后的括号内

将要传递给方法的参数，来得到调用的（如图 3.7 所示）。

```
Math . MethodName (data passed to the method);
```

它确定方法的类　它标识所调用的方法　它将数据传递给方法

图 3.7　使用并将数据传递给 Math 类方法

传递给方法的参数不必是一个常数。只要表达式可以通过计算得到所需数据类型的值，该表达式也可以作为参数，例如，下面的参数对于指定的方法是有效的：

```
Math.sqrt(4.0 + 5.3 * 4.0)          Math.abs(2.3 * 4.6)
Math.sqrt(16.0 * 2.0 - 6.7)         Math.abs(theta - phi)
Math.sqrt(x * y - z / 3.2)          Math.sin(2.0 * omega)
```

应首先计算括号内的表达式来得到特定的值，因此，在上述的表达式中，使用变量 theta、phi、x、y、z 和 omega 之前，应先为它们赋值。在计算完参数值之后，它将被传递给方法。

方法也可以作为较大的表达式的一部分，例如：

```
4 * Math.sqrt(4.5 * 10.0 -9.0) - 2.0 =
      4 * Math.sqrt(36.0) - 2 .0 =
                4 * 6.0 - 2.0 =
                     24.0 - 2. 0 = 22.0
```

表达式：

```
3.0 * Math.sqrt(5 * 33 - 13/71) / 5
```

的逐步计算过程见表 3.7。

表 3.7　所选 Math 方法的示例

步　骤	结　果
(1) 执行参数的相乘	3.0 * Math.sqrt(165 – 13.71) / 5
(2) 完成参数的计算	3.0 * Math.sqrt(151.29) / 5
(3) 返回方法值	3.0 * 12.3 / 5
(4) 执行乘法	36.9 / 5
(5) 执行除法	7.38

程序 3.7 演示了如何使用 sqrt 方法来确定小球从 800 英尺的塔上下落到地面所需的时间。计算下落指定距离（以英尺为单位）所需时间（以秒为单位）的数学公式为：

```
time = sqrt (2 * distance / g)
```

其中 g 为地球引力常数（32.2 英尺/秒 ^{2}）

程序 3.7

```
import java text.*;          //需要进行格式化
public class FallTime
{
 public static void main(String[] args)
 {
     int height;
     double time;
     DecimalFormat df = new DecimalFormat("#.00");

     height = 800;
     time = Math.sqrt(2 * height / 32.2);
     System.out.println("It will take " + df.format(time)
```

```
                    + " seconds to fall " + height + " feet. ");
    }
}
```

程序 3.7 的输出结果为：

```
It will take 7.05 seconds to fall 800 feet.
```

正如程序 3.7 所示，Math.sqrt()方法返回的值被指定给变量 time。除了将方法的返回值指定给变量，或者在一个较大的表达式中使用该返回值之外，它还可以被用作其他方法的参数，例如，表达式

```
Math.sqrt( Math.pow ( Math.abs(num1),num2));
```

是有效的。因为存在括号，所以计算顺序应该从内向外。首先计算 num1 的绝对值，然后将它用作 Math.pow()方法的参数，再将 Math.pow()返回的值用作 Math.sqrt()方法的参数。

3.2.1 强制转换

我们已经介绍了如何在混合模式的算术表达式内（参见第 2.2 节）和通过赋值运算符（参见第 3.1 节）来转换运算对象的数据类型。除了在混合模式的算术和赋值表达式中自动进行的隐含数据类型转换之外，Java 还提供了明确的用户指定的类型转换。强制将值转换成其他类型的运算符被称为**“强制运算符”（Cast Operator）**，它是一个二元运算符，其格式为：

```
(dataType) expression
```

其中 dataType 是后面的表达式强制转换后的数据类型，例如，表达式

```
(int) (a * b)
```

确保表达式 a * b 的值被转换成整数值。需要注意的是，不允许在 Java 内置的数字数据类型及其引用类型之间进行强制转换。

Java 提供了一些非常有用的方法来将字符串转换成原始类型，以及将原始类型转换成字符串，如图 3.8 所示。这些方法与其他方法一起构成一组被称为**“封装程序类”（Wrapper Class）**的类，这些类都是通过围绕着内置的整数、长整数、浮点和双精度数字数据类型封装类结构来构造的[①]。

每个原始数据类型都有一个对应的封装程序类，其名称与它对应的内置原始类型的名称基本相同，只是这些类名都是以大写字母开头，并且 Character 和 Integer 是以完整单词的形式拼写的。除了提供如图 3.8 所示的转换之外，在将原始类型转换成相当的对象类型，以用于任何需要对象而不需要原始值的方法的输入方面，这些封装程序类也是非常有用的。表 3.8 列出了这些封装类转换方法。

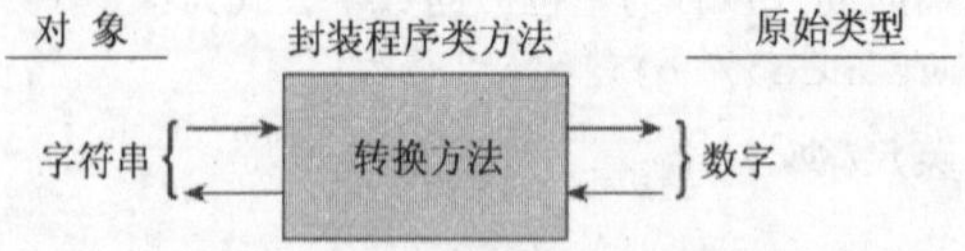

图 3.8 使用封装程序类方法进行转换

表 3.8 中列出的所有方法都是 public 和 static 方法，这意味着它们都是只能使用其参数产生结果的通用方法。作为通用方法，它们是通过同时列出它们的类名和方法名（用句点分隔）来得到应用的，如表中的示例所示。还要注意，所有从原始数据类型到字符串类型的转换都使用相同的 toString()方法，这个特殊方法是重载的，这意味着该方法存在多个版本，适当的版本是由激活该方法时提供的参数类型决定的。

① 共有 10 个封装程序类。其他 6 个类名分别为 Boolean、Byte、Character、Number、Short 和 Void。

表 3.8　封装程序类转换方法

封装程序类	方　法	描　述	示　例	返 回 值
Integer	parseInt(string)	将字符串转换成原始类型 int	Integer.parseInt("1234")	1234（int 值）
Integer	toString(x)	将原始 int 类型的 x 值转换成字符串	Integer.toString(345)	"345"（字符串对象）
Long	parseLong(string)	将字符串转换成原始类型 long	Long.parseLong("128365489")	128365489L（long 值）
Long	toString(x)	将原始 long 类型的 x 值转换成字符串	Long.toString(128365489)	"128365489"（字符串对象）
Float	parseFloat(string)	将字符串转换成原始类型 float	Float.parseFloat("345.89")	345.89f（float 值）
Float	toString(x)	将原始 float 类型的 x 值转换成字符串	Float.toString(345.873)	"345.873"（字符串对象）
Double	parseDouble(string)	将字符串转换成原始类型 double	Double.parseDouble("2.3456789")	2.3456789（double 值）
Double	toString(x)	将原始 double 类型的 x 值转换成字符串	Double.toString(345.873)	"345.873"（字符串对象）

通常，我们将更多地使用把字符串值转换成数字值的方法。这是因为在将值输入到 Java 程序中时（这是接下来两节将要介绍的内容），输入通常是以字符串的形式来读入的，可使用表 3.8 中列出的其中一个字符串到原始数据类型的转换方法将这种字符串转换成适当的数字类型。程序 3.8 演示了使用其中两个方法将字符串转换成整数和双精度值。

程序 3.8

```
public class SampleConversions
{
  public static void main(String[] args)
  {
     String numstring = "12345";
     int num;
     double dnum;

     //转换为一个整数并且完成一个数学运算
     num = Integer.parseInt(numstring);
     System.out.println("The string \"" + numstring+ "\" as an integer number
                                                       is: " + num);
     System.out.println("This number divided by 3 is: " + (num / 3));

     //转换为一个 double 型数据并且完成一个数学运算
     numstring = numstring + ".96";          // 将原始字符串连接一个新的字符串
     dnum=Double.parseDouble(numstring);System.out.println("\nThe string \""
           + numstring"\" as a double number is " +Double.toString(dnum));
     System.out.println("This number divided by 3 is "+ (dnum / 3));
  }
}
```

程序 3.8 的输出结果为：

```
The string "12345" as an integer number is: 12345
This number divided by 3 is: 4115

The string "12345.96" as a double number is: 12345.96
This number divided by 3 is: 4115.32
```

正如这个输出结果所示，一旦将字符串转换成整数或双精度值，对数字值执行的数学运算就是有效的。这些数学运算是不能执行这些数字值原来的字符串值的。

关于表 3.8 列出的转换方法，首先需要注意的是，表中的 toString()方法不像将字符串转换成原始类型的方法那么有用，这是因为可以很容易地使用连接操作符将任何数字类型转换成字符串（如程序 3.8 所示），例如，表达式 Double.toString(123.45)通常可以使用简单的表达式" "+ 123.45 来替代，这也是通常实际的做法。

其次需要注意，所有转换方法都需要有效的参数值，这一点是非常重要的，例如，表达式 Integer.parseInt("123.56")将导致错误，因为数字的小数部分不能被转换成合法的整数值。从编程的角度来看，在将字符串值传递给转换方法之前，通常应该先检查一下将要转换的字符串值的有效性，这种有效性检查被称为**“输入验证”**（**Input Validation**）。当用户在程序运行以交互方式输入数据时，输入验证检查更为重要，这是因为我们无法控制用户可能会输入哪些字符，而任何不能被转换的字符都会导致程序错误。虽然我们还没有使用编程工具来输入或验证用户输入的数据，但在积累 Java 编程经验的过程中，我们应该注意到这一点。

3.2.2 练习题

1．编写有效的 Java 语句来确定：

6.37 的平方根、x – y 的平方根、–30.5 和–42.7 的较小值、109 和 101 的较大值、a2 – b2 的绝对值、e 的三次幂。

2．假设 a = 10.6、b =13.9、c = –3.42，确定下列表达式的值：

`(int) a`、`(int)b`、`(int)c`、`(int) (a + b)`、`(int) a + b + c`、`(int) (a + b) + c`、`(int) (a + b + c)`、`(float) ((int) a) + b`、`(float) ((int) (a + b))`、`Math.abs(a) + Math.abs(b)`、`Math.sqrt(Math.abs(a - b))`

3．为下列公式编写 Java 语句：

（1）c =

（2）p =

（3）sum =

4．编写、编译并运行一个 Java 程序，计算并返回数字 81 的四次方根（结果为 3）。当你确认编写的程序运行正常时，使用它来计算 1728.896400 的四次方根。你的程序应该使用 sqrt()方法。

5．编写、编译并运行一个 Java 程序，计算坐标分别为(7,12)和(3,9)的两点间的距离。坐标分别为(x1,y1)和(x2,y2)的两点间的距离计算公式为 distance = sqrt((x1 – x2)2 + (y1 – y2)2)。通过手工计算两点间的距离，确认你的程序运行正常之后，使用该程序来计算(–12,–15)和(22,5)之间的距离。

6．问题如下：

（1）2000 年后世界人口数是通过下面的公式来统计的：

$\texttt{Population = 6.0e}^{\texttt{02[Year - 2000]}}$

使用该公式，编写、编译并运行一个 Java 程序，估计 2002 年的世界人口数。通过手工计算的答案验证你的程序显示的结果。确认你的程序运行正常后，使用它来计算 2012 年的世界人口数。

（2）修改为练习题 6（1）所写的程序，使计算得到的人口估计数以最多保留两位小数的形式显示。

7．修改程序 3.7，使显示的时间最多保留 4 位小数。

8．虽然我们重点介绍的是整数和实际数字的算术运算，但 Java 还允许对字符进行加法和减法运算。之所以可以做到这一点是因为，每当在算术表达式中使用字符时，Java 总是将字符转换成相当的整数值（可以通过附录 B 查找每个字符对应的十进制值），因此，可以在算术表达式中混合使用字符和整数，例如，使用 Unicode 代码，表达式'a' + 1 等于 98，'z' – 1 等于 121，可以使用强制运算符将这些值转换回字符，因此，(char)('a' + 1) = 'b'，而(char)('z' – 1)= 'y'。类似地，(char)('A' + 1) = 'B'，而(char)(' Z' – 1)= 'Y'。利用这些知识，确定下列表达式的字符值：

(char) ('m' - 5)、(char) ('m' + 5)、(char) ('G' + 6)、(char) ('G' - 6)、('b' -'a')、('g' -'a' + 1)、('G' -'A' + 1)

9．问题如下：

（1）附录 B 中的表列出了使用 Unicode 代码存储的每个字母对应的整数值。在使用该表时请注意，大写字母是由一组连续的代码组成的，从字母 A 对应的整数值 65 开始，到字母 Z 对应的整数值 90 结束。类似地，小字字母是从字母 a 对应的整数值 97 开始，到字母 z 对应的整数值 122 结束。利用这些知识，确定下列表达式的字符值：

(char) ('A' + 32)

(char) ('Z' + 32)

（2）使用附录 B，确定表达式'a' –'A'的整数值。

（3）使用练习题 9（1）和 9（2）的结果，确定下面表达式的字符值，其中 uppercaseletter 可以是 A～Z 的任意大写字母：

(char) ('uppercaseletter' + 'a' -'A')

10．修改程序 3.8，将下面的代码放在 main()的闭括号之前：

Long.parseLong(numstring);

试着编译并运行修改后的程序，然后确定出现的错误，以及报告这个错误的时间（是在编译时还是在运行时）？

11．完成下面的程序，计算并显示由字符串 s1 和 s2 表示的值的平均值：

```
class average
{
public static void main(String[] args)
{
String s1 = "15";
String s2 = "14"
```

3.3　交互式键盘输入

只执行一次的程序数据可以直接被包括在程序中，例如，如果我们想要使数字 300.0 和 0.05 相乘，那么可以使用程序 3.9。

程序 3.9

```
public class MultiplyExampleOne
{
  public static void main(String[] args)
  {
   double num1, num2, product;
   num1 = 300.0;
   num2 = 0.05;
   product = num1 + num2;

   System.out.println("300.0 times 0.05 is " + product);
  }
}
```

程序 3.9 显示的输出结果为：

```
300.0 times 0.05 is 15.0
```

程序 3.9 可以被简化成程序 3.10。但是，这两个程序将会遇到相同的问题，要将不同的数相乘，必须重新编写它们。这两个程序都缺少输入将要进行运算的不同数字的能力。

程序 3.10

```
public class MultiplyExampleTwo
{
  public static void main(String[] args)
  {
    System.out.println("300.0 times 0.05 is " + (300.0 * 0.05));
  }
}
```

除了为编写、输入和运行程序的程序员提供练习之外，只对同一组数字执行一次计算的程序显然不是很实用。毕竟，使用计算器计算两个数的积比输入并运行程序 3.9 或 3.10 要简单得多。

本节将介绍 System.in 对象，它是一个基础对象，利用它可以将数据输入到程序中。就像 System.out 对象是用来在标准输出设备上显示字符串值的连接一样，System.in 对象是用来通过标准输入设备（如键盘）输入数据的连接（如图 3.9 所示）。System.in 对象被称为**"流对象"**（**Stream Object**）或简称为**"流"**（**Stream**），因为它将数据以单独的数据字节流的形式传递给程序。

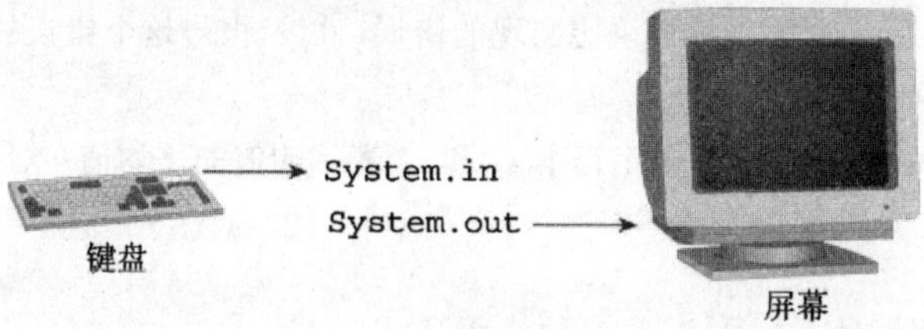

图 3.9 System.in 被用来输入数据；System.out 被用来显示数据

虽然读取通过键盘输入的数据可以或多或少地采用类似"菜谱"的方式，但理解实际被发送给程序的数据，以及程序必须如何做出反应以正确处理这些数据，是非常有帮助的。表 3.9 列出了我们将要用来接受键盘输入的各种类和方法。

表 3.9 键盘输入的类和方法

类	方法	描述	示例
InputStream	read()	以整数值的形式返回在键盘上按下的键	System.in.read();
InputStreamReader	–	该类的对象被用来将整数值转换为字符值	–
BufferedReader	readLine()	以字符串的形式返回在键盘上按下的键	br.readLine();

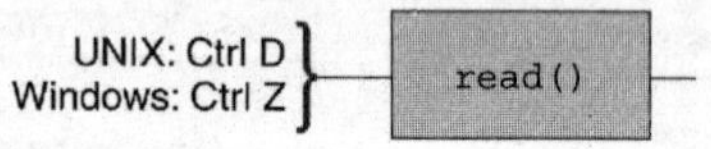

图 3.10 生成 EOF 值

表 3.9 中的 read()方法本身并不能为我们提供更多的值，因为它一次只能以整数值的形式返回一个字符。使用整数值的一个原因是，Java 系统必须提供一种指示键盘输入结束的方法，这是通过一个特殊的数据结束值来实现的，该结束值通常被称为"文件结尾（EOF）标记符"。显然，这个 EOF 值不能是与键盘上的任何字符或其他键混淆的值，因此它必须具有一个不能被转换成合法字符值的数字值。从用户的角度来看，如果使用基于 UNIX 的系统，那么同时按下 Ctrl 键和 D 键将生成 EOF 值，而在基于 Windows 的系统中，同时按下 Ctrl

键和 Z 键可以达到相同的效果。正如图 3.10 所示，在同时按下适当的键时，read()方法将返回 EOF 标记符，在 Java 中，它的数字值为–1。

在实际操作中，要求用户在输入完一个值后同时按下 Ctrl 键和 D 键或 Ctrl 键和 Z 键显然是无法令人接受的。此外，使用 read()方法需要进行如图 3.11 所示的处理，这个处理过程包括接受键入的每个键，将接收到的整数值转换成相应的字符值，然后将这些字符组合成字符串。一旦检测到 EOF 字符，就认为该字符串已经完成，并且可以在必要时使用表 3.8 中的方法将该字符串转换成原始数据类型。

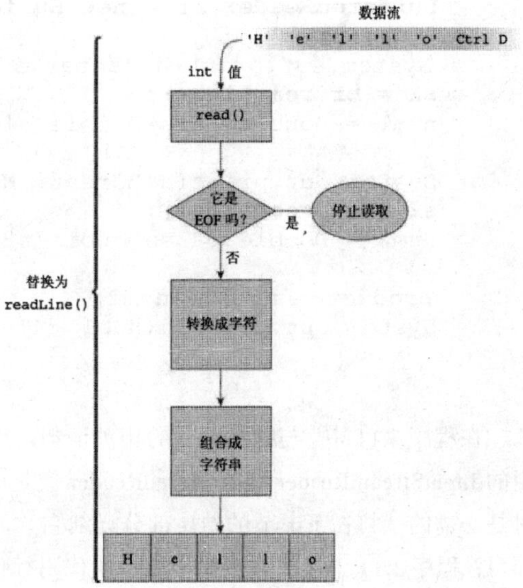

图 3.11 使用 System.in.read()所需的处理

虽然这时图 3.11 所示的处理过程对我们来说还过于复杂，但是可以使用表 3.9 中的 readLine()方法来替代，要使用这个方法，我们必须通过 System.in 构造一些对象。必须构造的第一个对象是 InputStreamReader 流对象。该对象的优点是，它将会自动把 System.in 流的整数值转换成字符值。可以使用下面的语句通过 System.in 对象来构造 InputStreamReader 对象：

```
InputStreamReader isr = new InputStreamReader(System.in);
```

在该语句中，引用变量 isr 可以被更改为程序员选择的任何有效的 Java 标识符。

下一个也是最后一个必须构造的对象是 BufferedReader 流对象，该对象的优点是，它将会自动通过由 InputStreamReader 对象提供的字符值来构造字符串，该字符串可以使用 readLine()方法来读取。可以使用下面的语句来构造所需的 BufferedReader 流对象：

```
BufferedReader br = new BufferedReader(isr);
```

虽然引用变量 br 可以是程序员选择的任何有效的名称，但引用变量 isr 必须是与在创建 InputSteamReader 对象时所用的相同名称。从严格编程的角度来看，要使用 readLine()，应该在程序中包括下面的语句，其中的注释行可以被省略，而变量名可以被更改为程序员选择的任何有效的名称：

```
//具有转换的能力
InputStreamReader isr = new InputStreamReader(System.in);
//为了使用 readLine()方法
BufferedReader br = new BufferedReader(isr);
```

程序 3.11 以一个完整的应用程序演示了接受用户通过键盘进行的输入的声明。

程序 3.11

```
import java.io.*;        //用来访问输入流中的类
public class MultiplyNumbers
{
  public static void main(String[] args)
  throws java.io.IOException
  {
    String s1;
    String s2;
    Double num1, num2, product;

    //设置基本输入流
```

```
    //需要进行转换
    InputStreamReader isr = new InputStreamReader(System.in);
    //用来使用 readLine()方法
    BufferedReader br = new BufferedReader(isr);

    System.out.println("Enter a number: ");
    s1 = br.readLine();
    num1 = Double.parseDouble(s1);

    System.out.println("Great! Now enter another number: ");
    s2 = br.readLine();
    num2 = Double.parseDouble(s2);

    product = num1 + num2;
    System.out.println(num1 + " times" + num2 + " is " + product);
  }
}
```

在程序 3.11 中，与键盘输入的相关语句是用粗体显示的。程序顶部的 import 语句对于访问程序中使用的 InputStreamReader 和 BufferedReader 类是必需的；语句 throws java.io.IOException 在使用 readLine()时是必需的（将在下一节的结尾部分详细它），如果你的程序将使用键盘输入，那么只需包括这行代码即可；程序 3.11 中接下来被粗体显示的代码行包括我们已经讨论过的输入流声明。下面让我们来分析一下程序 3.11 的作用。

在程序 3.11 中，语句 System.out.print("Enter a number: ");将显示一个字符串，告诉终端用户应该输入的数据，当以这种方式使用输出字符串时，它被称为“**提示**”（**Prompt**）。在该示例中，提示告诉用户应输入一个数字。然后，计算机将执行下一个语句——调用 readLine()，该语句将程序置于暂停状态，等待用户键入数据。用户在键入完值后按下 Enter 键即表示数据输入完成。输入的字符串值将被存储在由 s1 引用的字符串中，而计算机将退出暂停状态，然后，程序将继续执行下一个语句（在程序 3.11 中，即将字符串转换成 double 类型的值）。

接下来的 println()方法将显示字符串"Great! Now enter another number: "。第二个 readLine()方法再次将程序置于暂停状态，等待用户键入第二个值，第二个值首先被作为字符串 s1 存储起来，然后被转换成双精度值，存储到变量 num2 中。

下面是运行程序 3.11 的一个示例：

```
Enter a number: 300
Great! Now enter another number: 0.05
300.0 times 0.05 is 15.0
```

需要注意的是，在程序 3.11 中，每次使用 readLine()时，它都将检索一个字符串，然后将其转换成一个数字值。使用 StringTokenizer 类，我们可以实际地使用 readLine()来接受由多个值组成的字符串（将在下面介绍这方面的知识）。但是，在离开程序 3.11 之前，还需要注意，我们已经使用的两个输入流的声明可以被合并成一个语句：

```
BufferedReader br = new BufferedReader(new InputStreamReader(System.in));
```

为了阐明问题并明确地说明每个输入流的作用，我们将继续使用程序 3.11 中的每个注释和声明。

3.3.1 StringTokenizer 类[①]

除了接受被转换成一个数字值的单个字符串值之外，readLine()还可以被用来接受由多项内容组成的

① 在首次阅读时可以略过这部分内容，而不会影响内容的连续性。

字符串，其中每项内容都会被转换成单独的数字值。要理解它的实现方式，请考虑图 3.12 所示的字符串。

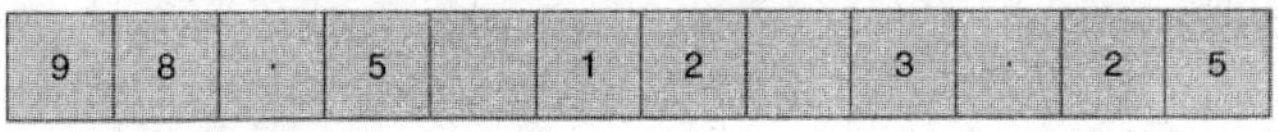

图 3.12　由 3 个令牌组成的字符串

图 3.12 所示的字符串是由 3 个项目组成的，它们被称为“令牌”。**令牌**（**Token**）是一组用定界字符分隔的字符串。在 Java 中，默认的定界字符是由空位字符（包括空格、制表位、新行或回车符）组成的。

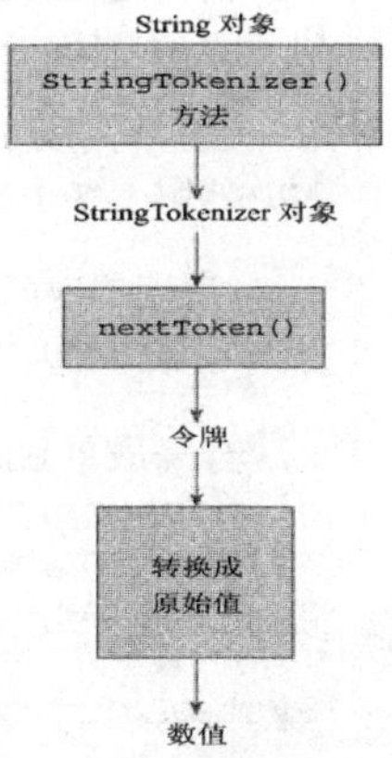

图 3.13　从字符串中解析出令牌

对于图 3.12 中的字符串，3 个令牌是由字符串“98.5”、“12”和“3.25”组成的。如果这 3 个令牌可以被从整个字符串中分离出来，那么每个令牌可以被转换一个原始数据类型的值。从字符串中分离个别令牌的过程通常被称为“**解析字符串**”（**Parsing The String**），可以很容易使用 StringToKenizer 类的方法来实现该过程，图 3.13 显示了完成这项操作的整个过程。

如图 3.13 所示，解析令牌过程的第一步是通过字符串创建 StringTokenizer 类的一个对象。假设从键盘读取的字符串名为“inputString”，那么语句

```
StringTokenizer st = new StringTokenizer(inputString);
```

将创建一个所需的 StringTokenizer 对象，这里，对象的名称 st 可以被程序员选择的任何有效的标识符所替代，也可以使用一个两步过程来取代这个语句——使用下面的语句先声明一个 StringTokenizer 变量，然后创建实际的对象：

```
StringTokenizer st;
st = new StringTokenizer(inputString);
```

一旦创建了 StringTokenizer 对象，就可以使用 nextToken()方法来提取字符串的下一个令牌，例如，对于图 3.12 中的字符串，假设变量 s1、s2 和 s3 已经被声明为字符串变量，则下面 3 个语句

```
s1 = st.nextToken();
s2 = st.nextToken();
s3 = st.nextToken();
```

将连续从对象 st 中提取令牌。因此，在执行完这些语句后，字符串 s1 将引用字符串值“98.5”，字符串 s2 将引用字符串值“12”，而字符串 s3 将引用字符串值“3.25”。一旦这些字符串值被孤立起来，它们就可以被分别转换成原始数据类型的值。

程序 3.12 显示了接受来自键盘的原始字符串，然后将它解析并转换成 3 个独立的数字值。

程序 3.12

```
import java.io.*;          //用来读取键盘数据
import java.util.*;        //用来访问 StringTokenizer 类
public class MutipleLineInputs
{
 public static void main(String[] args)
  throws java.io.IOException
  {
     String inputString;
     String s1, s2, s3;
```

```
    double num1, num3;
    double num2, result;

    //设置基本输入流
    //能够进行转换
   InputStreamReader isr = new InputStreamReader(System.in);
    //需要使用 readLine()方法
   BufferedReader br = new BufferedReader(isr);

   System.out.print("Enter three numbers: ");
   inputString = br.readLine();

     //根据读取的字符串声明并创建一个 StringTokenizer 对象
   StringTokenizer st = new StringTokenizer(inputString);

    //分隔成单独的项
   s1 = st.nextToken();
   s2 = st.nextToken();
   s3 = st.nextToken();

   System.out.println("The strings extracted are: " + s1 + " " + s2+ " "
                              + s3);
   num1 = Double.parseDouble(s1);
   num2 = Double.parseDouble(s2);
   num3 = Double.parseDouble(s3);

   result = (num1 + num2) / num3;
   System.out.println("The value of (" + num1 + "+ " +num2 +")/"+num3 + "
                             is " +result);
  }
}
```

程序 3.12 将产生如下所示的结果：

```
Enter three numbers: 98.5 12 3.25
The strings extracted are:
98.5
12
3.25
The value of (98.5 + 12.0) / 3.25 is 34.0
```

正如这个输出结果所示，输入行中包含的 3 个令牌已经成功地得到解析，并被转换成数字值，然后用于算术计算中。需要注意的是，语句 import java.util.*;是访问 StringTokenizer 类所必需的。

程序 3.12 中用来解析输入行的技术要求我们知道将要输入多少项目，但是，这些信息并不一定是必要的，因为 StringTokenizer 类提供了方法 hasMoreTokens()，每当对象包含其他令牌时，它都将返回布尔值 true。实际上，该方法并不是很有用，因为它需要与第 5 章将要介绍的 while 语句一起使用。

3.3.2 验证用户输入

能够验证用户输入并确保程序不会因为不当输入而导致系统崩溃是良好程序的标志。能够对用户的不当输入做出有效响应的程序通常被称为“强健程序”，也被形象地称为“防弹程序”，程序员的最终目标就是要编写这样的程序。其实，程序 3.11 和 3.12 都不是强健程序，下面让我们来分析一下原因，当用户在输入任何值之前无意地按下 Enter 键时，这两个程序的第一个问题就会显现。如果出现这种情况，那么通过 readLine()读取所输入的字符串将根本不包含任何字符，因此，返回的字符串就是 0 长度的空字符串""。因为空字符串没有可以提取的令牌，所以在程序 3.12 中，nextToken()方法将产生一个错误消息，这在 Java 中被称为“异常”。在程序 3.11 中，这个空的字符串也会导致错误，因为它不能被转换成合法的数字值。除非这个错误条件得到正确的处理，否则程序将发生中断，这种在程序执行期间因程序中存在错误而发生的中断被称为“**崩溃**”（**Crash**）。

每当用户键入不能被转换成双精度值的输入内容时，就会出现另外一个错误，例如，在程序 3.12 中，输入字符串“oops 12 3.25”并按下 Enter 键，将会导致 parseDouble()失败，因为它不能将字符“oops”转换成有效的双精度数字值。第一个错误条件被称为“NoSuchElementException”；第二个错误条件被称为“NumberFormatException”，它将在程序停止执行之前通过程序显示在终端上[①]，例如，图 3.14 显示的是针对第二个条件提供的错误消息，请注意，该异常被标识为“NumberFormatException”。

```
C:\jdk>
C:\jdk>
C:\jdk>
C:\jdk>
C:\jdk>
C:\jdk>
C:\jdk>

C:\jdk>java MultiplyNumbers
Exception in thread "main" java.lang.NumberFormatException: oops
        at java.lang.FloatingDecimal.readJavaFormatString(FloatingDecimal.java:1
180)
        at java.lang.Double.parseDouble(Double.java:188)
        at MultiplyNumbers.main(MultiplyNumbers.java:11)

C:\jdk>
C:\jdk>
C:\jdk>
C:\jdk>

C:\jdk>

C:\jdk>

C:\jdk>
```

图 3.14　针对第二个条件提供的错误消息

处理这些错误有两种方法，并且可以在同一个程序中同时应用这两种错误处理技术。应用的第一个技术被称为“**用户输入验证**”（**User-Input Validation**），这意味着在输入数据的同时或之后验证所输入的数据，并向用户提供重新输入有效数据的方法。用户输入验证是任何商业程序的一个十分重要的部分，它将会保护程序不必试着去处理可能会造成系统崩溃的数据类型。在第 4 章和第 5 章分别介绍 Java 的选择和重复语句之后，我们将会看到如何提供这种验证[②]。

防止出现这些错误的第二个技术是提供错误处理代码，它将会纠正问题，或者允许程序静静地中断，而不会向用户报告发生了运行时崩溃，在 Java 中，这种技术被称为“异常处理”，我们将会在下一节的结尾部分介绍。

需要注意的是，程序 3.11 和 3.12 中的 throws java.io.IOException 因存在 readLine()方法而是必需的，并且它与在解析或转换为原始数据类型时发生的任何异常是无关的。readLine()方法要求程序员明确地定义将如何处理它所检测到的任何输入错误，满足这个要求最简单的方法是，让编译器将在 main()中发生的任何相关的输入错误传递给操作系统，这就是所谓的“将错误扔给操作系统”，并且它是通过 throws

① 可以使用 Sun 提供的 Java 文档的 Web 站点（www.java.sun.com/docs）来查找有关异常的文档：单击 JAVA 2 SDK、SE1.3 或 SE1.2 项目，然后使用提供的搜索引擎进行查找；另一个好的参考资源是由 Chan、Lee 和 Kramer 编写的《The Java Class Libraries(2nd ed., Vol. 1)》（Reading, MA: Addison-Wesley, 1998），它通过大量简短的代码示例提供了丰富的、组织有序的参考材料。

② 要注意的是，readLine()不允许程序员将屏幕置于“原始模式”，在这种模式下，每个字符被发送给屏幕之前都会得到解释。这意味着使用 readLine()进行的验证通常被限制于在输入完整个字符串值之后，而不是在输入每个字符期间进行的验证，甚至对于基于字符的 read()方法同样是这种情况。其中的原因是，System.in 实际上是一个缓冲流。它的一个优点是，可以自动提供使用 Backspace 键和 Delete 键进行编辑的功能。

java.io.IOException 表达式中的 throws 关键字来指定的，如果没有包括该表达式，那么编译器将提供错误消息：“Exception java.io.IOException must be caught, or it must be declared in the throws clause of this method.”（必须捕获 java.io.IOException 异常，否则必须在该方法的 throws 子句中声明它）。在下一节的结尾部分，我们将会介绍如何明确地“捕获”异常。

3.3.3 练习题

1．编写两个可以用于执行下面的（1）～（4）任务的语句，第一个语句将读取来自键盘的字符串值，假设该字符串将要通过字符串变量 inputString 来访问。第二个语句将把 inputString 转换成适当的原始数据类型的变量。假设要求（1）是整数值、（2）是长整数值、（3）是浮点值、（4）是双精度值。

（1）System.out.println(:"Enter a grade: ");

（2）System.out.println(:"Enter an identification number: ");

（3）System.out.println(:"Enter a price: ");

（4）System.out.println(:"Enter an interest rate: ");

2．输入并运行程序 3.11。

3．输入并运行程序 3.11，但删除 main()标题行后包含表达式 throws java.io.IOException 的代码行。记录由编译器提供的错误消息。

4．编写、编译并运行一个 Java 程序，显示下面的提示：

```
Enter the radius of a circle:
```

在接受半径值后，你的程序应该计算并显示圆的面积（提示：area = 3.1416 * radius^2）。为了进行测试，输入一个 3 英寸的测试半径值来验证一下你的程序。在确认你的程序得到的结果是正确的之后，使用该程序完成表 3.10。

表 3.10 待完成的表格

半径（英寸）	面积（平方英寸）
1.0	
1.5	
2.0	
2.5	
3.0	
3.5	

5．问题如下：

（1）编写一个 Java 程序，首先显示下面的提示：

```
Enter the temperature in degrees Celsius:
```

让你的程序接受通过键盘输入的值，然后使用公式 Fahrenheit = (9.0 / 5.0) * Celsius + 32.0 将输入的值转换成华氏温度。然后，使你的程序通过适当的输出消息显示出华氏温度。

（2）编译并运行为练习题 5（1）所写的程序。通过手工计算验证你的程序，然后使用该程序计算下列测试数据对应的华氏温度：

```
Test data set 1: 0 degrees Celsius
Test data set 2: 50 degrees Celsius
Test data set 3: 100 degrees Celsius
```

确认你的程序运行正常之后，使用它来完成表 3.11。

表 3.11　待完成的表格

摄 氏 温 度	华 氏 温 度
45	
50	
55	
60	
65	
70	

6．问题如下：

（1）编写一个 Java 程序，显示下面的提示：

```
Enter the length of the room:
Enter the width of the room:
```

在显示每个提示后，你的程序应该使用 readLine()接受来自键盘的数据。在输入房间的宽度之后，程序应该计算并显示房间的面积。显示的面积应该被包括在适当的消息中，并且是使用公式 area = length * width 计算得到的。

（2）通过手工计算检查为练习题 6（1）所写的程序显示的面积的正确性。

7．问题如下：

（1）编写、编译并运行一个 Java 程序，显示下面的提示：

```
Enter the miles driven:
Enter the gallons of gas used:
```

在显示每个提示后，你的程序应该使用 readLine()方法接受来自键盘的数据。在输入所用的汽油量后，程序应该计算并显示得到的英里/加仑数。该值应该被包括在适当的消息中，并且是使用公式 miles per gallon = miles / gallons used 计算得到的。使用下列测试数据验证你的程序：

```
Test data set 1: miles = 276, gas = 10 gallons
Test data set 2: miles = 200, gas = 15.5 gallons
```

验证完成后，使用你的程序完成表 3.12。

表 3.12　待完成的表格

行驶的英里数	所用的油量	MPG
250	16.00	
275	18.00	
312	19.54	
296	17.39	

（2）对于为练习题 7（1）所写的程序，确定需要进行多少次的验证才能确保程序运行正常，并说明原因。

8．问题如下：

（1）编写一个 Java 程序，显示下列提示：

```
Enter the length of the swimming pool:
Enter the width of the swimming pool:
Enter the average depth of the swimming pool:
```

在显示每个提示后，你的程序应该使用 readLine()方法接受来自键盘的数据。在输入完游泳池的深度之后，程序应该计算并显示游泳池的容积。该容积应该被包括在适当的消息中，并且是使用公式 volume = length * width * average depth 计算得到的。

（2）通过手工计算，验证为练习题 8（1）所写的程序显示的容积的正确性。

9．问题如下：

（1）编写一个 Java 程序，显示下列提示：

```
Enter a number:
Enter a second number:
Enter a third number:
Enter a fourth number:
```

在显示每个提示后，你的程序应该使用 readLine()方法接受来自键盘的数据。在输入完第四个数之后，你的程序应该计算并显示这 4 个数的平均值。该平均值应该被包括在适当的消息中。

（2）通过手工计算，验证为练习题 9（1）所写的程序显示的平均值的正确性。

（3）重复练习题 9（2），确保针对输入的每个数使用相同的变量名 number。对这些数的总和使用变量 sum（提示：要做到这一点，你必须在接受每个数字之后使用语句 sum = sum + number;。请回顾第 3.1 节中介绍的有关累积的内容）。

10．编写一个 Java 程序，提示用户键入一个数字。让你的程序接受该数字，将它转换成整数，并显示该整数值。运行程序 3 次。在第一次运行程序时，输入一个有效的整数，第二次输入一个浮点数，第三次输入一个字符。使用显示的输出结果，看看程序实际从所输入的数据接受了哪些数字。

11．重复练习题 10，但让你的程序将输入的字符串转换成浮点值，并将转换后的值存储到一个浮点变量中。运行程序 4 次。第一次输入一个整数，第二次输入一个小数，第三次输入一个最后带有 f 字符的小数，第四次输入一个字符。使用显示的输出结果，看看程序实际从所输入的数据接受了哪些数字。将会出现什么情况？为什么？

12．重复练习题 10，但让你的程序将数字转换成双精度值，并将转换后的值存储到一个双精度变量中。

13．问题如下：

（1）为什么你认为成功的应用程序应该包括输入数据有效性的检查？（提示：回顾练习题 10、11 和 12）。

（2）你认为数据类型检查和数据合理性检查之间有哪些区别？

（3）假设一个程序要求用户输入年、月、日，那么需要对输入的数据做哪些检查？

14．在你的计算机上输入并运行程序 3.12。

15．在你的计算机上输入并运行程序 3.12，但做两项更改：

- 省略 main()标题行后包含表达式 throws java.io.IOException 的代码行。
- 将语句 inputString = br.readLine();更改为 inputString = "98.5 12";。

编译并运行程序，确定所提供的错误消息。讨论出现的情况并说明原因。

16．程序 3.11 提示用户输入两个数字，其中输入的第一个值被存储在 num1 中，第二个值被存储在 sum2 中。从这个程序开始，编写一个程序，交换在这两个变量中存储的值。

3.4 交互式对话框输入

除了键盘数据输入之外，Java 还提供了一种输入用户数据的 GUI 方法，它使用了 JOptionPane 类中的 showInputDialog()方法。调用该方法将创建一个对话框（回顾第 1.5 节，对话框是要求用户提供额外信息来完成某项任务的框），它使用户能够通过终端输入字符串，然后，就像键盘输入一样，该字符串将被转换成原始数据类型的值。

showInputDialog()方法的句法如下所示：

```
JOptionPane.showInputDialog(string);
```

其中，string 参数是在 Input 对话框中显示的提示，例如，语句

```
s = JOptionPane.showInputDialog("Enter a number: ");
```

将调用带有参数"Enter a number: "（这就是提示）的 showInputDialog()方法，当执行该语句时，将显示如图 3.15 所示的 Input 对话框。

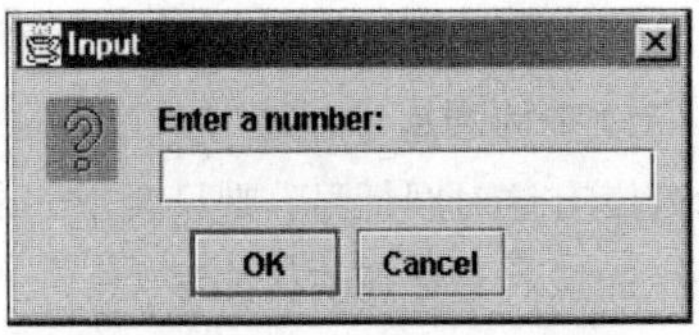

图 3.15　showInputDialog()对话框示例

一旦显示出 Input 对话框，就会连续扫描键盘来获得数据。当按下某些键时，showInputDialog()方法将在该对话框的输入区域显示它们。当按下 Enter 键或单击 OK 命令按钮时，输入将停止，已输入的文本将被返回并存储到赋值语句左边的字符串变量中，然后，程序将继续执行 showInputDialog()方法调用后的语句①。

程序 3.13 演示了一个完整应用程序中的 showInputDialog()方法。

程序 3.13

```
import javax.swing.*;
public class SampleInputDialog
{
  public static void main(String[] args)
  {
    String s1, s2;
    double num1, num2, average;

    s1 = JOptionPane.showInputDialog("Enter a number: ");
    s2 = JOptionPane.showInputDialog("Great! Now enter another number: ");

    num1 = Double.parseDouble(s1);
    num2 = Double.parseDouble(s2);
    average = (num1 + num2) / 2.0;

    JOptionPane.showMessageDialog(null, "The average of "+ num1 + " and "
      +num2+"is "+average,"Program 3.13",JOptionPane.INFORMATION_MESSAGE);
    System.exit(0);
  }
}
```

程序 3.13 显示的第一个 Input 对话框如图 3.16 所示。该对话框的输入区域中显示的 15 是通过键盘输入的值。需要注意的是，对话框的提示告诉用户要输入一个数字。当显示出该对话框之后，showInputDialog()方法将把应用程序置于暂停状态，等待用户键入值。用户通过单击其中一个命令按钮来告诉 showInputDialog()方法已经输入完数据，如果用户单击 OK 按钮（或按下 Enter 键），那么已输入的值将被存储到赋值语句左边所引用的字符串中（在该示例中为 s1），而应用程序将摆脱暂停状态，然后，程序将继续执行下面的语句，在程序 3.11 中，是另外一个 showInputDialog()方法调用。图 3.17 显示的是第二个对话框及输入的数据。

当显示第二个对话框之后，应用程序将会再次被置于暂停状态，等待用户键入第二个值。第二个值将被存储在字符串对象 s2 中。接下来的两个语句将该字符串值转换成双精度数字。根据这些转换后的输入值来计算平均值，并显示在 Message 对话框中，如图 3.18 所示。

① 如果用户单击 Cancel 按钮，那么将返回一个不能通过 parseDouble()进行转换的空值，这将会导致程序异常，而程序将停止执行。我们将在本节结尾部分介绍如何正确处理这种异常，但若现在单击了这个按钮，那么你将不得不通过按下 Break 键或同时按下 Ctrl 键和 C 键来中断程序。

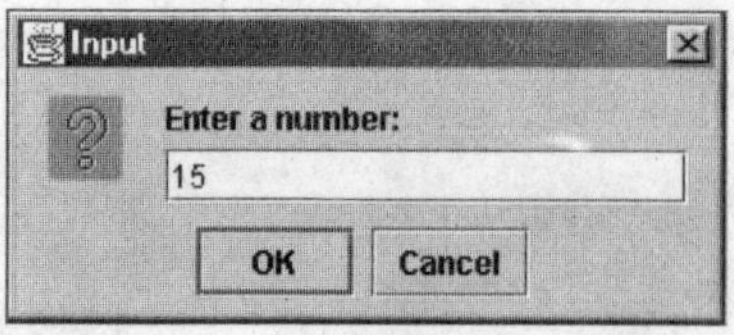

图 3.16　输入数据后的第一个对话框

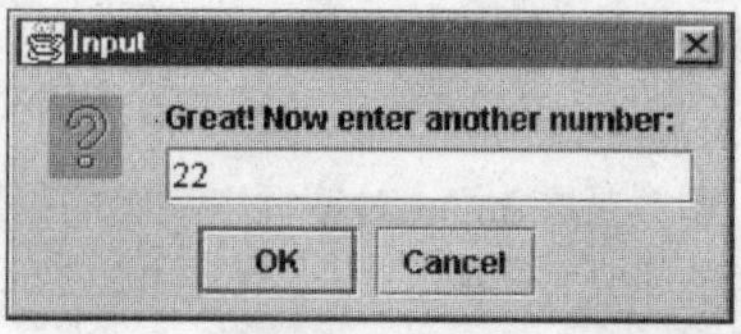

图 3.17　输入数据后的第二个对话框

在程序 3.13 中，还需要注意语句 average = (num1 + num2) / 2.0;中的圆括号。这对圆括号是保证计算结果正确所必需的。若没有这对圆括号，则只会用 num2 中的值来除以 2（因为除法比加法具有更高的优先级）。

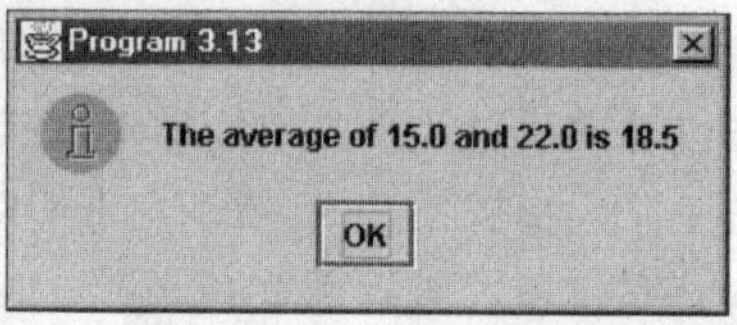

图 3.18　程序 3.13 产生的输出结果示例

为了确保读者很好地掌握如何使用 showInputDialog()方法来获得用户输入，我们将提供另外一个示例，请参考程序 3.14，它是一个将华氏温度转换成摄氏温度的程序。在该程序中，用户被提示输入一个华氏温度。一旦用户输入了温度值，程序就会将所输入的字符串转换成双精度值，将该华氏温度转换成相应的摄氏温度，然后显示出计算得到的值。

程序 3.14

```
import javax.swing.*;
public class ConvertTemp
{
 public static void main(String[] args)
 {
   String fahr, output;
   double tempfahr, celsius;

   fahr = JOptionPane.showInputDialog("Enter a Fahrenheit Temperature: ");

   tempfahr = Double.parseDouble(fahr);
   celsius = 5.0 / 9.0 * (tempfahr - 32);

   output = "The equivalent Celsius temperature for " + tempfahr+ " degrees
       Fahrenheit is " + celsius; JOptionPane.showMessageDialog(null, output,
                        "Program 3.14",JOptionPane.INFORMATION_MESSAGE);

   System.exit(0);
 }
}
```

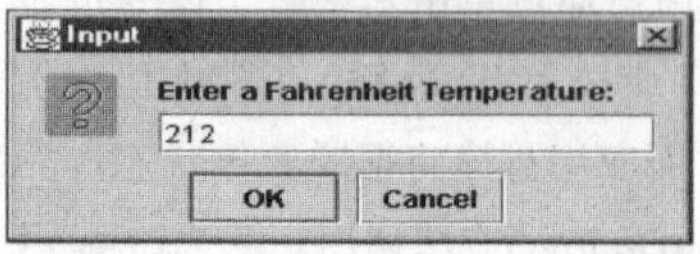

图 3.19　程序 3.14 创建的 Input 对话框

图 3.19 显示的是程序创建的 Input 对话框，用户在其中输入了值 212，针对这个输入值产生的输出结果如图 3.20 所示。注意，在该程序中，字符串引用 output 是使用两个赋值语句构造的。第二个赋值语句只是将额外的信息附加到该字符串中，而传递给 showMessageDialog()方法用于最终显示的只有字符串引用的名称 output。

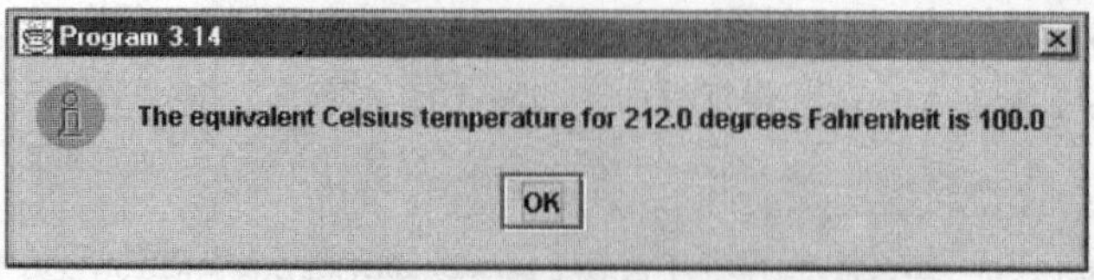

图 3.20　程序 3.14 产生的输出结果示例

3.4.1 异常处理[①]

Java 不同与其他高级语言的一个特性是 Java 处理错误条件的方式。其他大多数语言一般都要求每个方法，例如，main()，返回特定的值，以指出由该方法造成的特定失败。如果 Java 沿用这种方法，那么将要求 Double.parseDouble()方法返回一个特定的值，以指出它可能无法成功地完成转换任务。

使用这种传统的方式可能会出现一些问题。首先，它要求程序员实际地检查代码，以检测是否确实出现了错误；其次，错误处理代码将与正常的处理代码混合在一起，因此，有时很难区分哪部分代码是用来处理错误的，哪部分代码是用来执行正常的程序处理的；最后，通过方法返回错误条件意味着该条件必须具有与有效的返回值相同的数据类型，从而，错误代码必须是一个可以被标识为错误警告的特定标识值，因此，错误代码是作为其中一个可能的有效值来嵌入的，并且只有在方法返回值时才是可用的。虽然这些问题并非无法解决，但 Java 没有采用这种方法，而是采用一种将逐渐被大家熟知的错误处理技术——“异常处理”。

在异常处理过程中，当在执行某个方法时出现错误，该方法将在发生错误的地方创建一个对象，其中包含错误的有关信息，然后，这个异常对象被立即传递给 Java 虚拟机（同样是在生成它的地方），由 Java 虚拟机试着定位处理异常的代码。在检测到错误的地方生成并传递异常对象的过程被称为**“抛出异常”**（**Throwing An Exception**）。需要注意的是，异常是在方法仍在执行的同时抛出的，这使得程序能够处理错误，并将控制返回给方法，以使它能够正确地完成分配给它的任务。

具体来说，有两种可能造成 Java 异常的基本错误：因程序无法获得所需的资源而导致的错误；因存在缺陷的代码而导致的错误。

第一种错误的示例包括，在内存不足时试图获得引用类型（如字符串）的内存，或者试图打开一个不存在的文件进行输入。请注意，这些错误都是由于程序员无法控制的外部资源造成的。为了确保在程序执行期间不会出现这种异常条件，Java 提供了一些明确接收和处理异常对象的检查机制，这种检查是在编译时进行的，并且因为这种检查是由编译器进行的，所以它通常被称为**“已检异常”**（**Checked Exception**）。

第二种错误的示例是在程序 3.13 和 3.14 中提供的，其中用户可能会输入无法被转换成数字值的字符串，在没有输入任何字符串的情况下单击了 OK 按钮，或者单击了 Cancel 按钮。因为这种错误通常可以通过编程来预防（在该示例中，是通过提供用户输入验证），所以 Java 没有检查异常处理机制是否在编译时执行，因此，这第二种异常被称为**“未检异常”**（**Unchecked Exception**）。但是，未检异常并不意味着我们仍不能对它应用 Java 的异常处理技术。因为 Java 的异常处理技术很易于使用，所以我们将介绍如何将其应用于已提到的程序 3.14 中的用户输入错误[②]。在执行这项任务之前，请查看表 3.13，熟悉一下与处理异常相关的术语。

表 3.13 异常处理术语

术 语	描 述
异常	程序执行过程中出现的错误
抛出异常	生成异常对象
捕获或处理异常	标识异常，并将它传递给处理程序
捕获子句或处理程序	执行错误处理任务的代码部分

① 在首次阅读时可以略过这部分内容，而不会影响内容的连续性。

② 异常处理通常被局限于已查异常。像用户输入无效数据或试图将 0 作为除数的错误也可以使用 Java 传统的选择和重复语句来得到检测和处理。在后面几节中，我们将介绍如何做到这一点。但是，现在程序 3.13 和 3.14 提供了一种非常简单、直观的异常处理方法，因此，我们将使用它们。

☆ 知识点 3 个有用的异常

Java 提供了 3 个在编程中非常有用的异常:

ArithemeticException: 每当试图执行非法算术运算时抛出，例如，试图将 0 作为除数时。

NumberFormatException: 每当试图转换没有包含所需数字类型的字符的字符串时抛出。

NullPointerException: 每当试图访问不存在的对象时抛出。

抛出和处理异常所需的代码的常规句法如下所示:

```
try
{
    //一个或多个语句
    //其中至少一个
    //能够抛出一个异常
}
catch(exceptionName argument)
{
    //一个或多个语句
}
finally
{
    //一个或多个语句
}
```

这段代码使用了 3 个新的关键字：try、catch 和 finally。下面我们分别介绍这 3 个关键字。

关键字 try 标识异常处理代码块的开始。在定义这块代码的花括号内至少要有一个语句能够抛出异常，例如，下面代码部分的 try 块：

```
try
{
    s1 = JOptionPane.showInputDialog("Enter a number: ");
    num1 = Double.parseDouble(s1);
    s2 = JOptionPane.showInputDialog("Great! Now enter another number: ");
    num2 = Double.parseDouble(s2);

    average = (num1 + num2) / 2.0;
    JOptionPane.showMessageDialog(null, "The average of " + num1 + " and "
      +num2+"is"+average,"Program3.15",JOptionPane.INFORMATION_MESSAGE);
}
```

包含了 6 个语句,其中只有两个语句可以抛出我们想要捕获的异常,这两个语句使用 Double.parseDouble() 方法将字符串转换成双精度数。特殊地，我们希望处理 NumberFormatException（当 s1 或 s2 中包含不能被转换的无效字符时抛出）和 NullPointerException（当 s1 或 s2 根本没有引用任何对象时抛出）。每当用户在没有输入任何数据或输入非数字字符时单击了 OK 按钮，就将发生第一个异常；而当用户单击 Cancel 按钮时，就将发生第二个异常。因此，从 try 块的角度来看，它只是一个需要考虑的转换语句。从基本来说，try 块是说：“尝试我这里面的所有语句，看看是否会发生异常”。

try 块必须后跟一个或多个 catch 块，这些块将作为由 try 块中的语句抛出的任何异常的处理程序。对于我们提供的特定示例，我们希望捕获两个特定的异常，可通过下面的代码部分来实现：

```
catch(NumberFormatException n)
{
    JOptionPane.showMessgeDialog(null,
        "You must enter a number",
        "Input Data Error",
```

```
        JOptionPane.ERROR_MESSAGE);
}
catch(NullPointerException n)
{
 JOptionPane.showMessgeDialog(null,
      "You Pressed the Cancel Button",
     "Program Termination",
      JOptionPane.ERROR_MESSAGE);
}
```

这里由每个 catch 块提供的异常处理就是一个标识已经捕获的特定异常的对话框。请注意每个 catch 关键字后的圆括号。每对圆括号内列出的就是所捕获的异常的名称，以及一个参数标识符（我们将它命名为“n”），该标识符是程序员选择的名称，它被用来保持在异常发生（被抛出）时生成的异常对象。虽然我们提供了两个 catch 块，但这并不是必需的。所要求的就是对于每个 try 块至少要提供一个 catch 块。显然，可以使用同一个 try 块捕获的异常越多越好。可选的 finally 块提供了一组默认的指令，而无论是否发生异常都会执行这组指令。对于我们的示例，将使用代码：

```
finally{System.exit(0);}
```

该代码可以确保程序在各种情况下都能很好地关闭。程序 3.15 以一个完整的程序结合使用了这段代码。需要注意的是，try 块中的指令基本上就是程序 3.14 中使用的所有处理语句。这两个程序的区别在于，我们在程序 3.14 中标识的两个异常是在它们发生时报告给用户的，并且程序是在没有报告运行时系统错误消息的情况下很好地被中断的。

程序 3.15

```
import javax.swing.*;
public class CatchExceptions
{
 public static void main(String[] args)
  {
   String s1;
   String s2;
   double num1, num2, average;
   try
    {
     s1 = JOptionPane.showInputDialog("Enter a number: ");
     num1 = Double.parseDouble(s1);
     s2 = JOptionPane.showInputDialog("Great! Now enter another number: ");
     num2 = Double.parseDouble(s2);
     average = (num1 + num2) / 2.0;

     JOptionPane.showMessageDialog(null,"The average of " + num1 + " and "
      +num2+"is"+average,"Program 3.15",JOptionPane.INFORMATION_MESSAGE);
    }
   catch(NumberFormatException n)
    {
     JOptionPane.showMessageDialog(null, "You must enter a number","Input
                                     Data Error",JOptionPane.ERROR_MESSAGE);
    }
   catch(NullPointerException n)
    {
     JOptionPane.showMessageDialog(null, "You Pressed the Cancel
               Button","Program Termination",JOptionPane.ERROR_MESSAGE);
    }
   finally{System.exit(0);}
  }
}
```

图 3.21 和 3.22 显示的是在程序 3.15 中捕获的两个异常的对话框。

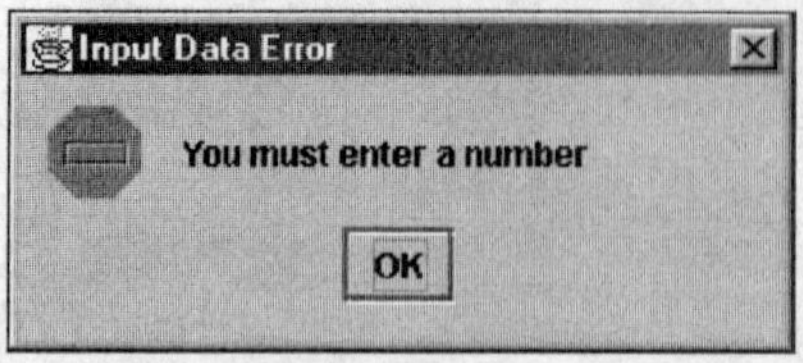

图 3.21 捕获 NumberFormatException 异常的结果

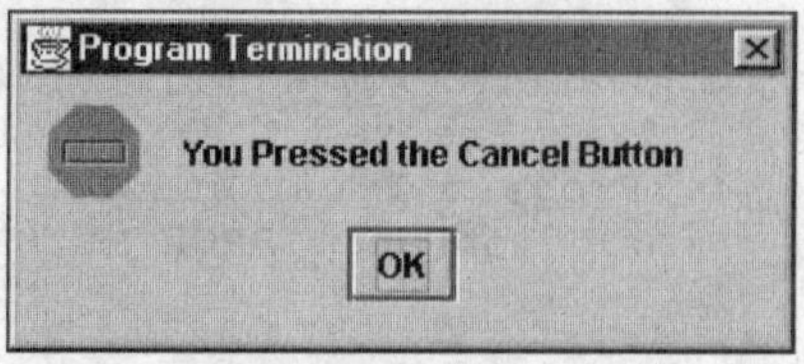

图 3.22 捕获 NullPointerException 异常的结果

3.4.2 练习题

1. 为下列的输入提示编写赋值语句，将从 Input 对话框返回的值存储到变量 test 中：

（1）提示："Enter a grade:"

（2）提示："Enter a temperature:"

（3）提示："Enter an interest rate:"

（4）提示："Enter a name:"

（5）提示："Enter a price:"

2. 修改程序 3.12，使计算得到的摄氏温度值最多保留两位小数。

3. 问题如下：

（1）编写一个 Java 程序，在 Input 对话框中显示下面的提示：

```
Enter the amount of the bill:
```

（2）在接受账单的总额之后，你的程序应该计算出销售税（假设税率为 6%），然后在 Message 对话框中以美元总额的形式显示出销售税。使用初始值$36.00 验证一下你的程序。在手工检查你的程序产生的结果是正确的之后，使用该程序完成表 3.14。

表 3.14 待完成的表

总额（美元）	销售税（美元）
36.00	
40.00	
52.00	
87.95	
125.00	
182.93	

4. 编写、编译并运行一个 Java 程序，在 Input 对话框中显示下面的提示：

```
Enter the radius of a circle:
```

在接受半径值之后，你的程序应该计算并显示圆的半径（提示：area = 3.1416 * radius^2）。使用 3 英寸的半径值验证一下你的程序。在手工确定你的程序产生的结果是正确的之后，使用该程序完成表 3.15。

表 3.15 待完成的表

半径（英寸）	面积（平方英寸）
1.0	
1.5	
2.0	
2.5	
3.0	
3.5	

5．问题如下：

（1）编写一个 Java 程序，在 Input 对话框中显示下面的提示：

```
Enter the temperature in degree Celsius:
```

在接受通过键盘输入的值之后，你的程序应该使用公式 Fahrenheit = (9.0 / 5.0) * Celsius + 32.0 将输入的温度值转换成华氏温度，然后使用适当的输出消息显示出华氏温度。

（2）编译并运行为练习题 5（1）所写的程序。通过手工计算验证你的程序，然后使用你的程序来确定下列测试数据对应的华氏温度：

测试数据 1：0 degrees Celsius

测试数据 2：50 degrees Celsius

测试数据 3：100 degrees Celsius

当确认你的程序运行正常之后，使用它来完成表 3.16。

表 3.16　待完成的表

摄 氏 温 度	华 氏 温 度
45	
50	
55	
60	
65	
70	

6．编写并运行一个 Java 程序，使用 Input 对话框显示下面的提示：

```
Enter the length of the office:
Enter the width of the office:
```

你的程序应该使用输入值来计算并显示办公室的面积。使用下面的数据验证你的程序：

测试数据 1：length = 12.5, width = 10

测试数据 2：length = 12.4, width = 0

测试数据 3：length = 0, width = 10

7．问题如下：

（1）编写并运行一个 Java 程序，使用 Input 对话框显示下面的提示：

```
Enter the miles driven:
Enter the gallons of gas used:
```

你的程序应该使用输入值来计算并显示英里/加仑数。使用公式 miles per gallon = miles / gallons used。使用下面的测试数据验证你的程序：

测试数据 1：Miles = 276, Gas = 10 gallons

测试数据 2：Miles = 200, Gas = 15.5 gallons

完成验证后，使用该程序完成表 3.17。

表 3.17　待完成的表

行驶的英里数	消耗的加仑数	MPG
250	16.00	
275	18.00	
312	19.54	
296	17.39	

（2）对于练习题 7（1）的程序，确定需要多少次验证才能确保程序运行正常，并说明原因。

8. 问题如下：

（1）编写一个 Java 程序，在 3 个独立的 Input 对话框中显示下面的提示：

```
Enter the length of the swimming pool:
Enter the width of the swimming pool:
Enter the average depth of the swimming pool:
```

在输入完游泳池的深度之后，你的程序应该计算并显示游泳池的容积。该容积应该被包括在适当的消息中，并且是通过公式 volume = length * width * average depth 计算得到的。

（2）通过手工计算检查为练习题 8（1）所写的程序显示的容积的正确性。

9. 问题如下：

（1）编写一个 Java 程序，在一个独立的 Input 对话框中显示下面的提示：

```
Enter a number;
Enter a second number:
Enter a third number:
```

在输入完第三个数之后，你的程序应该计算并显示这 3 个数的平均值。该平均值应该被包括在适当的消息中。使用下面的测试数据验证你的程序：

测试数据 1：100, 100, 100

测试数据 2：100、50、10

完成验证后，使用该程序完成表 3.18。

表 3.18 待完成的表

数 字	平 均 值
92、98、79	
86、84、75	
63、85、74	

（2）重复练习题 9（1），确保对于每个数字输入使用相同的变量名 number，对于这些数字的总和使用变量 sum（提示：要做到这一点，你必须在接受每个数字之后使用语句 sum = sum + number;。请参考第 3.1 节中关于累积的有关内容）。

10. 程序 3.13 提示用户输入两个数字，其中输入的第一个值被转换并存储到 num1 中，第二个值被转换并存储到 num2 中。根据这个程序，重新编写程序，以使它互换两个变量中存储的值。

11. 在你的计算机上输入并运行程序 3.14。当执行下列操作时，记录下所显示的异常消息：

- 在没有输入任何数据的情况下单击 OK 按钮。
- 输入字符“oops”，然后单击 OK 按钮。
- 单击 Cancel 按钮。

12. 问题如下：

（1）输入并运行程序 3.15。确定当你执行下列操作时发生的情况：

- 在没有输入任何数据的情况下单击 OK 按钮。
- 输入字符“oops”，然后单击 OK 按钮。
- 单击 Cancel 按钮。

（2）删除程序 3.15 中的第二个 catch 块，看看当你单击 Cancel 按钮时发生的情况。确定代码的哪个部分被用来处理以前由所删除的 catch 代码负责处理的异常。

13. 修改程序 3.15，使 try 块只包括下面的语句：

```
num1 = Double.parseDouble(s1);
```

```
num2 = Double.parseDouble(s2);
```

3.5 final 限定符

通常，程序中的某些值在程序外被认为是具有通用意义的，这种类型的值包括精确到 4 位小数的 π 值 3.1416、重力常量 32.2 ft/sec^2，以及精确到 5 位小数的欧拉常数。而程序中出现的其他常量在所编写的程序环境内是经过严格定义的，例如，在一个确定银行利息费用的程序中，利率将会在整个程序的一些不同地方多次出现；类似地，在计算税额的程序中，税率也可能会在多个指令中出现，这样的数字被程序员称为**"幻数"**（**Magic Number**），从本身来说，这些数是很普通的，但在特定的应用环境下，它们具有特定的（魔幻般的）意义。

通常，在同一个程序中将会多次出现相同的幻数。在一个程序中多次出现相同的常数，若该常数发生变化，那么这将是出现错误的一个隐患，例如，如果利率或税率发生变化，那么程序将很难处理该值在程序中每次出现的情况；然而，多次更改更容易出现错误，如果只是一个税率值被忽略而没有被更改，那么当程序运行时得到的结果将是不正确的，而定位错误的来源也是非常困难的。

为了避免幻数遍布于一个程序的多个地方，并允许清楚地标识像 π 这样的通用常量，Java 允许程序员为这些常量指定它们自己的符号名称，在整个程序中，不再使用这些数字，而是使用这些符号名称；如果需要更改这些数字，那么只需在出现相当于实际数值的符号名处进行更改一次即可。将数字与符号名称等同起来是使用 final 声明限定符来实现的。final 限定符指定，已声明的标识符只有在得到初始化之后才能被读取，它不能被更改，下面是 3 个使用该限定符的示例：

```
final double SALESTAX = 0.05;
final float PI = 3.1416f;
final int MAXNUM = 100;
```

第一个声明语句创建了一个名为"SALESTAX"的双精度常量，并将它初始化为 0.05；第二个声明语句创建了一个名为"PI"的浮点常量，并将它初始化为 3.1416f，请注意 f 是必需的，若没有这个后缀，我们很可能会试着使用双精度值来初始化浮点变量，这将会导致编译错误消息；最后，第三个声明创建了一个名为"MAXNUM"的整数变量，并将它初始化为 100。

一旦创建并初始化了 final 标识符，就不能再更改其中存储的值。因此，对于各种实际应用，在声明它们的程序中，常量的名称与它的值总是联系在一起的。试图为 final 指定其他值将会导致类似于"Can't assign a value to a final variable."（不能为 final 变量赋值）的编译错误消息。

虽然我们曾使用大写字母键入了 final 标识符，但也可以使用小写字母。在 Java 中，使用大写字母键入 final 标识符更为常见一些，因为这样较为容易识别。每当程序员在程序中看到大写字母，他们就知道在该程序中不能更改这些常量的值。一旦得到声明之后，就可以在任何 Java 语句中使用 final 标识符来代替它所表示的数字，例如，赋值语句

```
Circum = 2 * PI * radius;
amount = SALESTAX * purchase;
```

都是有效的。当然，这些语句必须出现在它们所包含的变量和常量得到声明之后。因为 final 声明有效地将常量值与标识符等同起来，并且标识符可以直接替代它初始的常量，所以这些标识符通常被称为**"符号常量"**（**Symbolic Constant**）或**"命名常量"**（**Named Constant**），我们将会互换使用这些术语。

3.5.1 语句的排列

到目前为止，我们已经介绍了一些语句类型。在 Java 中，语句排列的常规规则是，在可以使用变量或命名常量之前，必须先声明它。虽然这条规则允许将声明语句放在程序的任意位置，但这样做可能会使程序的结构非常差。作为常规规则，除了本书将要提到的很少例外之外，通常应该使用下面的语句顺序：

```
public static void main(String[] args)
{
  named constants
  variable and object declarations

  other Java statements
}
```

将命名常量放在 main()方法内将限制它只能用于该方法；如果将命名常量放在 main()方法之前，那么在添加到程序中的任何其他方法中也可以使用它，但是，在这种情况下（将在第 6 章详细介绍），应该使用限定符 public static final 而不只是 final 来声明该命名常量。请注意，对于 main()方法，它们是相同的标识符，之所以使用它们是因为该常量现在是一个类变量，而不是一个方法变量①。下面是由 java.lang.Math 类提供的两个这样的命名常量：

```
public static final double E = 2.718281828459045235 4;
public static final double PI = 3.14159265358979323846;
```

在你的程序中，可以采用 Math.PI 和 Math.E 的方式来访问这两个命名常量，例如，下面的语句将显示 PI 的值：

```
System.out.println("The value of PI is " + Math.PI);
```

程序 3.16 演示了一个用来根据购买项目计算销售税的符号常量。

程序 3.16

```
import java.text.*;          //用来格式化
import javax.swing.*;
public class ComputeSalesTax
{
 public static void main(String[] args)
 {
     final double SALESTAX = 0.05;
     String input, output;
     double amount, taxes, total;
     DecimalFormat num = new DecimalFormat("#.00");

     input = JOptionPane.showInputDialog("Enter the amount purchased: ");
     amount = Double.parseDouble(input);
     taxes = SALESTAX * amount;
     total = amount + taxes;
     output = "The sales tax is $" + num.format(taxes);
     output += "\nThe total bill is $" + num.format(total);

     JOptionPane.showMessageDialog(null,Output, "Program 3.16",
                               JOptionPane.INFORMATION_MESSAGE);

    System.exit(0);
```

① 关键字 public 提供了一个访问规范，它使变量对于所有方法都是公开可用的（无论这些方法是否处于该类中）；关键字 static 创建了变量的一个类副本，而不是为使用它的每个方法复制该变量。

```
  }
}
```

图 3.23 显示的是由程序 3.16 产生的 Input 对话框，其中用户已经键入总额 36。针对该输入值产生的输出结果如图 3.24 所示。

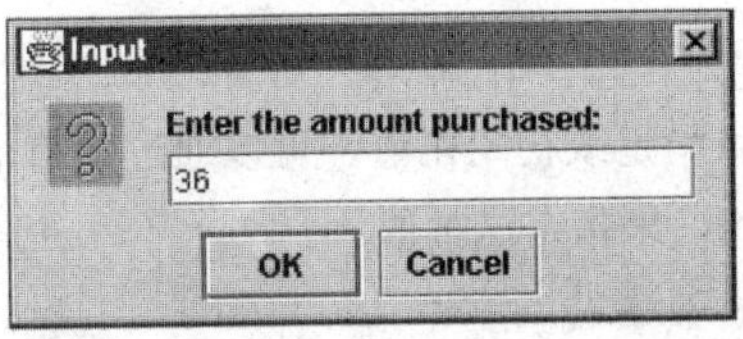

图 3.23 程序 3.16 的输入示例

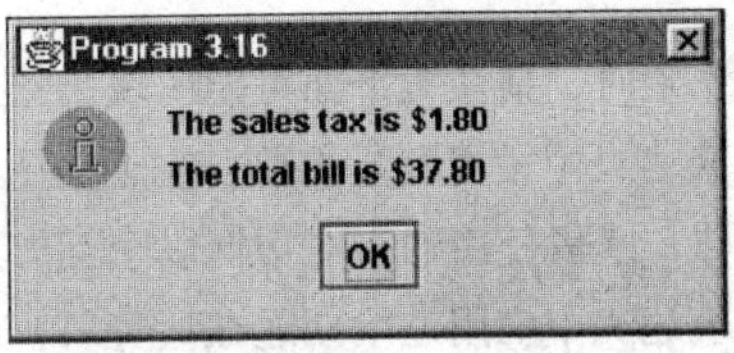

图 3.24 程序 3.16 的输出示例

3.5.2 练习题

确定在练习题 1～3 中给定的方法的作用。然后使用适当的符号常量重新编写每个程序，并使用消息对话框代替 println()方法。

1．程序如下：

```
public static void main(String[] args)
{
  String input;
  double radius, circum;

  input = JOptionPane.showInputDialog("Enter a radius: ");
  radius = Double.parseDouble(input);
  circum = 2.0 * 3.1416 * radius;
  System.out.println("The circumference of the circle is " + circum);
}
```

2．程序如下：

```
public static void main(String[] args)
{
  String input;
  float prime, amount, interest;

  prime = .08;       // prime interest rate
  input = JOptionPane.showInputDialog("Enter the amount: ");
  amount = Double.parseDouble(input);
  interest = prime * amount;
  System.out.println("The interest earned is "+ interest);
}
```

3．程序如下：

```
public static void main(String[] args)
{
  String input;
  double fahren, celsius;

  input = JOptionPane.showInputDialog("Enter a temperature in degrees Fahrenheit: ");
  fahren = Double.parseDouble(input);
  celsius = (5.0/9.0) * (fahren - 32.0);
  System.out.println("The equivalent Celsius temperature is " + celsius);
}
```

4. 修改程序 3.14，处理可能因用户提供了无效的数字输入值或单击了 Cancel 按钮而发生的任何异常。

3.6 常见编程错误

在学习本章时，请注意下面可能出现的错误：

（1）在表达式中使用变量之前，忘记为所有变量指定或初始化值。可以通过赋值语句、在声明语句中进行初始化，或者使用输入对话框以交互方式输入，来指定这种值。

（2）在表达式中应用递增或递减运算符，例如，表达式

```
(count + n)++
```

是不正确的。递增或递减运算符只能应用于单个变量。

（3）忘记在数学方法前加上类名 Math 和句点，如 Math.sqrt(x)。

（4）没有理解编写个人使用的程序与编写商业用途的程序之间的区别。为自己使用编写的程序不需要具有异常检查或异常处理功能，因为你不会犯其他用户容易犯的错误，并且你知道如何处理这种问题（例如，同时按下 Ctrl 键和 C 键将会中断程序运行）；对于将要由其他人运行的程序，情况就有所不同了，这种程序应该具有扩展的异常处理功能。

（5）不愿意深度测试将要由其他人使用的程序。毕竟，因为是你编写的程序，所以你会认为它是正确的，或者在完成之前已经更正了不当的地方。回过头来诚实地测试一个自己编写的软件是非常困难的。作为程序员，你必须经常提醒自己，不要仅仅因为你认为程序是正确的，就不愿意做这种测试工作。查找自己编写的程序中的错误是一个严肃的过程，它将有助于你尽快成为一名优秀的程序员。

3.7 本 章 小 结

表达式就是一个文字、一个变量或由运算符分隔的一个或多个文字和（或）变量序列。值与表达式是相关的。

表达式是根据其中所用的运算符的优先级和结合性来得到赋值的。

赋值符号=是一个运算符。使用该运算符的表达式是将一个值指定给一个变量；此外，表达式本身也采用一个值。因为在 Java 中赋值是一种运算，所以可以在同一个表达式中多次使用赋值运算符。

递增运算符++是将变量值加 1；而递减运算符– –是将变量值减 1，这两个运算符都可以用作前缀和后缀。在前缀操作中，是在使用变量的值之前递增（或递减）该变量；在后缀操作中，是在使用变量的值之后递增（或递减）该变量。

Java 提供了一个 Math 类，其中包含用来计算平方根、自然对数及其他数学计算的方法。在使用 Math 类的方法时，应该在方法名前加上类名 Math 和句点。

每个 Math 类方法都是针对它的参数来计算单个值的。要有效地使用一个 Math 类方法，你必须知道该 Math 方法的作用、该方法的名称、该方法所需的参数个数和数据类型，以及返回值的数据类型等。

传递给方法的数据被称为方法的参数。通过在方法名后的圆括号内包括用逗号分隔的每个参数，来将参数传递给库方法。对于必须提供的参数的个数和数据类型，每个方法都有它自己的要求。

可以在较大的表达式中包括多个方法。

Java 的 String 类提供了一些用于将字符串转换成原始数字类型的方法。表 3.19 是一些常见的方法及其相关的类名。

表 3.19　常见的方法及其相关的类名

方　法	描　述
Integer.parseInt(string object or value)	将字符串转换成 int 值
Long.parseLong(string object or value)	将字符串转换成 long 值
Float.parseFloat(string object or value)	将字符串转换成 float 值
Double.parseDouble(string object or value)	将字符串转换成 double 值

可以使用读取一整行输入的 readLine()方法来接受通过键盘进行的输入。该方法接受来自键盘的一行数据，然后将它指定给字符串变量。要使用该方法，必须创建一个缓冲输入流，可使用下面的声明来实现，其中变量名 isr 和 br 是程序员可自己选择的：

```
InputStreamReader isr = new InputStreamReader(System.in);
BufferedReader br = new BufferedReader(isr);
```

要获得由 InputStreamReader 类提供的转换功能，第一个语句是必需的。第二个语句是访问由 BufferedReader 类提供的 readLine()方法所必需的。一旦完成这组声明，下面的语句

```
inputString = br.readLine();
```

就可以接受一行键盘输入，并将存储到由字符串变量 inputString 引用的字符串中。

使用键盘输入的 Java 程序必须包括语句 import java.io.*;。此外，在使用 readLine()的方法时必须在该方法的标题行后包括表达式 throws java.io.IOException。

当遇到 readLine()方法调用时，程序将临时停止执行语句，直到用户通过按下 Enter 键表示完成数据的输入。

可以使用 Input 对话框来进行数据输入，该对话框接受来自键盘的字符串，然后将输入的字符传递给字符串对象。创建 Input 对话框的语句的常规句法如下所示：

```
stringName = JOptionPane.showInputDialog("prompt");
```

其中 prompt 是在 Input 对话框中显示的消息。用户输入的字符将被作为由 stringName 引用的字符串存储起来。

当遇到 Input 对话框时，计算机也将临时停止语句的执行，直到单击了 OK 按钮或 Cancel 按钮。

异常是程序执行过程中出现的错误条件，以及被立即发送给 Java 虚拟机进行处理的通知。表 3.20 是 Java 中用来处理异常的一些术语。

表 3.20　Java 中用来处理异常的一些术语

术　语	描　述
异常	在程序执行过程中出现的错误
抛出异常	生成异常对象
捕获或处理异常	标识异常并将它传递给处理程序
捕获子句或处理程序	执行错误处理的代码部分

异常可以通过 try 语句来捕获并得到处理，该语句的句法如下所示：

```
try
{
  //一个或多个语句,
  //其中至少一个
  //能够抛出一个异常;
}
catch(exceptionName argument)
{
  //一个或多个语句
```

```
}
finally
{
  //一个或多个语句
}
```

关键字 try 标识了语句的开始。定义这块代码的花括号内的其中一个语句具有抛出异常的功能。

try 块必须至少后跟一个 catch 块，这些 catch 块将作为由 try 块中语句抛出的特定异常的处理程序。其他 catch 块是可选的。圆括号内列出的是所捕获的异常的名称，它们是用户自己选择的参数名。该参数被用来保持在出现异常时生成的异常对象。可选的 finally 块提供了一组无论是否发生异常都要执行的默认指令。

可以使用 final 关键字将一些值与一个常量等同起来，这将创建一个命名常量，当在声明语句中得到初始化之后，它就是只读的，该声明的句法如下所示：

```
final dataType constantName = initial value;
```

在得到声明之后，允许在方法中使用该常量来代替所有的初始值。通常，这种语句被放在方法的变量声明之前。

第4章 选　　择

术语“**控制流**”（**Flow Of Control**）是指程序语句执行的顺序。除非特别指定，否则所有程序的正常控制流都是顺序的(这意味着每个语句都是顺序执行的，一个接一个地按照它们在程序中的顺序执行)。

选择语句和重复语句都允许程序员改变控制流的正常顺序，正如它们的名称所暗示的，选择语句提供了从一组设计良好的语句组中选择接下来将要执行的语句的能力；而重复语句提供了转回来重复执行一组语句的能力。在本章中，我们将介绍 Java 的选择语句，而在第 5 章中将介绍重复语句。因为选择语句要求在选项之间做出选择，所以我们将从介绍 Java 的选择条件开始。

4.1 关系表达式

除了提供加、减、乘、除运算能力之外，所有计算机都具有比较数字的能力。因为很多看起来“很具智慧性的”决策形势可以被简化到在两个值之间做选择的水平，所以计算机的比较功能就可以被用来创建非凡的智能型的设备。

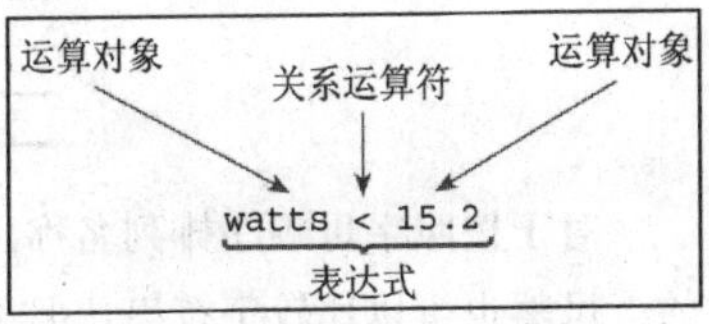

图 4.1　简单的关系表达式示例

比较运算对象的表达式被称为“关系表达式”。简单的关系表达式是由一个连接两个变量和（或）常量运算对象的关系运算符组成的，如图 4.1 所示。表 4.1 列出了 Java 中可用的关系运算符，这些关系运算符可以用于整数、浮点数、双精度数，以及字符数据，但必须要按照表 4.1 所示正确地键入，因此，下面的示例都是有效的：

```
age > 40     length <= 50    temp > 98.6    3 < 4       flag == done
idNum == 682   day != 5      2.0 > 3.3      hours > 40
```

而下面的示例则是无效的：

```
length =< 50          //符号不正确
2.0 >> 3.3            //无效的关系运算符
flag = = done         //运算符之间不允许存在空格
```

表 4.1　原始数据类型的关系运算符

关系运算符	意　义	示　例
<	小于	age < 30
>	大于	height > 6.2
<=	小于等于	taxable <= 20000
>=	大于等于	temp >= 98.6
==	等于	grade == 100
!=	不等于	number != 250

关系表达式有时也被称为“条件”，因此我们可以互换使用这两个术语来指这些表达式。像所有 Java 表达式一样，关系表达式将被赋值以产生结果。对于关系表达式，结果将是两个布尔值之一：true 或 false，例如，关系 3 < 4 总是成立（true）的，而关系 2.0 > 3.0 却总是不成立（false）的，可以使用下面的语句来验证这一点：

```
System.out.println("The value of 3 < 4 is " + (3 < 4));
System.out.println("\nThe value of 2.0> 3.0 is "+ (2.0 > 3.0));
```

它们产生的结果为：

```
The value of 3 < 4 is true
The value of 2.0 > 3.0 is false
```

像 hours > 40 这样的关系表达式的值取决于变量 hours 中存储的值，在 Java 程序中，这样的关系表达式通常被用作选择语句的一部分。在这些语句（将在下一节中介绍）中，将根据获得的值来选择接下来将要执行的语句。

除了数字运算对象之外，还可以使用关系运算符来比较字符数据，char 值将被强制转换成 int 值，以进行比较，例如，在 Unicode 码中，字母 A 是使用比字母 B 小的数值代码来存储的，而字母 B 又是使用比字母 C 小的数值代码来存储的，依此类推。对于以这种方式编码的字符集，表 4.2 所示的表达式条件将会得到对应的赋值。

表 4.2 赋值

表 达 式	值
'A' > 'C'	false
'D' <= 'Z'	true
'E' == 'F'	false
'G' >= 'M'	false
'B' != 'C'	true

对于按照字母顺序排列名称，或者在决策情况下使用字符来选择特定的选项，比较字母是非常重要的。虽然也可以比较字符串，但不能使用表 4.1 列出的关系运算符。因为字符串是引用数据类型，所以第 7 章中介绍的 String 类方法将被用来比较 String 对象。

4.1.1 逻辑运算符

除了作为条件的简单关系表达式之外，还可以使用布尔逻辑运算 And、Or 和 Not 来创建更为复杂的条件，这些运算分别使用符号&&、||和!表示。当 And 运算符&&用于两个关系表达式时，只有当每个表达式都为 true 时该条件才为 true，因此，逻辑条件

```
(age > 40) && (term < 10)
```

只有当 age 大于 40 且 term 小于 10 时才为 true。因为关系表达式的优先级高于逻辑运算符，所以可以省略这个逻辑表达式中的圆括号。

逻辑 Or 运算符||也是应用于两个表达式的。当使用 Or 运算符时，只要两个表达式至少有一个是 true，该条件就为 true，因此，逻辑条件

```
(age > 40) || (term < 10)
```

只要 age 大于 40 和 term 小于 10 至少有一个成立，它就为 true。此外，在关系表达式两侧使用圆括号是为了更易于阅读。由于关系表达式的优先级高于逻辑运算符，因此可以省略该条件中的圆括号。

对于声明

```
int i, j;
float a, b;
boolean complete;
```

下面的条件是有效的：

```
a > b
(a/b > 5) && (i <= 20)
```

```
(i == j) || (a < b) || complete
```

在可以为这些条件赋值之前，必须要先知道 a、b、i、j 和 complete 的值。假设进行下面的赋值：

```
a = 12.0;
b = 2.0;
i = 15;
j = 30;
complete = false;
```

则上述表达式将产生如表 4.3 所示的结果。

表 4.3　结果

表 达 式	值
a > b	False
(a/b > 5) && (i <= 20)	true
(i == j) || (a < b) || complete	false

Not 运算将把表达式更改为它的相反状态，也就是说，如果表达式为 true，那么它的 Not 运算的值就为 false；如果表达式开始为 false，那么它的 Not 运算的值就为 true，例如，假设变量 age 中存储的值为 26，则表达式(age > 40)的布尔值就为 false，而表达式!(age > 40)的布尔值就为 true。因为 Not 运算只用于一个运算对象，所以它是一个一元运算符。

&&和||只能被用于布尔运算对象，这种运算对象可以是布尔文字、布尔变量，或者是由表达式生成的布尔值，另外，这两个运算符使用的是“短路赋值”，这意味着，如果第一个运算对象足以用来确定逻辑运算最终的值，那么第二个运算对象永远不会被赋值。对于&&运算符，如果第一个条件赋值得到布尔值 false，那么第二个运算对象就不会被赋值，原因是，若第一个条件为 false，由于 And 逻辑运算只有当两个运算对象都为 true 时才能为 true，因此，无论第二个运算对象的值如何，该运算的值都为 false；对于||运算符同样如此，在这种情况下，如果第一个运算对象为 true，那么，无论第二个运算对象的值如何，整个 Or 运算一定为 true，并且第二个运算对象不需要进行赋值。

关系运算符和逻辑运算符与算术运算符的执行顺序类似，表 4.4 列出了这些运算符相对于我们遇到的其他运算符的优先级。

表 4.4　运算符的优先级

运 算 符	结 合 性
++ --	从右到左
! 一元-	从右到左
* / %	从左到右
+ -	从左到右
< <= > >=	从左到右
== !=	从左到右
&	从左到右
^	从左到右
|	从左到右
&&	从左到右
||	从左到右
= += -= *= /=	从右到左

表 4.5 的示例演示了如何使用运算符的优先级和结合性来为关系表达式赋值。假设有下面的声明：

```
char key = 'm';
int i = 5, j = 7, k = 12;
double x = 22.5;
```

表 4.5 为关系表达式赋值

表 达 式	相当表达式	值
i + 2 == k – 1	(i + 2) == (k – 1)	false
3 * i – j < 22	((3 * i) – j) < 22	true
i + 2 * j > k	(i + (2 * j)) > k	true
k + 3 <= –j + 3 * i	(k + 3) <= ((–j) + (3 * i))	false
'a' + 1 == 'b'	('a' + 1) == 'b'	true
key – 1 > 'p'	(key – 1) > 'p'	false
key + 1 == 'n'	(key + 1) == 'n'	true
25 >= x + 1.0	25 >= (x + 1.0)	true

正如表 4.5 中的每个表达式所示，可以使用圆括号来改变指定的运算符的优先级，并提高关系表达式的可读性。通过先在圆括号内为表达式赋值，下面的复合条件将以相应方式得到赋值：

```
(6 * 3 == 36 /2 )    ||(13 < 3 * 3 + 4)  &&  !(6 - 2 < 5)
          (18 == 18) ||(13 < 9 + 4)      &&  !(4 < 5)
                 true||(13 < 13)         &&  !true
                 true||false             &&  false
                 true||false
                    true
```

4.1.2 数字的精度问题

使用 Java 的关系表达式可能会遇到与浮点值和双精度值相关的微妙的数字精度问题。因为计算机存储这些数据的方式不同，所以应该避免使用关系运算符==来衡量浮点和双精度值与变量的等同关系，原因是，很多十进制小数（例如，0.1）不能使用有限的位数精确地以二进制表示，因此，要测试这种数字的完全等同关系将会失败。当需要测试非整数值的等同关系时，最好要求运算对象之差的绝对值小于一个非常小的值，因此，对于实际的运算对象，常规表达式

```
operandOne == operandTwo
```

应该被下面的条件所取代：

```
Math.abs(operandOne - operandTwo) < EPSILON
```

其中 EPSILON 是一个被设置为任意可接受的小值（如 0.0000001 或其他用户选定的值）的命名常量①，因此，如果两个运算对象之差小于 EPSILON 的值，那么这两个运算对象将被认为是基本相等的，例如，如果 x 和 y 是浮点变量，那么条件

```
x/y == 0.35
```

应该以下面的方式来编程：

```
Math.abs(x/y - 0.35) < EPSILON
```

其后面的条件可以确保以二进制表示非整数数字所带来的少量误差不会影响到测试条件的赋值结果。

4.1.3 练习题

1. 确定下列表达式的值（假设 a = 5、b = 2、c = 4、d = 6、e = 3，并且所有变量都为 int）：

a > b、a != b、d % b == c % b、 a * b < a % b * c 、a * c != d * b、d * b == c * e、a % b * c > c % b * a、c % b * a == b % c * a、b % c * a != a * b

2. 使用圆括号重新编写下列表达式，以指出它们的正确赋值顺序，然后计算每个表达式的值，假设 a = 5，b = 2，c = 4。

① 当两个运算对象都是非常大或非常小的运算对象时，与命名常量 EPSILON 的比较也可能会失败，对于这种情况，应该将 EPSILON 作为这两个运算对象的一个函数来构造。

- a % b * c && c % b *a。
- a % b * c || c % b * a。
- b % c * a && a % c * b。
- b % c * a || a % c * b。

3．编写用来表示下列条件的关系表达式（使用你自己选择的变量名）：

- 一个人的年龄为 30 岁。
- 一个人的体温大于 98.6 华氏度。
- 一个人的身高小于 6 英尺。
- 目前为 12 月（December）。
- 输入的字母为 m。
- 一个人的年龄为 30 岁且身高大于 6 英尺。
- 目前为 1 月 15 日。
- 一个人的年龄超过 50 岁或者他至少在公司工作了 5 年。
- 一个人的身份号码小于 500 且年龄超过 50 岁。
- 长度大于 2 英尺且小于 3 英尺。

4．确定下列表达式的值（假设 a＝5，b＝2，c＝4，d＝5）。

- a == 5。
- b * d == c * c。
- d % b * c > 5 || c % b *d < 7。

4.2　if-else 语句

if-else 语句将指导计算机根据比较的结果来选择一个或多个指令，例如，如果新泽西的一位居民的收入少于 20,000 美元，那么应用的州税率为 2%；如果该居民的收入超过 20,000 美元，那么超过 20,000 美元的部分将应用不同的税率。在这种情况下，可以使用 if-else 语句根据收入是否小于等于 20,000 美元来确定实际的税率。if-else 语句的常规格式如下所示：

```
if (condition) statement1;
else statement2;
```

其中 condition 可以是关系表达式或逻辑表达式，它将首先被赋值。如果该条件的值为 true，那么将执行 statement1；如果该值为 false，那么将执行关键字 else 后的语句 statement2，因此，根据条件的布尔值，将执行其中一个语句（statement1 或 statement2）。需要注意的是，嵌套的关系表达式必须被放在括号中，并且要在每个语句后加上分号。

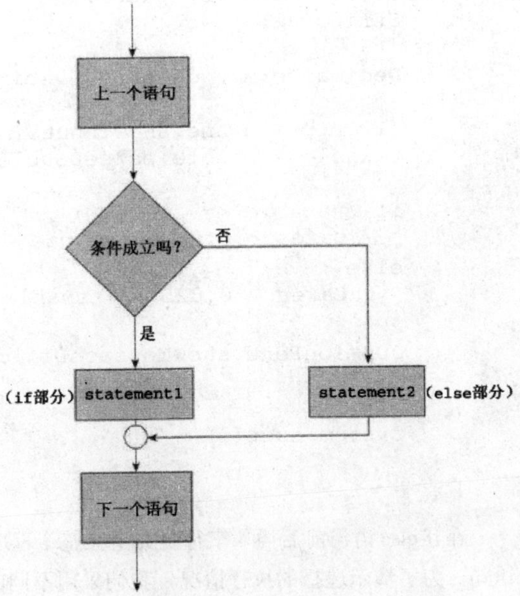

图 4.2　if-else 语句的流程图

为了清楚起见，if-else 语句通常采用 4 行的形式来编写：

```
if (condition) ◄──── 这里没有分号
    statement1;
else ◄──────── 这里没有分号
    statement2;
```

if-else 语句具体采用哪种形式主要取决于 statement1 和 statement2 的长度。在使用第二种形式时，不要在括号或关键字 else 后加分号，而只在每个语句后加分号。图 4.2 显示的是 if-else 语句的流程图。

作为一个示例，让我们来编写一个包含 if-else 语句的收入税计算程序。正如前面所描述的，新泽西州的收入税是在小于或等于 20,000 美元的情况下征收 2%；对于超过 20,000 美元的收入，应付州税款为超过 20,000 美元的部分的 2.5%加上基本税款 400 美元。将要测试的表达式就是要看收入是否为小于或等于 20,000 美元，适当的 if-else 语句如下所示①：

```
if (taxable <= 20000.0)
    taxes = 0.02 * taxable;
else
    taxes = 0.025 * (taxable - 20000.0) + 400.0;
```

这里，我们使用关系运算符<=来表示“小于或等于”的关系。如果收入值小于或等于 20,000 美元，那么该条件为 true，因此将执行语句 taxes = 0.02 * taxable;；如果该条件不成立，那么表达式的值为 false，因此将执行关键字 else 后的语句。程序 4.1 以一个完整的程序演示了使用该语句的情况。

程序 4.1

```
import javax.swing.*;
import java.text.*;      //用来实现格式化
public class CalculateTaxes
{
  public static void main(String[] args)
  {
     double taxable, taxes;
     String s1;

     DecimalFormat df = new DecimalFormat(",###.00");

     s1 = JOptionPane.showInputDialog("Please type in the taxable income: ");
     taxable = Double.parseDouble(s1);

     if (taxable <= 20000.0)
        taxes = 0.02 * taxable;
     else
        taxes = 0.025 * (taxable - 20000.0) + 400.0;

     JOptionPane.showMessageDialog(null, "Taxes are $" + df.format(taxes),
                                   "Program 4.1",
                                   JOptionPane.INFORMATION_MESSAGE);
     System.exit(0);
  }
}
```

在 if-else 语句前后插入空行是为了在整个程序中突出它，下面我们将继续采用这种方法来强调 if-else 语句。为了演示选择的执行情况，我们采用不同的输入数据来运行两次程序 4.1。图 4.3a～图 4.3b 和图

① 请注意，在实际应用中，该语句中的数值将被定义为命名常量。

4.4a～图 4.4b 显示的是得到的结果。,

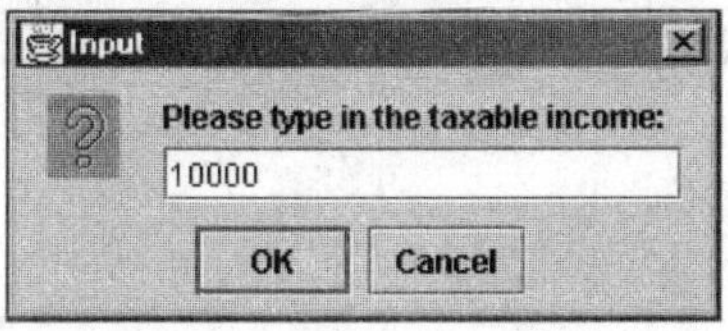

图 4.3a　运行程序 4.1 的第一个示例所产生的输入

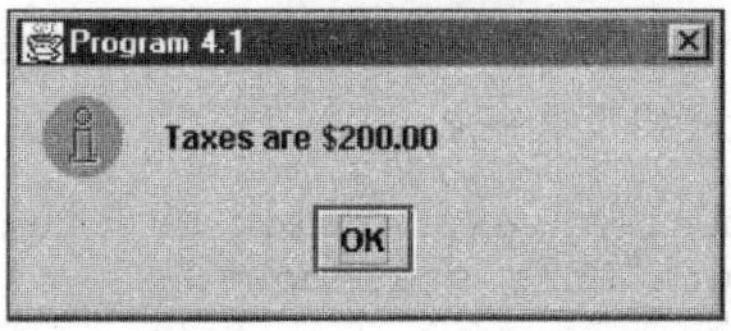

图 4.3b　运行程序 4.1 的第一个示例所产生的输出

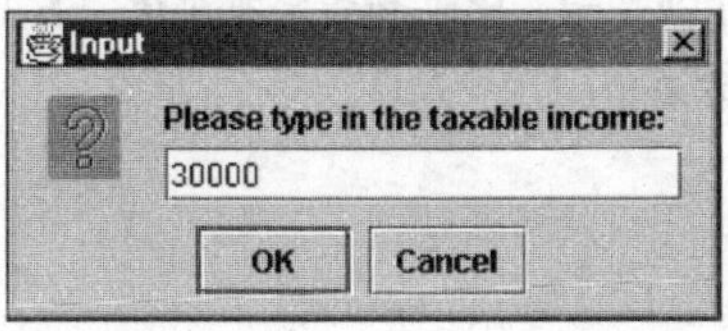

图 4.4a　运行程序 4.1 的第二个示例所产生的输入

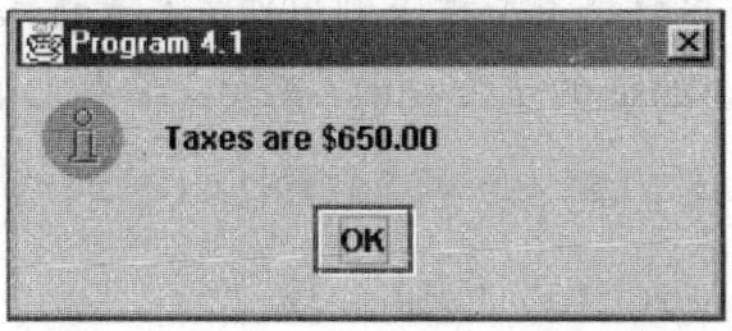

图 4.4b　运行程序 4.1 的第二个示例所产生的输出

请观察，在第一次运行程序过程中输入的收入值小于 20,000 美元，因此税款是以所输入值的 2%计算的。在第二次运行过程中，收入值大于 20,000 美元，而 if-else 语句的 else 部分产生的正确税款计算结果为：

```
0.025 * ($30,000. - $20,000.) + $400. = $650.
```

4.2.1　复合语句

虽然在 if-else 语句的 if 和 else 部分只允许使用一个语句，但该语句可以是一个复合语句。**复合语句**（**Compound Statement**）是在一对花括号中包含的任意数目的单个语句，如图 4.5 所示。虽然复合语句中的每个语句必须以分号;结束，但在定义复合语句的花括号后不需要分号，下面即是由一些包含在花括号内的单独语句组成的复合语句：

```
{
  Statement1;
  Statement2;
  Statement3;
  .
  .
  .
  Last Statement;
}
```

使用花括号来包含一组单独的语句将创建一块语句，它可以放在 Java 程序中的任何位置来代替单个语句。下一个示例演示了如何在 if-else 语句的常规形式下使用复合语句：

```
If (condition)
{
  statement1;           //任何需要的语句
  statement2;           //都可以放在该花括号中
  statement3;           //每个语句都必须以;结束
}
else
{
  statement4;
  statement5;
  .
  .
  statementn;
}
```

☆ *知识点* 布尔数据类型

if-else 语句中的测试条件通常必须被赋值为布尔值，因此，条件的值必须是 true 或 false。if-else 语句的句法也说明了这一点：

```
if (boolean expression is true)
 execute this statement;
else
execute this statement;
```

虽然布尔数据类型被限制用作关系表达式的值，但也可以显示、比较和指定布尔值。另外，!true 的值为 false，!false 的值为 true，例如，请参见下面的 main()方法：

```
public static void main(String[] args)
{
  boolean t1, t2, t3, t4;
  t1 = true;
  t2 = false;

  System.out.println("The value of t1 is "+ t1);
  System.out.println("The value of t2 is "+ t2);

  t3 = !t1;
  t4 = !t2;

  System.out.println("The value of t3 is "+ t3);
  System.out.println("The value of t4 is "+ t4);
}
```

该方法的输出结果为：

```
The value of t1 is true
The value of t2 is false

The value of t3 is false
The value of t4 is true
```

此外，可以使用表达式(x != 0)将整数值转换成布尔值，其中 x 表示一个整数值或变量，例如，如果 x 的值为 3，那么该表达式将得到布尔值 true。这种转换利用了 C 语句的约定，任何非 0 的整数都被认为是 true，而只有 0 值被认为是 false。

程序 4.2 演示了在实际程序中使用复合语句的情况。请注意用来适应键盘输入的语句（参考第 3.3 节，尤其是程序 3.11）。

程序 4.2

```
import java.io.*;          //用来键盘的输入
import java.text.*; //用来格式化
public class ConvertTemperatures
{
  public static void main(String[] args)
   throws java.io.IOException         //处理键盘输入
   {
      int tempType;
      double temp, fahren, celsius;
      String s1;

      //设置格式变量
```

```
    DecimalFormat num = new DecimalFormat(",###.00");

    //设置键盘输入的基本输入流
    //具备转换的功能
    InputStreamReader isr = new InputStreamReader(System.in);
    //用来使用 readLine()方法
    BufferedReader br = new BufferedReader(isr);

    System.out.print("Enter the temperature to be converted: ");
    s1 = br.readLine();
    temp = Double.parseDouble(s1);
    System.out.println("Enter a 1 if the temperature is in Fahrenheit");
    System.out.println(" or a 2 if the temperature is in Celsius: ");
    s1 = br.readLine();
    tempType = Integer.parseInt(s1);

    if (tempType == 1)
    {
        celsius = (5.0 / 9.0) * (temp - 32.0);
        System.out.println("\nThe equivalent Celsius temperature is "
                       + num.format(celsius));
    }
    else
    {
        fahren = (9.0 / 5.0) * temp + 32.0;
        System.out.println("\nThe equivalent Fahrenheit temperature is "
                       + num.format(fahren));
    }
  }
}
```

程序 4.2 将检查 tempType 中的整数值。如果该值为 1，那么将执行与 if-else 语句的 if 部分对应的复合语句；而其他数值将导致执行与 else 部分对应的复合语句。下面是运行程序 4.2 的一个示例：

```
Enter the temperature to be converted: 212
Enter a 1 if the temperature is in Fahrenheit
or a 2 if the temperature is in Celsius: 1

The equivalent Celsius temperature is 100.00
```

4.2.2　单向选择

if-else 语句的一个有用的变化形式是省略语句的 else 部分。在这种情况下，if 语句将采用简短形式，并经常采用如下所示的形式：

```
if (condition)
 statement;
```

只有当条件为 true 时才会执行 if (condition)后的语句。if 语句的这种变化形式被称为“单向 if 语句”。程序 4.3 演示了这种 if 语句，它将检查汽车的行驶里程，并显示一个消息，指出汽车的行驶里程是否已经超过 3000.0 英里。请注意，我们将值定义为命名常量 LIMIT。

程序 4.3

```
import javax.swing.*;
import java.text.*;      //用来格式化
public class CheckLimit
{
  public static void main(String[] args)
  {
```

```
    final double LIMIT = 3000.0;
    String s1;
    double mileage;

    System.out.println("Please enter the mileage: ");
    mileage = Double.parseDouble(s1);

    if (mileage > LIMIT)
     JOptionPane.showMessageDialog(null, "For a mileage of " + mileage+
      "\nThis car is over the mileage limit", "Program 4.3",JOptionPane.
                                                  INFORMATION_MESSAGE);
      JOptionPane.showMessageDialog(null, "End of Program", "Program 4.3",
                                       JOptionPane.INFORMATION_MESSAGE);
        System.exit(0);
  }
}
```

☆ *知识点* 复合语句中的花括号位置

有些程序员习惯将复合语句的开花括号与 if 和 else 语句放在同一行中。利用这种约定，程序 4.2 中的 if-else 语句将如下所示（这种排列方式只是一个形式问题，两种方式都可以使用，都是正确的）：

```
If (tempType == 1){
   celsius = (5.0 / 9.0) * (temp - 32.0);
   message = "The equivalent Celsius temperature is "+ num.format(celsius);
   }
  else{
   fahren = (9.0 / 5.0) * temp + 32.0;
   message = "The equivalent Fahrenheit temperature is "+ num.format(fahren);
   }
```

如果你是一名公司员工或是一位学生，你应该根据公司或老师的规定来选用 if-else 语句的形式。

作为单向选择条件执行方式的演示，图 4.5a 显示了输入数据导致执行 if 部分的语句的情况；图 4.6b 显示了确认程序结束的最终消息。对于输入数据小于 LIMIT 的情况，没有执行 if 部分的显示语句，而只会产生最终的显示（如图 4.5b 所示）。当输入数据没有触发第一种显示时，这个最终的显示是非常有用的，因为它让用户知道程序完成了它的执行任务（不向用户提供任何输出结果的程序是不太友好的，应该尽量避免）。

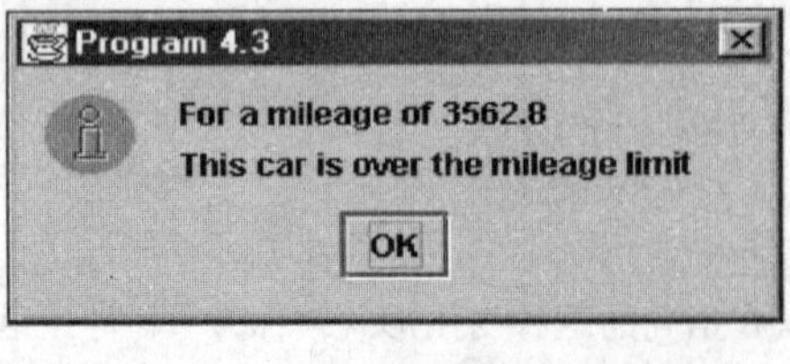

图 4.5a 由 if 语句产生的输出结果

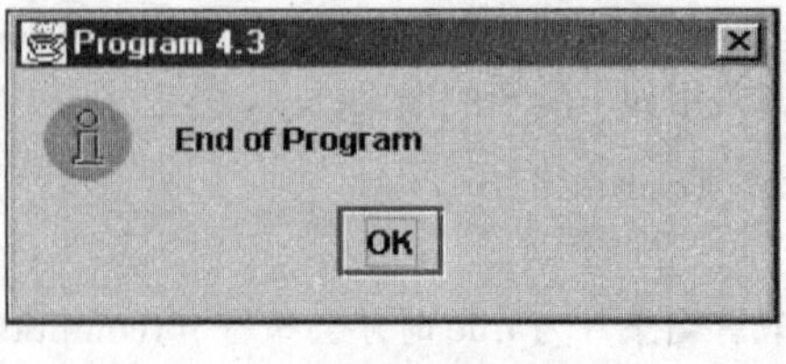

图 4.5b 结束的输出结果

4.2.3 练习题

1. 为下列条件编写适当的 if 语句：

- 如果变量 angle = 90°，那么显示消息："The angle is a right angle"；否则，显示消息"The angle is not a right angle"。
- 如果温度超过 100℃，那么显示消息："above the boiling point of water"；否则，显示消息"below

or equal to the boiling point of water”。

- 如果变量 number 为正值，那么用 number 加上 possum；否则，用 number 加上 negsum。
- 如果变量 slope 小于.5，那么将变量 flag 设置为 0；否则，将 flag 设置为 1。
- 如果变量 num1 和 num2 的差小于.001，那么将变量 approx 设置为 0；否则，采用公式(num1 – num2) / 2.0 计算 approx。
- 如果变量 temp1 和 temp2 的差大于 2.3℃，那么采用公式(temp1 – temp2) ∗ factor 计算变量 error。
- 如果变量 x 大于变量 y，并且 z 小于 20，那么为变量 p 读取一个值。
- 如果变量 distance 大于 20 且小于 35，那么为变量 time 读取一个值。

2．使用下面的语句重新编写程序 4.1：

```
final double LOWRATE = 0.02;          // lowest tax rate
final double HIGHRATE = 0.025;        // highest tax rate
final double CUROFF = 20000.0;        // cut-off for low rate
final double FIXEDAMT = 400.0;        // fixed dollar amount for higher rate
```

（必要时，请参考第 3.4 节关于命名常量的使用的有关内容）。

3．程序 4.1 对于输入和输出都使用的是对话框。重新编写程序 4.1，使用 readLine()方法进行键盘输入，使用 println()方法进行显示（提示：请参考第 3.3 节的有关内容）。

4．在你的计算机上执行程序 4.2。

5．程序 4.2 使用 readLine()方法进行键盘输入，使用 println()方法进行控制台显示。重新编写该程序，对于输入和输出都使用对话框。

6．问题如下：

（1）如果在某家银行存款期限在 5 年以上，那么该银行的利率为 7.5%，否则，利率为 5.4%。编写一个 Java 程序，将用户输入的年数存储到变量 numYears 中，并根据输入值显示适当的利率。

（2）你认为需要运行几次为程序 6（1）所写的程序才能确认它运行正常？在每次运行程序时，你应该输入哪些数据？

7．问题如下：

（1）如果学生的成绩大于或等于 70，那么认为该学生通过这门课，否则，认为该学生没有通过这门课。编写一个 Java 程序，接受学生成绩，并根据情况显示消息“A passing grade”或“A failing grade”。

（2）你认为需要运行几次为程序 7（1）所写的程序才能确认它运行正常？在每次运行程序时，你应该输入哪些数据？

8．问题如下：

（1）编写一个 Java 程序，计算并显示某人根据下列表达式确定的周薪：“如果工作时间小于或等于 40 小时，那么该职员将得到 8.00 美元/小时；否则，该职员将在 320.00 美元的基础上，对于超过 40 小时的部分，再加上 12.00 美元/小时”。你所编写的程序应该请求输入工作时间数，并将得到的薪水作为输出结果显示出来。

（2）你认为需要运行几次为程序 8（1）所写的程序才能确认它运行正常？在每次运行程序时，你应该输入哪些数据？

9．问题如下：

（1）一名高级销售人员的周薪为 400 美元，而一名初级销售人员的周薪为 275 美元。编写一个 Java 程序，将销售人员的级别作为输入值存储到字符变量 status 中。如果 status 等于‘s’，那么应该显示高级销售人员的周薪；否则，应该显示初级销售人员的周薪。

（2）你认为需要运行几次为程序 9（1）所写的程序才能确认它运行正常？在每次运行程序时，你应该输入哪些数据？

10．问题如下：

（1）编写一个 Java 程序，根据输入情况显示消息“I feel great today!”或“I feel down today #$*!”，如果在变量 choice 中输入的是整数 1，那么应该显示第一条消息；否则，应该显示第二条消息。

（2）你认为需要运行几次为程序 10（1）所写的程序才能确认它运行正常？在每次运行程序时，你应该输入哪些数据？

11．问题如下：

（1）编写一个 Java 程序，显示下面两个提示：

```
Enter a month: (use a 1 for Jan, etc.)
Enter a day of the month:
```

让你的程序接受一个数字，并将它存储到变量 month 中，作为第一个提示的响应；接受另一个数字，并将它存储到变量 day 中，作为第二个提示的响应；如果输入的 month 值是 1～12 之外的值，那么将显示一条消息，通知用户输入的是一个无效的月份值；如果输入的 day 值是 1～31 之外的值，那么将显示一条消息，通知用户输入的是一个无效的日期值。

（2）如果用户输入小数作为月份值，那么你的程序将会怎么样？如何确保你的 if 语句进行整数检查？

12．编写一个 Java 程序，要求用户输入两个数字。在你的程序接受第二个数字之后，让它检查这两个数。如果输入的第一个数大于第二个数，那么显示消息“The first number is greater”；否则，显示信息“The first number is not greater than the second”。通过输入数字 5 和 8，以及 11 和 2，测试一下你的程序。如果输入的两个数字相等，那么该程序将显示什么？

13．输入并运行程序 4.3。

14．重新编写程序 4.3，使用 readLine()方法进行键盘输入，使用 print()或 println()方法进行控制台输出。

15．下面的 main()方法将产生的输出结果为：

```
The value of t1 is true
The value of t2 is false
These values are equal
```

```
    public static void main(String[] args)
    {
        boolean t1, t2;
        t1 = true;
        t2 = false;

        System.out.println("The value of t1 is "+ t1);
        System.out.println("The value of t2 is " + t2);
        if (t2 = t1)
        System.out.println("These values are equal");
      else
        System.out.println("These values are not equal");
    }
```

分析在这两个布尔值显然不等的情况下，为什么输出结果显示它们是相等的？更正该方法中的错误，以产生正确的输出结果。

4.3 嵌套 if 语句

正如我们已经看到的，if-else 语句可以包含简单或复合语句，因此，可以将一个或多个 if-else 语句

包括在另一个 if-else 语句的任一部分，例如，使用下面的单向 if 语句

```
if (hours > 6)
System.out.println("snap");
```

替代下面 if 语句中的 statement1：

```
if (hours < 9)
 statement1;
else
 System.out.println("pop");
```

将得到嵌套的 if 语句

```
if (hours < 9)
{
  if (hours > 6)
    System.out.println("snap");
}
else
    System.out.println(pop);
```

内层的单向 if 语句两侧的花括号是必需的，因为没有它们，Java 将会把 else 与最近的未匹配的 if 联系起来，因此，若没有这对花括号，上述语句则相当于：

```
if (hours < 9)
 if (hours > 6)
    System.out.println("snap");
 else
    System.out.println("pop");
```

这里，else 是与内层的 if 配对的，这就破坏了原始 if-else 语句的本意。还需要注意的是，对于编译器来说，缩进是无关紧要的。无论有无缩进，都会通过将最后一个 else 与最近的未匹配的 if 联系起来，来编译语句，除非使用花括号来改变默认的匹配情况。

嵌套 if 语句的过程可以被无限扩展下去，以使 println("snap");语句被一个完整的 if-else 语句或另一个单向 if 语句所取代。

4.3.1　if-else 链

通常情况下，若一个 if-else 语句 if 部分中的语句是另外一个 if 语句，则很容易产生混淆，因此最好避免出现这种情况。但是，当一个 if 语句的 else 部分包含另一个 if-else 语句时，则会出现一个非常有用的结构，它的形式如下：

```
if (expression-1)
    statement1;
else
    if (expression-2)
      statement2;
    else
      statement3;
```

就像所有 Java 程序一样，我们所用的缩进不是必需的。实际上，上述结构是很常见的，它通常采用下面的排列方式来编写：

```
if (expression-1)
  statement1;
else
  if (expression-2)
```

```
    statement2;
  else
    statement3;
```

这个结构被称为“if-else 链”，被广泛应用于编程应用中。每个条件都是依次得到赋值的，并且，如果任何条件为 true，那么就会执行相应的语句，而终止该链的其余部分。只有当前面的条件都没有满足时，才会执行最后一个 else 语句，这作为一种默认情况，对于检测不可能或错误条件，是非常有用的。通过重复将另一个 if-else 语句作为最后一个语句，可以无限地延长该链，因此，if-else 链的常规格式为：

```
if (expression-1)
   statement1;
else if (expression-2)
   statement2;
else if (expression-3)
   statement3;
     .
     .
     .
else if (expression-n)
  statementn;
else
  last-statement;
```

就像所有 Java 语句一样，每个单独的语句都可以是用花括号{和}括起来的复合语句。为了演示 if-else 链，程序 4.4 将根据输入的数值来显示一个人的婚姻状况。表 4.6 使用的是编码。

表 4.6 使用的编码

婚 姻 状 况	输 入 代 码
Single（独身）	1
Married（已婚）	2
Divorced（离婚）	3
Widowed（丧偶）	4

程序 4.4

```
import javax.swing.*;
import java.text.*;      //用来格式化
public class MarriedStatus
{
 public static void main(String[] args)
 {
    String s1, inMessage, outMessage;
    int marCode;
    inMessage = "Enter a marriage code:\n"
           + "       1 = Single\n"
           + "       2 = Married\n"
           + "       3 = Divorced\n"
           + "       4 = Widowed";
    s1 = JOptionPane.showInputDialog(inMessage);
    marCode = Integer.parseInt(s1);

    if (marCode == 1)
        outMessage = "Individual is single. ";
    else if (marCode == 2)
        outMessage = "Individual is married. ";
    else if (marCode == 3)
        outMessage = "Individual is divorced. ";
    else if (marCode == 4)
```

```
            outMessage = "Individual is widowed. ";
        else
            outMessage = "An invalid code was entered. ";

        JOptionPane.showMessageDialog(null, outMessage,
                                      "Program 4.4",
                                      JOptionPane.INFORMATION_MESSAGE);

        System.exit(0);
    }
}
```

作为演示 if-else 链的最后一个示例，让我们使用表 4.7 的任务表来计算一下销售人员的月收入。

表 4.7 销售人员的月收入

月 销 售 额	收　入
大于或等于 50,000 美元	357 美元，加上销售额的 16%
小于 50,000 美元，但大于或等于 40,000 美元	350 美元，加上销售额的 14%
小于 40,000 美元，但大于或等于 30,000 美元	325 美元，加上销售额的 12%
小于 30,000 美元，但大于或等于 20,000 美元	300 美元，加上销售额的 9%
小于 20,000 美元，但大于或等于 10,000 美元	250 美元，加上销售额的 5%
小于 10,000 美元	200 美元，加上销售额的 3%

可以使用下面的 if-else 链来确定正确的月收入，其中变量 monthlySales 存储的是销售人员当月的销售额：

```
if (monthlySales >= 50000.00)
  income = 375.00 + .16 * monthlySales;
else if (monthlySales >= 40000.00)
  income = 350.00 + .14 * monthlySales;
else if (monthlySales >= 30000.00)
  income = 325.00 + .12 * monthlySales;
else if (monthlySales >= 20000.00)
  income = 300.00 + .09 * monthlySales;
else if (monthlySales >= 10000.00)
  income = 250.00 + .05 * monthlySales;
else
  income = 200.00 + .03 * monthlySales;
```

需要注意的是，该示例利用了一个事实：一旦找到为 true 的条件，该链就会停止，这是通过先检查最高的月销售额来实现的。如果销售人员的月销售额小于 50,000 美元，那么 if-else 链将继续检查第二个高的月销售额，直到获得适当的情况。

程序 4.5 使用这个 if-else 链来计算并显示与使用 Input 对话框输入的月销售额值对应的收入。

程序 4.5

```
import javax.swing.*;
import java.text.*;        //用来格式化
public class MonthlyIncome
{
  public static void main(String[] args)
  {
     String s1, outMessage;
     double monthlySales, income;

     DecimalFormat num = new DecimalFormat(",###.00");
```

```
    s1 = JOptionPane.showInputDialog("Enter the value of monthly sales: ");
    monthlySales = Double.parseDouble(s1);

     if (monthlySales >= 50000.00)
        income = 375.00 + .16 * monthlySales;
     else if (monthlySales >= 40000.00)
        income = 350.00 + .14 * monthlySales;
     else if (monthlySales >= 30000.00)
        income = 325.00 + .12 * monthlySales;
     else if (monthlySales >= 20000.00)
        income = 300.00 + .09 * monthlySales;
     else if (monthlySales >= 10000.00)
        income = 250.00 + .05 * monthlySales;
     else
         income = 200.00 + .03 * monthlySales;

    outMessage = "For monthly sales of $ " + num.format(monthlySales)
              + "\nThe income is $ " + num.format(income);
    JOptionPane.showMessageDialog(null, outMessage, "Program 4.5",
                               JOptionPane.INFORMATION_MESSAGE);

    System.exit(0);
  }
}
```

图 4.6 显示的是由程序 4.5 生成的输出结果。根据该输出结果所示，4,674.27 美元的收入是根据输入值 36,243.89 美元的输入值计算得到的。

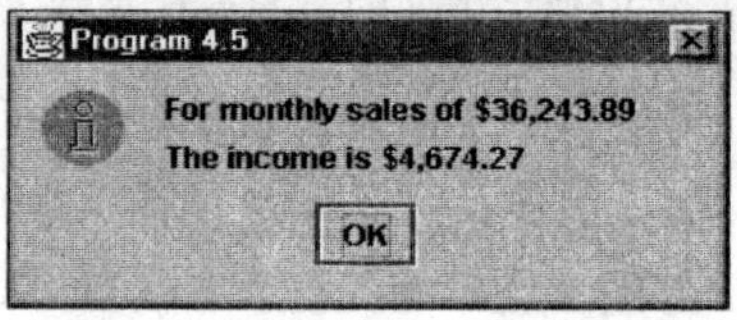

图 4.6 程序 4.5 生成的输出结果示例

4.3.2 练习题

1. 如表 4.8 所示是学生的等级成绩情况。

表 4.8 学生的等级成绩

分 数 成 绩	等 级 成 绩
大于或等于 90	A
小于 90 但大于或等于 80	B
小于 80 但大于或等于 70	C
小于 70 但大于或等于 60	D
小于 60	E

编写一个 Java 程序，接受学生的分数，将分数成绩转换成相应的等级成绩，并显示等级成绩。

2. 银行的基金利率是由存储时间决定的。对于特定的银行，应用的利率如表 4.9 所示。

表 4.9 利率表

存 储 时 间	利 率
超过或等于 5 年	.095
少于 5 年但超过或等于 4 年	.09
少于 4 年但超过或等于 3 年	.085
少于 3 年但超过或等于 2 年	.075
少于 2 年但超过或等于 1 年	.065
不足 1 年	.058

编写一个 Java 程序，接受存储时间，并显示与所输入的时间对应的利率。

3. 表 4.10 所示的设备配备的每个磁盘驱动器都是使用对应于驱动器生产商的 1～4 的编码来标记的。

表 4.10　磁盘驱动器及其对应的驱动器生产商的 1～4 的编码

编　码	磁盘驱动器生产商
1	3M 公司
2	Maxell 公司
3	Sony 公司
4	Verbatim 公司

编写一个 Java 程序，接受编码数字作为输入值，并根据所输入的值显示正确的磁盘驱动器生产商。

4. 下面的程序使用程序 4.5 的任务表来计算月收入：

```
import javax.swing.*;
import java.text.*;      //用来格式化
public class CalculateIncome
{
 public static void main(String[] args)
  {
    String s1, outMessage;
    double monthlySales, income;

    DecimalFormat num = new DecimalFormat(",###.00");

    s1 = JOptionPane.showInputDialog("Enter the value of monthly sales: ");
    monthlySales = Double.parseDouble(s1);

   if (monthlySales >= 50000.00)
    income = 375.00 + .16 * monthlySales;
   if (monthlySales >= 40000.00 && monthlySales < 50000.00)
    income = 350.00 + .14 * monthlySales;
   if (monthlySales >= 30000.00 && monthlySales < 40000.00)
    income = 325.00 + .12 * monthlySales;
   if (monthlySales >= 20000.00 && monthlySales < 30000.00)
    income = 300.00 + .09 * monthlySales;
   if (monthlySales >= 10000.00 && monthlySales < 20000.00)
    income = 250.00 + .05 * monthlySales;
   if (monthlySales < 10000.00)
    income = 200.00 + .03 * monthlySales;

    outMessage = "For monthly sales of $ " + num.format(monthlySales)
            +"\nThe income is $ " + num.format(income);
    JOptionPane.showMessageDialog(null, outMessage,
                         "Program 4.5a",
                         JOptionPane.INFORMATION_MESSAGE);
    System.exit(0);
  }
}
```

（1）该程序将会产生与程序 4.5 相同的输出结果吗？

（2）哪个程序更好一些？为什么？

5. 下面的程序可生成与程序 4.5 相同的结果：

```
import javax.swing.*;
import java.text.*;      //用来格式化
public class CalculateIncome
{
 public static void main(String[] args)
 {
    String s1, outMessage;
```

```
    double monthlySales, income;

    DecimalFormat num = new DecimalFormat(",###.00");

    s1 = JOptionPane.showInputDialog("Enter the value of monthly sales: ");
    monthlySales = Double.parseDouble(s1);

    if (monthlySales < 10000.00)
        income = 200.00 + .03 * monthlySales;
    else if (monthlySales >= 10000.00)
        income = 250.00 + .05 * monthlySales;
    else if (monthlySales >= 20000.00)
        income = 300.00 + .09 * monthlySales;
    else if (monthlySales >= 30000.00)
        income = 325.00 + .12 * monthlySales;
    else if (monthlySales >= 40000.00)
        income = 350.00 + .14 * monthlySales;
    else if (monthlySales >= 50000.00)
        income = 375.00 + .16 * monthlySales;

    outMessage = "For monthly sales of $ " + num.format(monthlySales)
           + "\nThe income is $ " + num.format(income);
    JOptionPane.showMessageDialog(null, outMessage,
                              "Program 4.5",
                              JOptionPane.INFORMATION_MESSAGE);

    System.exit(0);
  }
}
```

（1）该程序能运行吗？

（2）该程序的作用是什么？

（3）该程序能够根据提供的月销售额计算出正确的收入吗？

4.4 switch 语句

在编写应用程序时，在必须从很多可能的选项中选择一组指令的地方，可以使用 if-else 链。在将一个整数表达式的值与特定值进行比较时，可以使用 switch 语句来替代 if-else 链。switch 语句的常规格式为：:

```
switch (expression)
{                        //复合语句开始
case value-1: ◄────── 以冒号结束
statement1;
statement2;
  :
break;
case value-2: ◄────── 以冒号结束
statementm;
statementn;
  :
break;
  :
case value-n: ◄────── 以冒号结束
statementw;
statementx;
  .
```

```
break;
default:  ◄────── 以冒号结束
statementaa;
statementbb;
}                          //swtich和复合语句结束
```

在 switch 语句中有 4 个新的关键字：switch、case、default 和 break，下面分别予以介绍。

关键字 switch 标识 switch 语句的开始。该关键字后的圆括号内的表达式将得到赋值，然后将该表达式的结果与复合语句内包含的各种可能的值进行比较。switch 语句中的表达式必须被指定整数结果值，否则将会出现编译错误。在 switch 语句内，关键字 case 被用来标识或标记与 switch 表达式的值进行比较的每个值。switch 表达式的值与这些 case 值依次进行比较，直到找到匹配的值。当找到匹配值时，执行将从紧跟着该匹配值的语句开始，因此，如下所示，表达式的值决定了在 switch 语句中执行实际开始的位置：

```
                          switch (expression) //计算表达式
                          {
若 expression ──────────► case value-1:
等于value-1，则从这里开始
                                 :
                                 break;
若 expression ──────────► case value-2
等于value-2，则从这里开始
                                 :
                                 break;
若 expression ──────────► case value-3
等于value-3，则从这里开始
                                 :
                                 break;
                          :
若 expression ──────────► case value-n
等于value-n，则从这里开始
                                 :
                                 break;
若页面都不匹 ──────────► default;
配，则从这里开始
                                 :
                          }   // switch语句结束
```

在一个 switch 语句中可以采用任意顺序来包含任意数目的 case 标签。但是，如果表达式的值与所有 case 值都不匹配，那么将不执行任何语句，除非遇到关键字 default。关键字 default 是可选的，并且它与 if-else 链中的最后一个 else 的作用相同。

一旦通过 switch 语句确定了入口点，所有进一步的 case 赋值都会被忽略，并且，除非遇到关键字 break，否则执行将一直持续到复合语句结束，这就是采用 break 语句的原因，它将标识特定 case 的结束，并使得立即退出 switch 语句，因此，就像关键字 case 标识复合语句中可能存在的起始点一样，break 语句将确定终止点。如果省略了 break 语句，那么匹配的 case 值后的所有情况（包括 default 情况）都会被执行。在编写 switch 语句时，可以使用多个 case 值来引用同一组语句；default 标签是可选的，例如，考虑下面的代码：

```
switch (number)
{
  case 1:
    outMessage = "Have a Good Morning";
```

```
    break;
  case 2:
    outMessage = "Have a Happy Day";
    break;
  case 3: case 4: case 5:
    outMessage = "Have a Nice Evening";
}
```

如果变量 number 中存储的值为 1，那么消息“Have a Good Morning”将被存储到字符串对象 outMessage 中；类似地，如果 number 中的值为 2，那么将指定消息“Have a Happy Day”；最后，如果 number 的值为 3、4 或 5，那么将指定最后一条消息，因为针对这最后三种情况执行的是相同的语句，所以针对这些值的情况可以被“堆放”在一起（如上面的程序示例所示）。需要注意的是，由于没有 default，若 number 是没有列出的 case 值，则将不指定任何字符串值①。虽然以递增顺序列出 case 值是一种好的编程习惯，但这并不是 switch 语句一定要求的。一个 switch 语句可以具有采用任意顺序的任意数目的 case 值，只要所测试的值被列出即可。

程序 4.6 将按照表 4.11 列出的编码，使用 switch 语句根据用户输入的编码值来选择磁盘驱动器生产商。

表 4.11 编码

编　码	磁盘驱动器生产商
1	3M 公司
2	Maxell 公司
3	Sony 公司
4	Verbatim 公司

程序 4.6

```
import javax.swing.*;
import java.text.*;      //用来格式化
public class SelectDiskMaker
{
  public static void main(String[] args)
  {
    String s1, outMessage;
    int code;

    s1 = JOptionPane.showInputDialog("Enter a number: ");
    code = Integer.parseInt(s1);

    switch (code)
    {
      case 1:
        outMessage = "3M Corporation";
        break;
      case 2:
        outMessage = "Maxell Corporation";
        break;
      case 3:
        outMessage = "Sony Corporation";
        break;
      case 4:
        outMessage = "Verbatim Corporation";
        break;
```

① 如果接下来在方法中显示 outMessage 字符串，那么将会造成编译错误。因此，如果在程序中使用这段代码，请确保初始化 outMessage，或者添加一个默认情况。

```
        default:
            outMessage = "An invalid code was entered";
    }  // switch 语句结束

    JOptionPane.showMessageDialog(null, outMessage,
                                  "program 4.6",
                                  JOptionPane.INFORMATION_MESSAGE);

    System.exit(0);
  }// main()方法结束
}    //类结束
```

在回顾程序 4.6 时请注意，除了 default 之外，每个 case 语句都包括一个 break 语句，这可以确保在找到匹配的 case 之后退出该 switch 语句。虽然也可以在 default 情况中包括 break 语句，但它在其中没有任何意义。因为字符数据是一种整数数据类型，所以还可以使用 switch 语句根据字符表达式的值来进行“切换”。下面的 switch 语句是有效的：

```
switch (choice)
{
 case 'a': case 'e': case 'i': case 'o': case 'u':
     System.out.println("The character in choice is a vowel");
     break;
 default:
     System.out.println("The character in choice is not a vowel");
}    // switch 语句结束
```

4.4.1　练习题

1. 使用 switch 语句重新编写下面的 if-else 链：

```
if (letterGrade == 'A')
    System.out.println("The numerical grade is between 90 and 100");
else if (letterGrade == 'B')
    System.out.println("The numerical grade is between 80 and 89.9");
else if (letterGrade == 'C')
    System.out.println("The numerical grade is between 70 and 79.9");
else if (letterGrade == 'D')
    System.out.println("How are you going to explain this one? ");
else
{
    System.out.println("Of course I had nothing to do with my grade.");
    System.out.println("\nThe professor was really off the wall. ");
}
```

2. 使用 switch 语句重新编写下面的 if-else 链：

```
if (bondType == 1)
{
    inData();
    check();
}
else if (bondType == 2)
{
    dates();
    leapYear();
}
else if (bondType == 3)
{
    yield();
    maturity();
```

```
}
else if (bondType == 4)
{
    price();
    roi();
}
else if (bondType == 5)
{
    files();
    save();
}
else if (bondType == 6)
{
    retrieve();
    screen();
}
```

3．使用 switch 语句重新编写程序 4.4。

4．分析为什么不能使用 switch 语句来取代程序 4.5 中的 if-else 链？

5．重复第 4.3 节中的练习题 3 以使用 switch 语句代替 if-else 链。

6．编写一个 Java 程序，根据表 4.12 的编码显示学生的状况：

表 4.12　根据编码编写一个 Java 程序

编　码	学 生 状 况
1	Freshman
2	Sophomore
3	Junior
4	Senior
5	Masters Program
6	Doctoral Program

程序应该接受用户输入的编码值，并根据所输入的值显示正确的学生状况。如果输入的编码不正确，那么你的程序应该显示字符串“An incorrect code was entered”。

4.5　常见编程错误

下面是在使用 Java 的选择语句时容易犯的一些错误：

（1）当问题确实是出在所测试的值时，if-else 语句选择的却是错误选项。这是一种常见的调试问题，程序员错误地将注意力集中在所测试的条件上，而没有注意所测试的值，例如，假设你的程序采用了下面这段正确的 if-else 语句：

```
if (code == 1)
{
 contemp = (5.0 / 9.0) * (intemp - 32.0);
 System.out.println("Conversion to Celsius was done");
}
else
{
 contemp = (9.0 / 5.0) * intemp + 32.0;
 System.out.println("Conversion to Fahrenheit was done");
}
```

当变量 code 的值为 1 时，该语句通常会显示“Conversion to Celsius was done”，因此，如果在你认为 code

的值不为 1 时显示了该消息，那么请检查一下 code 的值。作为通常的规则，每当选择语句没有按照你的预想执行时，请确保通过显示它们的值，来测试一下你针对指定给所测试的变量的值做出的假设。如果显示的不是你所预想的值，那么你至少要确定变量是问题的根源，而不是 if-else 语句的结构问题。

（2）在没有花括号清楚地指出所需结构的情况下使用嵌套 if 语句。没有花括号，编译器将默认 else 是与最近未匹配的 if 匹配的，这有时会破坏选择语句原来的目的。为了避免这种问题，并创建能够适应变化的代码，以下列形式采用复合语句的方式编写所有 if-else 语句是非常有帮助的：

```
if (expression)
{
 one or more statements in here
}
else
{
 one or more statements in here
}
```

使用这种形式，无论以后添加多少语句，都可以保持 if 语句原来的完整性和目的。

（3）在比较布尔数据时无意地使用赋值运算符=代替了关系运算符==，例如，假设 btrue 和 bfalse 值分别为 true 和 false 的布尔变量，则语句 if (bfalse = btrue)与 if (true)是相同的，这是因为赋值语句没有比较变量中的值，而是将 btrue 的值指定给 bfalse。这种特殊的错误在实际应用中是很少出现的，因为只有在一些高级工程应用中才会进行布尔数据的比较。不会对非布尔数据犯这种错误，是因为它将产生一个可以被编译器捕获的非布尔值，例如，如果 a 和 b 都是整数变量，而你无意中使用语句 if (a = b)代替了 if (a == b)，那么编译器将会提供错误消息“Can’t convert int to boolean”（不能将整数值转换成布尔值）。

（4）在 switch 语句中忘记使用 break 语句来封闭 case 语句，例如，考虑下面的语句：

```
switch (code)
{
 case 1: price = 2.00;
     break;
 case 2: price = 2.50;
}
```

这里，最后一个 case 没有 break 并不会立即产生任何问题。但是，如果接下来要添加 case，那么它就是产生错误的一个隐患。在添加其他 case 时，break 对于防止新的 case 3 覆盖 case 2 是非常必要的，例如，考虑下面不包含 break 的代码：

```
switch (code)
{
 case 1: price = 2.00;
         break;
 case 2 : price = 2.50;
 case 3 : price = 3.00;
}
```

因为在 case 2 和 case 3 之间没有 break，所以，每当选定 case 2 时，代码都会自动“失败”，还要执行 case 3 的 price 赋值，为了防止出现这种错误，使用 break 终止所有的情况（除了特殊情况之外）是一种好的编程习惯。

4.6 本章小结

关系表达式被称为“条件”，用于比较运算对象。如果条件成立，那么表达式的值就为布尔值 true；

如果条件不成立，那么表达式的值就为布尔值 false。关系表达式是通过表 4.13 所示的关系运算符来创建的。

表 4.13 关系运算符及关系表达式

关系运算符	意　义	示　例
<	小于	age < 30
>	大于	height > 6.2
<=	小于或等于	taxable <= 20000
>=	大于或等于	temp >= 98.6
==	等于	grade == 100
!=	不等于	number != 250

可以使用 Java 的逻辑运算符&&（And）、||（Or）和!（Not）通过关系表达式来构造更为复杂的条件。

if-else 语句被用于根据关系表达式或逻辑表达式的值在两个可替换的语句之间做出选择。if-else 语句常见的格式如下所示：

```
if (condition)
 statement1;
else
 statement2;
```

这是一个双向选择的语句。如果 condition 的布尔值为 true，那么将执行 statement1，否则将执行 statement2。

if-else 语句可以包含其他 if-else 语句。在缺少花括号的情况下，每个 else 都是与最近的未匹配的 if 相关的。if-else 链是一种多向选择的语句，它的常规格式如下所示：

```
if (condition-1)
  statement-1;
else if (condition-2)
  statement-2;
else if (condition-3)
  statement-3
     .
     .
     .
else if (condition-m)
  statement-m;
else
  statement-n;
```

每个条件都是按照它们在链中的顺序得到赋值的。一旦检测到布尔值为 true 的条件，就会只执行该条件与下一个 else if 或 else 之间的语句，而不再进一步测试其他条件。最后的 else 是可选的，并且只有当前面的条件都不为 true 时，才会执行最后的 else 对应的语句。

复合语句是由包含在花括号{和}中的任意数目的单独语句组成的。复合语句被看作是一个代码块，可以用于任何调用单个语句的地方。

switch 语句是一个多向选择语句，它的常规句法如下所示：

```
switch (expression)
{                    //复合语句开始
 case value-1: ◄——— 以冒号结束
      statement1;
      statement2;
         .
         .
      break;
 case value-2: ◄——— 以冒号结束
```

```
      statementm;
      statementn;
          .
          .
      break;
          .
          .
   case value-n:  ←—— 以冒号结束
      statementw;
      statementx;
          .
          .
      break;
   default:  ←—— 以冒号结束
      statementaa;
      statementbb;
          .
          .
   }          //switch 和复合语句结束
```

对于该语句，整数表达式的值将与一些整数常量、字符常量或只包含常量和运算符的表达式进行比较。程序执行将被传递到第一个匹配的 case，并继续执行到该 switch 语句结束（除非遇到可选的 break 语句）。switch 语句中的 case 可以采用任意的顺序，并且可以包括可选的 default 情况。只有当其他情况都不匹配时才会执行该 default 情况。

4.7　本章附录　错误、测试和调试

在编程过程中，理想的情况是生成可读性好、无错误，并且可以在必要时通过很少测试进行修改的程序。对于这一方面，理解可能发生的不同类型的错误、它们被检测到的时间，以及如何更正它们，是非常有帮助的。

4.7.1　编译时错误和运行时错误

可以在下列情况下检测到程序错误：

（1）在编译程序之前。

（2）在编译程序的过程中。

（3）在运行程序的过程中。

（4）在已经执行完程序并检查完输出结果之后。

有些程序错误可能太微妙了，根本检测不到。由编译器检测到的错误通常被称为“**编译时错误**”（**Compile-Time Error**）；在程序运行过程中发生的错误通常被称为“**运行时错误**”（**Run-Time Error**）。

到目前为止，你可能已经遇到过很多编译时错误。虽然初学者很容易被它们挫败，但有经验的程序员明白，编译器可以做很多有价值的检查工作，并且更正编译器检测到的错误也是非常容易的。此外，因为这些错误是出现在程序员而不是在用户面前的，所以除了程序员之外，其他人通常都不会知道它们的出现，你可以修正它们，它们也就不复存在了，例如，看看你是否可以发现程序 4.7 中的错误。

程序 4.7

```
import javax.swing.*;
import java.text.*;            //用来格式化
public class FindErrors
```

```
{
 public static void main(String[] args)
  {
    String s1, outMessage;
    double capital, amount, rate, nyrs;
    DecimalFormat num = new DecimalFormat(",###.00");

    outMessage = "This program calculates the amount of money\n"
                + " in a bank account for an initial deposit\n"
                + "invested for n years at an interest rate r. ");
    JOptionPane.showMessageDialog(null, outMessage,
                                  "Program 4.7",
                                  JOptionPane.INFORMATION_MESSAGE);
    s1 = JOptionPane.showInputDialog("Enter the initial amount in the account:");
    amount = Double.parseDouble(s1);
    s1 = JOptionPane.showInputDialog("Enter the number of years: ");
    nyrs = Double.parseDouble(s1);
    capital = amount * Math.pow((1 + rate/100.0), nyrs);

    outMessage = "The final amount of money is $" + num.format(capital);
    JOptionPane.showMessageDialog(null, outMessage,
                                  "Program 4.7",
                                  JOptionPane.INFORMATION_MESSAGE);

    System.exit(0);
  }
}
```

该程序中的错误并不是很明显，它的错误在于我们没有使用任何值初始化变量 rate。这种忽略很快就会被作为编译时错误检测出来，并显示错误消息“Variable rate may not have been initialized”（变量 rate 可能还没有得到初始化）。

运行时错误要更麻烦一些，因为它们是在执行程序的用户面前出现的，而在大多数商业系统中，这些用户都不是程序员，例如，如果用户可能会试着输入 0 作为除数，那么将会发生运行时错误。在第 3.4 节中介绍异常处理时展示了其他一些运行时错误示例。

作为程序员，防止出现运行时错误的惟一方法是充分地考虑用户可能会进行哪些将造成错误的操作，并针对你的程序进行严肃的测试。虽然初级程序员很容易责备用户因输入明显不当的数据而造成运行时错误，但有经验的程序员通常不会这样做，他们明白，运行时错误是最终产品的缺陷，很可能会对程序及程序员的声誉带来不良影响。

有一些已知的方法可以用来在编译程序之前和执行完程序之后检测错误。在编译程序之前检测错误的方法被称为**“桌面检查”**（**Desk Checking**）。桌面检查是指在桌面上手工检查程序的过程，以发现句法和逻辑错误。在执行完程序之后检测错误的方法被称为**“程序测试”**（**Program Testing**）。

4.7.2 句法错误和逻辑错误

计算机在字面上将两种主要的错误分别称为“句法错误”和“逻辑错误”。**句法错误**（**Syntax Error**）是语句结构或拼写方面的错误，例如，下面的语句

```
if (a lt b
{
 System.out.printin("There are five syntax errors here")
 System.out.println("Can you find tem?);
}
```

包含 5 个句法错误。这些错误是：

（1）第一行的关系运算符错误，应该为符号<。

（2）第一行中缺少闭圆括号。

（3）第三行错误拼写了方法名 println。

（4）第三行缺少终止分号;。

（5）第四行的字符串没有使用双引号来结束。

在编译程序的过程中，这些错误都会被编译器检测到。编译器可以检测到所有句法错误，因为它们违反了 Java 的基本规则，即使如果没有通过桌面检查发现它们，那么编译器将会检测到它们，并显示错误消息①。在有些情况下，错误消息是非常清楚的，并且错误也是很明显的，而在有些情况下，可能会需要进行一些检测工作才能理解由编译器显示的错误消息。因为所有句法错误都是在编译时被检测到的，所以经常会互换使用术语“编译时错误”和“句法错误”。但是，严格地说，编译时错误是指错误检测到的时间；而句法错误是指检测到的错误的类型。需要注意的是，在最后一个 println()方法调用中，单词“them”的拼写错误不是一个句法错误，虽然这种错误将会导致意外的输出结果，但它并没有与 Java 的句法规则发生冲突，它就是一个简单的键入错误。

逻辑错误（**Logic Error**）是直接在程序的逻辑方面导致某些缺陷的错误性的、意外的或无意的错误。这些错误永远不会被编译器检测到，只可能通过桌面检查、程序测试来检测到，或者在用户得到明显错误的输出结果时偶然发现，或者在程序执行过程中发现，甚至可能根本发现不到。如果错误是在程序执行的过程中检测到的，那么将会产生运行时错误，导致生成错误消息，以及（或者）造成程序非正常地提前终止。

因为逻辑错误不是由编译器检测到的，并且可能会在运行时无法检测出来，所以它们通常比句法错误更难检测。如果不是通过桌面检查检测到的，那么逻辑错误将以两种主要方式来自我暴露，在一种情况下，程序将会执行完成，但会产生错误结果，通常，这种逻辑错误包括：

- 没有输出结果：这是由于缺少输出语句或者无意中跳过输出语句而造成的。
- 错误的输出结果：这是由于输出语句中的错误造成的。
- 错误的数字结果：这是由于为表达式中的变量指定了错误的值、使用了错误的算术表达式、缺少了某个语句、舍入错误，或者使用顺序不当的语句而造成的。

逻辑错误可能会造成运行时错误。试图将 0 作为除数，以及试图求负数的平方根，都属于这种逻辑错误。

4.7.3　测试和调试

从理论上说，综合地进行一组测试将会揭示所有逻辑错误，从而确保程序对于任何输入的和计算得到的数据都可以正常运行。而实际上，这要求检查所有可能的语句执行。由于时间和精力的限制，除了对于非常简单的程序之外，这几乎是不可能做到的，为了说明原因，请参见一下程序 4.8。

程序 4.8

```
import java.io.*;              //用来访问输入流类
public class CountPaths
{
  public static void main(String[] args)
  throws java.io.IOException
  {
```

① 然而，它们可能并不是同时被全部检测到的。一个句法错误常常会掩盖另一个错误，而只有当更正第一个错误之后，才能检测到第二个错误。

```
    String s1, outMessage;
    int num;

        // 设置基本输入流
        // 具有转换的能力
    InputStreamReader isr = new InputStreamReader(System.in);
        // 使用 readLine()方法
    BufferedReader br = new BufferedReader(isr);

    System.out.println("Enter a number: ");
    s1 = br.readLine();
    num = Integer.parseInt(s1);
    if (num == 5)
        System.out.println("Bingo! ");
    else
        System.out.println(" Bongo! ");
  }
}
```

从程序开始执行到程序到达最后一个闭花括号，程序 4.8 有两种路径。当输入数字 5 时，执行的第一种路径顺序如下所示：

```
num = Integer.parseInt(s1);
System.out.println("Bingo! ");
```

当输入数字 5 之外的其他数字时，执行的第二个路径的顺序如下所示：

```
num = Integer.parseInt(s1);
System.out.println("Bongo! ");
```

测试程序 4.8 每种可能的路径需要运行该程序两次，要适当地选择测试输入数据，以确保执行 if 语句的两种路径。在程序中再增加一个 if 语句，可能的执行路径数将增加两倍，同时，完整的测试则要求运行 4（2^2）次该程序。类似地，若增加两个 if 语句，则可能的执行路径数将增加 4 倍，同时，完整的测试则要求运行 8（2^3）次该程序；增加 3 个 if 语句将要求进行 16（2^4）次程序测试运行。

现在，请考虑一个中等规模的应用程序，它只包含 10 个方法，而每个方法包含 5 个 if 语句。假设总是以相同的顺序调用这些方法，则遍历每个方法有 32（2^5）种可能的路径，而遍历整个程序则有 1,000 000 000 000 000（2^{50}）种以上的可能路径。创建每个测试数据执行每种路径所需的时间，以及计算机检查每种路径的实际运行时间，都使得完整测试这种程序几乎是不可能实现的。

缺少完全测试所有语句执行顺序可能的能力就导致了编程格言："不存在没有任何错误的程序"。它还导致了另外一个现实，已完成的任何测试都应该尽可能地确定可能出现的错误。另一个重要的现实是，虽然一次测试可能会揭示某个错误的存在，但它不能证明其他错误的存在。也就是说，通过测试发现的一个错误不能指出在程序的其他地方是否掩藏着另一个错误；而且，一次没有发现任何错误的测试也不能表示不存在任何错误。

但是，一旦发现了错误，程序员就必须确定错误发生的位置，然后修复它。在计算机行业里，程序错误被称为**"bug"**；而孤立、纠正和验证正确性的过程被称为**"调试"（Debugging）**[①]。

虽然对于孤立错误的原因没有有利、快速的原则，但还是可能应用一些有用的技术：

（1）第一个就是预防技术。很多错误常常是由于程序员随意编写代码，并在完全理解它的要求和如

① 该术语的来源是非常有趣的。1945 年 9 月，当一个程序在哈佛大学的 MARK I 计算机上停止运行时，人们发现是电路板上的一只死昆虫导致了这次故障，于是，程序员 Grace Hopper 就在她的事故报告上写道："……第一个实际情况是发现了臭虫"。

何实现目标之前运行程序而造成的。这种草率地将程序输入到计算机中的一个表现就是缺少有目的的规划程序（伪码或流程图）或手写程序，只要在输入或编译之前对程序的副本进行一下桌面检查，就可以消除很多错误。

（2）第二个有用的技术是模仿计算机以手工执行每个语句。这是指当在程序中遇到每个变量时，记下它们，并在遇到每个输入和赋值语句时，列出将在变量中存储的值，这种检查被称为**“程序跟踪”**（**Program Tracking**）。这样做也可以强化你的程序技术，因为它要求完全理解程序中的每个语句的作用。

（3）第三个技术也是一个功能非常强大的调试技术，它是显示所选变量的值，例如，再次考虑程序 4.7。如果该程序针对 capital 产生错误的值，那么在计算变量 capital 的值之前，显示在 capital 计算中所用的所有变量的值是非常值得的。如果显示的值是正确的，那么问题就在计算 capital 的值的赋值语句中；如果这些值是错误的，那么你必须确定这些错误的值到底是在哪里获得的。

（4）输出显示的另一个调试应用是立即显示所有输入数据的值。这种技术被称为**“共鸣打印”**（**Echo Printing**），它在确定程序正确接收和解释输入数据方面是非常有用的。在所有调试和跟踪技术中，功能最强大的是使用一种被称为**“调试器”**（**Debugger**）的程序。调试器程序将控制 Java 程序的执行，可以在任意点中断 Java 程序的执行，并且可以在中断点处显示所有变量的值。

最后，让我们来介绍一下在讨论调试问题时不得不涉及的问题——成功孤立和更正错误所需的主要条件——这就是你执行任务的态度和精神。因为是你编写的程序，你自然而然地会认为它是正确的，否则在编译之前你就将更正它。回过头来，诚实地测试和查找自己编写的软件中的错误是非常困难的。作为程序员，你必须要不断地提醒自己，仅仅因为你认为程序正确是远远不够的。虽然查找自己编写的程序中的错误是一件令人头痛的事情，但它将有助于你成为一名熟练的程序员。如果像专业侦探那样对待检测问题，那么这也可能是一件令人兴奋和有趣的事情。

第 5 章　重　　复

前几章所介绍的程序在演示 Java 程序的正确结构，以及构造基本的 Java 输入、输出、赋值和选择功能方面是非常有用的。在已经比较熟悉 Java 编程的概念和机制的基础上，让我们更进一步吧。

大多数程序的实际功能主要表现在它们多次重复相同的计算或指令序列的能力上，即每次使用不同的数据，而不必针对每组新的数据值重新运行程序，本章将介绍实现该功能的 Java 语句，包括 while、for 和 do-while 语句。

5.1 while 语句

while 语句是一种常见的重复语句，它可以用于各种编程情况下。while 语句的常规格式如下所示：

```
while (condition)
 statement;
```

圆括号内的 condition 与 if-else 语句中的条件的赋值方式完全相同；不同的是条件的使用方式。当 if-else 语句中的条件成立时，将执行一次该条件后的语句。在 while 语句中，只要条件仍保持成立，就会反复执行条件后的语句，这自然意味着，在 while 语句的某些地方，必须有一个将测试条件的值更改为 false 的语句，这实际就是**情况（Case）**。目前我们只考虑条件和圆括号后的语句。计算机执行 while 语句的过程如下所示：

（1）测试条件。
（2）如果条件具有非 0（true）值：
① 执行圆括号后的语句；
② 回到步骤（1）。
否则
退出 while 语句。

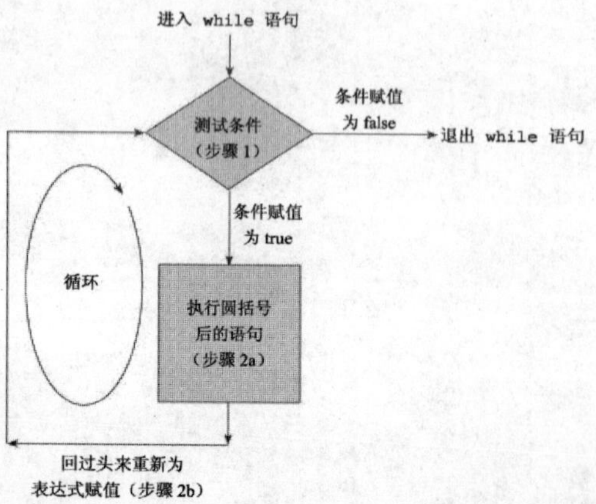

图 5.1　while 循环的示意图

请注意，步骤（2）中的②将强制把程序的控制转回给步骤（1）。这种将控制转回 while 语句的开始以重新为条件赋值的方式就是程序循环的方式。while 语句实际上是在做自身循环，以重新检查条件，直到它变得不成立，即在循环过程的某些地方必须要更改所测试的条件的值，这实际上就是情况（case）。

图 5.1 演示了通过 while 语句产生的循环过程。菱形表示 while 语句的判断部分所需的两个入口点和两个退出点。

为了更清楚一些，请考虑关系条件 count <= 10 和语句 System.out.print(count + " ");，使用它们，我们可以编写下面有效的 while 语句：

```
while (count <= 10)
  System.out.print(count + " ");
```

虽然该语句是有效的，但细心的读者将意识到，我们创建了一种或是一直调用 print()方法（直到我们终止程序）或是根本不调用它的情况。

如果在首次条件赋值时，count 的值小于或等于 10，那么将调用 print()方法，然后，while 语句将自动回过头来重新测试条件。因为我们没有更改 count 中存储的值，所以条件仍是成立的，因此将再次调用 print()，这个程序将永远继续下去，直到用户终止运行包含该语句的程序。但是，如果 count 是从一个大于 10 的值开始，那么条件将是不成立的，因此根本不会调用 print()。

我们该如何设置 count 的初始值，来控制在首次为条件赋值时 while 语句所实现的功能呢？回答是在遇到 while 语句之前，为所测试的条件中的每个变量赋值，例如，下面的指令顺序是有效的：

```
count = 1;
while (count <= 10)
  System.out.print(count + "  ");
```

使用这个指令序列，我们可以确保 count 的初始值为 1。我们可以在赋值语句为 count 指定任何值——重要的是要指定“某些”值。实际上，指定的值要取决于应用程序。

我们仍需要更改 count 的值才能最终退出 while 语句，这需要使用像 count = count + 1 这样的条件，在每次执行 while 语句时都递增 count 的值。事实是，用于重复单个语句的 while 语句不会妨碍我们使用其他语句来更改 count 的值，我们所要做的就是使用复合语句来替代单个语句，例如：

```
count =1;              //将 count 初始化
while (count <= 10)
{
  System.out.print(count + "  ");
  count++;        //将 count 递增
}
```

现在让我们来分析一下这组完整的指令的工作方式。第一个赋值语句将 count 设置为 1。然后，进入 while 语句，条件第一次得到赋值。因为 count 的值小于 10，所以条件成立，并执行复合语句。复合语句中第一个语句是调用 print()方法来显示后带两个空格的 count 值。接下来的语句是将 count 中当前存储的值加上 1，使该值等于 2。现在 while 语句循环回来重新测试条件，因为 count 的值仍小于 10，所以将再次执行复合语句，该过程将一直持续到 count 的值达到 11。程序 5.1 以一个实际的程序演示了这些语句。

程序 5.1

```
public class ShowWhile
{
 public static void main(String[] args)
 {
   int count;

   count = 1;             //初始化 count
   while (count <= 10)
   {
      System.out.print(count + "  ");
      count++;               //将 count 递增
   }
 }
}
```

程序 5.1 的输出结果为：

1 2 3 4 5 6 7 8 9 10

程序 5.1 中的变量名 count 没有什么特殊要求，可以使用任何有效的整数变量。

在考虑其他 while 语句的示例之前，先来讲解一下关于程序 5.1 的两个注意事项。首先，可以使用任何更改 count 值的语句来替代 count++;语句，例如，像 count = count + 2;这样的语句将会显示出间隔为 2 的整数；其次，程序员有责任确保 count 值的变化最终会导致从 while 循环正常退出，例如，如果我们使用表达式 count– –;代替表达式 count++;，那么 count 的值将永远不会超过 10，从而造成无限循环。**无限循环**（**Infinite Loop**）是指永远不会结束的循环，计算机不会走到你身边，拍拍你，说："对不起，你创建的是一个无限循环"，它只是会持续显示数字，直到你意识到程序没有按照你的预想工作。对于大多数系统，同时按下 Ctrl 键和 C 键可以中断程序的执行。

现在，我们已经基本熟悉了 while 语句，下面看看你是否能够读懂程序 5.2，并确定它的输出结果。

程序 5.2

```
public class CountDown
{
 public static void main(String[] args)
 {
   int i;

   i =10;        //初始化 i
   while(i >= 1)
   {
      System.out.print(i + "  ");
      i- -;        //将 i 减 1
   }
 }
}
```

程序 5.2 中的赋值语句最初将 int 变量 i 设置为 10。然后，while 语句检查 i 的值是否大于或等于 1。当条件成立时，将通过 print()方法显示后面带两个空格的 i 值，然后将 i 值减去 1。当 i 值最终达到 0 时，表达式的值将为 false，程序将退出 while 语句，因此，运行程序 5.2 将得到下面的输出结果：

10 9 8 7 6 5 4 3 2 1

为了演示 while 语句的功能，请考虑打印数字 1～10 及其平方值和立方值表的任务。正如程序 5.3 所示，可以使用一个简单的 while 语句来完成这项任务。

程序 5.3

```
import java.text.*;           //用来格式化
public class CreateTable
{
 public static void main(String[] args)
 {
      int num;

      DecimaFormat df = new DecimalFormat(" 0000");
      System.out.println("NUMBER    SQUARE    CUBE");
      System.out.println("------    ------    ------");

      num = 1;
      while (num < 11)
      {
      System.out.print("    " + df.format(num));
      System.out.print("    "+ df.format(num * num));
```

```
        System.out.println("    "+ df.format(num * num * num));
        num++;            //将 num 递增
        }
  }
}
```

运行程序 5.3，将得到如下所示的输出结果[①]：

```
NUMBER  SQUARE   CUBE
------  ------  ------
 0001    0001    0001
 0002    0004    0008
 0003    0009    0027
 0004    0016    0064
 0005    0025    0125
 0006    0036    0216
 0007    0049    0343
 0008    0064    0512
 0009    0081    0729
 0010    0100    1000
```

请注意，程序 5.3 中的表达式为 num < 11。对于整数变量 num，该表达式实际相当于表达式 num <= 10。表达式的选择完全取决于你自己。

如果我们现在希望程序 5.3 产生 1000 以内的数值表，那么我们所要做的就是将 while 语句中的表达式从 num < 11 更改为 num < 1001。将 11 更改为 1001 将会产生一个 1000 行的表——对于一个简单的 8 行 while 循环来说确实不错。

需要注意的是，print()和 println()方法中插入的空格只是为了对齐每列数字。可以通过在纸面上绘制、数一数所需的空格，或者做些尝试调整，来确定适当的空格数。

所有用来演示 while 语句的程序示例都是固定的计数循环的示例，因为所测试的条件是一个检查固定重复次数的计数器。当计数器在每次循环时是以 1 之外的其他值递增时，可以采用一种固定计数循环的变化形式，例如，请考虑产生摄氏温度与华氏温度转换表的任务，假设对应于 5℃～50℃摄氏温度的华氏温度是以每 5° 的形式显示的，使用下面的语句可以得到所需的显示结果：

```
celsius = 5;          //初始化 celsius 的值
while (celsius <= 50)
{
 fahren = (9.0 / 5.0) * celsius + 32.0;
 System.out.println(celsius + "    " + fahren);
 celsius = celsius + 5;
}
```

如上所述，while 语句是由单词 while 到复合语句闭花括号之间的所有内容组成。在进入 while 循环之前，我们已经确保为需要赋值的计数器指定了一个值，并且在该循环内有一个更改计数器值的语句（以 5 为增量），以确保能够从 while 循环退出。程序 5.4 以一个完整的程序演示了这段代码。

程序 5.4

```
import java.text.*;          //用来格式化
public class ConversionTable
{
 //将 Celsius 转换为 Fahrenheit 的方法
  public class ConversionTable
```

① 要了解使用前导空格代替前导 0 的格式化语句，请参见附录 D 的有关内容。

```
   {
    final int MAXCELSIUS = 50;
   final int STARTVAL = 5;
   final int STEPSIZE = 5;
   int celsius;
   double fahren;

   DecimaFormat cf = new DecimalFormat("00");      //celsius 格式
   DecimaFormat ff = new DecimalFormat("000");      //fahrenheit 格式
   System.out.println("DEGRESS   DEGREES\n"+"CELSIUS   FAHRENHEIT\n"
               + "----------  -------------------");

   celsius = STARTVAL;
   while (celsius <= MAXCELSIUS)
    {
     fahren = (9.0/5.0) * celsius + 32.0;
     System.out.print("  " + cf.format(celsius));
     System.out.println("       " + ff.format(fahren));
     celsius = celsius + STEPSIZE;
    }
  }
}
```

运行程序 5.4 得到的输出结果为：

```
DEGREES   DEGREES
CELSIUS   FAHRENHEIT
------    ----------
  05        041
  10        050
  15        059
  20        068
  25        077
  30        086
  35        095
  40        104
  45        113
  50        122
```

就像程序 5.3 一样，程序 5.4 中的 print()和 println()方法内插入的空格只是为了对齐输出值。此外需要注意，我们使用了两种不同的数字格式：一种是用于摄氏温度的两位格式；另一种是用于华氏温度的三位格式。

5.1.1 练习题

1．重新编写程序 5.1，以 2 为增量打印出 2～10 的数字。程序的输出结果应该如下所示：

```
4 6 8 10
```

2．重新编写程序 5.4，以 10℃为增量生成-10℃～60℃的表。

3．问题如下：

（1）对于下面的 main()方法，确定所显示的项目的总数，并确定打印的第一个和最后一个数。

```
public static void main(String[] args)
{
    int num = 0;

    while (num <= 20)
```

```
        {
            num++;
            System.out.print(num + "  ");
        }
    }
```

（2）在计算机上输入并运行为练习题 3（1）所写的程序，以验证你的答案。

（3）如果互换复合语句内的两个语句——也就是说，在 num++语句之前调用 print()，将会对输出结果产生什么影响？

4．编写一个 Java 程序，将加仑转换为升。程序应该以 1 加仑为增量显示 10～20 加仑及其对应的升。使用下面的关系：1 加仑的液体有 3.785 升。

5．编写一个 Java 程序，将英尺转换为米。程序应该以 3 英尺为增量显示 3～30 英尺及其对应的米。使用下面的关系：1 米等于 3.28 英尺。

6．一台购买价为 28,000 美元的机器在 7 年内以每年 4000 美元的比率折旧。编写并运行一个 Java 程序，计算并显示 7 年的折旧表，该表应该具有如下所示的形式：

年	折旧	年终值	累计折旧
1	4000	24000	4000
2	4000	20000	8000
3	4000	16000	12000
4	4000	12000	16000
5	4000	8000	20000
6	4000	4000	24000
7	4000	0	28000

7．一辆汽车以 55 英里/小时的速度行驶了 4 小时。编写一个 Java 程序，显示这辆汽车在 0.5、1.0、1.5……4.0 小时之后行驶的距离（以英里为单位）。

8．将华氏温度转换为摄氏温度的近似公式为：Celsius = (Fahrenheit – 30) / 2。使用该公式并从 0 华氏度开始，编写一个 Java 程序，确定什么时候近似的摄氏温度与精确的温度值之差超过 4℃（提示：使用一个在近似的摄氏温度与精确的温度值之差超过 4℃时终止的 while 循环）。精确的转换公式为：Celsius = 5/ 9 (Fahrenheit – 32)。

9．使用练习题 8 提供的摄氏温度近似转换公式，编写一个 Java 程序，生成一个包含华氏温度、精确的摄氏温度、近似的摄氏温度，以及精确与近似摄氏温度之差的表。该表应该从 30 华氏度开始，使用 5 华氏度为增量，并在精确与近似摄氏温度之差超过 4℃时终止。

5.2　交互式 while 循环

将交互式数据输入与 while 语句的重复功能结合起来可以产生适应性好、功能强大的程序。为了理解涉及的概念，请考虑程序 5.5，其中 while 语句被用来接受并显示用户同时输入的 4 个数字。虽然该程序使用的是一个非常简单的思想，但它强调了生成较为强大的程序所需的控制流程概念。

程序 5.5

```
import javax.swing.*;
public class EnterNumbers
{
  public static void main(String[] args)
  {
    String s1, outMessage;
```

```
        final int MAXNUMS = 4;
        int count;
        double num;

        outMessage = "This program will ask you to enter "+ MAXNUMS + " numbers. ";
          JOptionPane.showMessageDialog(null, outMessage, "Program 5.5",
                                        JOptionPane.INFORMATION_MESSAGE);

        count =1 ;
        while (count <= MAXNUMS)
        {
         s1 = JOptionPane.showInputDialog("Enter number "+ count + ":"); num =
             Double.parseDouble(s1);JOptionPane.showMessageDialog(null,
              "The number entered is "+ num, "Program 5.5",
                                        JOptionPane.INFORMATION_MESSAGE);

          count++;
         }
         System.exit(0);
     }
 }
```

图 5.2a～图 5.2c 演示了由程序 5.5 提供的初始的程序消息对话框，以及在第一次执行循环期间显示的输入和 Message 对话框。如图 5.2b 所示，用户在 Input 对话框中输入了数字 26.2。

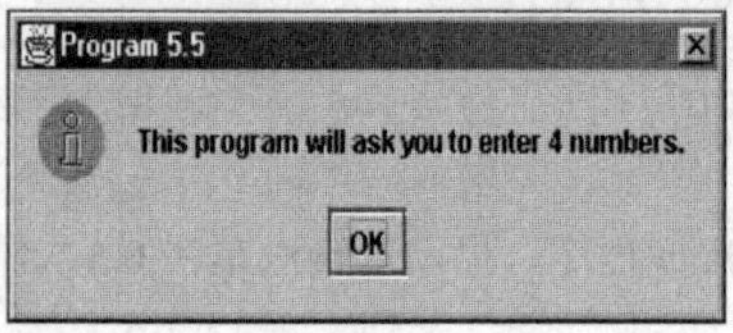

图 5.2a 初始的程序 Message 对话框

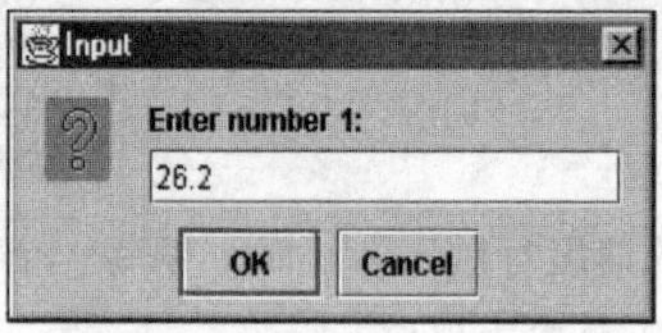

图 5.2b 第一个 Input 对话框

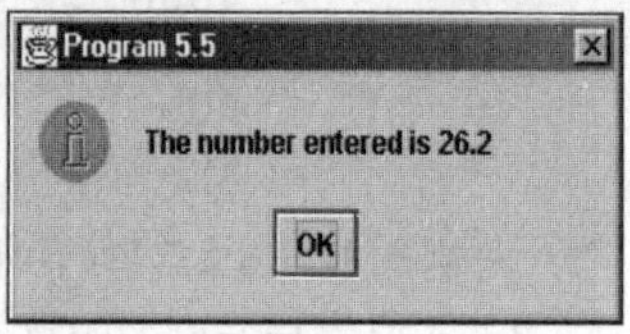

图 5.2c 第一个 Message 对话框

为了清楚地理解输出结果产生的方式，让我们来回顾一下该程序。初始的程序 Message 对话框（如图 5.2a 所示）是通过调用 showMessageDialog()得到的。该调用是在 while 语句外部并且是之前进行的，因此它只在 while 循环中的所有语句之前被执行一次。

一旦进入 while 循环，当测试条件成立时，将执行复合语句内的语句。在首次通过复合语句时，将显示包含消息“Enter number 1:”的 Input 对话框。计算机将保持等待状态，直到在该对话框中输入一个数字。一旦键入数字并按下 Enter 键，输入的字符串值就会被转换成双精度值，它将通过 while 循环内的 showMessageDialog()方法调用被显示出来，然后，以 1 为增量递增变量 count。该过程将一直持续到完成 4 次循环，并且 count 的值达到 5。每次通过循环时都会显示一个等待输入值的 Input 对话框和一个显示所输入值的 Message 对话框。图 5.3 演示了这个控制流程。

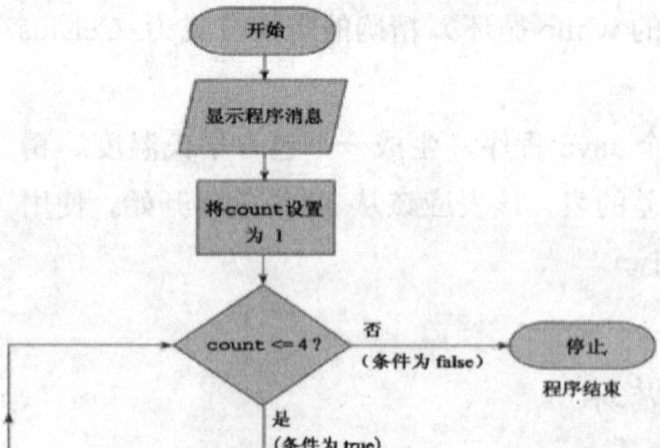

图 5.3 程序 5.5 的控制流程示意图

不仅是简单地显示所输入的数字，还可以对程序 5.5

做些修改，以使用所输入的数据，例如，将所输入的数字相加，然后显示出总和，要做到这一点，我们必须非常注意相加这些数字的方式，因为针对每个输入的数字使用的都是同一个变量 num。在程序 5.5 中输入的新数字将会自动使 num 中原来存储的数字丢失，因此，在输入另一个数字之前，必须将输入的每个数字加到总和中。所需的序列是：

（1）输入一个数字。

（2）将该数字加到总和中。

我们是如何将一个数字加到总和中的？像 total = total + num 这样的语句可以很好地完成这项任务，它就是在第 3.1 节中介绍过的累积语句。在输入每个数字之后，累积语句将把该数字加到总和中，如图 5.4 所示。相加数字所需的完整控制流程如图 5.5 所示。

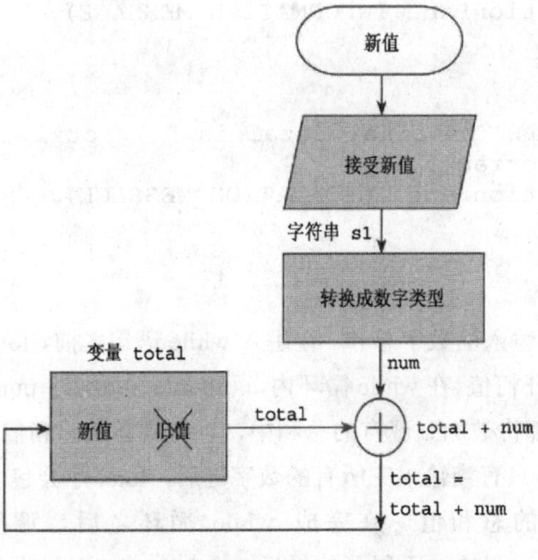

图 5.4　接受并将数字加到总和中

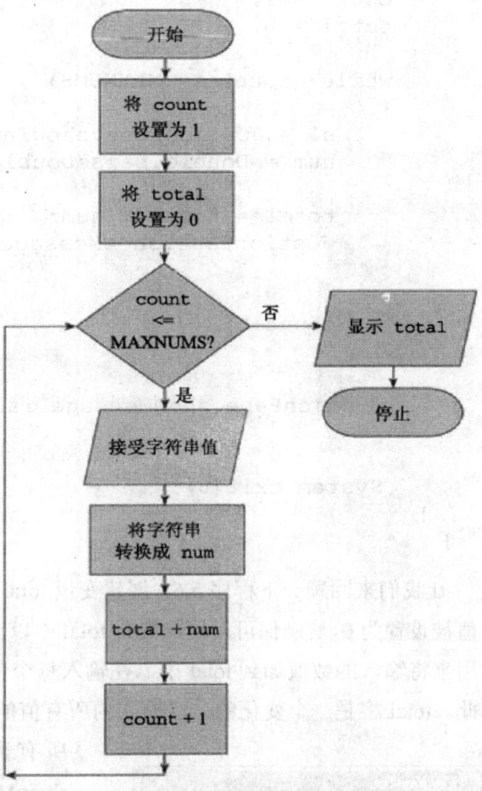

图 5.5　累积控制流程

在回顾图 5.5 时，请注意我们有一个前提条件：在进入 while 循环之前，我们将总和初始设置为 0。如果我们清楚 while 循环中的总和值，那么在每次执行循环时，它都将被设置为 0，并且会覆盖以前存储的任何值。

程序 5.6 对程序 5.5 做了些必要的修改，以计算所输入的数字总和。正如流程图（图 5.5）所示，语句 total = total + num;被放在接受来自用户的数值之后，将累积语句放在程序的这个位置可以确保输入的数字能够立即被“捕获”到总和中。

程序 5.6

```
import javax.swing.*;
public class AddNumbers
{
```

```
public static void main(String[] args)
{
    String s1, outMessage;

    final int MAXNUMS = 4;
    int count;
    double num, total;

    outMessage = "This program will ask you to enter "
                + MAXNUMS + " numbers. ";
    JOptionPane.showMessageDialog(null, outMessage,
                           "Program 5.6",
                           JOptionPane.INFORMATION_MESSAGE);

    count = 1;
    total = 0;

    while (count <= MAXNUMS)
    {
        s1 = JOptionPane.showInputDialog("Enter number "+ count + ":");
        num = Double.parseDouble(s1);

        total = total + num;
        JOptionPane.showMessageDialog(null, "The total is now " + total,
                                   "Program 5.6",
                                   JOptionPane.INFORMATION_MESSAGE);
        count++;
    }

    JOptionPane.showMessageDialog(null,"The final total is " + total,
                                   "Program 5.6",
                                   JOptionPane.INFORMATION_MESSAGE);
    System.exit(0);
  }
}
```

让我们来回顾一下程序 5.6，创建变量 total 以存储所输入的数字总和。在进入 while 语句之前，total 的值被设置为 0，这确保可以清除变量 total 中以前存储的任何值。在 while 循环内，语句 total = total + num; 被用来将输入的数值加到 total 中，在输入每个值时，它都将被加到现有的总和中，以得到新的总和值，因此，total 将是一个变化的、已输入的所有值的小计值。只有当输入完所有的数字之后，total 才会包含所有数字最终的总和值。在完成 while 循环之后，调用 showMessageDialog()方法而得到的最后一个 Message 对话框将显示出这个最终的总和值。图 5.6 显示的是在输入 26.2、5.0、103.456 和 1267.89 之后得到的最后一个 Message 对话框。

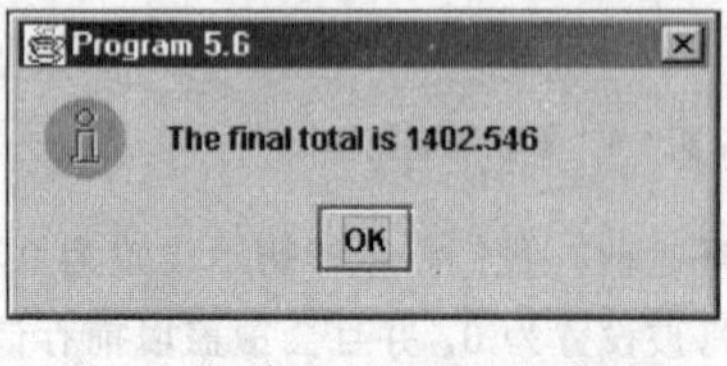

图 5.6　由程序 5.6 得到的输出结果示例

在使用累积赋值语句将输入的数字相加之后，现在可以进一步地计算这些数字的平均值了。应在哪里计算该平均值——是在 while 循环之内还是之外呢？

在该示例中，计算平均值要求同时得到最终的总和值，以及计算得到该总和值的数字个数。然后，通过用最终的总和值除以数字个数来计算平均值。这里，我们一定会问：在程序的哪个地方可以得到正确的总和值，以及在哪个地方可以得到数字个数？在回顾程序 5.6 时，我们看到，计算平均值所需的正确总和值是在完成 while 循环之后得到的。事实上，while 循环的整个目的就是确保正确输入和相加这些数字，以得到正确的总和值。我们还将计算总和值所用的数字个数存储在命名常量 maxnums 中。在这些前提下，看看你是否可以读懂程序 5.7。

程序 5.7

```
import javax.swing.*;

public class AverageNumbers
{
 public static void main(String[] args)
 {
    String s1, info, outMessage;

    final int MAXNUMS = 4;
    int count;
    double num, total, average;

    outMessage = "This program will ask you to enter "
              + MAXNUMS +" numbers. ";
    JOptionPane.showMessageDialog(null, outMessage, "Program 5.7",
                                 JOptionPane.INFORMATION_MESSAGE);

    count = 1;
    total = 0;

    while (count <= MAXNUMS)
    {
       s1 = JOptionPane.showInputDialog("Enter number "+ count + ":");
       num = Double.parseDouble(s1);

       total = total + num;
       outMessage = outMessage + num + "  ";
       count++;
    }

    average = total / MAXNUMS;
    JOptionPane.showMessageDialog(null, outMessage + "\nis " + average,
                                 "Program 5.7",
                                 JOptionPane.INFORMATION_MESSAGE);
    System.exit(0);
 }
}
```

除了计算平均值之外，程序 5.7 与程序 5.6 基本相同。我们还使用“构造”显示平均值的最终消息的语句，替代了在 while 循环之内及之后显示总和值。程序 5.7 中的循环的主要目的是为了输入并相加 4 个数字，在将输入的每个数字加到总和中之后，相同的数字将被连接到 outMessage 字符串中，在退出循环之后，紧接着将计算平均值，并附加到 outMessage 之后，然后显示出该字符串。图 5.7 显示的是由程序 5.7 产生的最终的 Message 对话框，它同时包括了输入值和最终的平均值。

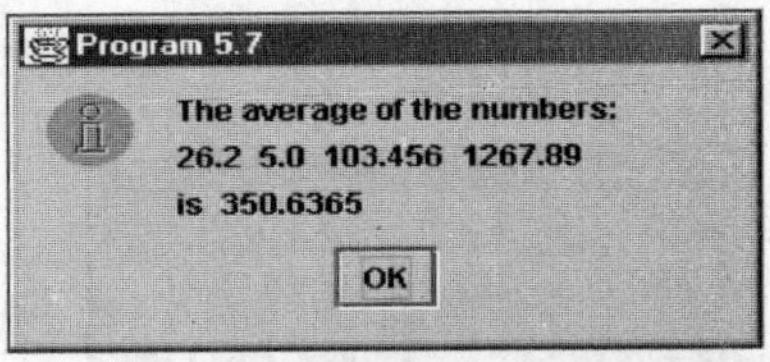

图 5.7 由程序 5.7 得到的输出结果示例

5.2.1 始终标记

到目前为止，我们所创建的都是固定计数循环的示例，其中计数器被用来控制循环重复的次数。通过使用 while 语句，还可以构造条件变化的循环，例如，当输入一些成绩时，我们可能不希望统计输入的成绩个数，而是希望能够连续地输入这些成绩，并在最后键入一个特定的数据来指出数据输入的结束。

在计算机编程中，指出系列数据开始或结束的数据值被称为“**始终标记**”（**Sentinel**）。当然，必须要选择使用始终标记值，以使它不会与合法的数据值发生冲突，例如，如果我们正在构造一个处理学生成绩的程序，并假设成绩不会超过 100，那么我们可以使用任意大于 100 的成绩作为始终标记值。程序 5.8 演示了这个概念。在程序 5.8 中，数据是连续请求并得到接受的，直到输入大于 100 的值。输入大于 100 的值将会警告程序要退出 while 循环，并显示已输入数字的总和。

程序 5.8

```
import javax.swing.*;
public class Sentinels
{
  public static void main(String[] args)
  {
     final double HIGHGRADE = 100.0;
     String s1, outMessage;
     double grade, total;

     grade = 0;
     total = 0;

     outMessage = "To stop entering grades, type in any number"
                + "\n greater than 100. ";
     JOptionPane.showMessageDialog(null, outMessage,
                                   "Program 5.8",
                                   JOptionPane.INFORMATION_MESSAGE);

     s1 = JOptionPane.showInputDialog("Enter a grade: ")
     grade = Double.parseDouble(s1);

     while (grade <= HIGHGRADE)
      {
         total = total + grade;
         s1 = JOptionPane.showInputDialog("Enter a grade: ");
         grade = Double.parseDouble(s1);
      }
     JOptionPane.showMessageDialog(null,"The total of the grades is " + total,
                                   "Program 5.8",
                                   JOptionPane.INFORMATION_MESSAGE);

      System.exit(0);
  }
}
```

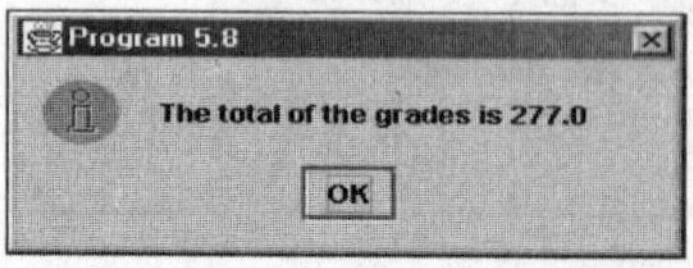

图 5.8 由程序 5.8 产生的输出结果示例

当输入数字 95、100、82 和 101 时，程序 5.8 产生的最终 Message 对话框如图 5.8 所示。只要输入的值小于或等于 100（如该示例中的前 3 个数字），程序就会继续请求并接受其他数字。对于每个小于或等于 100 的数字，程序都会将该数字加到总和中。当输入数字 101 时，将退出循环，并显示出已输入数字的总和，如图 5.8 所示。

5.2.2 break 和 continue 语句

break 和 continue 语句是两个非常有用的、与重复语句有关的语句。我们曾遇到过与 switch 语句有关的 break 语句，该语句的句法如下所示：

```
break;
```

正如它的名称所表示的，break 语句将强制从已经介绍过的 switch 和 while 语句，以及下面将要介绍的 for 和 do-while 语句中立即断开或退出，例如，如果输入大于 76 的数字，那么将立即中断执行下面的 while 循环：

```
count = 1;
while (count <= 10)
{
  s1 = JOptionPane.showInputDialog("Enter a number: ");
  num = Double.parseDouble(s1);
  if (num > 76)
  {
    JOptionPane.showMessageDialog(null, "You lose! ",
                        "Test", JOptionPane.INFORMATION_MESSAGE);
    break;       //退出循环
  }
  else
    JOptionPane.showMessageDialog(null, "Keep on trucking! ",
                        "Test", JOptionPane.INFORMATION_MESSAGE);
  count++;
}
//break jumps to here
```

break 语句违背了纯结构化的编程原则，因为它提供了第二种非标准的退出循环的方式。然而，对于当检测到异常条件时中断循环，它是非常有用的。break 语句还可以被用来退出 switch 语句，但这是因为已经检测并处理了所需的情况。

continue 语句类似于 break 语句，但它只能应用于使用 while、do-while 和 for 语句创建的循环。continue 语句的常规格式为：

```
continue;
```

当在循环中遇到 continue 时，将立即开始下一次重复循环。对于 while 循环，这意味着执行将自动被传递到循环的顶部，并重新为测试表达式赋值。虽然 continue 语句对 switch 语句没有任何直接影响，但可以在处于循环内的 switch 语句中包括它。这里，continue 的作用是相同的：将开始下一次重复循环。通常，continue 语句没有 break 语句的作用大，因此在实际应用中并不常用。

5.2.3 null 语句

所有独立的语句都是使用分号;结束的。奇怪的是，前面没有任何内容的分号也是一个有效的语句，它被称为“**null 语句**”（**Null Statement**），因此，语句

```
;
```

是一个 null 语句，这是一个什么也不做的语句，当在语法上需要而实际中并不需要执行任何操作时使用它。null 语句通常是与 while 或 for 语句一起使用的。在第 5.3 节的程序 5.9 中将会看到一个使用 null 语句的 for 语句示例。

5.2.4 练习题

1．重新编写程序 5.6，计算 8 个数字的总和。

2．重新编写程序 5.6，显示提示：“Please type in the total number of data values to be added:”。作为该提示的响应，程序应该接受用户输入的数字，然后使用该数字来控制 while 循环执行的次数，因此，如果用户输入 5 作为该提示的响应，那么程序将请求输入 5 个数，然后在输入完 5 个数之后显示出它们的总和。

3．问题如下：

（1）编写一个 Java 程序，把摄氏温度转换为华氏温度。程序应该要求输入起始的摄氏温度、将要进行的转换个数，以及摄氏温度之间的增量。显示应该具有适当的标题，并列出摄氏温度值及对应的华氏温度值。使用的关系为：Fahrenheit = (9.0 / 5.0) * Celsius + 32.0。

（2）在计算机上运行为练习题 3（1）所写的程序。验证你的程序是从正确的起始摄氏温度开始的，并包含了在输入数据中指定的将要进行的转换个数。

4．问题如下：

（1）修改为练习题 3 所写的程序，要求输入起始摄氏温度、终止摄氏温度，以及增量，用检查终止摄氏温度的条件来代替使用检查固定计数的条件。

（2）在计算机上运行为练习题 4（1）所写的程序。验证你的程序是否以正确的起始值开始，并以正确的终止值结束。

5．重新编写程序 5.7，计算 10 个数字的平均值。

6．重新编写程序 5.7，显示提示："Please type in the total number of data values to be averaged:"。作为该提示的响应，程序应该接受用户输入的数字，然后使用该数字来控制 while 循环的执行次数，因此，如果用户输入 6 作为提示的响应，那么程序应该请求输入 6 个数字，并显示接下来输入的 6 个数的平均值。

7. 程序员在程序 5.7 中错误地将 while 循环内的语句 average = total / count;放在语句 total = total + num;之后，因此，while 循环变为：

```
while (count <= MAXNUMS)
{
  s1 = JOptionPane.showInputDialog("Enter number " + count + ":");
  num = Double.parseDouble(s1);

  total = total + num;
  average = total / count;
  count++;
}
```

该程序能够使用这个 while 循环得到正确的结果吗？从编程的角度来看，哪个 while 循环更好？为什么？

8．问题如下：

（1）修改程序 5.8，计算所输入的成绩的平均值。

（2）在计算机上运行为练习题 8（1）所写的程序，并验证结果。

9．问题如下：

（1）一个算术级数的定义为：

```
a + (a + d) +(a + 2d) +(a + 3d) + … + (a + (n-1)d)
```

其中，a 是第一项、d 是公差、n 是将要相加的项数。使用这些信息，编写一个 Java 程序，使用 while 循环显示每一项，并确定 a = 1、d = 3 和 n = 100 的算术级数的总和。确保你的程序显示计算得到的值。

（2）修改为练习题 9（1）所写的程序，使用户能够输入将要相加的起始数字、公差和项数。

10．问题如下：

（1）一个几何级数的定义为：

```
a + ar + ar2 + ar3 + … + arn-1
```

其中 a 是第一项、r 是公比、n 是项数。使用这些信息，编写一个 Java 程序，使用 while 循环显示每一项，并确定 a = 1、r = 5 和 n = 100 的几何级别的总和。确保你的程序显示计算得到的值。

（2）修改为练习题 10（1）所写的程序，使用户能够输入该级数的起始数字、公比和项数。

5.3 for 语句

for 语句执行与 while 语句相同的功能，而只是使用不同的格式。在很多情况下，尤其是使用固定计数条件的情况，for 语句的格式比相应的 while 语句更易于使用。for 语句的常规格式为：

```
for (initializer; condition; increment)
 statement;
```

虽然 for 语句看起来有些复杂，但若是分别考虑其中的每一部分，它实际上是非常简单的。for 语句的圆括号内有 3 个用分号分隔的项目，这些项目都是可选的，但必须使用分号。正如我们将要看到的，圆括号内的项目对应于我们曾在 while 语句中使用的初始值、条件赋值和条件值的更改语句。圆括号内中间的项目 condition 是任何有效的、能够产生布尔值的 Java 表达式。对于 for 和 while 语句，在使用该表达式方面没有任何不同。在这两个语句中，只要条件赋值为 true，就会执行圆括号后的语句，这意味着，在首次检查表达式的值之前，必须先为测试条件的变量指定初始值；这还意味着，在重新为条件赋值之前，必须要有一个或多个更改这些值的语句。回顾这些语句在 while 语句中的常规位置：

```
initializing statements;
while (condition)
{
  loop statements;
   .
   .
  condition-altering statements;
}
```

在进入一个重复循环之前需要初始化变量或进行一些其他赋值操作是很常见的，以至于 for 语句允许将一个或多个初始化表达式组合成 for 语句圆括号内的第一组项目。在首次为条件赋值之前，这些初始化只会被执行一次。必须使用分号分隔多个初始化，例如，i = 1、total = 0。

for 语句还为所有条件更改表达式提供了一个位置，它们是 for 语句圆括号内的最后项目。这些表达式通常会递增或递减一个计数器，在每次循环结束时，在重新为表达式赋值之前，通过 for 语句得到执行。另外，多个递增表达式必须使用逗号来分隔。图 5.9 演示了 for 语句的控制流程示意图。下面的代码演示了 for 和 while 语句之间的对应关系：

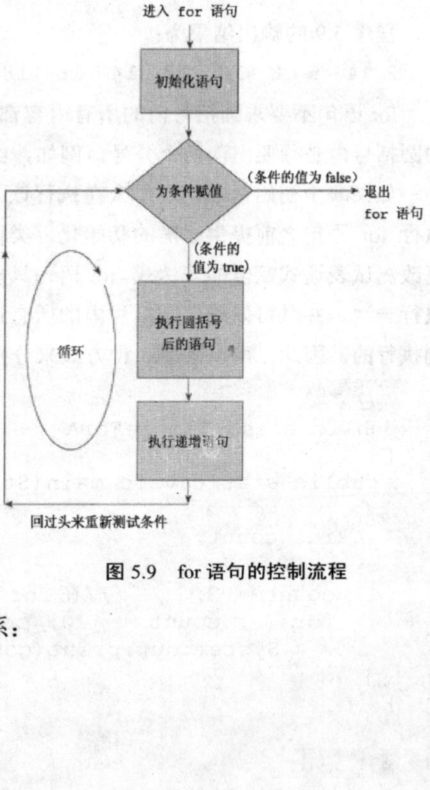

图 5.9 for 语句的控制流程

```
count =1;
while (count <= 10)
{
  System.out.print(count+ " ");
  count++;
}
```

这段代码对应的 for 语句为：

```
for (count=1; count <= 10; count++)
 System.out.print(count + " ");
```

正如这两个示例所示，for 语句和 while 语句之间惟一的不同是等效表达式的位置。在 for 语句中，将初始化语句、条件和增量组合在一起是很方便的，尤其是当使用它们来创建固定计数的循环时。请参考下面的 for 语句：

```
for (count = 2; count <= 20; count = count + 2)
 System.out.print(count + " ");
```

在该语句中，所有循环控制信息都被包含在圆括号内。该循环从 2 开始计数，当计数超过 20 时停止，并且该循环的计数器的增量为 2。程序 5.9 以一个实际的程序演示了这个 for 语句，考虑到可读性，在每个输出值之间加了两个空格。

程序 5.9

```
public class SampleFor
{
 public static void main(String[] args)
 {
    int count;

    for (count = 2; count <= 20; count = count + 2)
        System.out.print(count + "  ");
  }
}
```

程序 5.9 的输出结果为：

```
2  4  6  8  10  12  14  16  18  20
```

for 语句不要求圆括号内的所有内容都出现，也不一定要用于初始化或递增变量，但是，在 for 语句的圆括号内必须要出现两个分号，例如，结构 for (; count <= 20 ;)是有效的。

如果缺少初始化语句，那么在执行该 for 语句时将略过初始化过程。当然，这意味着程序员必须在执行 for 语句之前提供必需的初始化。类似地，如果缺少增量，那么必须直接在该循环语句部分内包括更改测试表达式赋值的表达式。for 语句只能确保圆括号的所有初始化表达式只在为测试条件赋值之前被执行一次，并且可以确保圆括号内的所有递增表达式都是在该循环结束时、在重新检查测试条件之前得到执行的，因此，可以采用 3 种方式来分别重新编写程序 5.9，如程序 5.9a、5.9b 和 5.9c 所示。

程序 5.9a

```
public class SampleForA
{
  public static void main(String[] args)
  {
    int count;

    count = 2;        //在 for 语句外进行初始化
    for ( ; count <= 20; count = count + 2)
        System.out.print(count + "  ");
  }
}
```

程序 5.9b

```
public class SampleForB
{
  public static void main(String[] args)
  {
    int count;

    count = 2;        //在 for 语句外进行初始化
    for ( ; count <= 20; )
```

```
      {
        System.out.print(count + "  ");
        count = count + 2;      //改变 count 值的语句
      }
    }
}
```

程序 5.9c

```
public class SampleForC
{
  public static void main(String[] args)
  {
    int count;

    for (count = 2; count <= 20; System.out.print(count + "  "), count =
                                          count + 2)
      ; //空语句
  }
}
```

☆ *知识点* 开花括号的位置

专业 Java 程序员采用两种形式来编写 for 循环，这两种形式只有当 for 循环包含复合语句时才会起作用。本书中演示和采用的形式如下所示：

```
for (expression)
{
 compound statement in here
}
```

一种等同的形式是将复合语句的开花括号放在第一行中。使用这种形式，for 循环如下所示：

```
for (expression) {
 compound statement in here
}
```

第一种形式的优点是，花括号是成对对齐的，这使得定位花括号对更为容易；第二种形式的优点是，它使代码更紧凑，并节省了一行，使得在相同的显示区域内可以查看到更多的代码。虽然这两种形式都可以使用，但最好不要混合使用它们。通常，在你所有的程序中，复合语句内的缩进（两个或4个空格，或一个制表位）也应该是一致的。如果你有权做选择，那么可以选择你所喜欢的形式，但要保持一致。如果是由公司或编程课程要求的形式，那么你应该明确是哪种形式，并坚持使用那种形式。

在程序 5.9a 中，count 是在 for 语句之外得到初始化的，因此圆括号内的初始化部分将保持空白。

在程序 5.9b 中，圆括号内没有包括初始化部分和增量，该程序在 for 循环内还使用了一个复合语句，并在该复合语句中包括了一个递增语句。

此外，程序 5.9c 在圆括号内包括了所有内容，因此不需要在圆括号后跟任何语句，其中的 null 语句满足了 for 语句的圆括号必须后跟一个语句的语法要求。在程序 5.9c 中还请注意，语句的增量部分（圆括号内的最后一组内容）是由两项内容组成，并且是使用逗号来分隔的（正如前面所提到的，如果 for 语句的初始化和增量部分包含一个以上的表达式，那么必须使用逗号来分隔它们）。

最后需要注意的是，程序 5.9a、5.9b 和 5.9c 都没有程序 5.9 完美。程序 5.9 中的 for 语句要清楚得多，因为所有与测试条件有关的表达式在圆括号内都被组合在了一起。

虽然在 for 语句中可以省略初始化和增量部分，但省略测试条件将导致无限循环，除非在循环的某个地方能够激活 break 语句，例如，代码：

```
for (count = 2; ; count++)
 System.out.print(count+ " ");
```

将导致无限循环。

就像使用 while 语句一样，在 for 语句中可以使用 break 和 continue 语句。在 while 语句中，break 将强制立即退出 for 循环，而 continue 将强制把控制传递给 for 语句内重新赋值测试表达式后的更改语句，它与 while 语句中的 continue 有所不同，在 while 语句中，控制被直接传递给测试表达式的重新赋值语句。

最后，很多程序员都使用 for 语句的初始化列表来声明并初始化 for 循环中使用的计数器变量，例如，在下面的 for 语句中：

```
for (int count = 1; count < 11; count++)
 System.out.print(count + "  ");
```

变量 count 是通过 for 语句得到声明和初始化的。但是，采用这种方式进行声明，将限制 count 只能用于该 for 循环中。试图在该 for 循环的初始化部分声明第二个具有不同数据类型的变量将会导致编译错误。

为了理解 for 语句的强大功能，请使用该语句打印数字 1～10 的表，其中包括它们的平方值和立方值。前面我们已经在程序 5.3 中使用 while 语句生成了这个表，希望你回顾一下程序 5.3，并将它与程序 5.10 比较一下，以加深理解 for 语句和 while 语句之间的等效性。

程序 5.10

```
import java.text.*;              //用来格式化
public class ForTable
{
  public static void main(String[] args)
  {
     int num;

     DecimalFormat df = new DecimalFormat("0000");

     System.out.println("NUMBER    SQUARE    CUBE");
     System.out.println("------    ------    ----");

     for (num = 1; num < 11; num++)
     {
        System.out.print("" + df.format(num));
        System.out.print("      " + df.format(num * num));
        System.out.println("      " + df.format(num * num * num));
     }
  }
}
```

运行程序 5.10 得到的输出结果如下所示：

```
NUMBER    SQUARE    CUBE
------    ------    ----
0001      0001      0001
0002      0004      0008
0003      0009      0027
0004      0016      0064
0005      0025      0125
0006      0036      0216
0007      0049      0343
0008      0064      0512
0009      0081      0729
0010      0100      1000
```

只需将程序 5.10 的 for 语句中的数字 11 更改为 101 就可以创建一个执行 100 次并生成数字 1～100 的数字表的循环，就像使用 while 语句一样，这个小小的更改将会在程序的处理过程和输出结果方面产生很大的变化。还需要注意的是，在递增表达式中，使用表达式 num++代替了等效的 num = num + 1。

5.3.1 交互式 for 循环

在 for 循环内使用 showInputDialog()方法与在 while 循环中使用该方法将会产生相同的效果，例如，在程序 5.11 中，使用一个 Input 对话框来输入一组数字。当输入每个数字时，将把它加到总和中。当退出该 for 循环时，将计算并显示出平均值。

程序 5.11

```
import javax.swing.*;
public class AverageFiveNumbers
{
  //这个方法计算 5 个用户
  //输入数字的和

  public static void main(String[] args)
  {
    final int MAXNUMS = 5;

    int count;
    double num, total, average;
    String s1;

    total = 0.0;

    for (count = 0; count < MAXNUMS; count++)
    {
      s1 = JOptionPane.showInputDialog("Enter a number: ");
      num = Double.parseDouble(s1);
      total = total + num;
    }

    average = total / MAXNUMS;

    JOptionPane.showMessageDialog(null,"The average of the data entered is "+average,
                                  "Program 5.11",
                                  JOptionPane.INFORMATION_MESSAGE);
    System.exit(0);
  }
}
```

程序 5.11 中的 for 语句创建了一个将执行 5 次的循环。每次通过循环时，都会提示用户输入一个数字。当输入每个数字之后，它将被立即加到总和中。虽然 total 是在 for 语句之前被初始化为 0 的，但该初始化也可以与 count 的初始化在一起进行，如下所示：

```
for (total = 0.0, count = 0; count < 5; count++)
```

但是，total 和 count 的声明都不能与它们的初始化一起被包括在 for 语句中，这是因为它们具有不同的数据类型，因此，语句

```
for (double total = 0.0, int count = 0; count < 5; count++)          //无效
```

是无效的，因为初始化部分将会导致一个无效的声明语句，但是，如果 total 和 count 具有相同的数据类型，那么可以在 for 循环中一起声明它们，例如，语句

```
for (int total = 0, count = 0; count < 5; count++)
```

是有效的，因为语句 int total = 0, count = 0;是一个有效的声明语句。通常地，为了避免出现声明问题，你应该在一个 for 语句内声明并初始化最多一个初始变量。

☆ *知识点* 使用 for 循环还是使用 while 循环？

初级程序员常常会问的一个问题是，应该使用哪种循环结构：for 循环还是 while 循环？这是一个好问题，因为在 Java 中，这两种循环结构都可以构造固定计数和变化条件的循环。

在除 C 和 C++之外几乎所有的计算机语言中，该问题的回答都是非常直观的，因为 for 语句只能用来构造固定计数的循环，因此，在这些语言中（同样，C 和 C++除外），for 语句被用来构造固定计数的循环，而通常只有在构造变化条件的循环时，才会使用 while 语句。

在 C、C++和 Java 中，不存在这种区别，因为这两个语句都可以用来创建每种循环。于是，对于这 3 种语言来说，该问题的回答实际就是一个形式的问题，因为在这些语言中，for 和 while 循环是可以互换使用的，所以每种循环都是正确的。有些专业的程序员通常会使用 for 语句，而很少使用 while 语句；有些程序员则常常会使用 while 语句，而很少使用 for 语句；还有一部分人习惯延用在早期的高级语言采用的约定——即使用 for 循环来创建固定计数的循环，而使用 while 循环来创建变化条件的循环。在 Java 中，这只是一个形式问题，因此，在你的编程经历中，你将会遇到这 3 种形式。

5.3.2 嵌套循环

在很多情况下，在一个循环中包含另一个循环是很方便或者是必需的，这种循环被称为**“嵌套循环”**（**Nested Loop**）。下面是一个简单的嵌套循环：

```
for (i = 1; i <= 5; i++)                      //外层循环开始 ←--------------------+
{                                                //                                 |
 System.out.println("\ni is now" + i);          //                                 |
                                                 //                                 |
 for (j = 1; j <= 4; j++)                        //内层循环开始                     |
     System.out.print(" j = " + j);              //内层循环结束                     |
}                                              //外层循环结束 ←--------------------+
```

第一个循环是由 i 值控制的，它被称为**“外层循环”**（**Outer Loop**）；第二个循环是由 j 值控制的，它被称为**“内层循环”**（**Inner Loop**）。请注意，内层循环的所有语句都被包含在外层循环内，并且我们采用不同的变量来控制每个循环。对于外层循环的每一次经历，都会遍历一次内层循环，因此，每当 i 计数器增加 1 时，内层的 for 循环就会完整地执行一次。图 5.10 演示了这种情况。

程序 5.12 以一个实际的程序包括了这些代码。

程序 5.12

```
public class NestedLoop
{
 public static void main(String[] args)
 {
    int i, j;

    for (i = 1; i <= 5; i++)                        //外层循环开始←--------------+
     {                                                  //                           |
        System.out.println("\ni is now " + i);         //                           |
                                                        //                           |
        for (j = 1; j <= 4; j++)                        //内层循环开始               |
            System.out.print("  j = " + j);             //内层循环结束               |
     }                                                //外层循环结束←--------------+
```

```
    }
  }
```

程序 5.12 的输出结果如下所示：

```
i is now 1
  j =1  j =2  j = 3  j = 4
i is now 2
  j =1  j =2  j = 3  j = 4
i is now 3
  j =1  j =2  j = 3  j = 4
i is now 4
  j =1  j =2  j = 3  j = 4
i is now 5
  j =1  j =2  j = 3  j = 4
```

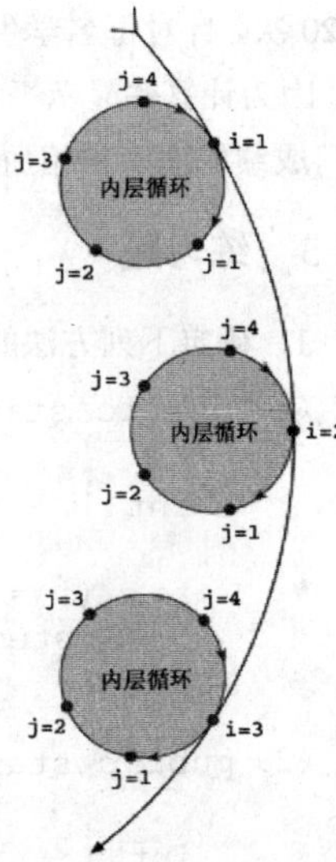

图 5.10 每次 I、j 循环的情况

为了演示嵌套循环的作用，我们将使用一个嵌套循环来计算一个班的 20 名学生的平均成绩。假设每名学生在学期要参加 4 门课程的考试。最终的成绩是根据这些考试成绩的平均值来评定的。

在我们的程序中，外层循环将执行 20 次，每次经历外层循环时，将计算一名学生的平均成绩。内层循环将执行 4 次，每次经历内层循环时，将输入一门考试成绩。当输入每门成绩时，它将被加到该学生的总成绩中，并在该循环结束时，计算并显示出平均值。程序 5.13 使用了一个嵌套循环来进行必要的计算。

程序 5.13

```
import javax.swing.*;
public class CalculateGrade
{
  public static void main(String[] args)
  {
     final int NUMGRADES = 4;
     final int NUMSTUDENTS = 20;
     int i, j;
     double grade, total, average;
     String s1;

     for (i = 1; i <= NUMSTUDENTS; i++)          //外层循环结束
      {
        total = 0;            //将这个学生的total 置为 0
        for (j = 1; j <= NUMGRADES; j++)         //内层循环开始
        {
          s1 = JOptionPane.showInputDialog("Enter an examination grade for
                                            this student: ");
          grade = Double.parseDouble(s1);

          total = total + grade;          //将 grade 加到 total 中
        }                              //内层循环结束
        average = total / NUMGRADES;         //计算平均值

      JOptionPane.showMessageDialog(null, "The average for student " + i +
                                  " is " + average,
                                  "Program 5.13",
                                  JOptionPane.INFORMATION_MESSAGE);
    }  //外层循环结束
```

```
    System.exit(0);
  }
}
```

回顾程序 5.13 时，请特别注意在进入内层循环之前外层循环内的 total 的初始化。变量 total 被初始化 20 次，针对每名学生进行一次。还需要注意的是，平均值是在内层循环完成后紧接着计算并显示出来的。因为计算并显示平均值的语句也被包含在外层循环内，所以将计算并显示 20 个平均值。内层循环内每门成绩的输入和相加采用的是我们前面介绍过的技术，这一点你应该比较熟悉了。

5.3.3 练习题

1．确定下列方法的输出结果：

(1)
```
public static void main(String[] args)
  {
   int i;

   for (i = 0; i <= 20; i = i + 4)
       System.out.print(i + " ");
  }
```

(2)
```
public static void main(String[] args)
  {
   int i;

   for (i = 1; i < 21; i = i + 3)
       System.out.print(i + " ");
  }
```

(3)
```
public static void main(String[] args)
  {
   int i;

   for (i = 20; i >= 0; i = i - 4)
       System.out.print(i + " ");
  }
```

2．修改程序 5.10，以 2 为增量生成 0～20 及其平方值和立方值的数字表。

3．修改程序 5.10，生成从数字 10 到数字 1 的数字表。

4．编写并运行一个 Java 程序，显示 20 个华氏温度到摄氏温度的一个转换表。该表从华氏 20 度开始，以 4 度为增量。使用公式：Celsius =(5.0/9.0) ∗ (Fahrenheit – 32.0)。

5．修改为练习题 4 所写的程序，首先请求将要显示的转换个数。

6．编写一个 Java 程序，以 5 度为增量将华氏温度转换为摄氏温度。最初的华氏温度和总的转换个数都是在程序执行过程中由用户输入的。使用公式：Celsius =(5.0/9.0) ∗ (Fahrenheit – 32.0)。

7．编写并运行一个 Java 程序，接受 6 个华氏温度，一次一个，并在请求下一个值之前将输入的每个值转换成对应的摄氏温度。在你的程序中使用 for 循环。使用公式：Celsius =(5.0/9.0) ∗ (Fahrenheit – 32.0)。

8．编写并运行一个 Java 程序，接受 10 个加仑值，一次一个，并在请求下一个值之前将输入的每个值转换成对应的升值。在你的程序中使用 for 循环。使用公式：1 加仑 = 3.785 升。

9．修改为练习题 8 所写的程序，首先请求将要输入并转换的数据项的个数。

10．下面的方法正确吗？如果正确，那么请确定它的输出结果；如果不正确，那么请确定并更正错误，以使程序能够正常运行。

```
public static void main(String[] args)
{
     for (int i =1; i < 10; i++)
        System.out.print(i + " ");
     System.out.println();
     for (int i = 1; i < 5; i++)
     System.out.println(i + " ");
}
```

11．编写并运行一个 Java 程序，计算并显示银行账户上的资金总数，初始存款为 1000 美元，年利率为 8%。你的程序应该显示 10 年内每年年底账户上的资金总数。使用关系：年底账户资金总数=年初账户资金总数+年初账户资金总数＊0.08

12．问题如下：

（1）修改为练习题 11 所写的程序，提示用户输入账户最初的存款金额。

（2）修改为练习题 11 所写的程序，提示用户输入账户最初的存款金额和将要显示的年数。

（3）修改为练习题 11 所写的程序，提示用户输入账户最初的存款金额、所用的年利率，以及将要显示的年数。

13．一台购买价为 28,000 美元的机器在 7 年内以每年 4000 美元的比率折旧。使用一个 for 循环，编写并运行一个 Java 程序，计算并显示 7 年内的折旧表。该表应该如下所示：

折旧表

年	折旧	年终值	累计折旧
1	4000	24000	4000
2	4000	20000	8000
3	4000	16000	12000
4	4000	12000	16000
5	4000	8000	20000
6	4000	4000	24000
7	4000	0	28000

14．一家稳定的小配件生产商每年损失 4%的销售额。该公司的年利润为销售额的 10%。今年公司的销售额为 1000 万美元，其利润为 100 万美元。确定接下来 10 年预计的销售额和利润。你的程序应该使用一个 for 循环来完成并生成下表：

销售和利润计划

年	预期销售	计划收益
1	$10000000.00	$1000000.00
2	$ 9600000.00	$ 960000.00
3	.	.
.	.	.
.	.	.
10	.	.
和：	$.	$.

15．进行 4 个实验，每个实验由 6 个测试组成，得到的结果如下所示。编写一个 Java 程序，使用嵌套循环计算并显示每个实验测试结果的平均值。

实验 1 的结果：23.2　31.5　16.9　27.5　25.4　28.6

实验 2 的结果：34.8　45.2　27.9　36.8　33.4　39.4

实验 3 的结果：19.4　16.8　10.2　20.8　18.9　13.4

实验 4 的结果：36.9　39.5　49.2　45.1　42.7　50.6

16. 修改为练习题 15 所写的程序，以便让用户输入每个实验得到的测试结果的个数，该程序应该允许针对每个实验输入不同的测试结果个数。

17. 问题如下：

（1）一支保龄球队由 5 名队员组成。每名队员进行 3 局比赛。编写一个 Java 程序，使用嵌套循环输入每名队员的每局得分，然后计算并显示每名队员的平均分。假设每名保龄球队员的得分情况如下：

队员 1：286　252　265

队员 2：212　186　215

队员 3：252　232　216

队员 4：192　201　235

队员 5：186　236　272

（2）修改为练习题 17（1）所写的程序，计算并显示球队的平均得分（提示：使用第二个变量来存储所有队员的总得分）。

18. 重新编写为练习题 17（1）所写的程序，消除内层循环。要做到这一点，你必须为每名队员输入 3 个得分，而不是一次一个。在计算平均值之前，每个得分必须被存储到它自己的变量中。

19. 编写一个 Java 程序，计算并显示银行存款的 1000 美元在 10 年内每年年底的总额，该程序应该以 1%为增量显示利率分别为 6%～12%的年底账户总额。使用嵌套循环，外层循环使用固定计数 7，内层循环使用固定计数 10。第一次执行外层循环时应该使用利率 6%，并显示前 10 年内账户年底的总额。在接下来每次执行外层循环时，以 1%为递增利率。使用关系：年底账户总额=年初账户总额+年初账户总额*利率。

5.4 do-while 语句

while 和 for 语句都是在重复循环的开始处为表达式赋值，但是，在有些情况下，在循环结束时测试表达式将会更方便，例如，假设我们构造了下面的 while 循环来相加一组数字：

```
s1 = JOptionPane.showInputDialog("Enter a value: ");
value = Double.parseDouble(s1);
while (value != SENTINEL)
{
  total = total + value;
  s1 = JOptionPane.showInputDialog("Enter a value: ");
  value = Double.parseDouble(s1);
}
```

使用该 while 语句要求在循环之前和循环内重复调用 Input 对话框并进行转换，或者采取一些措施强制执行 while 循环内的某些语句。

顾名思义，do-while 语句允许我们在为表达式赋值之前执行语句。在很多情况下，可以使用它来消除上述示例中演示的重复情况。do-while 语句的句法为：

```
do statement;
while(condition);
```

但是，在实际应用中，关键字 do 后面的语句通常是一个复合语句，因此 do 语句通常使用下面的格式：

```
do
{
  any number of statements in here;
} while(condition);  ◄-----  不要忘记最后的分号
```

图 5.11 显示的是 do-while 语句的控制流程示意图。

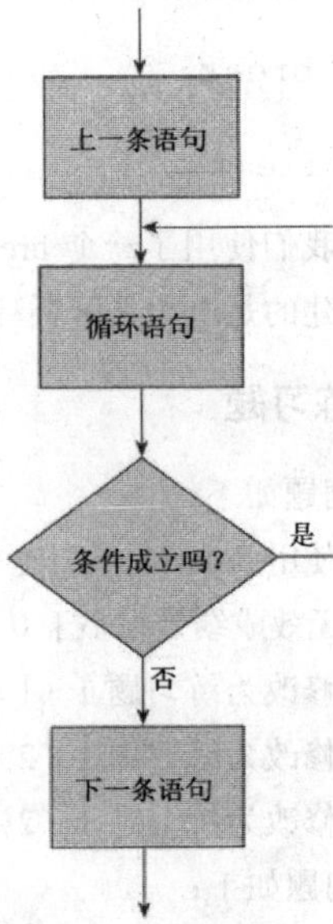

图 5.11 do-while 语句的控制流程示意图

正如图 5.11 所示，在为表达式赋值之前，do-while 语句内的所有语句都至少被执行一次，然后，如果条件的值为 true，那么将再次执行这些语句。该过程将一直持续到条件被赋值为 false，例如，下面的 do-while 语句：

```
do
{
 s1 = JOptionPane.showInputDialog("Enter a
                                   value: ");
  value = Double.parseDouble(s1);
  if (abs (value - SENTINEL) < 0.0001) break;
  total = total + value;
}
while(price != SENTINEL);
```

请注意，这里只使用了一个 showInputDialog()方法和转换语句，因为测试条件是在循环结束时被赋值的。

就像使用所有重复语句一样，do-while 语句通常可以被等效的 while 或 for 语句所替代（选择使用哪个语句取决于应用程序及程序员的喜好），通常，while 和 for 语句更受欢迎，因为它们可以清楚地让程序的阅读者知道在程序循环的顶部将要进行哪些测试。

5.4.1 有效性检查

在筛选用户输入的数据和提供数据有效性检查方面，do-while 语句是非常有用的，例如，假设某个操作要求输入一个 100～1999 的有效的顾客身份编号，该范围之外的任何数字都会被拒绝，并请求新的有效编号。下面的代码提供了必要的数据筛选，以验证输入的身份编号的有效性：

```
do
{
  s1 = JOptionPane.showInputDialog("Enter a value: ");
  idNum = Integer.parseInt(s1);
}
while(idNum < 100 || idNum > 1999);
```

这里将一直反复请求身份编号，直到输入有效的编号。这段代码很简单，它没有向操作人员提供说明请求新数据原因的警告，也不允许在无法找到有效身份编号时退出循环。下面的代码消除了第一个缺陷：

```
do
{
  s1 = JOptionPane.showInputDialog("Enter a value: ");
  idNum = Integer.parseInt(s1);
 if (idNum < 100 || idNum > 1999)
 {
    JOptionPane.showMessageDialog(null,
```

```
                                    "Please check the ID number and re-enter",
                                    " An valid number was just entered",
                                    JOptionPane.ERROR_MESSGE);
  }
  else
     break;        //如果输入一个有效的数字将退出循环

} while(true);          //这个表达式始终为 true
```

这里我们使用了一个 break 语句来退出循环。因为由该 do-while 语句赋值的表达式总是为 true，所以我们创建的是一个无限循环，只有当遇到 break 语句时才会退出循环。

5.4.2 练习题

1．问题如下：

（1）使用 do-while 语句，编写一个接受成绩的 Java 程序。只要输入的成绩无效，该程序就会连续请求成绩。无效成绩是指小于 0 或大于 100 的成绩。在输入有效的成绩后，你的程序应该显示出该成绩值。

（2）修改为练习题 1（1）所写的程序，当输入无效成绩时，向用户发出警告。

（3）修改为练习题 1（2）所写的程序，允许用户通过输入 999 来退出程序。

（4）修改为练习题 1（2）所写的程序，在输入 5 个无效成绩之后将自动终止。

2．问题如下：

（1）编写一个 Java 程序，连续请求输入一个成绩。如果该成绩小于 0 或大于 100，那么你的程序应该显示一个适当的消息，告诉用户输入的是一个无效成绩；输入的有效成绩将被加到总和中。当输入成绩 999 时，程序将退出重复循环，计算并显示已输入的有效成绩的平均值。

（2）在计算机中运行为练习题 2（1）所写的程序，并使用适当的测试数据验证程序。

3．问题如下：

（1）编写一个 Java 程序，反转正整数的位，例如，如果输入数字 8735，那么将显示数字 5378（提示：使用 do-while 语句，连续提取并显示数字的单元数位。如果变量 num 最初包含输入的数字，那么使用(num % 10)来获得单元数位。在显示单元数位之后，用该数除以 10 获得下一个循环中使用的数字，因此，(8735 % 10)得到 5，而(8735 / 10)得到 873。do-while 语句将持续运行，直到剩下的数字不为 0）。

（2）在计算机中运行为练习题 3（1）所写的程序，并使用适当的测试数据验证程序。

4．使用 do-while 语句而不再使用 for 语句重复第 5.3 节的练习题。

5.5 常见编程错误

初级程序员在使用循环语句时常犯的 5 个错误是：

（1）创建多执行一次或少执行一次的循环，例如，通过语句 for (i = 1; i < 11; i++)创建的循环将执行 10 次，而不是 11 次（尽管在该语句中使用了数字 11），可以使用语句 for (i = 1; i <= 10; i++)来构造等同的循环。但是，如果循环是从 i = 0 开始的，使用 for (i = 0; i < 11; i++)，那么循环将执行 11 次，使用语句 for (i = 0; i <= 10; i++)构造的循环同样如此，因此，在构造循环时，必须特别注意控制循环的初始值和条件，以确保循环的次数不会多一次或少一次。

（2）就像使用 if 语句一样，在测试浮点运算对象或双精度运行对象时，重复语句不应该进行相等性的测试，例如，条件 fnum == 0.01 应该被一个测试所取代，该测试要求(fnum – 0.01)的绝对值小于一个可接受的量，原因是，所有数字都是以二进制形式存储的，使用有限的位数，像.01 这样的小数没有完全相等的二进制值，因此，要求进行这种数字相等性的测试将会失败。

（3）在 while 或 for 语句的圆括号后添加分号，它通常会造成什么也不做的循环，例如，语句：

```
for (count = 0; count < 10; count++);
 total =total + num;
```

第一行代码结尾的分号是一个 null 语句，它的效果是，创建了一个执行 10 次，除了递增和测试 count 之外，不做其他任何操作的循环。这种错误很容易出现，因为 Java 程序员常常使用分号来结束大多数代码行。

（4）在 for 语句中使用逗号而不使用要求的分号来分隔内容，例如，语句

```
for (count = 1, count < 10, count++)
```

在初始化和修改列表中使用逗号来分隔内容。正确的做法是使用分号来分隔这些列表和测试条件。

（5）省略 do-while 语句最后的分号。了解可以省略 while 语句圆括号后的分号的程序员，常常会在 do-while 语句结尾处遇到关键字 while 时，习惯性地犯下这种错误，

5.6　本 章 小 结

（1）while、for 和 do-while 重复语句创建了程序循环。这些语句将为条件赋值，然后根据得到的布尔值，或是终止循环，或是继续循环，循环的每次遍历被称为“重复”。在通过重复语句为测试条件进行第一次赋值之前，通常必须先明确地为它设置一个值；在循环中，通常还必须有一个允许更改的条件，以使循环在进入后能够退出。

（2）while 语句将在循环的其他所有语句之前检查条件。这要求在遇到 while 语句之前，必须先为测试条件中的所有变量赋值。在 while 循环中，必须有一个更改测试条件的值，或者强制中断循环的语句。使用 while 语句构造的循环的常用格式为：

```
while (condition)
{
  可以在这里编写多条语句;
}
```

（3）在创建必须执行固定次数的循环时，for 语句非常有用。初始化表达式（包括声明）、测试条件和影响测试表达式的表达式，都可以被包括在 for 循环顶部的圆括号内。此外，其他循环语句可以作为它的修改列表部分被包括在 for 语句的圆括号内。for 语句的常用的格式为：

```
for (initializingExpression; condition; incrementExpression)
{
  可以在这里编写多条语句;
}
```

（4）do-while 语句将在循环结束时检查它的表达式。这可以确保 do-while 循环的正文部分至少会被执行一次。在 do-while 循环中，至少要有一个更改测试表达式的值，或者强制中断循环的语句。使用 do-while 语句构造的循环的常用格式为：

```
do
{
  可以在这里编写多条语句;
}while(condition);
```

第 6 章　通 用 方 法

Java 中的每个方法都必须采用与 main()方法相同的方式被包含在某个类中，但是，在一个类中，可以有两种不同类型的方法：静态方法和非静态方法。虽然术语“静态”来源于 C++，并且不是非常具有描述性，但它的定义是很明确的：静态方法将以参数的方式接收所有的数据，并访问或修改由某个类的所有对象共享的变量，第 10 章将介绍它的工作方式；此外，如果静态方法的标题行包括关键字 public，那么该方法可以被它所属的类之外的方法使用。

静态和公共的指定可以用来构造一些通用方法，它们不会局限于操作某个特定类的对象，第 3 章中介绍的数学方法就是这种方法的一些实例，本章将学习如何编写这种通用方法，包括为它们传递数据、处理所传递的数据，以及返回结果。几乎所有关于这些方法的信息都可以直接应用于第 9 章将要介绍的非静态方法。

6.1　方法和参数声明

在创建通用方法时，我们必须注意方法本身，以及它们与其他方法（如 main()）的交互方式，这包括在调用某个方法时正确地为它传递数据，让方法处理所传递的数据，以及在执行完成后返回一个或多个值。在本节中，我们将介绍前两部分：将方法传递给通用方法，以及让方法正确地接收、存储和处理所传递的数据。

```
MethodName (data passed to Method);
```

这标识了被调方法　　这将数据传递给方法

图 6.1　调用方法和将数据传递给方法

正如我们在使用数学方法时所看到的，通用方法是通过在方法名后的圆括号内，以参数的方式指定方法的名称和传递给它的所有数据，来调用和使用的（如图 6.1 所示）。如图 6.1 所示，如果是从某个通用方法所属的类之外调用该通用方法，那么还必须在它前面加上类名和句点。

所调用的方法必须能够接受执行调用的方法传递给它的数据。只有当所调用的方法成功地接收数据之后，才可以使用这些数据生成有用的结果。

为了清楚发送和接收数据的过程，请参考程序 6.1，它调用了一个名为“findMaximum()”的方法。正如所显示的，该类还不完整。一旦在程序 6.1 中编写并包括 findMaximum()方法，由 main()和 findMaximum()组成的完整的类就可以得到编译和执行①。

程序 6.1

```
import javax.swing.*;
public class ShowTheCall
{
  public static void main(String[] args)
  {
     String s1;
```

① findMaximum()方法也可以像练习题 13 所演示的那样被包括在一个单独的类中。但是在实际应用中，将会只使用一个类，因为类的其中一个目的就是要包含在逻辑上相关的方法（和数据）。

```
        double firstnum, secnum;
        s1 = JOptionPane.showInputDialog("Enter a number: ");
        firstnum = Double.parseDouble(s1);
        s1 = JOptionPane.showInputDialog("Great! Please enter a second number: ");
        secnum = Double.parseDouble(s1);

        findMaximum(firstnum, secnum);      //调用方法 findMaximum

        System.exit(0);
      }  //方法结束
    }   //类结束
```

让我们来介绍一下从 main()来调用 findMaximum()方法，然后，编写 findMaximum()来接受传递给它的数据，并确定所传递的两个数据的最大值。

findMaximum()方法被称为**“被调方法”**（**Called Method**），因为它是在 main()中通过它的引用得到调用的；执行调用的方法，在该示例中为 main()，被称为**“调用方法”**（**Calling Method**）。

调用通用方法是一个非常容易的操作。如果方法与调用它的方法位于相同的类中，那么所要做的就是在方法名后的圆括号内包含将要使用的方法名，以及将要传递该方法的所有数据；否则，必须在被调方法的前面加上它的类名及句点。圆括号内包含的内容被称为被调方法的**“参数”**（**Argument**），如图 6.2 所示。参数有时也被称为**“实际参数”**（**Actual Argument** 或 **Actual Parameter**）。所有这些术语都是指在进行调用时为方法提供的实际数据值。

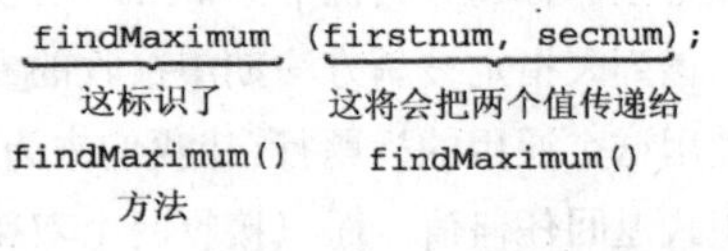

图 6.2　调用 findMaximum()方法并将两个值传递给它

如果原始数据类型的变量是方法调用中的一个参数，那么被调方法将接收到该变量中存储的值，例如，语句 findMaximum(firstnum, secnum);将调用 findMaximum()方法，并使变量 firstnum 和 secnum 当前存储的值被传递给 findMaximum()方法。圆括号内的变量名是为被调方法提供值的参数。在传递完值之后，控制将被传递给被调方法。

如图 6.3 所示，findMaximum()方法没有接收到变量 firstnum 和 secnum，并且对这些变量的名称也一无所知[①]。该方法只是接收到这些变量中的值，并且必须在进行其他操作之前自己确定将这些值存储在哪里。

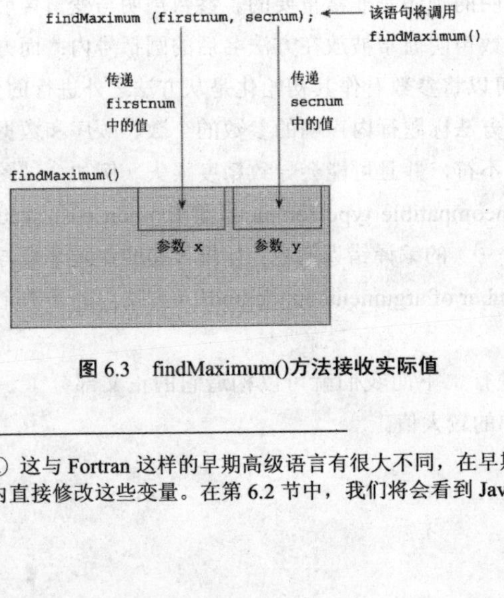

图 6.3　findMaximum()方法接收实际值

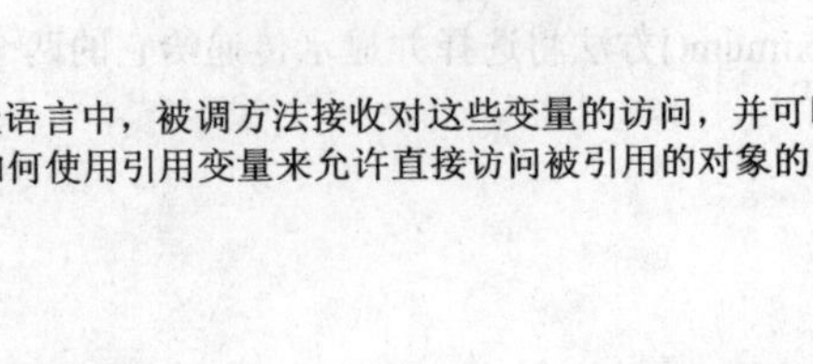

图 6.4　方法的常规格式

① 这与 Fortran 这样的早期高级语言有很大不同，在早期高级语言中，被调方法接收对这些变量的访问，并可以在被调方法内直接修改这些变量。在第 6.2 节中，我们将会看到 Java 是如何使用引用变量来允许直接访问被引用的对象的。

下面让我们开始来编写 findMaximum()方法，以处理传递给它的值。

像 main()方法一样，每个 Java 方法都是由两部分组成的：**方法标题**（**Method Header**）和**方法正文**（**Method Body**），如图 6.4 所示。方法标题的目的是为了指定访问特权（可以调用该方法的地方）、标识方法返回的值的数据类型，提供方法的名称，以及指定方法期望的参数个数、顺序和类型。方法正文的目的是为了操作传递的数据，并直接将最多一个值返回给调用方法（在第 6.2 节中，我们将会看到如何使方法返回多个值）。

下面是通用方法的标题结构：

```
Public static returnType methodName(parameter list) ←必需的圆括号
```

正如上所示，标题必须包含两个访问关键字 public 和 static、强制的返回类型、名称，以及一对圆括号。

除了 parameter list 之外，你应该对该标题行比较熟悉，因为在介绍 main()方法时我们已经使用过。回顾一下，通用方法的标题必须包含关键字 public 和 static。关键字 public 是指可以在该方法所属的类之内和之外使用它，这对于通用方法是非常合适的。正如我们将在第 9 章所看到的，我们将使用关键字 protected 和 private 来限制对类方法的访问。关键字 static 允许在不引用通过类构造的特定对象的情况下使用该方法。标题行内的 parameter list 提供了将要用来存储在调用时传递给方法的值的变量数据类型和名称。该列表指定被调方法期望接收的参数值的个数、顺序和数据类型。

使用这个通用的标题行，让我们来为 findMaximum()方法构造一个特定的标题行。因为 findMaximum()不会正式返回任何值，而只接收两个双精度值，所以可以使用下面的标题行：

```
public static void findMaximum(double x, double y)  ←没有分号
```

标题圆括号内的标识符被称为方法的“**正式参数**”（**Formal Parameter**），有时也会将它们称为“**参数**”（**Argument** 或 **Parameter**），因此，参数 x 将存储传递给 findMaximum()的第一个值，而参数 y 将存储在进行方法调用时传递的第二个值。所有参数（如 x 和 y）都接收来自调用方法的值，它们可以是内置或引用数据类型。被调方法在通过 main()进行调用时不知道这些值来自哪里。程序执行的调用过程的第一部分涉及到转向 firstnum 和 secnum，以及检索存储的值，这些值被传递给 findMaximum()，并最终存储到参数 x 和 y 中（请参见图 6.3）。

标题行内的方法名和所有参数名，在该示例中为 findMaximum、x 和 y，都是由程序员选择的。可以根据选择变量名的规则来选择使用任意名称。方法标题行内列出的所有参数都必须使用逗号来分隔，并且必须分别声明它们各自的数据类型。

需要注意的是，关于 findMaximum()方法，参数 x 和 y 都是采用与变量完全相同的方式来处理的。参数声明是声明方法所期望的值的数据类型，并且声明的顺序是非常重要的。参数声明与变量声明基本相同，惟一的不同在于它们在方法中所处的位置，参数声明通常被放在方法名后的圆括号内；而方法变量声明通常被放在方法正文内。从编程的角度来看，可以将参数看作其初始化是从方法之外进行的变量。传递给方法的参数的个数、顺序和数据类型必须与在方法标题行内声明的参数的个数、顺序和数据类型一致，如果传递给方法的值与为参数声明的数据类型不符，并且可能会导致精度损失（例如，试图将双精度参数发送给整数参数），那么将会得到类似于“Incompatible type for method. Explicit cast needed to convert...”（方法的类型不兼容。需要使用强制转换……）的编译错误消息；如果传递的参数个数与声明的参数的个数不符，那么将会得到类似于“Wrong number of arguments in method”（方法内的参数个数错误）的编译错误消息。

现在我们已经编写了 findMaximum()方法的标题行，下面我们就可以构造它的正文部分了。假设 findMaximum()方法将选择并显示传递给它的两个数中的较大值。

下面是方法正文的结构：

```
{
  变量声明
  和任何别的 Java 语句
}
```

正如上面的方法所示，正文以开花括号{开始，包含所有必需的声明及其他 Java 语句，然后以闭花括号结束。另外，这看起来应该比较熟悉，因为它与我们使用过的所有 main()方法具有相同的结构。因为 main()本身就是一个方法，因此它必须遵守构造所有合法方法所要求的规则。

在 findMaximum()的正文中，我们将声明一个变量来存储传递给它的两个数的最大值。然后，我们将使用 if-else 语句来查找两个数的最大值①，最后，将使用 Message 对话框显示出最大值。findMaximum()方法完整的定义如下所示：

```
  //下面是 findMaximum()方法的定义
public static void findMaximum(double x, double y)
{                               //方法体开始
  double maxnum;             //变量声明

  if (x >= y)                   //找到最大的数据
      maxnum = x;
  else
      maxnum = y;

  JOptionPane.showMessageDialog(null,
                         "The maximum of " + x + " and " + y + " is " + maxnum,
                         "Maximum value", JOptionPane.INFORMATION_MESSAGE);

}   //end of method body and end of method
```

请注意，参数声明被包含在标题行内，而变量声明被放在方法正文的开花括号后，这与参数值是从方法外传递给方法，而方法变量是从方法正文内声明和赋值的概念是一致的。

程序 6.2 在程序 6.1 所示的代码中包括了 findMaximum()方法。

程序 6.2

```
import javax.swing.*;
public class CompleteTheCall
{
  public static void main(String[] args)
  {
      String s1;

      double firstnum, secnum;

      s1 = JOptionPane.showInputDialog("Enter a number: ");
      firstnum = Double.parseDouble(s1);
      s1 = JOptionPane.showInputDialog("Great! Please enter a second number: ");
      secnum = Double.parseDouble(s1);

      findMaximum(firstnum, secnum);         //在这里调用方法 findMaximum

      System.exit(0);
  } //main()方法结束
```

① 我们也可以使用 Math.max()方法（参见练习题 3）。

```
  //下面是 findMaximum()方法的定义
  public static void findMaximum(double x, double y)
  {                          //方法体开始
    double maxnum;           //变量声明

    if (x >= y)              //找到最大的数字
      maxnum = x;
    else
      maxnum = y;

     JOptionPane.showMessageDialog(null,
                 "The maximum of " + x + " and " + y + " is " + maxnum,
                 "Maximum value", JOptionPane.INFORMATION_MESSAGE);

  }  //方法结束
}    //类结束
```

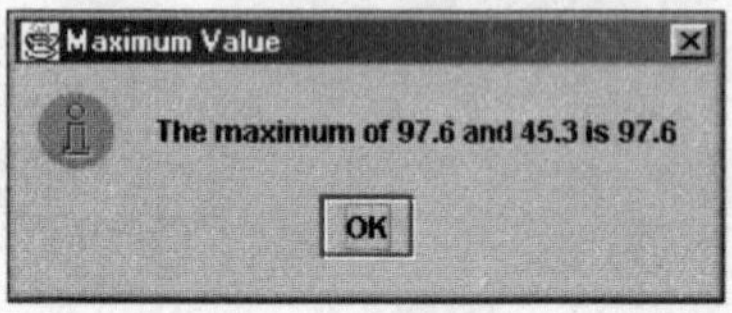

图 6.5 由程序 6.2 得到的输出结果示例

可以使用程序 6.2 来选择并显示由用户输入的两个双精度数的最大值。图 6.5 演示的是当用户输入值 97.6 和 45.3 后，程序 6.2 显示的输出结果。在程序 6.2 中，将 findMaximum()方法放在 main()方法后只是一个选择问题。我们通常将 main()作为第一个 public static 方法列出。在本书的第二部分介绍非静态类方法时，通常会在 main()之前编写这些方法①。

需要注意的一点是，在 Java 中不允许嵌套方法，每个方法必须是在其他方法之外独立编写的，因此，不能将 findMaximum()的定义放在 main()内。在本书第三部分将会提到一种例外情况，可以是类中嵌套类，甚至可以在一个方法内包含一些类。虽然 Java 方法不能直接被嵌套在其他方法内，但当它被包含在嵌套的类中时，它可以间接地得到嵌套。但是这里，由于我们在每个程序中只是处理一个类，因此请确保每个 Java 方法及其参数和变量都是作为一个独立的实体而得到构造的。

6.1.1 语句的放置

Java 不强制程序员采用固定的语句顺序结构。在 Java 方法中，语句的放置规则通常是，在可以使用所有命名常量和变量之前，必须先声明它们。正如前面提到的，虽然这条规则允许将声明语句放在方法内的任意位置，但这样做通常会导致程序的结构较差。

作为一种好的编程风格，下面的语句顺序将会形成所有 Java 通用方法的基本结构。通过对标题行做些修改，它将具有与第 9 章中将要介绍的非静态方法相同的结构。

```
public static returnType methodName(parameter declarations)
{
 常量定义
 变量声明
 别的语句
 return value
}
```

通常，在这个基本结构的任意位置可以自由插入注释语句。

① 之所以这样做是因为大多数面向对象的编程工作都是通过事先仔细考虑和列出的非静态类方法来定义的，这将会使程序的阅读者了解到有关这些类及其处理的所有信息。在这些情况下，main()方法可能只是用来创建它所属的类的一个实例。

6.1.2　方法的占位程序

在一个完整的程序中，每个方法都有一种替代方法：首先编写 main()方法，然后添加其他通用方法。但是，采用这种方法将会带来与程序 6.1 相同的问题：即在包括所有方法之前，程序将无法运行。为了方便起见，我们这里将复制程序 6.1 的代码，得到程序 6.3。

程序 6.3

```
import javax.swing.*;
public class ShowTheCall
{
  public static void main(String[] args)
  {
     String s1;

     double firstnum, secnum;

     s1 = JOptionPane.showInputDialog("Enter a number: ");
     firstnum = Double.parseDouble(s1);
     s1 = JOptionPane.showInputDialog("Great! Please enter a second number: ");
     secnum = Double.parseDouble(s1);

     findMaximum(firstnum, secnum);      //调用方法
     System.exit(0);
  }  //方法结束
}    //类结束
```

如果有一个为 findMaximum()定义的方法，那么该程序就完整了。但是我们实际并不需要一个正确的 findMaximum()方法来测试和运行所编写的程序；我们需要一个起到下面作用的方法：一个接收个数和类型正确的参数，并针对方法调用返回正确值的“虚假”findMaximum()，这个虚假的方法被称为“**占位程序**”（**Stub**）。占位程序是方法的开始部分，它可以在方法完成之前作为最终方法的占位符。findMaximum()的占位程序如下所示：

```
public static void findMaximum(double x, double y)
{
  String outMessage;

  outMessage = "In findMaximum()"
             + "\nThe value of x is " + x
             + "\nThe value of y is " + y;

 JOptionPane.showMessageDialog(null, outMessage, "Maximum Value",
                           JOptionPane.INFORMATION_MESSAGE);
}
```

该占位程序方法现在可以得到编译，并与前面完整的 main()方法联系在一起，以得到一个可执行的程序。然后，可以在完成时使用“真正”的代码进一步改进占位程序方法的代码，以取代占位部分。

占位程序方法的最低要求是，它能够得到编译，并与它的调用模块联系在一起。实际上，像 findMaximum()的占位程序一样，让占位程序显示它所接收到的参数通常是一种好的做法。当调整该方法时，你可以丰富它的功能，甚至让它返回中间值或未完成的结果，这种逐步调整的方式是高效程序开发的一个重要概念，它为你提供了一种运行还没有满足所有最终要求的程序的方法。

6.1.3　具有空参数列表的方法

虽然具有空参数列表的有用通用方法是非常有限的（练习题 12 和第 6.6 节提供了这种通用方法），

但它们还是存在的，因此，要明确指出不使用任何参数，并在方法名后的圆括号内不包含任何内容，例如，标题行

```
public static int display()
```

指出，display()方法不采用任何参数，并返回一个整数。具有空参数列表的方法是通过它的名称得到调用的，在方法名后必需的圆括号内不包含任何内容，例如，语句 display();将会正确调用上述标题行中指定的 display()方法。

6.1.4 重用方法名（重载）[①]

Java 提供了将同一个方法名用于多个方法的能力，它被称为**“方法重载”**（**Method Overloading**）。使用相同的名称创建多个方法的惟一要求是，编译器必须能够根据参数的数据类型（不是返回值的数据类型）来确定将要使用的方法，例如，下面的一些方法都使用了名称 calcAbs()：

```
public static void calcAbs(int x)          //计算冰显示
{                                           //一个整数的绝对值
  if (x < 0)
     x = -x;
  System.out.println("The absolute value of the integer is " + x);
}
public static void calcAbs(float x)        //计算冰显示
{                                           //一个 float 值的绝对值
  if (x < 0)
     x = -x;
  System.out.println("The absolute value of the float is "+ x);
}
public static void calcAbs(double x)       //计算冰显示
{                                           //一个 double 值的绝对值
  if (x < 0)
     x = -x;
  System.out.println("The absolute value of the double is " + x);
}
```

其中的 3 个 calcAbs()方法是根据在调用时提供的参数类型来得到调用的，因此，方法调用 calcAbs(10);将会使编译器选用需要整数参数的 calcAbs()方法；而方法调用 calcAbs(6.28f);将会使编译器选用需要浮点参数的 calcAbs()方法。

请注意，重载方法的名称只意味着针对多个方法使用相同的名称。使用该名称的每个方法还必须作为一个独立的实体来编写和存在。使用相同的名称不要求这些方法内的代码类似，但好的编程习惯指出，具有相同名称的方法应该执行类似的操作。

显然，重载方法要求编译器能够根据方法的名称及其参数列表来区别选择方法，标题行中包含这些信息的部分（即名称和参数列表）被称为**“方法的参数签名”**（**Method's Parameter Signature**）。要正确编译类，则要求每个方法必须具有惟一的参数签名（这个术语来源于日常生活，就像每个人都应有一个惟一的签名以区分彼此）。从编译器的角度来看，除非每个方法具有惟一的参数签名，否则编译器将无法正确确定将要引用的方法。

☆ *知识点* 孤立测试

一种最为成功的软件测试方法是，将要测试的代码嵌入到工作代码的环境中，例如，假设你有两个

① 首次阅读时，可以略过这部分内容，而不会影响内容的连续性。

未测试的方法，它们按照图 6.6 的顺序得到调用，并且第二个方法返回的结果是错误的。

从图 6.6 中可看出，这两个方法中的一个也可能是两个方法都操作不正确，这时采取的第一个措施是将问题孤立到特定的方法上。

图 6.6 两个方法

执行这种代码孤立的其中一个有效方法是分离方法，即分别测试每个方法，也可以先测试一个方法，当你知道它操作正确时，再测试第二个方法。然后，如果出现错误，那么你就可以将错误孤立到两个方法之间的数据传输过程，或者第二个方法的内部操作过程中。

这个特定的过程是测试基本规则的一个实例，它指出只有在其他方法都被确认是正确的程序中，才能测试每个方法。这意味着一个方法必须先独自得到测试，必要时可以采用被调方法的占位程序，而第二个被测试的方法应该独自或使用前面已测试过的方法来进行测试，这可以确保每个新方法都被孤立到正确的方法测试库中，从而最终的程序可以有效地构造经过测试的方法代码。

6.1.5 练习题

1. 对于下面的方法标题，确定传递给方法的值所需的个数、类型和顺序：

- `public static void factorial(int n)`
- `public static void price(int type, double yield, double maturity)`
- `public static void yield(int type, double price, double maturity)`
- `public static void interest(char flag, double price, double time)`
- `public static void total(double amount, double rate)`
- `public static void roi(int a, int b, char c, char d, double e, double f)`
- `public static void getVal(int item, int iter, cha decflag, char delim)`

2. 在你的计算机上输入并运行程序 6.2。

3. 重新编写程序 6.2 中使用的 findMaximum()方法，以使用 Math.max()方法代替目前使用的 if-else 语句。请注意，Math.max(a, b)将返回变量 a 和 b 中存储的最大值。

4. 问题如下：

（1）编写一个具有 3 个参数的通用方法 check()。第一个参数将接受整数，第二个参数将接受浮点数，第三个参数将接受双精度数。方法的正文将只显示在调用时传递给方法的数据值（注意：在跟踪方法中的错误时，让方法显示它所传递的值是非常有帮助的。错误常常不是存在于处理数据的方法正文中，而是存在于接收和存储的数据中）。

（2）编写一个程序，使其包含为练习题 4（1）所写的方法。确保你的方法是从 main()调用的，通过为它传递不同的数据来测试方法。

5. 问题如下：

（1）编写一个通用方法 findAbs()，接受传递给它的双精度数，计算它的绝对值，然后显示该绝对值。如果该数是正数，那么它的绝对值就是它本身；如果该数是负数，那么它的绝对值就是它的相反数。

（2）编写一个程序，使其包含为练习题 5（1）所写的程序。确保你的程序是从 main()调用的，通过为它传递不同的值来测试方法。

6. 问题如下：

（1）编写一个通用方法 mult()，接受两个浮点数作为参数，将这两个数相乘，然后显示结果。

（2）编写一个程序，使其包含为练习题 6（1）所写的程序。确保你的程序是从 main()调用的，通过为它传递不同的值来测试方法。

7．问题如下：

（1）编写一个通用方法 squareIt()，计算传递给它的值的平方值，然后显示结果。该方法应该能够计算小数的平方值。

（2）编写一个程序，使其包含为练习题 7（1）所写的程序。确保你的程序是从 main()调用的，通过为它传递不同的值来测试方法。

8．问题如下：

（1）编写一个通用方法 powfun()，计算传递给它的长整数的正整数幂（也要作为参数传递），然后显示结果。正整数幂应该作为传递给方法的第二个值。另外，将用来存储结果的变量声明为长整数数据类型，以确保有足够的空间来存储结果。

（2）编写一个程序，使其包含为练习题 8（1）所写的程序。确保你的程序是从 main()调用的，通过为它传递不同的值来测试方法。

9．问题如下：

（1）编写一个通用方法，生成数字 1～10 及其平方值和立方值的数字表。该方法应该生成与程序 5.10 相同的结果。

（2）编写一个程序，使其包含为练习题 9（1）所写的程序。确保你的程序是从 main()调用的，通过为它传递不同的值来测试方法。

10．问题如下：

（1）修改为练习题 9（1）所写的方法，接受表的起始值、将要显示的值的个数以及增量。如果没有明确指定增量，那么该方法将使用默认值 1。将你的方法命名为 selTable()，调用 selTable(6,5,2)应该生成一个 5 行、第一行从数字 6 开始，增量为 2 的数字表。

（2）编写一个程序，使其包含为练习题 10（1）所写的程序。确保你的程序是从 main()调用的，通过为它传递不同的值来测试方法。

11．问题如下：

（1）编写一个通用的 Java 方法，接受整数参数并确定传递的整数是奇数还是偶数（提示：使用%运算符）。

（2）编写一个程序，使其包含为练习题 11（1）所写的程序。确保你的程序是从 main()调用的，并正确显示传递的值是奇数还是偶数。

12．可以构造一个不使用任何参数的有用的通用方法，来返回精确到计算机允许的最大位数的 π 值。该值可以通过计算 1.0（即 π/2）的反正弦值，然后将结果乘以 2 得到。在 Java 中，要求的表达式为 2.0 * Math.asin(1.0)，其中 asin()方法是由 Java 的 Math 类提供的。使用该表达式，编写一个 Java 方法 Pi()，计算并显示 π 值。

13．下面的程序具有与程序 6.2 相同的功能，但它是把每个方法都放在各自的类中，将每个类输入并存储在各自的文件中，然后编译每个类。执行 class One，以确定它是否能够得到与程序 6.2 相同的结果。请注意，因为被调方法处于不同的类中，所以在调用 findMaximum()方法时要包括它的类名。

```
import javax.swing.*;
public class One
{
  public static void main(String[] args)
  {
```

```
      String s1, outMessage;

      double firstnum, secnum;

      s1 = JOptionPane.showInputDialog(" Enter a number: ");
      firstnum = Double.parseDouble(s1);
      s1 = JOptionPane.showInputDialog(" Great! Please enter a second number: ");
      secnum = Double.parseDouble(s1);

      Two.findMaximum(firstnum, secnum);       //方法的调用

         System.exit(0);
  }
   }  //第一个类结束

import javax.swing.*;
public class Two
{
  //findMaximum()的定义

  public static void findMaximum(double x, double y)
  {                           //方法体开始
      double maxnum;          //变量声明

      if (x >= y)         //找到最大的数字
         maxnum = x;
      else
         maxnum = y;
      JOptionPane.showMessageDialog(null,
                          "The maximum of " + x + " and " + y + " is " + maxnum,
                          "Maximum Value", JOptionPane.INFORMATION_MESSAGE);
   }    //方法结束
}     //第二个类结束
```

6.2 返回单个值

使用上一节介绍的将参数传递给方法的方法，被调方法只接收在调用时参数中包含的值的副本（如果对此不是很清楚，那么请回顾一下图 6.3），对于内置和引用参数同样如此。虽然将数据传递给方法的过程看起来可能有些奇怪，但它确实是一个安全的过程，它可以确保被调方法不会无意中更改调用方法的变量中存储的值。被调方法使用的是数据的副本，当然，可以更改这个副本，更改在它自己内部声明的变量，或者更改通过传递的引用值引用的对象①。这个只有将值传递给被调方法的过程被称为**“按值传递”（Pass By Value）**或**“按值调用”（Call By Value）**。

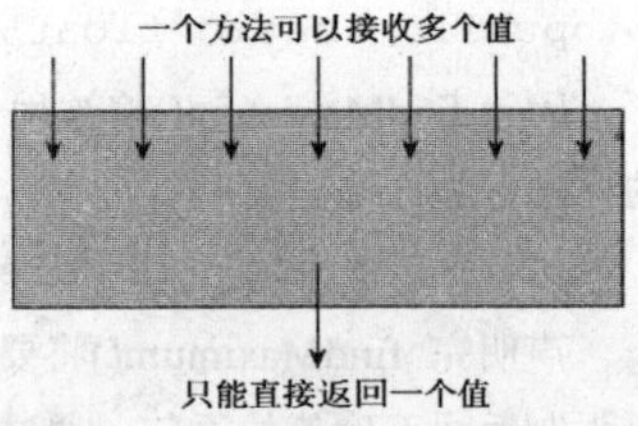

图 6.7 直接返回最多一个值的方法

接收按值传递的参数的方法可以采用任意的方式处理发送给它的数据，并且最多也只能将一个“合法”的值返回给调用方法（如图 6.7 所示）。在本节中，我们将首先来看一下在将原始数据类型用作参数时，如何将这种值返回给调用方法。正如你所期望的，对于 Java 特定的灵活性，也可以返回多个值，这

① 当然，字符串除外，字符串不能被更改。

将在本节结尾处讨论完传递和处理引用变量之后介绍。

就像使用方法的调用一样，直接返回值要求正确处理被调方法和调用方法之间的接口。从返回事务的角度来看，被调方法必须提供下面的内容：

（1）返回值的数据类型。

（2）将要返回的实际值。

返回值的方法在它的标题行内指定了将要返回的值的数据类型。作为一个特定的示例，请参见在上一节中编写的 findMaximum()方法。它确定了传递给方法的两个数字的最大值。为了方便起见，这里再次列出 findMaximum()方法的代码：

```
public static void findMaximum(double x, double y)
{                           //方法体开始
 double maxnum;             //变量声明

 if (x >= y)                //找到最大数字
    maxnum = x;
 else
    maxnum = y;
JOptionPane.showMessageDialog(null,
                            "The maximum of " + x + " and " + y + " is " + maxnum,
                            "Maximum value", JOptionPane.INFORMATION_MESSAGE);

}           //方法结束
```

如上方法的标题行为：

```
public static void findMaximum(double x, double y)
```

其中，x 和 y 是为方法的参数选定的名称。标题行中的关键字 void 用来指定该方法将不返回任何值。如果 findMaximum()现在要返回值，那么必须更改该关键字，以指出将要返回的值的数据类型，例如，如果要返回双精度值，那么正确的方法标题行如下所示①：

```
public static double findMaximum(double x, double y)
```

请注意，这与 findMaximum()方法原来的标题行基本相同，只是使用关键字 double 替代了关键字 void。类似地，如果方法将要接收两个整数值，并返回整数值，那么正确的方法标题行为：

```
public static int findMaximum(int x, int y)
```

而如果方法将要接收两个单精度值，并返回单精度值，那么标题行为：

```
public static float findMaximum(float x, float y)
```

因为 findMaximum()将被用来返回一个双精度值（传递给方法的两个双精度数的最大值），那么正确的标题行为：

```
public static double findMaximum(double x, double y)
```

声明完 findMaximum()将要返回的数据类型之后，下面我们必须修改一下方法的正文：包括一个将要强制返回正确值的语句。通过方法返回值要求使用 return 语句，它的句法如下所示②：

```
return expression;
```

当遇到返回语句时，将首先为 expression 赋值，并且该值将被发送回调用方法。在返回该值后，程序控制将转给调用方法。因为由 findMaximum()确定的最大值被存储在双精度变量 maxnum 中，所以该

---

① 返回的数据类型只与参数的数据类型有关，这是因为返回的值主要通过参数值计算得到。在该示例中，因为方法被用来返回它的参数的最大值，所以返回与函数的参数类型不匹配的数据类型没有什么意义。

② 有些程序员习惯将表达式放在圆括号内，得到语句 return (*expression*);。这里，可以使用圆括号，但不是必需的。

变量的值将会被返回。要返回该值，我们所要做的就是在 findMaximum()方法的闭花括号前加上语句 return maxnum;，该方法完整的代码为：

```
Public static double findMaximum(double x, double y)  // header line
{                   // start of method body
  double maxnum;    // variable declaration

    if (x >= y)
      maxnum = x;
    else
      maxnum = y;

    return maxnum;   // return statement
}
```

它们应该是相同的数据类型

在这段新的 findMaximum()方法代码中，请注意，return 语句中包含的表达式的数据类型与在方法标题行中指定的返回数据类型是完全一致的。程序员应该确保这时每个方法都能返回一个值。返回值与方法声明的数据类型不匹配将会在编译程序时导致错误。如果试图返回比标题行中声明的返回类型精度更高的值，那么编译器将会通过错误消息“Incompatible type for return. Explicit case needed to convert…”（返回的类型不兼容。需要强制转换……）向你发出警告，例如，如果你试图在已经将整数声明作为返回类型时返回一个双精度值，那么你将会接收到该错误消息。但是，试图返回比标题行中声明的数据类型低的值是允许的，例如，如果你试图通过一个已经声明返回双精度值的方法返回一个整数值，那么整数将会自动被提升为双精度值，而不会生成任何编译错误消息。

仔细考虑返回事务发送方面的问题之后，我们必须使调用方法正确接收返回的值。要做到这一点，调用方法必须提供一个变量来存储返回值，或者直接在表达式中使用返回值。将返回值存储在变量中是通过标准的赋值语句来实现的，例如，语句

```
max = findMaximum(firstnum, secnum);
```

可以被用来将由 findMaximum()返回的值存储到变量 max 中，该赋值语句完成了两项操作，首先，赋值语句的右侧调用 findMaximum()方法，然后由该方法返回的值被存储到变量 max 中。因为由 findMaximum()返回的值是双精度值，所以也必须在调用方法的变量声明中将变量 max 声明为双精度变量。

☆ *知识点*　前提条件和后备条件

前提条件是方法所要求的一些条件，只有当调用方法时正确操作这些条件，它们才能成立，因此，前提条件主要考虑的是在运行时必须成立的条件。另一方面，后备条件是在假设满足前提条件的情况下，在执行完方法后将会成立的条件。

前提条件和后备条件通常都被写成用户注释，例如，下面的方法标题行和注释：

```
Boolean leapyr(int year)
/*    前提：参数 year 必须是一个四位的整数，例如 2003
      结果：如果 year 是闰年，返回 true；否则返回 false
*/
```

为了明确起见，前提条件和后备条件应该与类和方法定义包括在一起。

虽然由方法返回的值不必直接存储在变量中，但可以在表达式的任意位置使用它，例如，表达式 2 *

findMaximum(firstnum, secnum)将由 findMaximum()返回的值乘以 2，而语句

```
System.out.println(findMaximum(firstnum, secnum));
```

将显示返回的值。

程序 6.4 演示了使用 main()的赋值语句正确调用和存储来自 findMaximum()的返回值。正如前面所述，为了遵守先放置 main()方法的约定，我们将 findMaximum()方法放在 main()之后。

程序 6.4

```
import javax.swing.*;
public class FindTheMaximum
{
 public static void main(String[] args)
 {
    String s1, outMessage;

    double firstnum, secnum;

    s1 = JOptionPane.showInputDialog("Enter a number: ");
    firstnum = Double.parseDouble(s1);
    s1 = JOptionPane.showInputDialog("Great! Please enter a second number: ");
    secnum = Double.parseDouble(s1);

    max = findMaximum(firstnum, secnum);   //调用方法

  JOptionPane.showMessageDialog(null, "The maximum of the two number is " + max,
                      "Maximum Value", JOptionPane.INFORMATION_MESSAGE);
  System.exit(0);
 }

   //下面的方法 findMaximum()的定义
 public static double findMaximum(double x, double y)
 {                              //方法体的开始
    double maxnum;              //变量声明
    if (x >= y)                 //找到最大数字
        maxnum = x;
    else
        maxnum = y;

    return maxnum;
 }      //方法结束
}
```

在 main()方法中，有 4 点内容需注意：

第一点需要注意的是，使用赋值语句将通过 findMaximum()调用返回的值存储到变量 max 中；其次，还必须保证在 main()的变量声明中正确地将 max 声明为双精度类型，以使它与返回值的数据类型匹配。

最后两个需要注意的内容是 findMaximum()方法的编码。findMaximum()的标题行声明，该方法将返回一个双精度值，并且 return 语句中的表达式将被赋值为匹配的数据类型，因此，findMaximum()在内部坚持将双精度值返回给 main()，并且要正确编写 main()来接收和使用返回的双精度值。

在编写你自己的通用方法时，你必须时刻记住这 4 项内容。作为另一个示例，看看你是否能够在程序 6.5 中找到这些内容。

程序 6.5

```
import javax.swing.*;
public class CheckItems
{
```

```
public static void main(String[] args)
 {
   final int CONVERTS = 4;     //定义一个常量 CONVERTS
   String s1;
   int count;
   double fahren;

   for (count = 1; count <= CONVERTS; count++)
    {
      s1 = JOptionPane.showInputDialog("Enter a Fahrenheit temperature: ");
      fahren = Double.parseDouble(s1);
      JOptionPane.showMessageDialog(null,
                 "The Celsius equivalent is " + convertTemp(fahren),
                 "Program 6.5", JOptionPane.INFORMATION_MESSAGE);
    }

    System.exit(0);
  }

   //将 fahrenheit 转换为 celsius
  public static double convertTemp(double inTemp)
  {
   return 5.0 / 9.0 * (inTemp - 32.0);
  }
}
```

回顾程序 6.5，让我们先来分析一下 converTemp()方法。该方法完整的定义是以方法的标题行开始的，并以 return 语句后的闭花括号结束。该方法被声明为返回双精度值，这意味着该方法 return 语句中的表达式应该被赋值为双精度类型。

在接收方面，main()正确地调用了 convertTemp()，并使用了它的返回值。在 main()中没有声明任何用来存储从 convertTemp()返回的值的变量，因为返回值被立即传递给 showMessage()方法进行显示。

6.2.1　传递引用值

Java 使用相同的方式来传递存储在原始数据类型变量和引用变量中的值：将变量中值的副本传递给被调方法，并存储在该方法的一个正式参数中。这样做的结果是，对参数值进行的任何更改都不会影响到原来的参数值，从编程的角度来看，这意味着永远不能从被调方法来更改原始的参数值。

在方法调用中按值传递参数具有一些优点，它允许将方法作为独立的实体来编写，以使它可以使用任意的变量名或参数名，而不必考虑更改一个方法中的参数或变量会无意地更改另一个方法中的变量值，通过这种方法，参数可以被看作是从调用方法初始化的变量。

虽然可以采用相同的方法来传递原始变量和引用变量，但传递引用值具有传递原始值所没有的特点。对于原始值，被调方法可以做的就是接收来自调用方法的值，存储和操作传递的值，以及直接返回最多一个值。但是，对于引用变量，被调方法可以访问与调用方法引用的相同对象。图 6.8 演示了这种情况，其中调用方法的引用变量和被调方法的参数引用了相同的对象。

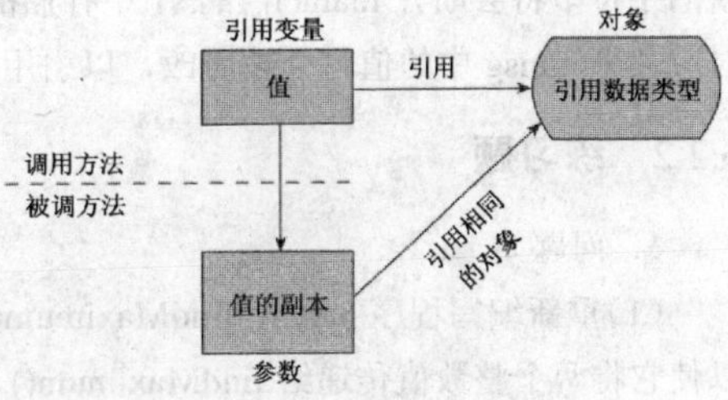

图 6.8　传递引用值

程序 6.6 演示了引用值的实际传递方式。请注意，方法调用和参数声明与原始数据类型是基本相同的。

程序 6.6

```
public class PassAReference
{
  public static void main(String[] args)
  {
     String s1 = "Original Message";

     display(s1);          //调用方法
  }  //main()方法结束

  public static void display(String msg)
  {
     System.out.println("From within display():" + msg);
  }
}    //类结束
```

程序 6.6 的输出结果为:

```
From within display(): Original Message
```

正如该输出结果所显示的，我们成功地将引用值作为参数传递给被调方法，并使用传递的值访问了在调用方法中创建的字符串。因为 main()中的引用变量 s1 的值和传递给 display()的参数 msg 的值是相同的，所以现在 display()直接访问了在 main()中创建的字符串。编写处理这种访问的 display()方法就是要获得并显示字符串。

获得引用值之后，每当在调用方法中引用该对象时，对被调方法中引用的对象所做的任何更改都会得到反映。但是，如果参数被指定给一个全新的对象，那么对参数中的引用值所做的更改就不会影响到调用方法中的引用值，因此，如果在被调方法中创建一个新的对象，那么原来引用的参数将不会受到影响，并且不会对原始的对象值作任何更改。这是一项需要时刻记住的 Java 基本原则：被调方法不能更改调用方法的参数值。

当一个方法必须返回多个原始值时，从方法中更改引用对象的能力是非常有用的，对于这些情况，必须首先将原始数据类型转换成相当的封装程序对象类型（参见第 3.2 节），然后将对该对象的引用传递给被调方法；被调方法然后可以计算一个新值，并使用它的参数将计算得到的值放到被引用的位置，如图 6.8 所示；最后，在调用方法中使用它的引用变量访问这个新值，并在必要时将它转换回原始数据类型。

需要注意的是，如上所讲的更改不能用于字符串值，因为 String 类只能创建不可变的对象，这意味着，一旦初始化了字符串对象，它的内容就是不可更改的，因此，每当你将字符串常量指定给字符串变量时，你实际上都是在创建一个新的字符串对象，例如，如果在程序 6.6 中 msg 引用的字符串在 display()中通过像 msg = "Have a happy day";这样的语句被更改，那么将不能从 main()方法中进行这项更改。创建新的字符串将会断开 main()内的 s1 中存储的引用值（它仍引用原始的字符串）与参数 msg 中的引用值的对应关系。msg 中的值将会被更改，以引用新的字符串。

6.2.2 练习题

1. 问题如下:

（1）重新编写程序 6.4，让 findMaximum()方法接受两个整数值，并返回一个整数值。确保修改 main()，以使它将两个整数值传递给 findMaximum()，并接受和存储来自 findMaximum()的值。

（2）修改为练习题 1（1）所写的 findMaximum()方法，以使它在标题行中将返回值声明为整数时，试图返回双精度值。确定由编译器生成的错误消息。

2．对于下面的方法标题，确定在调用时应该传递给方法的值的个数、类型和顺序，以及由该方法返回的值的数据类型：

- `public static int factorial(int n)`
- `public static double price(int type, double yield, double maturity)`
- `public static double yield(int type, double price, double maturity)`
- `public static char interest(char flag, double price, double time)`
- `public int total(double amount, double rate)`
- `public static double roi(int a, int b, char c, char d, double e, double f)`
- `public static void getVal(int item, int iter, char decflag)`

3．为下面的方法编写标题：

- 具有 3 个参数的通用方法 check()。第一个参数应该接受整数，第二个参数应该接受浮点数，第三个参数应该接受双精度数。该方法不返回任何值。
- 通用方法 findAbs()，接受传递给它的双精度数，并返回它的绝对值。
- 通用方法 mult()，接受两个浮点数作为参数，将这两个数相乘，并返回结果。
- 通用方法 square()，计算并返回传递给它的整数值的平方值。
- 通用方法 powfun()，计算传递给它的整数的正整数（也作为参数传递）幂，并以长整数返回结果。
- 通用方法 table()，生成数字 1～10 及其平方值和立方值的数字表。不要传递任何参数给方法，并且该方法也不返回任何值。

4．问题如下：

（1）编写一个 Java 通用方法 findAbs()，接受传递给它的双精度值，计算它的绝对值，并将绝对值返回给调用方法。如果该数为正数或 0，那么它的绝对值就是它本身；如果该数为负数，那么它的绝对值是它的相反数。

（2）编写一个程序，使其包含为练习题 4（1）所写的方法。确保你的方法是从 main()调用，并正确地将值返回给 main()。让 main()显示出返回的值。通过将不同的数据传递给它来测试该方法。

5．问题如下：

（1）编写一个 Java 通用方法 mult()，使用两个双精度数作为参数，将这两个数相乘，并将结果返回给调用方法。

（2）编写一个程序，使其包含为练习题 5（1）所写的方法。确保你的方法是从 main()调用的，并正确地将值返回给 main()。让 main()显示出返回的值。通过将不同的数据传递给它来测试该方法。

6．问题如下：

（1）编写一个 Java 通用方法 hypotenuse()，使直角三角形的两个直角边长分别作为参数 a 和 b。该方法应该确定并返回直角三角形的斜边长 c（提示：使用勾股定理：$c^2 = a^2 + b^2$）。

（2）编写一个程序，使其包含为练习题 6（1）所写的方法。确保你的方法是从 main()调用，并正确地将值返回给 main()。让 main()显示出返回的值。通过将不同的数据传递给它来测试该方法。

7．x 的二级多项式是通过表达式 $ax^2 + bx + c$ 来指定的，其中 a、b 和 c 是已知数，并且 a 不等于 0。编写一个 Java 通用方法 polyTwo(a,b,c,x)，针对传递的 a、b、c 和 x 值计算并返回二级多项式的值。

8．问题如下：

（1）重新编写程序 6.5 中的 convertTemp()方法，接受温度和整数作为参数。如果传递给该方法的整数是 1，那么该方法将把传递的温度从华氏温度转换成摄氏温度；否则，该方法将把传递的温度从摄氏温度转换成华氏温度。

（2）修改程序 6.5 中的 main()方法，调用为练习题 8（1）所写的方法。你的 main()方法应该要求用户输入温度的类型，并将类型（f 或 c）传递给 convertTemp()。

9. 问题如下：

（1）编写方法 distance()，接受两点(x1,y1)和(x2,y2)的直角坐标，计算并返回两点间的距离。两点间距离 d 的计算公式为：

$$d = \sqrt{(x_2 - x_1)^2 + (y_2 - y_1)^2}$$

（2）编写一个程序，使其包含为练习题 9（1）所写的方法。确保你的方法是从 main()调用，并正确地将值返回给 main()。让 main()显示返回的值，通过将不同的数据传递给它，并验证返回的值来测试该方法。要特别确保当两点相同时，你的方法应该返回值 0。

10. 问题如下：

（1）编写一个 Java 方法，接受一个整数参数，并确定传递的整数是奇数还是偶数（提示：使用%运算符）。确保你的方法是从 main()调用的，并正确地将值返回给 main()，以指出该整数是奇数还是偶数。

（2）编写一个程序，使其包含为练习题 10（1）所写的方法。让 main()显示出返回的值，通过将不同的数据传递给它，并验证返回的值，来测试该方法。

11. 编写一个方法 payment()，使用 3 个名为“principal”的参数表示本金总额，使用参数 interest 表示月利率，使用 months 表示贷款月数。该方法应该根据下面的公式返回月还款额：

$$payment = \left[\left(\frac{principal}{\frac{1-(1+interest)^{-months}}{interest}} \right) \right]$$

请注意，该公式中的利率值是采用小数形式的月利率，因此，如果年利率为 10%，那么月利率应该为(0.10/12)。测试你的方法。什么样的参数值将会使它出错（因此不应该输入这样的参数值）？

12. 问题如下：

（1）圆柱体的体积是用它的底面半径的平方乘以π，再乘以它的高度得到的。编写一个通用方法，使用圆柱体的底面半径和高度作为两个双精度参数，并返回圆柱体的体积。

（2）编写一个程序，使其包含为练习题 12（1）所写的方法。确保你的方法是从 main()调用，并正确地将值返回给 main()。让 main()显示返回的值，通过将不同的值传递给它，并验证返回的值，来测试该方法。

13. 问题如下：

（1）编写一个 Java 方法 whole()，返回传递给该方法的数字的整数部分（提示：为传递的参数指定一个整数变量）。

（2）编写一个程序，使其包含为练习题 13（1）所写的方法。确保你的方法是从 main()调用，并正确地将值返回给 main()。让 main()显示返回的值，并通过将不同的值传递给它来测试该方法。

14. 问题如下：

（1）编写一个 Java 方法 fracPart()，返回传递给该方法的数字的小数部分，例如，如果将数字 256.879 传递给 fracPart()，那么应该返回数字.879。让方法 fracPart()调用你在练习题 13 中所写的 whole()方法。然后，使用传递给 fracPart()的数减去将相同的参数传递给 whole()而返回的值，来计算得到最终返回的值。完整的程序应该在 main()方法后跟 fracPart()方法，然后再后跟 whole()方法。

（2）编写一个程序，使其包含在练习题 14（1）中所写的方法。确保你的方法是从 main()调用，并正确地将值返回给 main()。让 main()显示返回的值。通过将不同的数据传递给它来测试该方法。

15．问题如下：

（1）对于将一个实际数字四舍五入到 n 位小数，下面是一种非常有用的编程算法：

步骤 1：将该数乘以 10^n。

步骤 2：加上.5。

步骤 3：去掉结果的小数部分。

步骤 4：除以 10^n。

例如，使用这种算法将数字 78.374625 四舍五入到三位小数：

步骤 1：$78.374625\times10^3=78374.625$

步骤 2：$78374.625+.5=78375.125$

步骤 3：保留整数部分＝78375

步骤 4：$78375/10^3=78.375$

使用这些信息，编写一个 Java 方法 round()，将它的第一个参数四舍五入到由第二个参数指定的小数位数。

（2）将为练习题 15（1）所写的 round()函数合并到一个程序中，接受用户输入的金额数，将输入的金额数乘以 8.675%的利率，并显示四舍五入到两位小数的结果。输入并运行该程序，然后使用下面的测试数据验证结果：

金额数：1000 美元、0 美元、100 美元、10 美元。

6.3　变量范围

现在我们已经开始编写包含多个方法的程序，下面让我们详细地看一看每个方法中声明的变量和参数，以及它与在其他方法中声明的变量和参数的关系。

从本质上说，Java 方法被构造成独立的模块。正如我们已经看到的，值是使用方法的参数列表传递给方法的，并且值是使用返回语句从方法返回的。参数可以被看作是顶部有一些用来接收值的孔、底部有一个用来返回值的孔的封闭盒子，如图 6.9 所示。

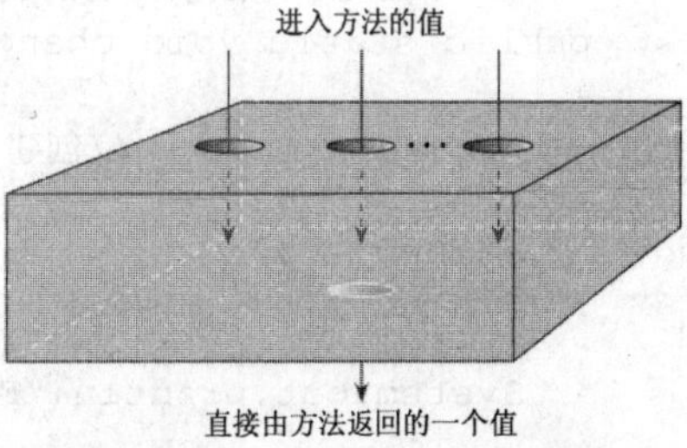

图 6.9　方法可以被看作是封闭盒子

封闭盒子的比喻是很有用的，因为它强调了这样一个事实：进入一个方法的内容（包括该方法内的所有变量声明）对于其他方法是隐藏的。根据约定，在一个方法内创建的变量只能用于该方法本身，它们被认为是“本地的”方法，称为“**本地变量**”（**Local Variable**）。本地变量就是已经通过声明语句在方法正文内为自己预留了存储位置的变量。只有用于声明它们的方法内的表达式或语句中，本地变量才是有意义的，这意味着可以在多个方法中声明和使用相同的变量名。对于声明该变量的每个方法，创建的都是独立的、完全不同的变量。

到目前为止，我们创建的所有变量都是本地变量，这是由于我们将声明语句放在方法内，并将它们用作使编译器为声明的变量预留存储空间的定义语句而造成的。对于在方法标题行内声明的所有参数也是如此，只能在声明它们的方法内使用方法参数，因此，参数名对于它们的声明方法而言也是本地的。

通常，标识符在程序中处于有效或“已知”状态的部分被称为其“**范围**”（**Scope**）。程序的这部分也被认为是可以看见该变量的位置，这意味着可以合法地访问该变量，而不造成任何编译错误。在 Java 中，主要定义了两种范围：块范围和类范围。

除了在 for 语句中声明的变量之外，方法的本地变量和参数都具有块范围，这个块是作为以开花括号{开始，以闭花括号}结束的方法内的代码来定义的。可以在声明它们的地方开始，到声明它们的代码块结束的范围内使用具有块范围的变量或参数。在 for 语句中声明的变量只在由 for 语句定义的结构内可见。

与块范围相比，类范围是从开始类定义的开花括号{开始，直到结束类定义的闭花括号}结束，因此，像所有类变量一样，类中的所有方法名都具有类范围。**类变量**（**Class Variable**）是在类内但在所有方法之外声明的变量。此外，在没有作为对象的一部分来构造时，被指定为静态的类变量可以得到修改。作为使用静态类变量的类范围和块范围的特定示例，请参考程序 6.7。

程序 6.7

```
public class ShowScope
{
 private static int firstnum;        //定义一个类变量
 //这个方法里的全部变量都是局部变量
 public static void main(String[] args)
 {
   int secnum;     //创建了一个局部变量 secnum

   firstnum = 10;        //将 10 保存到类变量 firstnum 中
   secnum = 20;          //将 20 保存到局部变量 secnum 中

   System.out.println("From main(): firstnum = " + firstnum);
   System.out.println("From main(): secnum = " + secnum);
   changeValues(); //调用方法 changeValues

   System.out.println("\nFrom main() again: firstnum = " + firstnum);
   System.out.println("From main() again: secnum = " + secnum);
 }
     //在这个方法里声明的变量都是局部变量
 public static void changeValues()       //该方法不需要参数
 {                                      //并且不返回值
   int secnum;     //创建了一个局部变量 secnum

   secnum = 30;          //这仅仅改变了局部变量 secnum 的值

   System.out.println("\nFrom changeValues(): firstnum = " + firstnum);
   System.out.println("From changeValues(): secnum = " + secnum);

   firstnum = 40;        //这改变了两个方法里的变量值
 }
}    //类结束
```

程序 6.7 中的变量 firstnum 具有类范围，因为它是通过一个位于任何方法之外的语句声明的，它也是一个私有静态变量，这意味着在没有被合并到对象中的情况下，可以通过接下来在该类中定义的方法来更改它。因为 main()方法和 changeValues()方法都处于相同的类中，所以它们可以使用这个私有类变量，而不必进一步地声明。请注意，firstnum 声明中的关键字 private 指定的访问规范限制，只能将这个变量用于该类的这两个方法。如果使用的是关键字 public，那么 firstnum 也可以被其他类中的方法使用。关键字 static 确保只会创建变量的一个副本，并且对于使用该变量的方法，不需要使用关键字 new 创建特定的对象（要了解访问规范和对象创建的注意事项的详细信息，请参见第 9 章的有关内容）。

除了类变量 firstnum 之外，程序 6.7 还包含两个独立的本地变量，它们的名称都为"secnum"。changeValues()中的 secnum 变量的存储空间是通过 changeValues()中的声明语句创建的；main()中的 secnum 变量的存储空间是通过 main()中的声明语句创建的。图 6.10 演示了通过程序 6.7 中的 3 个声明语句预留的 3 个不同的存储区域。

每个 secnum 变量对于为它创建存储空间的方法都是本地的，并且每个变量只能从相应的方法得到使用，因此，当在 main()中使用 secnum 时，将访问 main()为它的 secnum 变量预留的存储区域，而当在 changeValues()中使用 secnum 时，将访问 changeValues()为它的 secnum 变量预留的存储区域。下面是程序 6.7 产生的输出结果：

```
From main(): firstnum = 10
From main(): secnum = 20

From changeValues(): firstnum = 10
From changeValues(): secnum = 30

From main() again: firstnum = 40
From main() again: secnum = 20
```

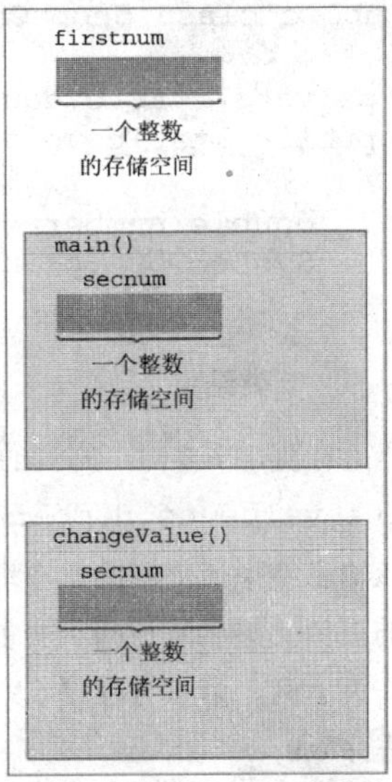

图 6.10　由程序 6.7 创建的 3 个存储区域

让我们来分析一下这个输出结果。因为 firstnum 是一个静态类变量，所以 main()方法和 changeValues()方法都可以使用和更改它的值。首先，这两个方法都显示了 main()在 firstnum 中存储的值 10。在返回之前，changeValues()将 firstnum 的值更改为 40。当接下来从 main()显示变量 firstnum 时，将显示值 40。

因为每个方法只"认识"它自己的本地变量，所以 main()只能显示它的 secnum 变量的值，而 changeValues()只能显示它的 secnum 的值，因此，每当从 main()获得 secnum 时，都会显示值 20；而每当从 changeValues()获得 secnum 时，都会显示值 30。

Java 不会混淆这两个 secnum 变量，当执行一个方法时，只有处于该方法"范围"内的这些变量和参数才能被访问。

变量的范围不会对该变量的数据类型产生任何影响或限制。就像本地变量可以是字符、整数、浮点数、双精度数、布尔值，或我们介绍过的其他数据类型（长整数/短整数）一样，类变量也可以是其中的任意数据类型。变量的范围是由为它预留存储空间的声明语句的位置确定的；而变量的数据类型是通过在声明语句中的变量名前放置适当的关键字（char、int、float、double、boolean 等）来确定的。

为标识符预留的存储空间保持的时间长度被称为标识符的**"生存期"（Lifetime）**和**"持续时间"（Duration）**。所有具有类范围的标识符都从声明它的类被加载到内存中开始，直到程序执行完成。因为静态变量只能具有类范围，所以这种变量通常与它们的定义类具有相同的持续时间。具有块范围的变量只能存在于定义它们的块内，一旦块超出范围，这些变量的存储空间就会被释放回操作系统，当该块重新进入范围时，将会根据该块内的代码定义，预留和重新初始化新的存储区域。

6.3.1　范围解析

当一个具有块范围的变量（本地变量）与一个具有类范围的变量拥有相同的名称时，在本地变量的范围内对该变量名进行的所有引用都指的是本地变量。如程序 6.8 所示，变量 number 同时被定义为类变量和本地变量。

程序 6.8

```
public class ScopeCover
{
 private static double number = 42.8;  //这个变量是一个类变量
 public static void main(String[] args)
 {
    double number = 26.4;         //这个变量有一个局部的作用范围
    System.out.println("The value of number is " + number);
 }
}   //类结束
```

当运行程序 6.8 时，得到的输出结果如下所示：

```
The value of number is 26.4
```

正如该输出结果所显示的，本地变量比同名的类变量具有更高的优先级。在这种情况下，我们仍可以在它的前面加上类名来访问类变量。类名告诉编译器将使用具有类范围的变量，而不使用该方法的本地变量。作为示例，请参考程序 6.9。

程序 6.9

```
public class ScopeResolution
{
 private static double number = 42.8;  //这个变量有一个类的作用范围
 public static void main(String[] args)
 {
    double number = 26.4;          //这个一个局部变量
    System.out.println("The value of number is " + ScopeResolution.number);
 }
}   //类结束
```

程序 6.9 的输出结果为：

```
The value of number is 42.5
```

正如该输出结果所示，现在访问的是类变量而不是本地变量。在参数和本地变量名之间不会出现这种命名问题，这是因为方法的参数与该方法的本地变量具有相同的块范围。接下来试图声明一个与已经存在于本地范围内的参数同名的本地变量将会得到类似“Variable…is already defined in this method”（已经在该方法中定义了变量……）的编译错误消息。

6.3.2 内层块和外层块

复合语句也定义了一个代码块，并且在复合语句内声明的所有变量都具有一个块范围，从它的声明点开始，直到该块的闭花括号为止。这实际意味着，可以在所有内层块中访问在外层块中声明的变量（因为这些变量处于整个外层块的范围内，当然也包括所有的内层块），但是，不能在外层块中访问在内层块中声明的变量，因为一旦到达它的闭花括号，内层块就超出范围了，例如，下面的 main()方法由 3 块代码组成：

```
public static void main(String[] args)
  //外层块的开始
{
 double a = 42.25;
 //内层块的开始
 {
    int b = 50;
    System.out.println("a = " + a);    //正确
```

```
    System.out.println("b = "+ b);      //正确
  } //end of inner block
  System.out.println("a = "+ a );   //正确
  System.out.println("b = "+ b);    //不正确 - 看下面的解释
  for (int i = 1; i < 10; i++)     //这也构成了一个内部块
    System.out.print(i + "  ");    //正确

  System.out.println("i is now " + i);      //不正确 - 看下面的解释

}    //外层块结束
```

因为变量 a 是在外层块中声明的，所以在整个外层块中它都保持在范围内，当然也包括在内层块中。这意味着可以从内层块合法地访问它。但是，对于变量 b 就不是如此了，该变量是在内层块中声明的，这意味着它的范围被限制于这个块，而在该块之外就不"认识"这个变量了，试图在声明它的块之外显示它的值将会导致类似"Undefined variable: b"（未定义变量：b）的编译错误消息，因此，在 for 语句内声明的变量对于它们各自的代码块是本地的。

因为当到达块的结尾时内层块变量就超出范围，所以应在内层块超出范围后再次使用相同的名称来声明变量，下面的代码段演示了这一点，其中变量 b 被声明两次，一次是在内层块中，然后在该块超出范围后再次得到声明。但是，在定义内层块之前在外层块中声明的所有变量名都不能在内层块内再次使用，下面的代码段也演示了这一点。其中变量 a 首先在外层块中得到声明，然后试着在内层块中再次声明它，第二个声明将会产生编译错误消息"Variable 'a' is already defined in this method"（已经在该方法中定义了变量'a'）。当然，这与使用与参数相同的名称声明本地变量得到的错误是一样的。

```
public static void main(String[] args)
    //外层块开始
{
   double a= 42.25;    //这个变量在整个外层块和内层块都有效
    //内层块开始
   {
    double a = 76.5;    //产生了一个编译错误信息:已经在该方法中定义了变量'a'
    double b = 10.5;
    System.out.println("a = " + a);
   }//内部块结束
   double b = 20.75;           //正确,因为已经超出上面内部块的范围
}    //外层块结束
```

6.3.3　练习题

1. 问题如下：

（1）对于下面的代码段，确定声明的所有常量和变量的数据类型及范围。要做到这一点，可以先在纸面上列出 3 个列标题（我们已经填写了第一个变量的内容）。

```
  标识符          数据类型          作用范围
 ----------      ---------       ----------
  price           integer        class scope

public class Test
{
   private static int price;
   private static long years;
   private static double yield;
```

```
    public static void main(String[] args)
    {
        int bondtype;
        double interest, coupon;
                 .
                 .
    }

    public static double roi(int mat1, int mat2)
    {
        int count;
        double effectiveRate;
                 .
                 .
        return effectiveRate;
    }

    public static int step(double first, double last)
    {
        int numofyrs;
        double fracPart;
                 .
                 .
        return 10*numofyrs;
    }
}
```

（2）在上述代码中绘制一些方框，以指出每个变量的范围。

（3）确定方法 roi()和 step()期望的参数的数据类型，以及这些方法返回的值的数据类型。

2．问题如下：

（1）对于下面的代码段，确定声明的所有常量和变量的数据类型和范围。要做到这一点，可以先在纸面上列出 3 个列标题（我们已经填写了第一个变量的内容）。

```
标识符          数据类型          作用范围
----------    ---------       ----------
key             char          class scope

public class Test
{
    private static char key;
    private static long number;

    public static void main(String[] args)
    {
        int a, b, c;
        double x, y;
                 .
                 .
    }
    public static int method1(int num1, int num2)
    {
        int o, p;
        double q;
                 .
                 .
        return p;
    }
```

```
    double method2(double first, double last)
    {
        int a, b, c, o, p;
        double r;
        double s, t, x;
            .
            .
        return s * t;
    }
}
```

（2）在上述代码中绘制一些方框，以指出变量 key、num1、y 和 r 的范围。

（3）确定方法 method1()和 method2()期望的参数的数据类型，以及这些方法返回的值的数据类型。

3. 除了指变量的范围之外，我们还可以将该术语应用于方法的参数。所有方法的参数的范围是什么？

4. 确定下面的程序显示的值：

```
public class Test
{
  private static int firstnum =10;  //声明并初始化一个类变量

  public static void main(String[] args)
  {
     int firstnum = 20;      //声明并初始化一个局部变量
     System.out.println("\nThe value of firstnum is " + firstnum);
     display();
  }
  public static void display()
  {
     System.out.println("\nThe value of firstnum is now " + firstnum);
  }
}
```

5. 下面两个类显示的值之间有什么不同？

```
public class Test1
{
  private static double years = 1;

  public static void main(String[] args)
  {
     int i;
     for (i = 1; i < 4; i++)
       init1();
  }

  public static void init1()
  {
     System.out.println("\nThe value of years is " + years);
     years = years + 2;
  }
}

public class Test2
{
  private static double years;

  public static void main(String[] args)
  {
```

```
    int i;

    for (i = 1; i < 4; i++)
        init2();
  }
  public static void init2()
  {
    years = 1;
    System.out.println("\nThe value of years is " + years);
    years = years + 2;
  }
}
```

6. 确定下面的程序显示的值:

```
public class Test
{
  private static boolean a;

  public static void main(String[] args)
  {
    int count;       //count 是一个局部变量

        for (count = 1; count <= 3; count++)
            switchBoolean();
  }

  public static void switchBoolean()
  {
    System.out.println("The value of the variable a is " + a);
    a = !a;
  }
}     //类结束
```

6.4 常见编程错误

(1) 试图传递不正确的数据类型是非常常见的与方法有关的编程错误。传递给方法的值必须与为该方法声明的参数的数据类型是一致的。一种验证接收到的值是否正确的方法是，在进行任何计算之前，在方法正文内显示传递的所有值，进行完这种验证之后，就可以进行显示了[①]。

(2) 在调用方法和被调方法内以本地方式声明相同的变量，并认为一个变量的值发生变化将会影响另一个变量。即使变量名是相同的，但对一个本地变量进行的更改不会更改另一个本地变量中的值。

(3) 使用分号结束方法的标题行。

(4) 忘记在标题行内包含方法参数的数据类型。

6.5 本 章 小 结

(1) 方法是通过指定它的名称，并将数据传递给名称后的圆括号，来得到调用的。如果变量是方法调用中的一个参数，那么被调方法接收的是该变量值的一个副本。

① 实际上，应该使用一种好的调试器程序。

（2）用户编写的通用方法的常用格式如下：

```
public static renturnType methodName(parameter list)
{
 声明和其他的 Java 语句;
 return expression;
}
```

（3）方法的第一行被称为方法的**“标题”**（**Header**）。方法的开花括号和闭花括号，以及花括号之间的所有语句构成了方法的**正文**（**Body**）。参数列表是一列用逗号分隔的参数声明。

方法的返回类型声明了由该方法返回的值的数据类型。如果方法不返回任何值，那么它应该被声明为 void 类型。

（4）方法可以直接将最多一个值返回给它们的调用方法。该值是返回语句中的表达式的值。

（5）被调方法不能通过更改对应参数的值，来更改原始数据类型的参数值，或引用变量的值。

（6）引用值采用与原始数据类型相同的方式被传递给被调方法；被调方法接收的是引用值的副本，因此，被调方法和调用方法最初都具有引用相同对象的引用值。如果被调方法更改了被调用的对象，那么被调方法和调用方法都可以访问这个更改后的对象值。但是，如果被调方法的参数被用来引用新创建的对象，那么参数值的变化将不会在调用方法中得到反映。也就是说，无论是哪种情况，被调方法参数值的变化都不能被用来更改调用方法中的对应参数。

（7）标识符在程序中处于有效或“已知”状态的部分被称为它的**“范围”**（**Scope**）。程序的这部分也被认为是可以看见该变量的位置，这意味着可以合法地访问该变量，而不造成任何编译错误。

（8）除了在 for 语句中声明的变量之外，方法的本地变量和参数都具有块范围，这个块是作为以开花括号{开始，以闭花括号}结束的方法内的代码来定义的。具有块范围的变量或参数可以在从声明它们的地方开始，直到声明它们的代码块结束为止的范围内被使用。具有块范围的变量也被称为**“本地变量”**（**Local Variable**）。在 for 语句中声明的变量也是本地变量，它的范围被限制于由该 for 语句定义的循环内。

（9）**类范围**（**Class Scope**）是从开始类定义的开花括号开始，直到结束类定义的闭花括号结束，因此，就像所有类变量一样，类中的所有方法都具有类范围。**类变量**（**Class Variable**）是在类内但在所有方法之外声明的变量。

（10）被声明为静态的类变量可以在不被构造成对象的情况下被访问。如果没有定义明确的初始化，那么原始数据类型的数字静态变量将被初始化为 0，布尔静态变量将被初始化为 false，而引用静态变量将被初始化为 null。

6.6 本章附录 生成随机数字

在很多商业和科学模拟问题中，都要考虑概率问题或要使用统计采样技术，例如，在模拟汽车流量或电话使用模式时，就需要使用一些统计模型。此外，像简单的计算机游戏及其涉及的很多游戏场景这样的应用也只能采用统计的方式来描述，所有这些统计模型都需要生成**随机数字**（**Random Number**），即一系列顺序无法预测的数字。

实际上，要找到真正的随机数字是很困难的。掷骰子永远不会很理想，洗牌永远不可能是完全随意的，而数字计算机只能在一个有限的范围内使用有限的精度来处理数字。在大多数情况下，可以做的就是生成“伪随机”的数字，这对于手头的任务就是足够的了。

有些计算机语言包含一个产生随机数字的库方法，而有些则没有，所有 Java 编译器都提供了一个用于创建随机数字的通用方法，它是在 Math 类中定义的，名为 random()。该方法将生成一系列 0.0～1.0（但不包括 1.0）的双精度数。

程序 6.10 演示了使用 Java 的库方法创建 n 个随机数的常规过程，其中使用 Math.random()方法生成了 10 个随机数。

程序 6.10

```
public class RandomNumbers
{
  public static void main(String[] args)
  {
      final int NUMBERS = 10;

      double randValue;
      int i;

      for (i = 1; i <= 10; i++)
      {
         randValue = Math.random();
         System.out.println(randValue);
      }
  }
}    //类结束
```

运行程序 6.10 得到的输出结果如下所示：

```
0.9332932472758279
0.6655689601942523
0.9368189009265464
0.3030248315838068
0.6346712906930385
0.27545891900300157
0.028702213952233935
0.3854898736878013
0.3519811183758321
0.4604059714098424
```

每次运行程序 6.10 时，将产生 10 个不同的随机数字。

6.6.1 缩放

在实际应用中，通常需要对 random()产生的随机数字进行一些修改。在大多数应用程序中，随机数字都要求是一定范围内的整数，例如，1～100。将由随机数字生成器生成的随机数字调整到一定范围的过程被称为**“缩放”**（**Scaling**）。

将随机数字缩放成 0～N – 1 的整数值是使用表达式(int)(Math.random() * N)来实现的，例如，表达式 int(Math.random() * 100)将生成 0～99 的随机整数。要生成 1～N 的随机整数，可以使用表达式 1 + (int)(Math.random() * N)，例如，假设模拟掷骰子，表达式 1 + (int)(Math.random() * 6)将生成 1～6 的随机整数。可以使用通用的缩放表达式 a + (int)(Math.random() * (b + 1 – a))来生成数字 a～b 的随机整数。

第 7 章　字符串和字符

每种计算机语言都有处理字符串的一套方法：有些语言（如 Java）具有一组非常丰富的字符串操作方法和能力；有些主要用于数字计算的语言（如 Fortran）在最近的编译器版本中添加了字符串处理能力；像 LISP 这样的语言主要用于列表处理，它提供了一种非常特别的字符串处理能力。本章将学习如何使用 Java 面向对象的方法来创建和操作字符串，因此，本章还可以被作为面向对象的编程方式（将在下一章中介绍）的基本知识，另外，本章还较为详细地介绍了如何使用预先定义的类来构造和操作对象。

具体来说，Java 中的字符串是指从 String 或 StringBuffer 类创建的对象。每个类都有它自己的一组方法，用来创建和操作字符串。这两个类的主要不同在于，从 String 创建的字符串是不能更改的，如果需要进行修改，例如，在原来的字符串中添加或更改字符，那么必须要创建一个新的 String 对象；而从 StringBuffer 类创建的字符串则不是这样，从该类创建的字符串是可以更改的，可以添加、更改或删除字符串中的字符，也可以根据需要动态地扩展和收缩字符串。

通常，对于构造用于输入和输出目的的字符串，常用 String 类；此外，当需要比较、搜索字符串，或者需要检查或提取一个字符串中的个别字符作为子字符串时，通常会使用该类。在更为高级的环境下，例如，当需要在一定规律下替换、插入或删除字符串中的某些字符时，通常会使用 StringBuffer 类。

7.1　String 类

字符串文字（String Literal）是指包含在双引号中的所有字符序列。字符串文字也可以被称为“字符串值”、“字符串常量”、“匿名字符串”，甚至可以习惯地简称为“字符串”。下面是一些字符串的示例："This is a string"、"Hello World!"和"xyz 123 *!#@&."。双引号被用来标记字符串的开始点和结束点，但不会与字符串一起被存储。

图 7.1 显示了字符串“Hello”的存储方式。按照约定，字符串的第一个字符被指定为位置 0，而不是位置 1。这个位置值也可以被称为字符的“索引值”或“偏移值”。

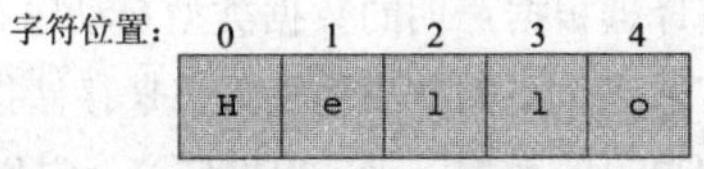

图 7.1　字符串是以字符序列的形式存储的

在 Java 中，字符串值通常是作为 String 类或 StringBuffer 类的对象来创建的。在本节和下一节中，我们将描述字符串是如何作为对象而不是作为变量来存储的、如何创建它们，以及如何使用 String 类方法来处理它们；随后将介绍 StringBuffer 类的类似主题。这两个类之间的主要不同在于，作为 String 对象创建的字符串在不构造新的 String 对象的情况下是不能被更改的；而 StringBuffer 对象是可以更改的。

7.1.1　创建字符串

虽然可以采用多种不同的方法来创建字符串，但每种创建方法都会采用一组相同的步骤，例如，在第 2.4 节中，字符串是使用下面的一个声明和初始化语句来构造的：

```
String identifier = new String(string-value);
```

或者使用两个等效的语句来构造：

```
String identifier;
identifier = new String(string-value);
```

也可以使用一个简短的语句来构造：

```
String identifier = string-value;
```

例如，下面的语句都是将字符 H、e、l、l 和 o 存储到一个新建的字符串：

```
String message = new String("Hello");
```

和

```
String message;
message = new String("Hello");
```

以及

```
String message = "Hello";
```

但是，与内置数据类型的声明不同，声明的变量（在该示例中为 message）不是存储所声明的数据类型的值（在该示例中是一个字符串），这是因为每个字符串都可以由不同数目的字符组成，所以不能实际定义能够存储所有字符串值的固定变量长度；相反，字符串的存储空间是在创建该字符串时在内存中得到创建的，而存储该字符串的位置被放在变量 message 中。图 7.2 演示了内存存储空间分配的方式。另外，字符串的长度也包括在字符串的存储空间中，但该图中并没有显示出来。

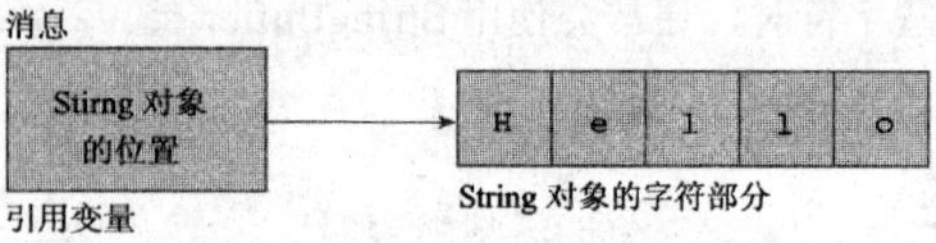

图 7.2 变量 message 和字符串 Hello 的存储空间分配

需要理解的是，虽然在图 7.2 中创建的字符串中的值可以使用像 System.out.println(message);这样的语句显示出来，但 message 的内容并没有得到显示，相反，Java 系统知道，message 应该被用来定位实际的字符串，并显示该字符串的内容。因为变量 message 被用来引用存储实际字符串的位置，所以它通常被称为**“引用变量”**（**Reference Variable**）。实际存储的值被称为**“对象”**（**Object**），在该示例中它是由一组字符组成的，它们被作为一个字符串实体，与字符串的其他有关信息（如它的长度）被存储在一起。

作为程序员，你不能选择是将 message 创建为引用变量还是创建为非引用变量，这种选择是由 Java 编译器根据声明的数据类型自动进行的。对于第 2 章中介绍的内置数据类型，编译器将自动创建一个具有适当大小的非引用变量，来存储指定类型的数据值。在第 9 章和第 10 章中，我们将会看到如何定义我们自己的数据类型，根据定义，它们不属于内置类型，这种用户定义的数据类型通常是通过类来创建的。但是，在创建字符串时，我们使用的是由 Java 编译器提供的 String 类。请注意，除了在使用来自类的对象时创建引用变量之外，还可以从数组类型（将在下一章介绍）和接口类型（将在第 12 章介绍）创建引用变量。

在从 String 这样的类创建像字符串这样的数据值时，通常会采用下面的步骤：

（1）声明变量（被称为引用变量）。

（2）创建适当数据类型的对象。

（3）将在步骤（2）中创建的对象的位置存储到在步骤（1）中声明的引用变量中。

虽然通常将引用变量（如 message）称作字符串变量——顾名思义，它是包含字符串值的变量，但需要注意，从技术角度来说这是不正确的。字符串变量通常是指能够访问字符串对象的引用变量。构成字符串的字符被存储在为对象分配的内存中，而不是存储在为引用变量分配的内存中。

7.1.2　构造程序

字符串对象的实际存储空间分配和使用特定字符初始化这个存储空间是通过 new 操作符来实现的，甚至对于简短形式的字符串声明，这也是成立的，它隐含地使用了该操作符。正如在第 2.4 节中所描述的，创建新对象的过程被称为“**实例化对象**”（**Instantiating An Object**）。

字符串对象的实例化通常要求调用 String 方法。在下面的语句中可以清楚地看到这种调用：

```
String message = new String("Have a great day!");
```

具体来说，在该语句中，表达式 String("Have a great day!")是对 String()方法的调用，它传递的参数为"Have a great day!"。该调用中的方法名与所声明的数据类型相同并不是偶然的，像大多数面向对象的语言一样，在 Java 中，可以被用来实例化指定类类型的新对象的方法的名称必须与该类的名称相同，因此，在该示例中，我们声明的是一个 String 对象，使用的是方法 String()来实际创建这种类型的对象。与类具有相同名称的方法通常被称为“**构造器方法**”（**Constructor Method**）或简称为“**构造器**”（**Constructor**），因为它们专门用来构造所声明的类的对象。

String 类提供了 9 种不同的用来创建 String 对象的构造器，其中两个已经被放弃，不再被使用[①]。表 7.1 提供了仍在使用的构造器及其示例。

表 7.1　字符串构造器

构 造 器	描　述	示　例
String()	创建并实例化一个 String 对象，来表示空的字符序列。字符串的长度为 0	String str1 = new String();
String(string-value)	创建并实例化一个 String 对象，来表示作为参数提供的字符序列。该参数可以是字符串常量或字符串引用变量。新创建的字符串是该参数字符串的一个副本	String str2 = new String("Good Morning");
String(char[] charArray)	创建并实例化一个新的 String 对象，来表示当前包含在字符数组参数中的字符序列	char data[]={'H', 'o', 't', ' ', 'D', 'o', 'g'}; String str3 = new String(data);
String(char[] charArray, int offset, int count)	创建并实例化一个新的 String 对象，来表示当前包含在字符数组参数中的字符子数组	char data[]={'H', 'o', 't', ' ', 'D', 'o', 'g'}; String str4 = new String(data, 4, 3)
String(byte[] byteArray)	使用字节数组参数中当前包含的字节来创建并实例化一个新的 String 对象。使用平台默认的字符编码将字节转换成字符	byte bytedata[] = {(byte) 'l', (byte) 'i', (byte) 'n', (byte) 'e', (byte) 'a', (byte) 'r'}; String str5 = new String(bytedata);
String(byte[] bytes, int offset, int length)	使用字节数组参数中当前包含的字节子数组来创建并实例化一个新的 String 对象。使用平台默认的字符编码将字节转换成字符	byte bytedata[] = {(byte) 'l', (byte) 'i', (byte) 'n', (byte) 'e', (byte) 'a', (byte) 'r'}; String str6 = new String(bytedata, 3, 3);
String(StringBuffer buffer)	使用字符串缓冲参数中当前包含的字符来创建并实例化一个新的 String 对象	StringBuffer sb = new StringBuffer("Have a great day!"); String str7 = new String(sb);

程序 7.1 在一个完整的程序环境下使用了表 7.1 中列出的每个示例。

程序 7.1

```
import java.io.*;
public class StringConstructors
{
 public static void main(String[] args)
 {

    String str1 = new String();
    String str2 = new String("Good morning");
    char data[] = {'H', 'o', 't', ' ', 'D', 'o', 'g'};
    String str3 = new String(data);
    String str4 = new String(data, 4, 3);
```

① 放弃的方法指的是为了保持与旧版本的一致而仍被支持，但在未来的版本中可能会被删除的方法。

```
    byte bytedata = {(byte) 'l', (byte) 'i', (byte) 'n', (byte) 'e', (byte)
                      'a', (byte) 'r'};
    String str5 = new String(bytedata);
    String str6 = new String(bytedata, 3, 3);
    StringBuffer sb = new StringBuffer("Have a great day! ");
    String str7 = new String(sb);

    System.out.println("str1 is " + str1);
    System.out.println("str2 is " + str2);
    System.out.println("str3 is " + str3);
    System.out.println("str4 is " + str4);
    System.out.println("str5 is " + str5);
    System.out.println("str6 is " + str6);
    System.out.println("str7 is " + str7);
  }
}
```

程序 7.1 产生的输出结果为：

```
str1 is:
str2 is: Good Morning
str3 is: Hot Dog
str4 is: Dog
str5 is: linear
str6 is: ear
str7 is: Have a great day!
```

虽然这个输出结果很直观，但需要注意两点。首先，请注意 str1 是一个没有包含任何字符的空字符串；其次，因为字符串的第一个字符被指定为位置 0，所以在字符串“Hot Dog”中字符 D 的位置是 4，如图 7.3 所示。

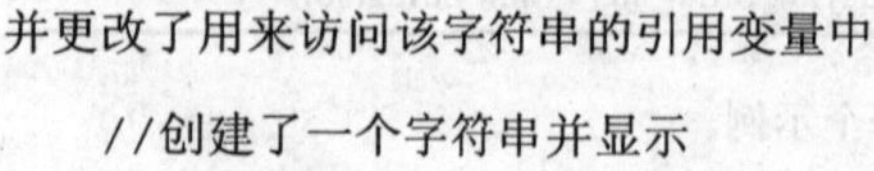

图 7.3 字符串“Hot Dog”的字符位置

String 类的 String 对象通常是作为不能更改的对象来创建的。不能更改的对象是指其中存储的值不能以任何方式被更改的对象。对于字符串，这意味着，当创建完字符串后，构成该字符串的任何字符都是指定的，这些字符串接下来是不能被改的。

因为第 2 章介绍的字符串连接操作符可能会使 String 对象看起来是能够更改的（这与字符串的不可更改性是冲突的），所以我们稍后将来回顾一下该操作符。连接操作符实际上是创建了一个新的字符串，并更改了用来访问该字符串的引用变量中存储的位置信息。作为一个示例，请参考语句：

```
//创建了一个字符串并显示
String message = "Start";
System.out.println("The string is: " + message);
//使用连接符号并显示了新的字符串
message = message + "le";
System.out.println("The string is now: " + message);
```

这段语句生成的输出结果为：

```
The string is: Start
The string is now: Startle
```

虽然上述语句看起来好像是将字符串从 Start 更改为 Startle，但这里实际创建了两个独立的 String 对象。当执行完第一个语句后，得到如图 7.4a 所示的存储空间分配情况。当执行完第一个 println()调用后，它将显示当前由 message 引用的字符串 Start。接下来为 message 赋值将会得到如图 7.4b 所示的存储空间分配情况。请注意，连接语句创建了一个新的 String 对象，并更改了 message 中的地址，现在引用的是第二个对象，它包含字符串 Startle。然后，最后一个 println()调用将显示第二个字符串，它是由引用变量 message 确定的，一个字符串的引用将会丢失，而由该字符串占用的存储空间最终将会通过 Java 的自动内存恢复机制，或者在包含这些语句的程序执行完成后由操作系统来回收，因此，虽然看起来好像是连接操作符更改了现有字符串，但实际并非如此。String 对象通常是不可更改的，因此，一旦创建完成，就不能采用任何方式来更改它。

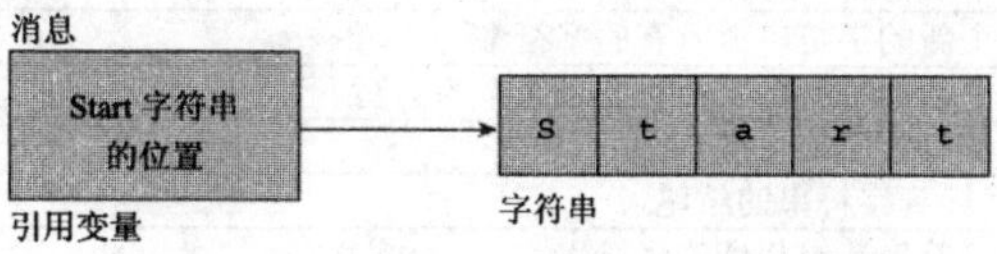

图 7.4a　原来的字符串及其相关的引用变量

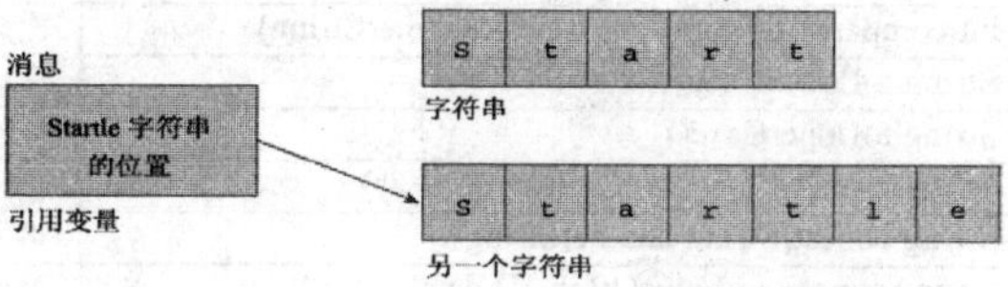

图 7.4b　新的字符串使用以前的引用变量

7.1.3　字符串的输入和输出

除了使用表 7.1 中的构造器来初始化字符串之外，还可以使用键盘输入字符串，并将其显示在屏幕上。表 7.2 列出的是 Java 提供的基本 String 输入和输出方法。

表 7.2　基本的 String 输入和输出方法

方 法	描　述	示　例
print()	通用输出方法，通常发送到标准的输出流 System.out（屏幕）	System.out.print("Have a Good Day");
println()	通用屏幕输出方法，它提供了自动的回车和换行功能，通常发送到标准的输出流 System.out（屏幕）	System.out.println("Have a Good Day");
read()	受限的输入方法，以整数格式读取每个字符，通常是通过标准的输入流 System.in（键盘）来完成	int inchr;　inchr = System.in.read()

print()和 println()方法是非常有用的，从本质来说，这两个方法基本是可以互换使用的，惟一的区别是，println()方法将会在它显示完字符串参数值之后自动将游标定位到下一行的开始处；用 print()方法并以新行转义序列'\n'作为最后的字符通常可以达到相同的效果。

对于输入，read()方法本身并不是很有用，因为一次只能从键盘读取一个字符，并且每个字符是以整数格式输入的，通常，使用第 3.3 节和第 3.4 节中分别介绍的键盘和 Input 对话框方法将会更容易一些，它们允许将字符串作为一个单元来输入，而不必像使用 read()那样通过每个字符来组合字符串。

7.2　字符串处理

可以使用标准的 String 类方法，或者使用由 Character 类提供的一次一个字符的方法来操作字符。本节将介绍这两种技术。

7.2.1　String 类方法

因为字符串是通过类创建的，所以，除了使用加法运算符+的连接操作和使用等号运算符=的初始化操作之外，其他对字符串进行的操作都是使用 String 类方法来执行的。这意味着没有像原始数据类型那样为字符串提供赋值和初始化操作[①]。但是，String 类方法的扩展集合提供了字符串比较及其他一些非常

① 虽然可以使用相等运算符==，但它的操作与你期望的有所不同，将在本节稍后介绍。

有用的字符串操作功能。表 7.3 列出的是常用的 String 类方法。

表 7.3 String 类方法

方 法	描 述
int length()	返回字符串的长度
boolean equals(String anotherString)	比较两个字符串的相等性
boolean equasIgnoreCase(String anotherString)	比较两个字符串的相等性，忽略字符的大小写
char charAt(int index)	返回特定位置的字符
int compareTo(String anotherString)	比较两个字符串
int compareToIgnoreCase(String anotherString)	比较两个字符串，忽略字符的大小写
String toLowerCase()	返回一个新的字符串，所有的字符都为小写
String toUpperCase()	返回一个新的字符串，所有的字符都为大写
String trim()	删除字符串前后的空格
String concat(String anotherString)	将 str 连接到字符串的结尾
static String copyValueOf(char[] data)	返回与字符串数组相当的字符串
static String copyValueOf(char[] data, int offset, int count)	返回与字符数组的子数组相当的字符串
boolean endsWith(String suffix)	测试字符串是否以特定的字符串结束
void getChars(int srcBegin, int srcEnd, char[] dst, int dstBegin)	将字符串中的字符复制到字符数组中
int hashCode()	返回从字符串派生的整数数字
int indexOf(int ch)	返回指定字符第一次出现的位置
int indexOf(int ch, int fromPos)	从指定位置开始搜索，返回指定字符第一次出现的位置
int indexOf(String str)	返回指定子字符串第一次出现的位置
int indexOf(String str, int fromPos)	从指定位置开始搜索，返回指定字符串第一次出现的位置
int lastIndexOf(int ch)	返回指定字符最后一次出现的位置
int lastIndexOf(int ch, int fromIndex)	从指定位置开始向后搜索，返回指定字符最后一次出现的位置
int lastIndexOf(String str)	返回指定字符串最后一次出现的位置
int lastIndexOf(String str, int fromPos)	从指定位置开始向后搜索，返回指定字符串最后一次出现的位置
String replace(char oldChar, char newChar)	返回一个新的字符串，以 newChar 替换所有 oldChar
boolean startsWith(String prefix)	测试字符串是否以指定的前缀开始
boolean startsWith(String prefix, int startPos)	从指定位置开始，测试字符串是否以指定的前缀开始
String substring(int start)	返回一个新的字符串，它是原始字符串的一个子字符串。该子字符串是从指定的位置开始，直到字符串的结尾
String substring(int start, int end)	返回一个新的字符串，它是原始字符串的一个子字符串。新字符串是从指定的位置开始，直到结束参数位置前的一个字符结束

表 7.3 中列出的最常用的方法是用阴影显示的，其中没有包括连接方法，因为这种方法很少使用连接操作符+来实现，而是使用 concat()方法。但是，与对应的操作符基本相同，concat()方法是将一个字符串附加到另一个字符串的结尾，例如，如果 string1 引用的字符串的内容是"Hello"，那么方法调用 string1.concat("there World! ")将得到字符串值"Hello there World! "。

Length()方法将返回字符串中的字符数，它被称为字符串的长度，例如，通过方法调用"Hello World! ".length()返回的值为 12。像通常一样，字符串值两侧的双引号不被认为是字符串的一部分。类似地，如果 string1 引用的字符串包含值"Have a good day. "，那么调用 string1.length()返回的值为 16。

请注意，没有将字符串复制到另一个字符串中的字符串复制方法，因为 String 对象不能被更改，所以复制字符串的惟一方法是使用要复制的字符串作为构造器的参数来创建一个新的字符串，例如，语句 String s2 = new String(s1)将有效地把 s1 引用的 String 对象复制到由变量 s2 引用的字符串中。

最后，可以使用 compareTo()和 equals()方法及其忽略大小写的变化形式来比较两个字符串表达式的相等性。在 Unicode 中，空格的值小于所有字母和数字；字母表中的字母是按照 A～Z 的顺序存储的；数字是按照 0～9 的顺序存储的，以这种顺序，在区分大小写的情况下，小写字母的值小于大写字母的值，字母的值小于数字的值。

当比较两个字符串时，一次将比较对应的一对字符（先是比较各自的第一个字符，然后是各自的第二个字符，依此类推）。如果没有发现不同，那么这两个字符串就是相等的；如果发现不同，那么包含第一个较小字符的字符串将被认为是较小的字符串。equals()方法只是通过返回布尔值 true 或 false 来判断两个字符串是否相等。compareTo()方法还将提供其他一些信息，指出较小或较大的字符串，以及确定这个结果的字符位置。如果两个字符串相等，那么 compareTo()方法将返回 0。当使用这两个方法的 ignoreCase 版本时，比较的结果是在不区分大小写的情况下得到的，因此，如果忽略大小写，那么字母'h'和'H'被认为是相等的。下面是在区分大小写时比较字符串的一些示例：

"Hello"大于"Good Bye"，因为 Hello 的第一个字母 H 大于 Good Bye 的第一个字母 G。
"hello"小于"Hello"，因为 hello 的第一个字母 h 小于 Hello 的第一个字母 H。
"SMITH"大于"JONES"，因为 SMITH 的第一个字母 S 大于 JONES 的第一个字母 J。
"123"大于"1227"，因为 123 的第三个字符 3 大于 1227 的第三个字符 2。
"Behop"大于"Beehive"，因为 Behop 的第三个字符 h 大于 Beehive 的第三个字符 e。

程序 7.2 以一个完整的程序环境中使用了 3 个字符串方法。

程序 7.2

```
import java.io.*;
public class StringMethods
{
 public static void main(String[] args)
  {

    String string1 = new String("Hello");
    String string2 = new String("Hello there");
    int n;

    System.out.println("string1 is the string " + string1);
    System.out.println("string2 is the string " + string2);
    System.out.println();  //输入空行

    n = string1.compareTo(string2);

    if (n < 0)
       System.out.println(string1 + " is less than " + string2);
    else if (n == 0)
       System.out.println(string1 + " is equal to " + string2);
    else
       System.out.println(string1 + " is greater than " + string2);

    if (string1.equalsIgnoreCase("HELLO"))
       System.out.println("string1 equals (ignoring case) HELLO");
    else
       System.out.println("string1 does not equal (ignoring case) HELLO");
    System.out.println("\nThe number of characters in string1 is " +
                         string1.length());
    System.out.println("The number of characters in string2 is " +
                         string2.length());

    string1 = string1.concat("there world! ");
    System.out.println("\nAfter concatenation, string1 contains the
                        characters " + string1);
    System.out.println("The length of this string is " + string1.length());

    string1 = string1.toLowerCase();
    System.out.println("\nIn lowercase this string is " + string1);
    string1 = string1.toUpperCase();
```

```
    System.out.println("In uppercase this string is " + string1);
  }
}
```

程序 7.2 的输出结果为:

```
string1 is the string Hello
string2 is the string Hello there

Hello is less than Hello there
string1 equals (ignoring case) HELLO

The number of characters in string1 is 5
The number of characters in string2 is 11

After concatenation, string1 contains the characters Hello there world!
The length of this string is 18

In lowercase this string is hello there world!
In uppercase this string is HELLO THERE WORLD!
```

在回顾该输出结果时，请参见图 7.5，它显示了 string1 和 string2 中的字符在内存中的存储方式。请注意，每个字符串的长度是指该字符串中的字符总数，并且每个字符串的第一个字符被定位在索引位置 0，因此，字符串的长度通常比该字符串最后一个字符位置的索引编号大 1。

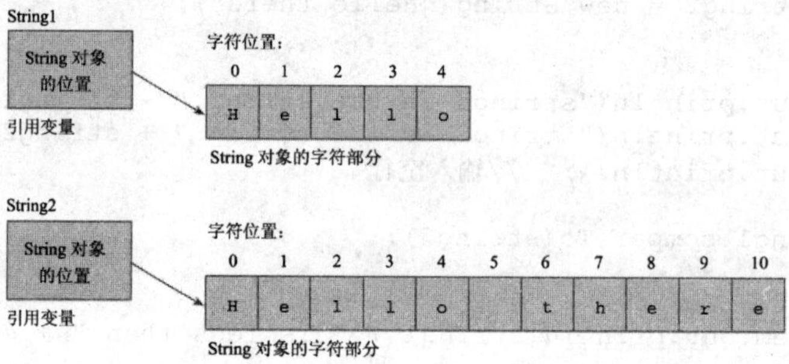

图 7.5 程序 7.2 使用的初始字符串

7.2.2 注意事项

在比较两个字符串的相等性时，永远不要使用相等性操作符==，原因是，当使用 String 类的 compareTo()和 equals()方法比较字符串中的字符时，==操作符比较的是用来访问这两个字符串的引用变量中存储的值。这可能会导致错误结果，例如，假设 s1 的声明为 String s1 = "Help";，那么表达式(s1 == "Help")是成立的，但是，如果采用其他方式来实例化字符 H、e、l、p，例如，String s2 = "Helpless".substring(0,4);，那么表达式(s1 == s2)就是错误的，原因是，虽然 s1 和 s2 引用的字符串包含相同的字符，但引用变量 s1 和 s2（如图 7.6 所示）引用的是两个不同的字符串，因此，即使每个字符串中的字符是相同的，引用变量本身则是不同的。

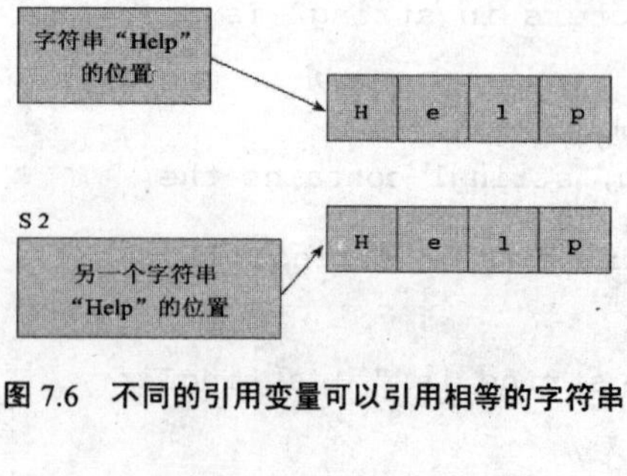

图 7.6 不同的引用变量可以引用相等的字符串

由此可以推出的重要一点是，不应该使用用于比较原始数据类型的相等性操作符==来测试字符串的相等性；相反，在测试字符串的相等性时，应该使用 String 类的 compareTo()或 equals()方法。

7.2.3 其他 String 方法

虽然你主要使用表 7.3 阴影部分的 String 类方法，但有时你将会发现该表中列出的其他 String 方法也是非常有用的。其中一个比较有用的是 charAt()方法，它允许你检索字符串中的个别字符。程序 7.3 使用该方法从字符串中检索元音字母，从字符串的位置 0 开始，到字符串的最后一个字符位置结束，最后统计出有多少元音字母。最后的位置通常比字符串的字符数小 1。

程序 7.3

```
import java.io.*;
public class CountVowels
{
 public static void main(String[] args)
  {

    String str = new String("Counting the number of vowels");
    int i, numChars;
    int vowelCount = 0;

    System.out.println("The string: " + str);

    numChars = str.length();
    for (i = 0; i < numChars; i++)
     {
        switch(str.charAt(i))       //从字符串中得到位置为 i 的字符
        {
            case 'a':
            case 'e':
            case 'i':
            case 'o':
            case 'u':
                vowelCount++;
        }
     }

    System.out.println("has " + vowelCount + " vowels. ");
  }
}
```

在程序 7.3 中，switch 语句中的表达式 str.charAt(i)将检索字符串位于位置 i 的字符，然后将该字符与 5 个不同的字符值进行比较。在缺少 break 语句时，switch 语句将遍历所有选定的情况，因此，遍历所有选定的情况导致了 vowelCount 的递增。程序 7.3 的输出结果为：

```
The string: Counting the number of vowels
has 9 vowels.
```

在实际的编程过程中，表 7.3 中其余的 String 方法通常主要用来定位字符串中的指定字符和创建子字符串。程序 7.4 演示了其中一些方法的使用方式。

程序 7.4

```
public class OtherMethods
{
 public static void main(String[] args)
  {
```

```
    String string1 = "LINEAR PROGRAMMING THEORY";
    String s1, s2, s3;
    int j, k, l;

    System.out.println("The original string is " + string1);

    j = string1.indexOf('I');
    System.out.println("  The first position of an 'I' is " + j);

    k = string1.indexOf('I', (j+1));
    System.out.println("  The next position of an 'I' is " + k);

    l = string1.lastIndexof('I');
    System.out.println("  The last position of an 'I' is " + l);

    j = string1.indexOf("THEORY");
    System.out.println("  The first location of \"THEORY\" is " + j);

    k = string1.lastIndexof("ING");
    System.out.println("  The last index of \"ING\" is " + k);

    s1 = string1.substring(2,6);
    s2 = string1.substring(18,22)
     s3 = string1.substring(6,14)

     System.out.println(sl.concat(s2).concat(s3));
  }
}
```

程序 7.4 的输出结果为：

```
The original string is LINEAR PROGRAMMING THEORY
The first position of an 'I' is 1
The next position of an 'I' is 15
The last position of an 'I' is 15
The first location of "THEORY" is 19
The last index of "ING" is 15
NEAR THE PROGRAM
```

程序 7.4 演示的重点是，可以在现有字符串中定位个别字符串或字符串序列，以及从字符串中提取个别字符串或字符串序列。但是，在提取子字符串时，需要知道，substring()方法的第二个参数是将要提取的最后一个字符后的字符的位置。与程序 7.4 最后一个执行语句中使用 concat()方法的复杂表达式相比，连接操作符+要更常用一些。

7.2.4 Character 方法

除了 String 类提供的 String 方法之外，Java 语言还提供了一些非常有用的 Character 类的通用方法。表 7.4 列出的是常用的部分 Character 方法。

表 7.4 Character 类的通用方法

方法	描述
public static boolean isDigit(char ch)	若 ch 是数字，则返回 true，否则，返回 false
public static boolean isLetter(char ch)	若 ch 是字母，则返回 true，否则，返回 false
public static boolean isLowerCase(char ch)	若 ch 是小写字母，则返回 true，否则，返回 false
public static boolean isSpaceChar(char ch)	若 ch 是空格字符，则返回 true，否则，返回 false
public static boolean isUpperCase(char ch)	若 ch 是大写字母，则返回 true，否则，返回 false
public static boolean isWhitespace(char ch)	若 ch 是 Java 定义的空格，则返回 true，否则，返回 false

（续表）

方　法	描　述
public static char toLowerCase(char ch)	若 ch 是大写，则返回相当的小写，否则，返回原来的字符
public static char toUpperCase(char ch)	若 ch 是小写，则返回相当的大写，否则，返回原来的字符
public static char toString(char ch)	返回代表 ch 的字符串

因为表 7.4 中列出的所有方法都是 public 和 static 的，这使它们都是独立于从该类创建的对象的通用方法，每个方法在调用时都是以它的类名开头的。还需要注意的是，除了最后 3 个方法之外，其他每个方法在字符满足所需的条件时都将返回布尔值 true；而在没有满足条件时返回布尔值 false。返回布尔值的方法通常被直接用于 if 语句中，例如，下面的代码段，假设 ch 是一个字符变量：

```
if(Character.isDigit(ch))
 System.out.println("The character is a digit");
else if(Character.isLetter(ch))
 System.out.println("The character is a letter");
```

这里，如果 ch 包含的是数字字符，那么将执行第一个 println()方法；如果包含的是字母字符，那么将执行第二个 println()方法。但是，无论是哪种情况，所检查的字符都被作为参数包括在适当的方法中，而方法本身前面要加上类名 Character 和句点。程序 7.5 在一个统计字符串中的字母、数字及其他字符数的程序中演示了这种代码，所要检查的每个字符都是采用与前面程序 7.3 相同的方式即采用 String 类的 charAt()方法获得的，就像在程序 7.3 中一样，该方法被用于一个 for 循环中，它从第一个字符到最后一个字符循环通过字符串。

程序 7.5

```
import java.io.*;
public class CharMethods
{
  public static void main(String[] args)
  {
      String str = new String("This -123/ is 567 A ?<6245> Test! ");
      char nextchar;
      int i, numChars;
      int numLetters = 0, numDigits =0, numOthers = 0;
      System.out.println("The original string is: " + str);

      numChars = str.length();
      System.out.println("This string contains " + numChars + "characters, "+ "
                            which consist of");
                                  //检查字符串中的每个字符
     for (i = 0; i < numChars; i++)
     {
      nextChar = str.charAt(i);          //得到一个字符
      if (Character.isLetter(nextChar))
         numLetters++;
      else if (Character.isDigit(nextChar))
         numDigits++;
      else
         numOthers++;
     }

       System.out.println("     " + numLetters + " letters");
       System.out.println("     " + numDigits + " digits");
       System.out.println("     " + numOthers + " other characters. ");

  }
}
```

程序 7.5 的输出结果为：

```
The original string is: This -123/ is 567 A ?<6245> Test!
This string contains 33 characters, which consist of
 11 letters
 10 digits
 12 other characters.
```

正如该输出结果所示，字符串的 33 个字符被分别正确地归类为字母、数字及其他字符。

7.2.5 转换方法

表 7.5 和表 7.6 列出的是最后一些 String 方法，它们被用来在字符串和原始数字数据类型之间进行转换。表 7.6 中的方法都是 String 类的公共和静态成员，这意味着它们都是通用的，并且都是通过在方法名前加上 String 类名和句点来调用的。无论是哪种情况，被转换的值都是以原始数据类型的参数方式提供的，并且转换得到的字符串值是通过方法返回的，例如，语句 String str = String.valueOf(42689.65);将通过双精度数字 42689.65 来创建字符串"42689.65"（请回顾一下，小数值的默认类型为双精度），并且该字符串值现在可以被变量 str 引用。

表 7.5 原始类型到字符串的转换方法（所有成员都是 String 类的成员）

方 法	描 述
public static String valueOf(boolean b)	返回代表它的 boolean 参数的字符串
public static String valueOf(char c)	返回代表它的 char 参数的字符串
public static String valueOf(char[] data)	返回代表它的 char 数组参数的字符串
public static String valueOf(char[] data, int offset, int count)	返回代表它的 char 数组参数特定子数组的字符串
public static String valueOf(double d)	返回代表它的 double 参数的字符串
public static String valueOf(float f)	返回代表它的 float 参数的字符串
public static String valueOf(int i)	返回代表它的 int 参数的字符串
public static String valueOf(long i)	返回代表它的 long 参数的字符串

表 7.6 字符串到原始类型的转换方法（所有成员都是 String 类的成员）

方 法	类	描 述
public static integer parseInt(String str)	Integer	返回代表 str 的整数
public static valueOf(String str)	Integer	返回 str 的整数值
integer integerValue()	Integer	返回 Integer 对象的整数值
public static long parseLong(String str)	Long	返回代表 str 的长整数
public static valueOf()	Long	返回 str 的长整数值
long value()	Long	返回 Long 对象的长整数值
public static float parseFloat(String str)	Float	返回代表 str 的浮点值
public static valueOf(String str)	Float	返回 str 的浮点值
float floatValue()	Float	返回 float 对象的浮点值
public static double parseDouble(String str)	Double	返回代表 str 的双精度值
public static valueOf(String str)	Double	返回 str 的双精度值
double doubleValue()	Double	返回 double 对象的双精度值

对于计算目的，表 7.6 列出的将字符串类型转换成原始类型的转换方法是非常有用的，这些方法被分成 4 类，分别表示将字符串转换成整数、长整数、浮点数和双精度数。在每一类转换方法中，都有 3 个方法，实际上，其中的第一个方法都被单独用来将字符串转换成原始类型，而后两个方法被组合使用，以达到相同的效果。

例如，假设下面的声明：

```
String str = "42689.65";
double dvalue;
```

下面的每个语句将分别把 str 字符串转换成双精度数 42689.65：

```
dvalue = Double.parseDouble(str);
```

和

```
dvalue = Double.valueOf(str).doubleValue();
```

在本书中，我们统一使用第一个语句所代表的转换技术，因为它要简单一些。这种转换使用了通用方法 parseDoulbe()，所以它通常是通过在方法名前加上类名 Double 和句点来调用的。需要注意第二种转换技术的工作方式，因为在你的编程工作中也会遇到这种技术，首先，表达式 Double.valueOf(str)调用 Double 类的静态方法 valueOf()，来将它的字符串参数转换成 Double 类型的对象，一旦创建了该对象，就会将一个非静态方法 doubleValue()应用于它，因此，第二种转换的一个较长等效语句更为清楚地显示了这种转换的实现方式：

```
Double tempval = Double.valueOf(str);
dvalue = tempval.doubleValue();
```

这里，第一个语句使用通用方法 valueOf()将 str 字符串转换成 Double 类型的对象，然后在第二个语句中通过将一个类方法应用于该 Double 对象，进一步转换成双精度值。

7.2.6 练习题

1．在你的计算机上输入并运行程序 7.2。

2．修改程序 7.2，以接受用户输入的字符串。

3．假设 text 是下面的字符串，确定 text.charAt(0)、text.charAt(3)和 text.charAt(10)的值：

(1) now is the time

(2) rocky raccoon welcomes you

(3) Happy Holidays

(4) The good ship

4．下面的程序演示了在比较字符串时与使用==操作相关的问题。输入并运行该程序，然后讨论为什么第二个比较没有指出 s1 和 s3 引用的字符串是相等的。

```
import java.lang.*;
public class Caution
{
  public static void main(String[] args)
  {
     String s1 = "Help";
     String s2 = " Helpless";
     String s3;

     System.out.println("The string s1 is: " + s1);
     System.out.println("The string s2 is: " + s2);

     s3 = s2.substring(0,4);
     System.out.println("The string s3 is: "+ s3);

     if (s1 == "Help")
        System.out.println("The first comparison returned a true. ");
     else
        System.out.println("The first comparison returned a false. ");
     if (s1 == s3)
        System.out.println("The second comparison returned a true. ");
     else
```

```
        System.out.println("The second comparison returned a false. ");
    }
}
```

5．在你的计算机上输入并运行程序 7.3。

6．修改程序 7.3，统计并显示字符串中包含的每个元音的个数。

7．修改程序 7.4，显示用户输入的字符串中包含的元音数。

8．使用 charAt()方法，编写并运行一个 Java 程序，读入字符串，并以相反的顺序打印出该字符串（提示：一旦输入并保存了字符串，就可以从头到尾检索并显示该字符串中的字符）。

9．编写并运行一个 Java 程序，检索字符串中的每个字符，将字符转换成大写形式，然后显示这些字符。

10．假设 String 变量 str 引用了字符串"1234"，编写两个不同的语句，将该字符串转换成存储到整数变量 intnum 中的整数。

11．假设 String 变量 str 引用了字符串"1234"，编写两个不同的语句，将该字符串转换成存储到长整数变量 longnum 中的长整数。

12．假设 String 变量 str 引用了字符串"1234.52"，编写两个不同的语句，将该字符串转换成存储到浮点变量 floatnum 中的浮点数。

13．编写并运行一个 Java 程序，统计一个字符串中的字数。每当遇到从一个空格到一个非空格字符的转变时，就统计为一个字。假设字符串只包含用空格分隔的字。

14．生成 10 个 0～127 的随机数字。如果该数字代表可打印的 Unicode 字符，那么使用适当的消息打印出该字符：

```
The character is a lowercase letter
The character is an uppercase letter
The character is a digit
The character is a space
```

如果该字符不是以上情况，那么以整数形式显示出它的值。

15．问题如下：

（1）编写通用方法 countlets()，返回以参数形式传递的字符串中的字母数。返回的计数中应该不包含数字、空格、标点符号、制表符和换行符等。

（2）在一个可执行的 Java 程序中包含为练习题 15（1）所写的 countlets()方法，然后使用该程序测试这个方法。

7.3 StringBuffer 类

虽然可以使用 String 和 Character 类的方法来操作从 String 类创建的字符串，但是这些字符串是不可更改的，这意味着，一旦创建了字符串，就不能对该字符串进行插入、替换或添加操作，当需要解决这种限制问题时，一种较好的选择是，以 StringBuffer 对象的方式来更改字符串，因为 StringBuffer 字符串是以可更改字符序列的方式实现的，所以这种字符串可以通过下面的方式来进行更改：更改字符总数、替换现有的字符，以及在现有字符串中插入或删除某些字符，这种方法的缺点是，StringBuffer 类没有提供一组可以用来比较字符串，或定位字符串中的某些字符和子字符串的方法，因此，对于显示或比较基本保持不变的字符串，最好使用 String 类，而对于需要添加或更改个别字符，以及进行多次文本编辑的情况，则最好使用 StringBuffer 类。因为存在 String 和 StringBuffer 的转换方法，所以，当需要某种特定方法时，通常可以将一种对象转换成另一种对象。

每个 StringBuffer 字符串都是在一个具有一定字符容量的缓冲区中得到创建和存储的。因为 StringBuffer 对象被存储在一个可扩展的缓冲区中(这一点是与 String 对象有所区别的)，所以 StringBuffer 字符串常常被称为**“字符串缓冲”**（**String Buffer**）。在本书中，在能够清楚地知道我们所指的是哪种类时，我们将互换使用术语“字符串”和“字符串缓冲”。

只要字符串缓冲中的字符数不会因插入或附加字符而超过该字符串的容量，就可以保持相同的缓冲区。但是，如果添加操作导致超过该字符串的容量，那么将会自动分配一个新的缓冲区。因删除操作导致字符串缓冲中的字符数减少不会减少缓冲区的容量。

从用户的角度来看，我们希望 StringBuffer 类能够提供 String 类具有的所有操作功能，并提供其他一些允许修改字符串缓冲的方法。事实正是如此。表 7.7 列出的是 StringBuffer 类提供的用来创建这种数据类型的初始字符串对象的方法，而表 7.8 列出的是该类所有可用的方法。

StringBuffer(String str)构造一个包含 str 容量加上 16 个字符的字符串。存储的字符串是 str 的副本，并且构造器将有效地提供从 String 对象到 StringBuffer 对象的转换能力：

```
StringBuffer str1 = new StringBuffer("Hello");
```

表 7.7 StringBuffer 类的部分方法

方　法	描　述	示　例
StringBuffer()	构造一个不包含任何字符且初始容量为 16 个字符的字符串	StringBuffer str = new StringBuffer();
StringBuffer(int length)	构造一个不包含任何字符且初始容量为 length 个字符的字符串	StringBuffer str = new StringBuffer(64);
StringBuffer(String str)	构造一个包含 str 容量加上 16 个字符的字符串。存储的字符串是 str 的副本，并且构造器将有效地提供从 String 对象到 StringBuffer 对象的转换能力	StringBuffer str1 = new StringBuffer(“Hello”);

表 7.8 StringBuffer 类的所有方法

方　法	描　述
附加方法	
StringBuffer append(boolean b)	附加代表 boolean 值 b 的字符串
StringBuffer append(char c)	附加代表 char 值 c 的字符串
StringBuffer append(char[] str)	附加代表 char 数组 str 的字符串
StringBuffer append(char[] str, int offset, int len)	附加代表指定子数组的字符串
StringBuffer append(int i)	附加代表 int 值 i 的字符串
StringBuffer append(long l)	附加代表 long 值 l 的字符串
StringBuffer append(double d)	附加代表 double 值 d 的字符串
StringBuffer append(float f)	附加代表 float 值 f 的字符串
StringBuffer append(String str)	附加字符串值 str
StringBuffer append(Object obj)	附加代表对象 obj 的字符串
容量方法	
int capacity()	返回当前字符串的容量
void ensureCapacity(int minCap)	保证字符串的容量至少等于 minCap。如果当前容量小于 minCap，那么将增加容量；否则，容量保持不变
int length()	返回当前字符串中的字符数
void setLength(int newLength)	增加或减少字符串的最大长度。如果当前长度大于 newLength，那么将从字符串的结尾截取一些字符。如果 newLength 大于当前长度，那么将在字符串后添加空字符（\0）
字符操作方法	
char charAt(int index)	返回指定索引位置的字符
void setCharAt(int position, char ch)	将指定位置的字符设置为值 ch
StringBuffer reverse()	反转字符串中的字符
void getChars(int srcBegin, int srcEnd, char[] dst, int dstBegin)	将 src 字符串中的指定字符复制到 dst 字符数组中

（续表）

方　法	描　述
替换方法	
StringBuffer replace(int start, int end, String str)	使用字符串 str 中的字符替换字符串中从 start 到 end–1 位置的字符。str 中的字符数不必与要被替换的字符数相同
删除方法	
StringBuffer delete(int start, int end)	删除字符串中从 start 到 end–1 位置的字符。start 必须大于 0 且小于字符串的长度，否则将产生异常错误
StringBuffer deleteCharAt(int index)	删除指定位置的字符
插入方法	
StringBuffer insert(int offset, boolean b)	将代表 boolean 值 b 的字符串插入到字符串中的指定位置
StringBuffer insert(int offset, char c)	将代表 char 值 c 的字符串插入到字符串中的指定位置
StringBuffer insert(int offset, char[] str)	将代表 char 数组 str 的字符串插入到字符串中的指定位置
StringBuffer insert(int index, char[] str, int offset, int len)	将代表指定子数组的字符串插入到字符串中的指定位置
StringBuffer insert(int offset, int i)	将代表 int 值 i 的字符串插入到字符串中的指定位置
StringBuffer insert(int offset, long l)	将代表 long 值 l 的字符串插入到字符串中的指定位置
StringBuffer insert(int offset, double d)	将代表 double 值 d 的字符串插入到字符串中的指定位置
StringBuffer insert(int offset, float f)	将代表 float 值 f 的字符串插入到字符串中的指定位置
StringBuffer insert(int offset, String str)	将字符串 str 插入到字符串中的指定位置
StringBuffer insert(int offset, Object obj)	将代表对象 obj 的字符串插入到字符串中的指定位置
String substring(int start)	返回一个新的字符串，该字符串是原始字符串的一个子字符串，它从指定位置开始，直到字符串的结尾
String substring(int start, int end)	返回一个新的字符串，该字符串从指定位置 start 开始，直到 end–1 的位置结束
转换方法	
String toString()	将 StringBuffer 字符串转换成 String 字符串

表 7.8 提供的方法主要用来处理将字符附加和插入到现有字符串中。append()方法和 insert()方法都被重载，以适当不同的数据类型。无论是哪种情况，数据首先被转换成字符串，然后被插入到现有字符串中。StringBuffer 类的 append()方法通常将字符添加到字符串的结尾，而 insert()方法是将字符插入到字符串中指定位置。

正如表 7.8 中的一些常用方法的示例所示，假设我们从下面的语句创建的字符串缓冲类型的字符串开始：

```
StringBuffer str = new StringBuffer("his cannot be");
```

图 7.7 演示了该字符串在创建它的缓冲区中的存储方式。如表 7.7 所示，该缓冲区的容量为字符串的长度加上 16 个字符。

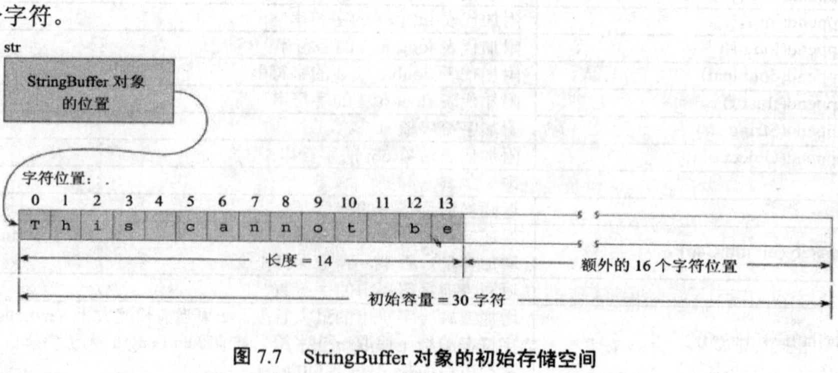

图 7.7　StringBuffer 对象的初始存储空间

现在假设执行下面的语句：

```
str.insert(4, " I know");
```

该语句将把以空格开始的 7 个指定字符从索引位置 4 开始插入到现在字符串中。插入完成后，得到的字符串缓冲如图 7.8 所示。

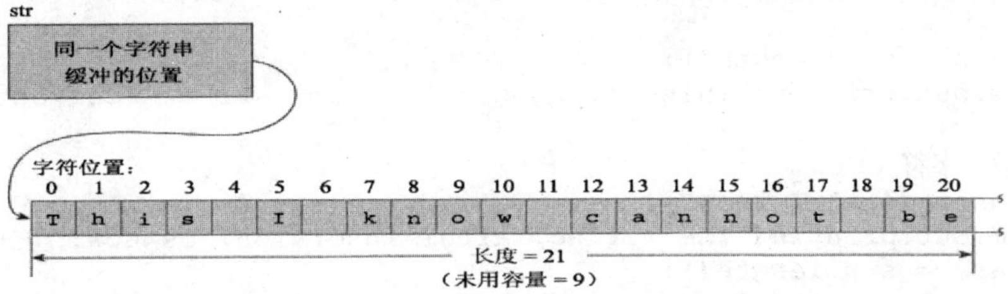

图 7.8 插入后的字符串

如果现在执行语句 str.replace(12, 18, "to");，那么将删除索引位置 12～17（指定的结束索引位置–1）的现有字符，然后从索引位置 12 开始插入两个字符，因此，替换的负面影响如图 7.9 所示。需要注意的是，替换字符的个数（在这个特定示例中为 2）可以小于、等于或大于被替换的字符个数（在该示例中为 6）。

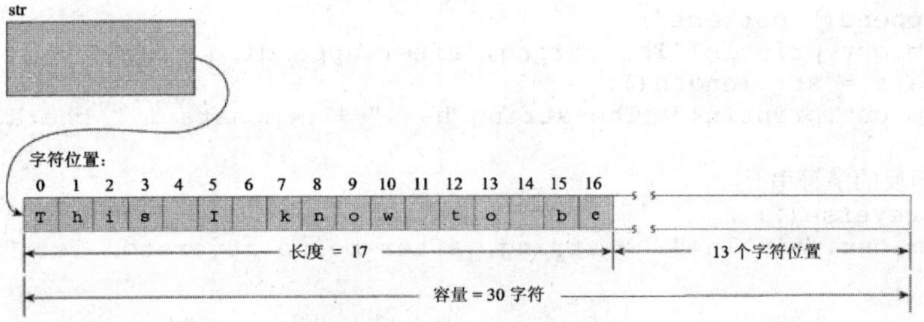

图 7.9 替换后的字符串

最后，如果我们使用语句 str.append("correct");将字符串"correct"附加到图 7.9 所示的字符串中，那么将得到如图 7.10 所示的字符串。

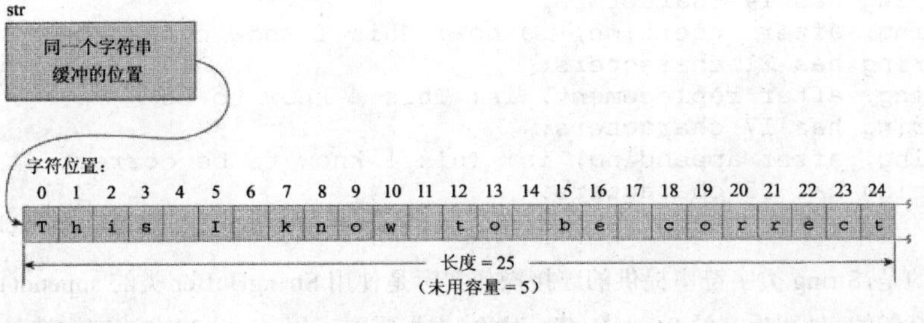

图 7.10 附加后的字符串

程序 7.6 在一个完整的程序环境下演示了我们刚才提到的几个语句的使用方法。此外，在调用 append()方法之后（将得到如图 7.10 所示的字符串），程序将调用 reverse()方法来显示如何反转该字符串。

程序 7.6

```
import java.io.*;
public class StringBufferMethods
{
  public static void main(String[] args)
  {
    StringBuffer str = new StringBuffer("This cannot be");
    int i, numChars;
```

```
System.out.println("The original string is: " + str);

 numChars = str.length();
 System.out.println("This string has " + numChars + " characters. ");

   //插入字符
 str.insert(4, " I know");
 System.out.println("The string, after insertion, is now: " + str);
 numChars = str.length();
 System.out.println("  This string has " + numChars + " characters. ");

   //代替字符
 str.replace(12, 18, "to");
 System.out.println("The string, after replacement, is: " + str);
 numChars = str.length();
 System.out.println("  This string has " + numChars + " characters.");

   //添加字符
 str.append(" correct");
 System.out.println("The string, after appending, is: " + str);
 numChars = str.length();
 System.out.println("  The string has " + numChars + " characters. ");

   //相反的字符串
  str.reverse();
 System.out.println("The string, after being reversed, is: " + str);
}
}
```

下面是程序 7.6 的输出结果。除了最后字符串字符的反转之外，其他都与图 7.9 和 7.10 中的字符串相匹配。

```
The original string is: This cannot be
This string has 14 characters.
The string, after insertion, is now: This I know cannot be
This string has 21 characters.
The string, after replacement, is: This I know to be
This string has 17 characters.
The string, after appending, is: This I know to be correct
This string has 25 characters.
The string, after being reversed, is: tcerroc eb ot wonk I sihT
```

需要注意的是，String 类字符串提供的连接操作实际是使用 StringBuffer 类的 append()方法来实现的。即首先创建一个新的、最初为空的 StringBuffer 对象，根据需要应用 append()方法来构造最终的字符串值，然后将 StringBuffer 代表的值转换成 String 类的值，例如，语句

```
String message = "Result = " + 2.04 + " feet. ";
```

是通过下面的方式来实现的：

```
String message = new StringBuffer().append("Result = ").append(2.04).
                 append(" feet. ").toString();
```

转换成 StringBuffer 值是必需的，因为 String 类对象是不可更改的，这意味着它们不能被更改。StringBuffer 对象允许将可扩展的 StringBuffer 对象作为中间体来实现连接，因此，如果你的程序需要进行广泛的连接操作，那么最好直接使用 StringBuffer 对象，这将会消除每次连接开始时隐含地调用从 String 到 StringBuffer 的转换，以及在连接完成时从 StringBuffer 转换回 String。

7.3.1　练习题

1．在你的计算机上输入并运行程序 7.6。

2．问题如下：

（1）编写一个 Java 程序，统计字符的总数，包括字符串中的空格，不包括字符串结束标记。

（2）编写一个程序，使其包含为练习题 2（1）所写的方法。

3．编写一个 Java 程序，接受来自终端的字符串，并显示每个字符对应的十六制值。

4．编写一个 Java 程序，接受来自终端的字符串，并以每行一个字的方式显示该字符串。

5．编写一个方法，反转字符串中的字符（提示：这可以被看作是从字符串的最后一个字符反向复制字符串）。

6．编写方法 remove()，什么也不返回，但从字符串中删除所有出现它的参数指定的字符。该方法将采用两个参数：字符串名和将要删除的字符，例如，如果消息包含字符串“Happy Holidays”，那么方法调用 remove(message, 'H')将把字符串“appy olidays”放到消息中。

7．问题如下：

（1）编写一个 Java 通用方法 toUpper()，将字符串中的所有小写字母转换成大写字母。原始字符串应该作为参数传递给该方法，并返回对应的大写的字符串。表达式 ch –'a' + 'A'可以被用来转换 ch 中的所有小写字符。

（2）为练习题 7（1）的方法添加数据输入检查，以验证是否将有效的小写字母传递给该方法。在 Unicode 中，如果字符的值大于或等于 a 且小于或等于 z，那么它就是小写的。如果字符不是有效的小写字母，那么让方法 toUpper()返回所传递的原始字符。

8．编写一个 Java 程序，接受来自终端的字符串，并将字符串中所有的小写字母转换成大写字母（提示：参见练习题 7）。

9．编写一个 Java 程序，统计字符串中的字数。每当遇到从空格到非空格的转变，就被认为是一个字。假设字符串只包含用空格分隔的字。

10．编写通用方法 trimfrnt()，删除字符串中的所有前导空格。

11．编写通用方法 trimrear()，删除字符串中的所有跟随空格。

12．编写方法 addchars()，为字符串添加 n 个相同的字符，例如，调用 addchars(message, 4, '!')将在 message 后添加 4 个感叹号。

13．编写通用方法 extract()，接受两个 StringBuffer 字符串，分别作为 s1 和 s2 的引用，并接受两个整数 n1 和 n2 作为参数。该方法将从 s2 引用的字符串中从位置 n1 开始提取 n2 个字符，然后将提取的字符放到 s1 引用的字符串中，例如，如果字符串 s1 包含字符“05/18/01 D169254 Rotech Systems”，那么方法调用 extract(s1, s2, 18, 6)将在 s2 中创建字符串“Rotech”。

14．我们称字母顺写和逆写都是相同的单词或短语（不考虑空格和标点符号）的情况为“回文”。编写一个 Java 程序，接受一行文本作为输入值，然后检查所输入的文本，以确定它是否为回文。如果输入的文本是回文，那么显示消息“This is a palindrome”；如果不是回文，那么显示消息“This is not a palindrome”。

7.4　常见编程错误

（1）将一个字符串断分成两行或多行，例如，语句

```
System.out.println("The result of the computation is: ");
```

将会导致编译错误。将一个字符串分成多行的正确方法是连接两个或多个字符串，因此，前面的语句应该被写成：

```
System.out.println("The result of the computation"+ " is: ");
```

（2）没有记住字符串的第一个字符位于位置 0，而不是位置 1。

（3）没有记住 length()方法返回的数比字符串最后一个字符的位置编号大 1，例如，字符串“Hello”的长度为 5，但最后一个字符的位置编号为 4。字符串的长度就是字符串中的字符数。

（4）使用==操作符而不是使用 compareTo()或 equals()方法来比较两个字符串。因为比较方法将以逐个字符的方式来比较字符串，而==操作符不是以这种方式进行的，所以在比较字符串时不能使用==操作符。

（5）在使用 substring()方法时，没有指定将要提取的字符的开始位置，例如，要从字符串“Linear”中提取字符“near”，需要使用语句"Linear".substring(2,6);。

7.5 本 章 小 结

（1）**字符串文字**（**String Literal**）是指包含在双引号中的所有字符序列。字符串文字也可以被称为“字符串值”、“字符串常量”、“匿名字符串”，甚至可以被习惯地简称为“字符串”。

（2）可以从 String 类或 StringBuffer 类来构造字符串文字。

（3）从 String 类构造的字符串是不可更改的。这意味着在没有创建新的字符串的情况下，不能在现有的字符串中插入、替换或添加字符。

（4）String 类常用来构造用于输入和输出的字符串，例如，提示消息和显示消息。此外，由于该类所具有的功能，当需要比较、搜索字符串，或者需要提取字符串中的个别字符作为子字符串时，也可以使用该类。

（5）当需要在相对有规律的基础上替换、插入或删除字符串中的字符时，可以使用 StringBuffer 类。

（6）字符串是使用引用变量来访问的。

（7）因为字符串是作为 String 类或 StringBuffer 类的对象来构造的，所以必须先通过为该对象分配存储空间的方法来创建它。用来最初为新对象（可以是字符串或其他类型的对象）分配存储空间的方法被称为**“构造器”**（**Constructor**）。

（8）可以使用所属的类的方法，或者使用通用字符串和字符方法来操作字符串。

第8章 数　　组

到现在为止，我们所使用的基本数据类型变量都有一个共同的特征：每个变量一次只能保存一个值，例如，下面语句中的变量 key、count 和 grade 虽然是不同的数据类型，但每个变量每次只能保存一个相互的内嵌数据类型值：

```
char key;
int count;
double grade;
```

这种类型的变量称为标量变量。**标量变量**的值是一种简单的内嵌数据，例如整数、字符或小数。

通常，我们把具有相同数据类型的一组值构造为一个逻辑组，例如，下面分析了 3 个逻辑组（第一组是 5 个整数分数，第二组是 4 个字符编码，最后一组是 6 个浮点价格）：

```
分数    编码    价格
98       x     10.96
87       a      6.43
92       m      2.58
79       n       .86
               12.27
                6.39
```

一个包含相同数据类型的项的简单序列称为一维数组。本章将介绍如何声明、初始化、保存和使用一维数组；另外，本章将使用具体的例子分析一维数组的使用，并分析声明和使用多维数组的过程。因为数组是引用数据类型，我们也可以看到它们和内嵌数据类型不同的声明方式。

8.1 一维数组

一维数组，也称为**单维数组**或**向量**，是使用一个简单的组名保存的具有相同数据类型的一组相关联的值。[①]在 Java 中，和别的计算机语言一样，组名称为数组名，例如，下面是一列价格值，为了方便，我们选择 prices（价格）为数组名：

```
prices
10.69
 6.43
 2.58
  .86
12.27
 6.39
```

序列中所有的价格都是双精度数字，不需要对该序列中的每一项分别声明。序列中的项可以被声明为一个单独的单元，并保存在使用数组名命名的变量中。可以使用下列两个语句实现在 prices 中保存 6 个单

① 列可以用不同的方式来表示。数组是列的一种表示方式，其所有的列元素具有相同的数据类型，每个元素都保存在一组连续的内存空间中。

独的双精度值：①

```
double prices[];
prices = new double[6];
```

这里，第一个语句是声明语句，声明了保存在数组中项的数据类型和数组名，如图 8.1 所示，该语句创建了一个引用变量，并将其初始化为 null；第二个语句使用 new 操作符创建了一个包含 6 个双精度存储分配空间的数组对象，并把这个数组对象的位置保存在引用变量 prices 中，这个语句提供的分配如图 8.2 所示。

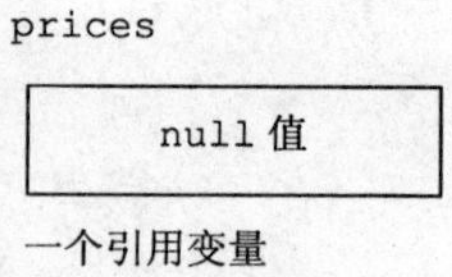

图 8.1 语句 double price[];的结果

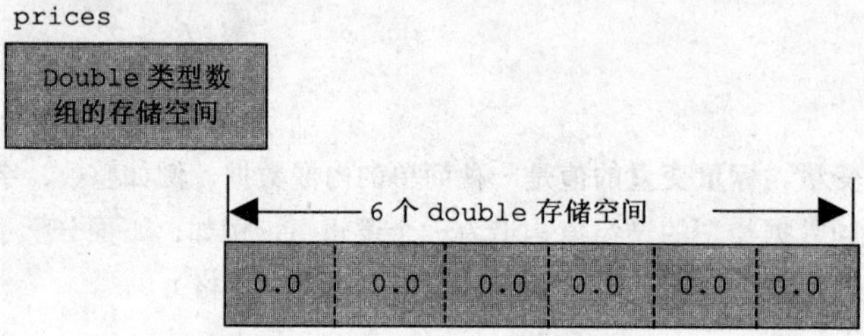

图 8.2 price = new double[6];的执行结果

当使用 new 操作符分配实际的存储空间时，若数组为数字类型，则每个数组元素被默认初始化为 0，若为布尔类型，则初始化为 null（在本章末将介绍一个引用类型数组的例子）。

和引用类型一样，声明和分配语句可以被组合为一个语句，这样，prices 数组的声明和分配也可以使用下面的语句来完成：

```
double prices[] = new double[6];
```

这里，prices 是一个引用类型变量，用来访问和它相关的数组。prices 仅仅表示数组的存储地址，但我们通常将所创建的数组称为 prices 数组。

可以定义一个常量，用来表示为数组分配的空间。使用这个约定，grade 数组的声明和分配为：

```
final int NUMELS = 6;    //定义项的数目
double prices[];         //声明一个数组
prices = new double[NUMELS];  //分配数组
```

或

```
final int NUMELS = 6;                    //定义项的数目的一个常量
double prices[] = new double[NUMELS];  //声明并分配数组
```

更多的使用符号常量声明数组的例子为：

```
final int ARRAYSIZE = 4;                //创建了一个符号常量
char code[] = new char[ARRAYSIZE];     //声明并分配数组

final int NUMELS = 5;
int grade[] = new int[NUMELS];

final int SIZE = 100;
float amount[] = new float[SIZE];
```

在这些例子里，变量 code 被声明并指向一个能容纳 4 个字符的数组，变量 grade 能够存放 5 个整数数字，

① 除了 main 的参数，另一个不常用的选择是将数组名放在中括号后面而不是前面。这样，声明 double prices[]和 double[] prices 是相同的。

amount 变量能存放 100 个双精度数字。符号常量 ARRAYSIZE、NUMELS 和 SIZE 是程序员定义的名字。图 8.3 分析了数组 array 和 code 的存储分配。

数组中的每一项称为数组**元素**。图 8.3 分析了保存在数组中的每个元素，第一个数组元素保存在第一个存储位置，第二个元素保存在第二个存储位置，等等，一直到最后一个元素保存在最后一个存储位置。序列的连续存储位置是数组的主要特征，因为它为在序列中定位任何单个元素提供了一种简单的机制。

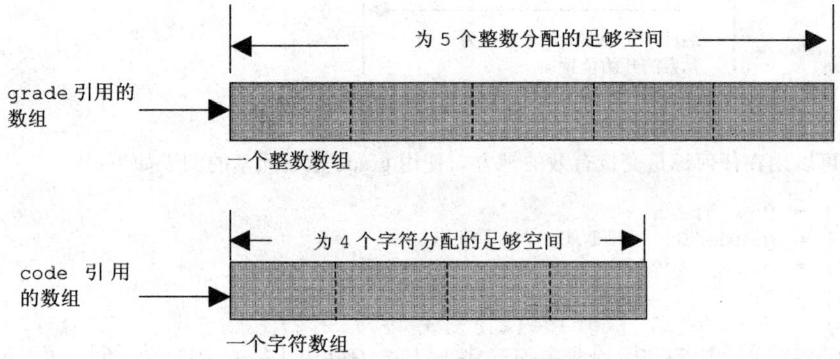

图 8.3　由 grade 和 code 引用的数组

因为数组中的元素是连续保存的，使用给定数组的名字和元素的位置可以访问任何一个元素，这个位置称为元素的**索引**或**下标**值（这两个术语是同义的）。对于一维数组，第一个元素的索引为 0，第二个元素的索引为 1，等等。在 Java 中，通过将索引显示在数组名后的中括号里，从而把数组名和要求元素的索引结合起来，例如，图 8.3 分析了 grade 数组：

grade[0] 指保存在 grade 数组的第一个值
grade[1] 指保存在 grade 数组的第二个值
grade[2] 指保存在 grade 数组的第三个值
grade[3] 指保存在 grade 数组的第四个值
grade[4] 指保存在 grade 数组的第五个值

图 8.4 分析了在内存中的 grade 数组里的每个元素的正确定义，因为必须使用变量名和索引或下标值来访问元素，每个元素也称为**索引变量**或**下标变量**。记住，索引或下标值给定了数组里元素的位置。

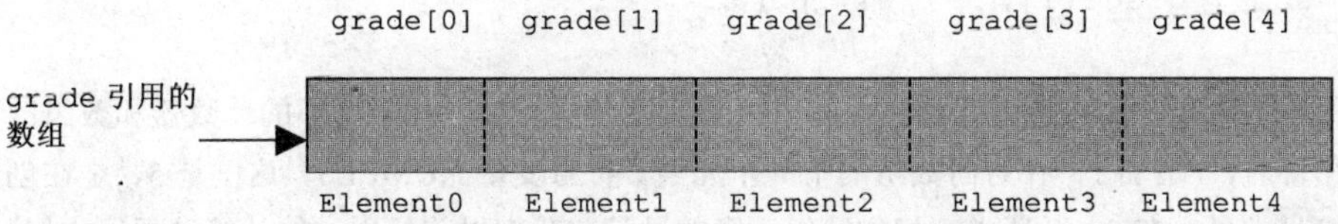

图 8.4　区分每个数组元素

下标变量 grade[0]读作“grade 下标 0”，这是“grade 数组下标为 0”的简称，以区别数组的第一个元素和声明为 grade0 的标量变量。类似地，grade[1]读作“grade 下标 1”，grade[2]读作“grade 下标 2”，等等。

虽然看起来使用下标 0 来标示第一个元素并没有特别之处，但当访问数组元素时，这样能够加快计算速度。在内部，程序员看不到，程序使用这个索引作为从数组开始位置的位移，如图 8.5 所示，索引告诉计算机需要从数组的开始位置跳过多少个元素，才能到达要求的元素。数组开始位置，是当创建数组时保存在创建的引用变量中的值。

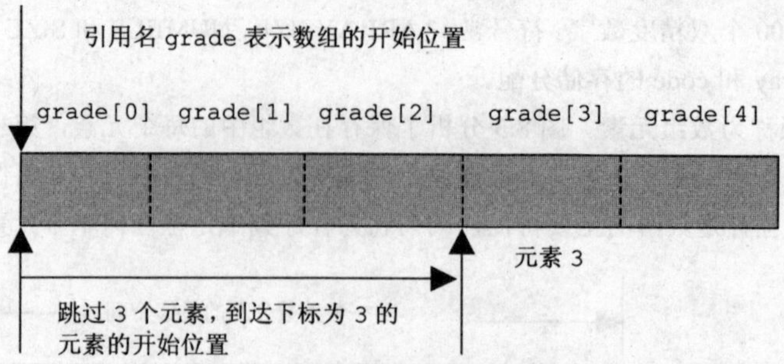

图 8.5 访问数组里下标为 3 的元素

下标变量可以用在任何标量变量有效的地方。使用 grade 数组元素的例子如下：

```
grade[0] = 95.75;
grade[1] = grade[0] - 11.0;
grade[2] = 5.0*grade[0];
grade[3] = 79.0;
grade[4] = (grade[1] + grade[2] - 3.1) / 2.2;
sum = grade[0] + grade[1] + grade[2] + grade[3] + grade[4];
```

包含在方括号里的下标不必是一个整数常量；任何可以计算为整数的表达式都可以用作下标。当然，在每种情况下，表达式的值必须是在数组定义时定义的有效的下标范围内，例如，假设 i 和 j 是 int 变量，下列的下标变量是有效的：

```
grade[i]
grade[2*i]
grade[j-i]
```

使用整数表达式的一个非常重要的优势是它允许通过循环来顺序访问整个数组，这使下面的语句是不需要的：

```
sum = grade[0] + grade[1] + grade[2] + grade[3] + grade[4];
```

这个语句中的下标值可以由一个 for 循环计数器代替，并顺序访问数组中的每个元素，例如，下列代码：

```
sum = 0;              //初始化 sum 为 0
for(i= 0;i<NUMELS;i++)
{
 sum = sum + grade[i];    //加一个分数
}
```

连续地接收每个数组元素，并把元素加到 sum 中。这里，变量 i 作为 for 循环的计数器和数组的下标。当每次通过循环时，i 增加 1，并访问数组的下一个元素。符号变量 NUMELS，这里是 5，.是在创建数组时所使用的符号常量。在 for 循环中，相加数组元素的过程和我们以前使用过的计算过程很类似。

当访问下标值较大的数组时，使用 for 循环顺序访问数组的优点是很明显的，例如，如果 grade 数组包含 100 个值，而不是刚才的 5 个，则只需要简单地将 NUMELS 设置为 100，并使用 for 循环顺序访问每个元素，然后将每个元素的值加到 sum 中。

在 Java 中，数组存储的一个优点是数组的大小能够被自动保存到变量 length 中。这样，数组的实际大小可以通过在要求的数组名前加的前缀这个变量得到，例如，如果 grade 是包含 5 个元素的数组，标识符 grade.length 的值为 5，使用这个变量，前面用来计算所有值的和的循环可以被编写为：

```
sum = 0;  //初始化 sum 为 0
for(i=0;i<grade.length;i++)
```

```
sum = sum + grade[i];  //增加一个分数
```

现在介绍另外一个使用 for 循环顺序访问数组的例子，假设我们要在一个包含 1000 个元素的数组 prices 中找到最大值。寻找最大值的过程为：开始假设数组的第一个元素是最大的，然后，我们顺序地访问数组，将这个最大值和每个元素进行比较。当找到一个更大的元素时，这个元素就成为新的最大值。下面的语句即可完成上述的工作：

```
maximum = prices[0];   //设置最大值元素的下标为 0
for(int i=1;i<prices.length;i++)  //循环访问数组的其余元素
 if(prices[i] >maximum)     //每个元素和最大值比较
   maximum = prices[i];   //得到新的最大值
```

在这段代码里，for 语句中包含了一个 if 语句。从数组的下标 1 开始寻找一个新的最大值，直到最后一个元素。假设 prices 是一个包含 1000 个元素的数组，则变量 prices.length 的值为 1000，这是数组的长度，第一个元素为 prices[0]，最后一个元素为 prices[999]。在代码中，将每个元素和当前的最大值进行比较，当比最大值大时，则该元素成为新的最大值。

8.1.1　数组值的输入和输出

使用键盘 readLine()或 showInputDialog()方法，数组元素可以和变量一样被交互赋值，例如，语句

```
s1 = JOptionPane.showInputDialog("Enter a grade");
grade[0] = Integer.parseInt(s1);
```

读取一个值并保存到变量 grade[0] 中。

☆ *知识点*　集合数据类型

数组对象是一种集合数据类型，这种类型也称为结构类型或数据结构，它的每个元素是别的数据类型，并且和一些定义的结构相关联。另外，必须能够查找和修改在数据结构中的每个值。在一维数组中，例如一个整数数组由整数数字组成，其中的每个整数和它们在序列中的位置相关。序列变量提供了在数组中访问和修改值的方法。

可以使用 for 循环顺序访问数组，来进行交互式输入，例如，下列代码：

```
for(int i=0;i<grade.length;i++)
{
 s1 =  JOptionPane.showInputDialog("Enter a grade: ");
 grade[i] = Integer.parseInt(s1);
}
```

提示用户输入 5 个分数。[①]第一个分数保存在元素 grade[0]中，第二个分数保存在元素 grade[1]中，直到第五个数字被输入。

注意，在访问数组元素时，Java 将会检查使用的所有索引值（称为界限检查）。如果一个数组声明为包含 5 个元素，而使用的索引为 6，这样就超出了数组的界限，Java 在访问不存在的元素时将抛出 ArrayIndexOutOfBounds 异常。

在输入时，可以使用 print()和 println()方法显示每个数组元素，或在一个 for 循环里使用这些方法完成数组的部分显示。使用 println()方法显示下标变量的例子为：

```
System.out.println(prices[5]);
```

① 对等的语句为 for(int i=0;i<=grade.length-1;i++)。使用哪种方式取决于个人习惯。

和

```
System.out.println("The value of element" + I + "is" + grade[i]);
```

和

```
for(int k=5;k<=20;k++)
 System.out.println("index = " +k+"value="+amount[k]);
```

第一个 println()方法显示了变量 price[5]的值，第二个 println()方法显示了下标 i 和 grade[i]的值。在这个语句执行前，需要对 i 进行赋值。最后的例子包含了一个在 for 循环里的 println()方法的调用，从 5 到 20 之间的下标和对应元素的值被显示。

程序 8.1 分析了数组的输入和输出技术，其使用了包含 5 个整数数字的数组 grade。程序中包含了 2 个 for 循环。第一个 for 循环顺序访问数组的每个元素并允许用户向每个数组元素赋值，在输入 5 个值后，第二个 for 循环显示了保存的值。

程序 8.1

```
import javax.swing.*;
pulic class ElementInputAndDisplay
{
 public static void main(String[] args)
 {
   final int NUMELS = 5;

   String s1;
   int i;
   int grade[];    //声明数组
   grade = new int[NUMELS];  //分配数组
   for(i=0;I<NUMELS;I++)
   {
     s1 = JOptionPane.showInputDialog("Enter a grade: ");
     grade[i] = Integer.parseInt(s1);
   }
   for(i=0;i<NUMELS;i++)
     System.out.println("grade[" + i +"] is " + grade[i]);
   System.exit(0);
 }
}
```

假设程序 8.1 运行时，输入 85、90、78、75 和 92，产生下面的输出：

```
grade[0] is 85
grade[1] is 90
grade[2] is 78
grade[3] is 75
grade[4] is 92
```

注意程序 8.1 输出显示的下标值和保存在对应的数组元素中的数字值的不同。下标值表示数组中元素的位置，而下标变量表示在相应位置所保存的数字值。

除了简单地显示保存在每个数组元素中的值，也可以对数组中的元素进行操作，例如，在程序 8.2 中，将数组中每个元素的值求和，并在显示每个数组元素后输出。

程序 8.2

```
import javax.swing.*;
public class AccumulateElements
{
```

```
    public static void main(String[] args)
    {
      final int NUMELS = 5;
      String s1;
      int i;
      int total = 0;
       //声明并分配数组
      int grade[] new int[NUMELS];  //分配数组空间
      for(i = 0;i<NUMELS;i++)
      {
        s1 = JOptionPane.showInputDialog("Enter a grade: ");
        grade[i] = Integer.parseInt(s1);
      }
      System.out.println("The total of the grades");
      for(i=0;i<NUMELS;i++)
      {
        System.out.print(" " + grade[i]);
        total = total + grade[i];
      }
      System.out.print(" is " + total);
      System.exit(0);
    }
  }
```

假设在程序 8.2 中的输入使用的是和程序 8.1 同样的数据(85,90,78,75 和 92)，执行程序 8.2，得到下列的输出：

```
The total of the grades 85 90 78 75 92 is 420
```

注意，在程序 8.2 里，不像程序 8.1 那样，只显示保存在每个数组元素中的值。另外，虽然是在第二个循环中计算了每个数组元素的和，但也可以把语句 total = total + grade[i];放在第一个循环中的 showInputDialog()后，同样能够实现求和的功能。也要注意 System.out.print()方法用来显示在第二个循环外得到的和，这样，在所有的值被加到和中后，和只能显示一次；如果把这个 System.out.print()方法的调用放在 for 循环里，将会显示 5 个和，只有最后一个显示才包含了所有数组元素值的和。

8.1.2 字符串数组①

除了基本数据类型数组，例如 int 和 double 类型的数组，也可以构造引用类型的数组，例如，可以使用下列的声明和分配语句构造一个包含 4 个字符串的数组 names：

```
String names[];;
names = new String[4];
```

或使用下面语句：

```
String names[] = new String[4];
```

创建数组后，可以对每个元素分别赋值，例如，下列语句

```
names[0] = "Joe";
names[1] = "Harriet";
names[2] = "Allyn";
names[3] = "Roberta";
```

分别将字符串值"Joe"、"Harrier"、"Allyn"和"Roberta"赋值给相应的 names 数组元素。程序 8.3 分析了字符串数组的声明和分配以及前面 4 个赋值语句的使用。

---

① 学习时可以略过此小节。

程序 8.3

```
public class StringArray
{
 public static void main(String[] args)
  {
   int i;
   String names[];    //声明数组
   names = new String[4];  //分配数组
     //对每个数组元素赋值
   names[0] = "Joe";
   names[1] = "Harriet";
   names[2] = "Allyn";
   names[3] = "Roberta";
     //显示数组 names
   for(i = 0;i<names.length;i++)
    System.out.println("names[" + i + "] is " + names[i]);
  }
}
```

程序 8.3 的输出为：

```
names[0] is Joe
names[1] is Harriet
names[2] is Allyn
names[3] is Roberta
```

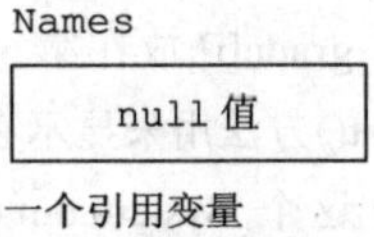

图 8.6a 语句 String names[];创建了一个引用变量

需要注意，引用类型的数组，例如字符串数组，和内嵌数据类型的保存不同，例如，图 8.6a～图 8.6c 分析了程序 8.3 所创建的包含 4 个字符串的数组是如何保存在内存中的。如图 8.6a 所示，语句 String names[];声明了用来保存数组地址的引用变量 names，这一步和内嵌数据类型数组的完成是一样的。数组的实际分配由语句 names = new String[4];完成，这里引用变量和内嵌数据类型是不同的，如图 8.6b 所示，创建了一个包含 4 个字符串的数组，其中的每个元素都包含一个 null 地址。只有在我们赋给其一个实际的字符串值时，数组中的元素才保存所赋值字符串的内存地址，如图 8.6c 所示，如果数组是内嵌数据类型的数组，实际的值被直接保存在数组里，而不是值的引用。

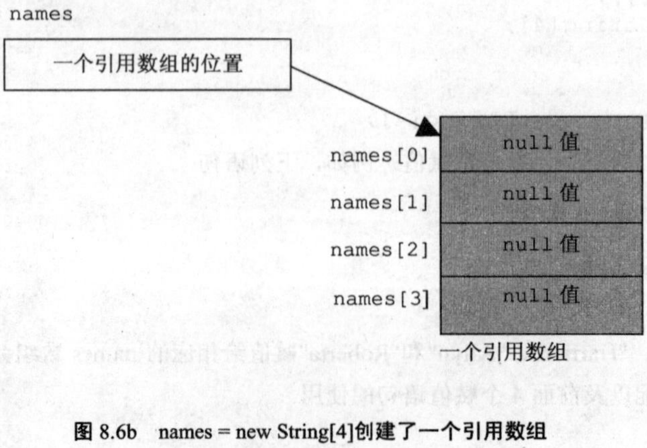

图 8.6b names = new String[4]创建了一个引用数组

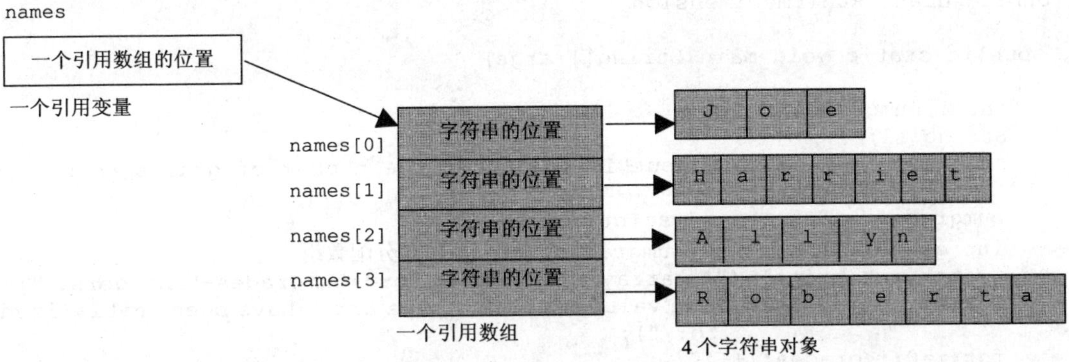

图 8.6c 赋值操作创建了一个实际数组对象

虽然在图 8.6c 中，字符串数组中的每个元素可以通过给定数组名和索引值进行访问，像 names[2]，但应注意，每个元素的实际分配空间是不一样的，原因是它们的长度不同，而这只有在字符串被实际赋值时才能确定。

将一个字符串赋值给一个数组元素后，就可以使用赋值语句将一个新的字符串代替已有的字符串，例如，假设程序 8.3 的 4 个字符串赋值已经被执行，产生如图 8.6c 所示的存储分配，下列赋值语句

```
names[2] = "Louisa";
```

创建了一个新的字符串并代替了 names[2]中原有的引用值。也要注意，从一个严格的编程观点来看，引用变量可以和内嵌数据类型使用同样的方法访问——使用数组名和一个索引值，如图 8.7 所示，这样，在使用数组时所要求的内部存储对于编程来说是隐藏的，并不会影响访问元素的方式。

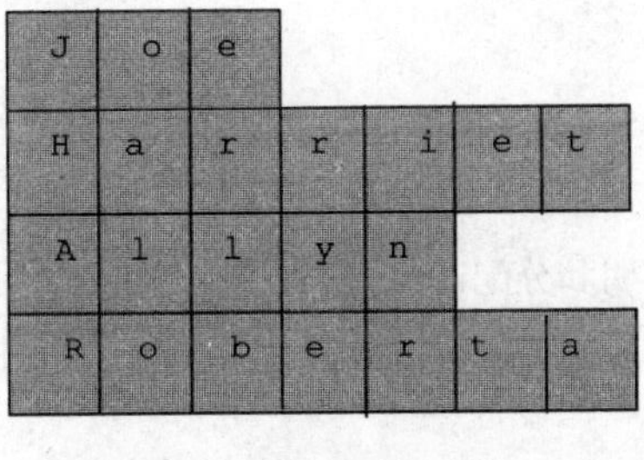

图 8.7 数组的编程视图

8.1.3 运行时维数

除了可以在编译时定义数组的长度，数组的长度也可以在运行时被交互式地输入，然后再使用输入的值为数组分配空间。因为数组的长度称为它的维数，所以运行时数组的长度也可以称为运行时维数。

对运行时维数举例如下：

```
s1 = JOptionPane.showInputDialog("Enter the number of grades to be processed: ");
numgrades = Integer.parseInt(s1);
int grade[] = new int[numgrades];  //声明并分配数组
```

在这个指令序列里，实际分配给数组 grade 的维数依赖于用户输入的值。程序 8.4 分析了这个代码序列。

程序 8.4

```
import javax.swing.*;
```

```
public class RunTimeDimension
{
  public static void main(String[] args)
   {
     int i,numgrades;
     String s1;
     s1 = JOptionPane.showInputDialog("Enter the number of grades to be
         processed: ");
     numgrades = Integer.parseInt(s1);
     int grade[] = new int[numgrades];  //声明并分配数组
     System.out.println("An array was created for"+numgrades+"integers. ");
     System.out.println("The values stored in the array have been initialized
                         to: ");
     for(i=0;i<grades;i++)
       System.out.println("grade["+i+"] is"+grade[i]);

     System.exit(0);
   }
}
```

当用户输入 10 时，程序 8.4 产生的输出如下：

```
An array was created for 10 integers.
  The values stored int the array have been initialized to:
grade[0] is 0
grade[1] is 0
grade[2] is 0
grade[3] is 0
grade[4] is 0
grade[5] is 0
grade[6] is 0
grade[7] is 0
grade[8] is 0
grade[9] is 0
```

8.1.4 练习题

1. 根据下列语句，编写数组声明和分配语句：

（1）100 个整数分数

（2）50 个浮点类型温度

（3）30 个字符

（4）100 个整数年

（5）32 个浮点周转率

（6）1000 个浮点距离

（7）6 个整数码数字

2. 为下列数组的第一、第三和第七个元素编写适当的注释：

（1）int grades[20]

（2）double prices[10]

（3）double amps[16]

（4）int dist[15]

（5）double velocity[25]

（6）double time[100]

3．问题如下：

（1）使用 showInputDialog()方法和适当的分析方法，编写语句，用来输入值到练习题 2（1）中声明的数组的第一、第三和第七个元素。

（2）编写一个 for 循环，为练习题 2（1）的整个数组输入值。

4．问题如下：

（1）编写单独的语句，显示练习题 2（1）声明的每个数组的第一、第三和第七个元素。

（2）编写一个 for 循环，显示练习题 2（1）所声明的整个数组的值。

5．根据下列的代码段，显示元素值：

（1）
```
for(m=1;m<=5;m++)
  System.out.print(a[m] + " ");
```
（2）
```
for(k=1;k<=5;k = k+2)
  System.out.print(a[k] + " ");
```
（3）
```
for ( j=3; j<=10;j++)
  System.out.print(b[j] + " ");
```
（4）
```
for(k=3;k<=12;k=k + 3)
  System.out.print(b[k] + " ");
```
（5）
```
for(I =2;I<11;I = I +2)
  System.out.print(c[I] + " ");
```

6．问题如下：

（1）编写一个 Java 程序，将下列值输入到 prices 数组中：10.95、16.32、12.15、8.22、15.98、26.22、13.54、6.45、17.59。输入数据后，再让程序输出所有的值。

（2）重复练习题 6（1），但在数据输入后让程序以下列的方式显示：

```
10.95    16.32    12.15
8.22     15.98    26.22
13.54    6.45     17.59
```

7．编写一个 Java 程序，输入 8 个整数数字到数组 grade 中。将输入的每个数据加入到和中。在所有的数字输入后，显示这些数字和它们的平均值。

8．问题如下：

（1）编写一个程序，输入 10 个整数数字到数组 fmax 中，并分析输入的最大值，注意，程序只能包含一个 for 循环，最大值应该由输入的数组元素值决定（注意：将第一个数组元素设置为最大值，然后和别的输入值进行比较）。

（2）重复练习题 8（1），继续分析数组中的最大元素和最大值的索引值。在显示数字后，显示这两个数字：

```
The maximum value is:____
This is element number____in the list of numbers
```

让程序在信息中的下划线处显示正确的值。

（3）重复练习题 8（1），但是让程序找出输入数据的最小值。

9．问题如下：

（1）编写一个 Java 程序，将下列的整数数字输入到数组 grades 中：89、95、72、83、99、54、86、75、92、73、79、75、82、73。在每个数字输入后，加数字到和里。在输入完所有的数字并且得到总和后，计算所有数字的平均值并根据平均值来分析每个值和平均值的偏差。在数组 deviation 中保存每个偏差（每个偏差可以通过每个元素值小于所有数据的平均值来得到）。使编写的程序显示每个 grades 数组的元素以及相应的偏差的个数。

（2）计算在练习题 9（1）中使用的数据的方差。求取方差的方法为：平方每个偏差，并用偏差的平方和除以偏差的个数。

10．编写一个程序，要求编写 3 个一维数组 price、amount 和 total。每个数组应该具有存放 10 个元素的能力。使用一个 for 循环，为 price 和 amount 数组输入值。Total 数组的值应该由 price 和 amount 数组中对应的值产生（即 total[I] = price[I] * amount[I]）。在所有的数据输入后，显示下列的输出并在每列输出下显示对应的值：

```
total      price      amount
-----      -----      -------
```

11．问题如下：

（1）编写一个程序，输入 10 个浮点数字到数组 raw 中。当 10 个数字输入到数组中后，你的程序应该循环 10 次 raw。在每次循环通过数组时，你的程序应该选择 raw 中最小值，并把选择的值放到 sorted 数组的下一个入口处，这样，当程序完成时，sorted 数组应该包含 raw 数组中按照从低到高的顺序排列的数字（注意：要重置选择的最小值，这样每当遇到一个非常大的数字，它可以不再被选择。应使第二个 for 循环包含在第一个循环里，来寻找每次通过的最小值）。

（2）在练习题 11（1）中，用来在数组里排序的方法是非常缺乏效率的，分析原因并寻找更好的方法进行排序。

12．问题如下：

（1）编写声明语句将字符串"Input the Following Data"保存在数组 message1 中，将字符串"-------------"保存在数组 message2 中、字符串"Enter the Date: "保存在数组名 message3 中、字符串"Enter the account Number: "保存在数组 message4 中。

（2）将练习题 12（1）构造的数组包含在在一个程序里，并使用 println()方法显示这些信息，例如，语句 System.out.println(message1);显示保存在数组 message1 中的字符串。你的程序需要使用 4 个这样的语句来显示 4 个单独的信息。

13．程序 8.4 使用一个语句来声明和分配数组 grade 的存储空间，但是许多程序员喜欢把所有的语句放在方法的顶部，使阅读程序的人马上可以看到，为了实现这个功能，请修改程序 8.4，把声明语句 int grade[];和别的声明语句放在程序的顶部，并改变语句 int grade[] = new int[numgrades];，编译并执行你的程序并保证它运行正确。

14．修改程序 8.4，使数组创建后，用户可以为 grade 数组的每个元素输入值。

8.2 数组初始化

数组元素可以在声明语句中被初始化，使用的方式和基本类型变量相同，但是初始化元素必须包含在花括号中。当使用一个序列值来初始化时，数组的长度由花括号中值的个数决定，例如：

```
int grade[] = {98,87,92,79,85};
char code[] = {'s' , 'a' , 'm', 'p', 'l', 'e'};
double width[] = {10.96,6.43,2.58,.86,5.89,7.56,8.22};
```

如上所示，初始化序列是一组被逗号分隔的包含在花括号里的值，花括号里的值按照它们编写的顺序分别被应用，第一个值用来初始化元素 0，第二个值用来初始化元素 1，等等，直到所有的值都被应用。

这样，下面的声明语句

```
int grade[] = {98,87,92,79,85};
```

将 grade[0]初始化为 98、grade[1]初始化为 87、grade[2]初始化为 92、grade[3]初始化为 79、grade[4]初始化为 85。注意，包含初始化值的声明不要求使用 new 操作符进行分配，这和声明并初始化一个字符串类似。

因为在 Java 中忽略空格，初始化可以占用多行，例如，下列声明

```
int gallons[] = {19,16,14,19,20,18,  //初始化值可以占用多行
 12,10,22,15,18,17,
 16,14,23,19,15,18,
21.5};
```

使用了 4 行来初始化数组中的所有元素。

不幸的是，并没有为初始化进行重复操作的方法，当使用一个初始化序列时，所有的元素必须被赋值，数组的长度由列中值的数目确定。也要注意，数组的长度不必包含在方括号里，如果包含一个确定的值，编译器会产生编译错误信息 Can't specify array dimension in a declaration。字符数组不能以一个字符串来初始化，这样，有效的 Java 声明：

```
char code[]={'s', 'a', 'm', 'p' , 'l' , 'e'};
```

不能被下列的声明代替：

```
char code[] = "sample";     //这是无效的
```

试图使用一个字符串初始化一个字符数组将会产生编译错误信息 Can't convert java.lang.String to char[]。然而，在声明时，使用字符串值初始化字符串数组也是有效的，例如，声明语句

```
String names[] = {"Joe", "Harriet" , "Allyn", "Roberta"};
```

创建了包含 4 个字符串元素的数组，并使用 Joe、Harriet、Allyn 和 Roberta 对数组中的 4 个元素进行初始化，在程序 8.5 中使用了这个声明语句。除了初始化部分，程序 8.5 和程序 8.3 是等同的。

程序 8.5

```
public class InitializeNames
{
 public static void main(String[] args)
 {
   int i;
   String names[] ={"Joe", "Harriet" , "Allyn", "Roberta"}:
     //显示 names 数组中的元素
   for(i=0;i<names.length;i++)
   System.out.println("names["+i+"] is " + names[i]);
 }
}
```

程序 8.5 的输出为：

```
names[0] is Joe
names[1] is Harriet
names[2] is Allyn
names[3] is Roberta
```

通过声明语句里的初始化、赋值语句或使用交互输入的方式对数组元素赋值后，就可以像前面介绍的那样对数组元素进行操作了，例如，程序 8.6 分析了对数组元素的初始化，然后使用一个 for 循环判断数组中的最大值。

程序 8.6

```
public class FindMaxValue
{
  public static void main(String[] args)
   {
     int i,max;
     int nums[]={2,18,1,27,16};

     max = nums[0];
     for(i=1;i<nums.length;i++)
       if(max<nums[i])
         max = nums[i];
       System.out.println("The maximum value is" + max);
   }
}
```

程序 8.6 的输出为：

```
The maximum value is 27
```

8.2.1 深拷贝和浅拷贝[①]

除了使用前面介绍的方法，也可以使用 System.arraycopy()方法来分配和初始化数组。这个方法从数组中拷贝一个用户自定义数目的元素（称为源数组）到第二个数组（称为目标数组）中，该方法要求 5 个参数，语法如下所示：

```
System.arraycoppy(source array name, starting source element index,target
                  array name,Starting target element index,number of
                  elements to be copied);
```

例如，语句

```
System.arraycopy(nums,1,newnums,2,3);
```

将 3 个元素（为最后的参数）从 nums（源数组名，为第一个参数）数组拷贝到 newnums 数组（目标数组，为第三个参数）。拷贝从 nums[1]开始，其值将会被拷贝到 newnums[2]中，依次运行，直到 3 个元素全部被拷贝。类似地，语句

```
System.arraycopy(nums,0,newnums,0,nums.length);
```

将会把 nums 中所有的元素拷贝并保存到 newnums 数组中。使用 System.arraycopy 的惟一局限是必须分配给目标数组足够大的空间来存放拷贝的元素，如果没有这样，将会产生一个 ArrayIndexOutofBoundsException 异常信息。程序 8.7 在一个完整的程序里分析了 arraycopy()方法的使用。

分析程序 8.7 时，首先注意数组 newnums 的创建语句使用 new 操作符分配了和数组 nums 同样的元素数。图 8.8 分析了 nums 和 newnums 的声明语句所提供的存储空间，如图所示，构造了两个不同的数组，并且将 newnums 数组中所有的元素初始化为 0。

num[0]	num[1]	num[2]	num[3]	num[4]
2	18	1	27	16
0	0	0	0	0
newnums[0]	newnums[1]	newnums[2]	newnums[3]	newnums[4]

图 8.8 程序 8.7 中所声明的数组的初始化分配

① 第一次阅读本书时可以跳过该小节。

程序 8.7

```
public class DeepCopy
{
 public static void main(String[] args)
  {
   int i,max;
   int nums[] = {2,18,1,27,16};
   int newnums[] = new int[nums.length];
   //把 nums 所有的元素拷贝到 newnums
   System.arraycopy(nums,0,newnums,0,nums.length);
   //显示 newnums
   for(i =0;i<newnums.length;i++)
    System.out.println("newnums[" + I +"]is" + newnums[i]);
   newnums[2] = 50;  //这只影响 newnums
   System.out.println();

   //显示值
   for(i=0;i<nums.length;i++)
    System.out.println("nums[" + i + "] is " + nums[i]);
  }
}
```

在调用 arraycopy()方法后，两个数组的内存分配如图 8.9 所示（注意 nums 数组中的每个值被拷贝到 newnums 中，这种完整的、元素对元素的拷贝称为深拷贝）：

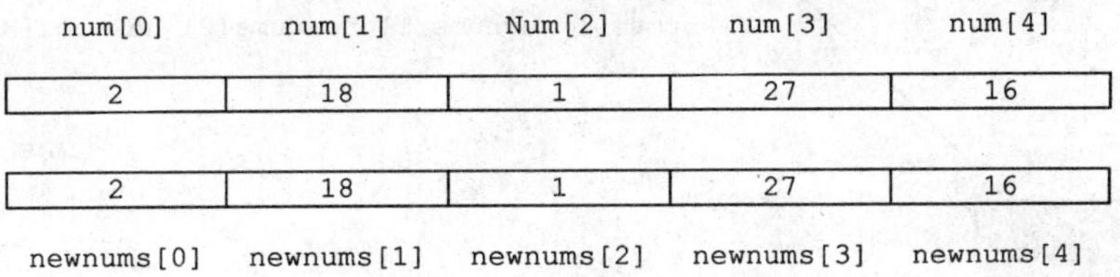

图 8.9　调用 System.array copy()后的值

程序 8.7 产生的输出为：

```
newnums[0] is 2
newnums[1] is 18
newnums[2] is 1
newnums[3] is 27
newnums[4] is 16

nums[0] is 2
nums[1] is 18
nums[2] is 1
nums[27] is 27
nums[4] is 16
```

分析程序 8.7 的输出结果，注意在拷贝后对 newnums[2]的赋值并没有影响 nums 中的值，这是我们期望的，因为 arraycopy()方法提供的深拷贝保证了程序的两个数组不同的特征。

和深拷贝相比，浅拷贝是在执行一个数组赋值时产生的。程序 8.8 为一个浅拷贝的例子。

程序 8.8

```
public class ShallowCopy
{
 public static void main(String[] args)
  {
```

```
        int i;
        int nums[] = {2,18,1,27,16};
        int newnums[] = new int[nums.length];   //这产生一个浅拷贝

        newnums = nums;       //这只拷贝了地址
        //显示 newnums
        for(i = 0; i<newnums.length;i++)
          System.out.println("newnums[" + i + "] is " + newnums[i]);
        newnums[2] = 50;   //这影响了 newnums 和 nums，因为它们是同一个数组
        System.out.println();          //显示 nums，注意改变

        for(i = 0; i<nums.length;i++)
          System.out.println("nums[" + i + "] is " + nums[i]);
    }
}
```

分析程序 8.8，赋值语句 newnums = nums;将存储 nums 的地址拷贝到引用变量 newnums 中。执行这个语句后，这两个数组的内存分配如图 8.10 所示。

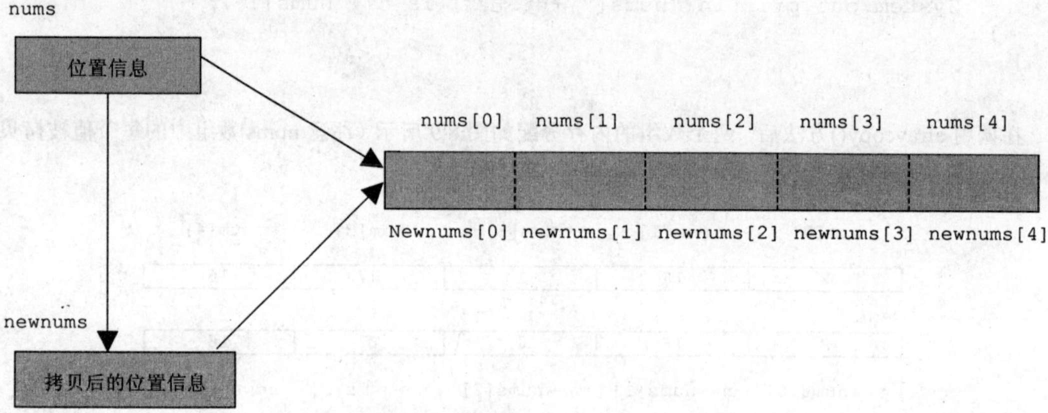

图 8.10　通过程序 8.8 完成拷贝后的结果

在图 8.10 中，引用变量 nums 和 newnums 现在指向同一个数组。实际上，newnums = nums;语句将 newnums 作为 nums 的别名，现在我们有了表示同一个数组的两个数组名。

程序 8.8 的输出如下：

```
newnums[0] is 2
newnums[1] is 18
newnums[2] is 1
newnums[3] is 27
newnums[4] is 16

nums[0] is 2
nums[1] is 18
nums[2] is 50
nums[3] is 27
nums[4] is 16
```

程序 8.8 的输出表明了图 8.10 所分析的两个数组是相同的，当显示 nums[2]时，显示的是赋给 newnums[2]的新值。存储区域初始分配给引用数组对象 newnums，现在这个区域不再有变量指向，在程序自动运行垃圾收集或当程序 8.8 执行完毕时会被自动释放。另一方面，程序 8.8 不会为数组 newnums 分配存储空间，仅仅是把 nums 的地址赋值给引用变量 newnums，newnums 的声明语句不必使用 new 操

作符为数组分配存储空间。在这个程序里，声明语句 int newnums[];创建了 newnum 引用变量，对程序的编译和运行都是必要的。

数组拷贝在实际的编程中并不常用，但有一种编程情况可以很好地使用这样的拷贝，在如下的练习题 10 中分析了这个情况。

8.2.2 练习题

1. 根据下面的情况，编写数组声明以及初始化语句：

- 10 个整数分数序列：89,75,82,93,78,95,81,88,77,82
- 5 个双精度数字的序列：10.62,13.98,18.45,12.68,14.76
- 6 个双精度利率的序列：6.29, 6.95,7.25,7.35,7.40,7.42
- 10 个浮点温度序列：78.2,69.6,68.5,83.9,55.4,67.0,49.8,58.3,62.5,71.6
- 7 个字符编码序列：f, j, m, q, t, w, z

2. 编写一个数组声明语句，在数组 amounts 中保存下列的值：

16.24,18.98,23.75,16.29,19.54,14.22,11.13,15.39。包含这些语句在一个程序里，并显示数组里的值。

3. 编写一个程序，使用一个数组声明语句在数组 slopes 中初始化下列数字：17.24,25.63, 5.94,33.92, 3.71,32.84,35.93,18.24,6.92。在程序中寻找并显示数组里的最大值和最小值。

4. 编写一个程序，在数组 prices 中保存下列的值：9.92,6.32,12.63,5.95,1.29。在程序中创建另两个数组 units 和 amounts，每个数组保存 5 个双精度数字。使用一个 for 循环，使程序接收 5 个用户输入的数字。程序将 prices 和 units 对应元素的值相乘，并保存到数组 amounts 中（例如，amounts[1] = prices[1] * units[1]），并显示下列的输出样式（填写下表）：

```
Price           Units         Amount
-----         --------      ---------
9.92              .              .
6.32              .              .
12.63             .              .
5.95              .              .
10.29             .              .
                              -----------
Total:                           .
```

5. 输入并运行程序 8.6。

6. 将字符 Good Morning 保存到字符数组 stringChars 中，分别使用一个和两个语句实现这个数组的声明、分配和初始化。

7. 输入并运行程序 8.7。

8. 输入并运行程序 8.8。

9. 修改程序 8.7 和 8.8 中的 newnums 的声明语句为 int newnums[];。解释为什么这个改变在程序 8.7 中产生一个运行时错误而在程序 8.8 中没有影响。

10. Java 没有提供在运行时改变一个数组的维数的方法，当必须实现这样的操作时，可以通过下列的步骤实现：

（1）分配给一个数组指定的长度。

（2）从原始数组执行一个深拷贝，把数组元素拷贝到新数组中。

（3）执行一个新数组到原始数组的浅拷贝。

最后一步是将原始数组的引用变量名指向新的维数的数组。构造一个 Java 程序，创建并把下列的整数值保存到数组 original 中：10,20,30 和 40。然后允许用户输入一个大于 4 的值。输入值后，使用前面的步骤动态分配一个新的数组 bigarray，把 original 的值拷贝到 bigarray 中，并改变 new 中的值指向新的数组。最后，显示数组 original 中的值。

8.3 数组参数

数组元素可以和变量一样作为参数传递给被调方法。在调用方法时，它们被简单地作为下标变量，例如，调用方法 findMaximum(grades[2],grades[6]);时，传递元素 grades[2]和 grade[6]的值给方法 findMaximum()。当将数组元素传递给方法时，它们总是值传递，这意味着被调方法接收了存放值的拷贝，可以用任何方法来使用这个值，但是不会改变原始数组里的值。

在许多方面，传递整个数组给一个方法比传递单独的元素更简单。当传递一个完整的数组时，它是引用传递。这意味着被调方法接收了实际的数组，而不是数组中值的拷贝。被调方法不但使用保存在数组中的值，而且也可以修改任何数组值。首先，让我们看一下如何传递一个数组到被调方法中。

通过将数组的名字作为被调方法的一个参数可以将整个数组传递给方法，例如，如果 grade 是一个引用数组，语句 findMaximum(grade);将整个 grade 数组传递给 findMaximum()方法。假设下列的数组声明：

```
int nums[] = new int[5];  //5 个整数数组
char keys[] = new char[256];  //256 个字符的数组
double units[] = new units[500]; //500 双精度的数组
```

使用这些数组作为参数的方法的例子如下：

```
findMaximum(nums);
findCharacter(keys);
calcTotal(nums,units);
```

在接收方面，被调方法必须能够接收传递过来的数组，例如，前面语句对应的方法头行是：

```
int findMaximum(int vals[])
char findCharacter(char inKeys[])
void chalcTotal(int array1[] , double array2[])
```

在每个方法的头行中，参数列表的名字由程序员选择。不管怎样，这些方法使用的参数名仍然能够访问在方法外所创建的原始数组。程序 8.9 分析了这个过程。

程序 8.9

```
public class ArrayArgument
{
  public static void main(String[] args)
  {
    int nums[] = {2,18,1,27,16};
    //在这里进行调用
    System.out.println("The maximum value is " + findMaximum(nums));
  }
  //这是被调方法
  //用来找到最大值
  //保存在数组中
  public static int findMaximum(int vals[])
  {
    int i,max = vals[0];
    for(i=1;i<vals.length;i++)
      if(max < vals[i]) max = vals[i];
```

```
    return max;
  }
}
```

首先，需要理解在程序中只创建了一个数组。在 main()方法里，这个数组可以由 nums 变量访问，而在 findMaximum()方法里这个数组使用 vals 参数来访问。因为 vals 参数包含一个位置值，所以称它为一个引用参数。如图 8.10 所示，nums 和 vals 都表示同一个数组，这样，在图 8.11 中，vals[3]和 nums[3]表示同一个元素。

```
public static void main()
{
  int nums[]={2,18,1,27,16};
       .
       .
       .
  findMaximum(nums);
}
public static int findMaximum(int vals[])
{
       .
}
```

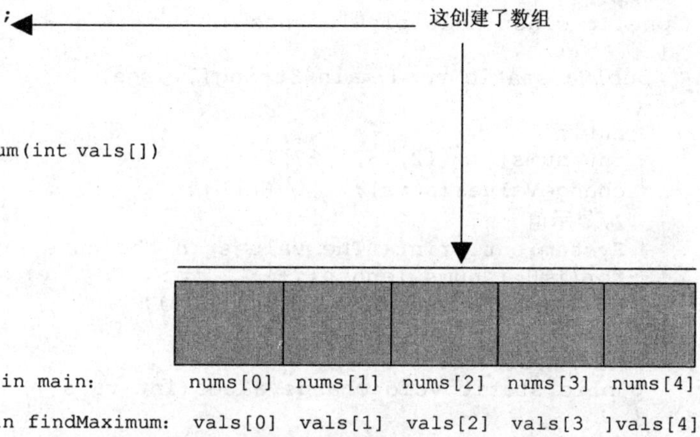

图 8.11 仅创建了一个数组

参数 vals 在 findMaximum()方法的头行中表示一个整数数组。因为实际的数组已经在 main()方法中创建，所以在 find Maximum()中并不需要额外的内存空间，vals 的声明省略了数组的长度。这个头行可以让你认识到在方法调用时只有一项实际传递到 findMaximum()方法，也就是数组的位置信息（也就是内存地址），具体在图 8.12 中进行了分析。

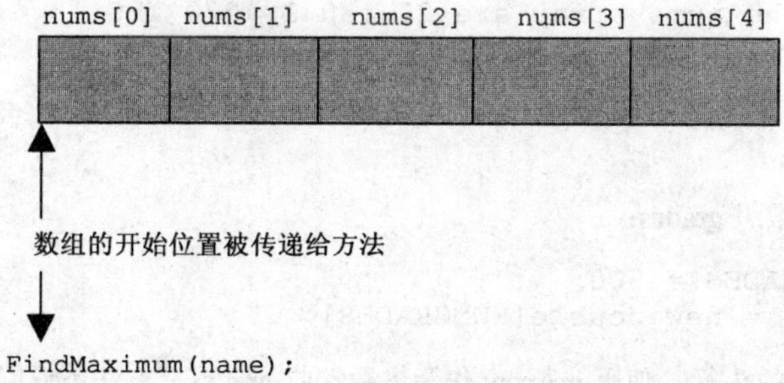

图 8.12 数组的位置被传递

只有数组的位置被传递给 findMaximum()，而数组中元素的数目没有包含在 vals 的声明里，实际上，数组中元素的数目必须被省略。在 Java 里，nums 引用的数组是一个对象，包含确定的属性，这些属性之一是数组的长度，保存在对象的长度变量中。在 findMaximum()方法里，必须使用参数来访问数组，在这里是 vals。

像在程序 8.9 中看到的，findMaximum()的头行声明了方法将返回一个整数值。使用 length 属性作为程序 8.9 搜寻的边界，方法的 for 循环顺序判断数组中的每个元素，并找出最大值。

程序 8.9 的输出为：

The maximum value is 27

像我们已经强调的，这种传递数组方式的一个重要的作用是方法可以直接访问每个数组元素。对于数组，这避免了为每个方法的调用都进行拷贝并允许一个方法改变多个元素。程序 8.10 调用了 changeValues()方法并用每个元素的 10 倍值来代替原有的值。

程序 8.10

```
public class MultiplyElements
{
 public static void main(String[] args)
  {
   inti;
   int nums[] = {2,18,1,27,16};
   changeValues(nums);   //调用方法
   //显示值
   System.out.print("The values in the nums array are");
   for(i=0;i<nums.length;i++)
    System.out.print(" " + nums[i]);
  }
  //把每个元素乘 10
  public static void changeValues(int vals[])
  {
   int i;
   for(i=0;i<vals.length;i++)
    vals[i] = 10 * vals[i];
  }
}
```

回顾程序 8.10，注意在 main()方法中使用 nums 来访问数组，在 changeValues()方法中使用 vals 来访问。因为两个引用变量表示的是同一个数组，在 changeValues()里对 vals 参数做的任何改变都会被反映到 main()方法中的 nums 数组，这可以通过其输出进行验证：

```
The values in the nums array are 20 180 10 270 160
```

在调用 changeValues()后，保存在 nums 数组的值已经被乘 10。

8.3.1 练习题

1. 下列语句创建了数组 grades：

```
final int NUMGRADES = 500;
double grades[] = new double[NUMGRADES];
```

编写方法 sortArray()的头行，使用 inArray 作为参数接收 grades，方法不返回值。

2. 下列声明用来创建 keys 数组：

```
final int NUMKEYS = 256;
char keys[] = new cha[NUMKEYS];
```

编写方法 findKey()的头行，使用参数名 select 接收 keys，并返回一个字符。

3. 下列的声明用来创建 rates 数组：

```
final int NUMRATES = 256;
double rate[] = new double[NUMRATES];
```

编写方法 prime()的头行，使用参数名 rates 接受 rates，并返回一个浮点数字。

4．问题如下：

（1）将程序 8.9 中的方法 findMaximum()改名为 findMinimum()，并修改它实现输出接收的数组中的最小值。

（2）将在练习题 4（1）中编写的方法包含在一个完整的程序里，并运行该程序。

5．编写一个程序，在 main()方法声明一个保存下列数字的数组变量：

rates:6.5,7.2,7.5,8.3,8.6,9.4,9.6,9.8,10.0。在 main()方法中有一个对 show()方法的调用。show()方法应该以参数名 rates 接收 rates，然后显示数组里的数字。

6. 编写一个程序，声明 3 个一维数组，分别为 price、quantity 和 amount。每个数组应该被声明在 main() 方法里，并且能够容纳 10 个双精度数字。保存在 price 中的数字为 10.62,14.89,13.21,16.55,18.62,9.47,6.58,18.32,12.15,3.98。保存在 quantity 中的数字为 4,8.5,6,7.35,9,15.3,3,5.4,2.9,4.8。你的程序应该把这 3 个数组的引用传递给方法 extend()，由该方法计算 amount 数组中的元素值，值应为 price 和 quantity 数组对应元素相乘的值（例如，amount[1] = price[1] * quantity[1]）。在 extend()把值加到 amount 数组后，在 main()方法中显示该数组每个元素的值。

7．编写一个程序，包含两个方法 calcAverage()和 variance()。calcAverage()应该计算并返回保存在数组 testvals 中的所有值的平均值。这个数组应该在 main()方法里声明，包含的值为 89,95,72,83,99,54,86,75,92,73,79,75,82,73。variance()方法应该计算并返回数据的方差。方差通过下列步骤得到：首先得到 testvals 中所有值的平均值，并平方每个元素和平均值，然后将每个结果值相加，最后将和除以 testvals 中元素的个数。从 calcAverage()和 variance()中返回的值应该在 main()方法里显示。

8.4 二维数组

二维数组有时也被称为表，由行元素和列元素组成，例如，下面的数字数组

```
8    16   9    52
2    15   27   6
14   25   2    10
```

称为整数二维数组。这个数组包含三行和四列。为了给这个数组分配存储空间，在数组创建时必须包含行和列的数目。和一维数组一样，必须首先声明一个数组的引用变量，例如，下面语句声明的引用变量 val 可以用在创建二维数组中：

```
int val[][];
```

类似地，语句

```
double prices[][];
char code[][];
```

声明了 prices 和 code 引用变量，分别用来表示双精度和字符值的二维数组。

创建一个引用变量后，可以使用 new 操作符为实际的二维数组对象分配存储空间，例如，语句 val = new int[3][4]; 为一个三行和四列的二维数组分配了内存空间。这个分配语句可以和声明语句相连接，为 int val[][] = new int[3][4];。虽然 val 实际是一个引用变量，但通常使用它的变量名来访问数组，这和一维数组相同。

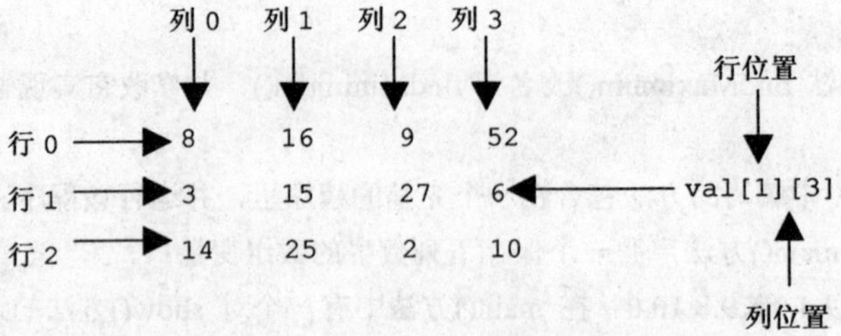

图 8.13　每个数组元素通过行和列的位置来标识

二维数组中的每个元素可以通过其在数组中的位置来访问。如图 8.13 所示，val[1][3]表示第 1 行第 3 列的元素。和一维数组变量一样，二维数组变量可以使用在任何变量有效的地方。使用 val 数组中元素的例子为：

```
price = val[2][3];
val[0][0] = 62.
newnum = 4 *(val[1][0] - 5);
sumRow = val[0][0] + val[0][1] + val[0][2] + val[0][3];
```

最后一个语句把第 0 行的 4 个元素值相加，并将和保存在变量 sumRow 中。和一维数组一样，二维数组可以在它们的声明语句里被初始化，这可以通过把每行的初始值放在花括号里，并用逗号分开来实现，例如，下列声明：

```
int val[][] = {{8,16,9,52},{3,15,27,6},{7,25,2,10}};
```

创建了一个三行四列的整数数组，并在声明里给定初始值。第一个内花括号中包含了数组第 0 行的值，第二个内部花括号中包含了第 1 行的值，第三个包含了第二行的值。因为在 Java 中忽略空格，这个声明也可以编写为下列的形式：

```
int val[][] = {{8,16,9,52},
    {3,15,27,6},
    {7.25.2.10}};
```

花括号中的逗号是必需的，内部的花括号不能省略，如果省略，将不能提供给编译器足够的信息来分配行和列的值。注意，因为等号的左边是一个声明，这个语句必须省略任何数组维数，只有在使用 new 操作符为数组分配空间而不使用一个初始化序列时才能使用维数。二维数组的一个有趣的特征是每行的列数不必是相同的，这个特征在实际中并不经常使用。

和一维数组一样，二维数组中的元素也可以使用每个元素的下标来区别或使用循环来显示。程序 8.11 使用了两种不同的技术显示了一个三行四列的二维数组中的所有元素。注意在程序 8.11 中，变量 val.length 表示数组 val 的行数，变量 val[i].length 得到了在第 i 行的列数。对于你遇到的大部分程序，每行的列数是相同的，但是 Java 也允许在每行中有不同的列数，这样，val[1].length 表示第一行的列数，为 4，val[2].length 表示第 2 行的列数，也为 4，等等。

程序 8.11

```
public class TableDisplay
{
  public static void main(String[] args)
  {
     int i,j;
     int val[][] = {{8,16,9,52},{3,15,27,6},{7,25,2,10}};
     System.out.print("\nDisplay of val array by explicit element"
          +'\n' + val[0][0]+" " + val[0][1] + " "
```

```
          +val[0][2] +" " +val[0][3]
      +'\n' + val[1][0]+" " + val[1][1] + " "
          +val[1][2] +" " +val[1][3]
      +'\n' + val[2][0]+" " + val[2][1] + " "
          +val[2][2] +" " +val[2][3]);
    System.out.print("\n\nDisplay of val array using a nested for loop");
    for(i=0;i<val.length;i++)
    {
       System.out.print('\n');  //为每一行输出一个新行
     for(j=0;j<val[i].length;j++)
       System.out.print(val[i][j] + "  ");
    }
   System.out.println();
  }
}
```

程序 8.11 产生的输出为：

```
Display of val array by explicit element
8 16 9 52
3 15 27 6
7 25 2 10
Display of val array using a nested for loop
8 16 9 52
3 15 27 6
7 25 2 10
```

在程序 8.11 中，数组的第一次输出是通过精确到每一个数组元素来实现的。数组元素的第二次显示则使用一个 for 循环的嵌套得到。嵌套循环在处理二维数组时非常有用，因为它们允许程序员方便地操作每个元素。在程序 8.11 中，变量 i 控制外层循环，变量 j 控制内层循环。每次通过外层循环对应了一行，内部循环提供了相应的列元素。在输出一个完整行后，在输出下一行前显示一个新行。最后以间隔行的方式显示数组。

在二维数组的所有元素被赋值后，可以对数组进行处理。一般地，可以使用 for 循环来操作二维数组，因为它们允许程序员方便地顺序访问每一个元素，例如，在程序 8.12 里，内嵌 for 循环用来把 val 中的每个元素乘 10，并显示结果。

程序 8.12

```
public class MultipyByTen
{
   public static void main(String[] args)
   {
      int i,j;
     int val[][] = {{ 8,16,9,52},{3,15,27,6},{7,25,2,10}};
       //把每个元素乘 10 并显示结果
      System.out.print("\nDisplay of multiplied elements");
      //为每一行输出一个新行
      for(i=0;i<val.length;i++)
     {
        System.out.print('\n');  //为每一行输出一个新行
        for(j=0;j<val[i].length;j++)
        {
          val[i][j] = val[i][j]*10;
          System.out.print(val[i][j] + "  ");
        }   //内层循环结束
    }    //外层循环结束
```

```
        System.out.println();
    }
}
```

程序 8.12 的输出为：

```
Display of multiplied elements
80 160 90 520
30 150 270 60
70 250 20 100
```

将二维数组传递到方法中的方式和传递一维数组类似，因为传递的是一个引用，被调方法接收的是对整个数组的访问，例如，假设 val 引用一个二维数组，方法 display(val);把引用数组 val 传递到方法 display()。这样，任何由 display()方法做的改变可以直接反映到 val 数组中。假设下列的二维数组由 test、code 和 stocks 引用，它们的声明如下：

```
int test[] = new int[7][9];
char code[] = new char[26][10];
double stocks[] = new double[256][52];
```

下列的方法调用是有效的：

```
findMaximum(test);
obtain(code);
price(stocks);
```

在接收方，被调方法必须有一个对二维数组的引用，例如，假设前面的方法分别返回 int、char 和 double 值，相应的方法头行为：

```
public static int findMaximum(int nums[][])
public static char obtain(char key[][])
public static double price(double names[][])
```

在每一个方法的头行，行或列的维数中没有包含任何值，这个信息在调用时由传递的数组对象提供。虽然参数名是每个方法中的局部变量，但方法仍然可以使用这个名字访问在方法外创建的原始数组。程序 8.13 分析了如何将一个二维数组传递给一个方法，并显示该数组的值。

程序 8.13

```
public class PassTwoDimensional
{
    public static void main(String[] args)
    {
        int val[][] = {{8,16,9,52},
                {3,15,27,6},
                {7,25,2,10}};
        display(val);
    }
    public static void display(int nums[][]){
    {
      int i,j;
      for(i = 0;i<nums.length;i++)
      {
        for(j=0;j<nums[i].length;j++)
          System.out.print(nums[i][j] + "  ");
        System.out.println();
      }
    }
}
```

程序 8.13 创建一个数组后，在 main()方法中可以使用 val 来引用，在 display()方法中使用 nums 来引用。这样，val[0][2]和 nums[0][2]访问同样的元素。和程序 8.11 和 8.12 一样，在程序 8.13 中，使用嵌套 for 循环顺序访问每个数组元素。下面是数组按照行的方式显示的效果：

```
8  16  9   52
3  15  27  6
7  25  2   10
```

在 display()方法里对 nums 的声明没有包含数组长度的信息，这是因为每个数组对象知道它的长度。如果将数组维数包含在方法的头行中，会产生编译错误 Cant't specify array demension in a declaration。

8.4.1 不同的维数能力①

Java 能够创建每行包含不同列数的二维数组。有两种方式创建这样的数组，第一种为，当为数组声明一个引用变量时，通过一个显示每行值的初始化序列来创建不同数目的列，例如，下列声明

```
int nums[][] = {{12,14,16},{20,40},{6,7,8,9}};
```

创建了一个二维数组，其包含三行，第 0 行包含了 3 个元素，第 1 行包含 2 个元素，第 3 行包含 4 个元素。

另外，也可以使用 new 操作符动态地创建同样的数组，然后把值放到新创建的数组中。可以使用下列语句动态地创建 nums 数组：

```
int nums[][];    //声明数组
nums = new int[3][];   //分配三行
nums[0] = new int[3];   //为第 0 行分配三列
nums[1] = new int[2];   //为第 1 行分配两列
nums[2] = new int[4];   //为第 2 行分配 4 列
```

由这个分配可以看出，每行元素实际是一个包含数组值位置信息的引用变量，这些值构成了行的列元素。这些分配会自动初始化所有的值为 0。在分配后，可以使用相应的行和列索引值来访问每个元素。对于第 0 行，有 3 个有效的列索引，分别为 0、1 和 2。对于第 1 行，有效的列索引为 0 和 1。第三行可以使用 4 个索引值，分别为 0、1、2 和 3。

8.4.2 多维数组②

Java 允许创建任意维数的数组，但超过二维的数组不常用。创建多维数组使用和创建二维数组类似的方式，例如，声明语句

```
int val[][][];    //声明一个三维数组
```

声明 val 为三维数组，下面的语句

```
val = new int[3][2][3];   //分配数组
```

实际为维数是 3*2*2 的一个数组创建了存储空间。和一维、二维数组一样，三维数组的声明和分配语句也可以联合成一个语句。这样，前面的两个语句可以使用下列的单个语句来代替：

```
int val[][] = new int[3][2][2];
```

这个语句创建的数组的第一个元素可以使用 val[0][0][0]访问，最后一个元素使用 val[3][2][2]访问。

另外，三维数组可以使用一个初始化数列来创建，例如，语句

```
int val[][][] ={ {{1,2},{3,4}},{{5,6},{7,8}} ,{{9,10},{11,12}}}
```

声明了一个引用变量，创建了一个三维数组，并初始化了它的所有元素。注意在这个语句里，外层的花

---

① 第一次阅读本书时可以跳过该标题。
② 第一次阅读本书时可以跳过该标题。

括号包含了 3 个内层花括号，每个内层花括号又包含了另外的一对花括号。内层花括号的第一个集合{{1,2},{3,4}}对应第 0 行所有的元素。在这些花括号里，第一组花括号包含了对应 0 列的元素，第二组花括号包含了对应 1 列的元素。为了进一步理解这种联系，在程序 8.14 中包含了这样一个初始化序列的声明。

程序 8.14

```
public class MultiDimensional
{
  public static void main(String[] args)
  {
      int i,j,k;
       int val[][][]={ {{1,2},{3,4}},{{5,6},{7,8}} ,{{9,10},{11,12}}};
       for(i=0;i<3;i++)
       {
              for(j=0;j<2;j++)
              {
                     for(k=0;k<2;k++)
          System.out.println("val["+i+"]["+j+"]["+k+"]="+val[i][j][k]);
              }
         }
            System.out.println();
  }
}
```

运行程序 8.14，得到下列的输出，显示了初始化序列对它们的相应的索引值进行的赋值：

```
val[0][0][0] = 1
val[0][0][1] = 2
val[0][1][0] = 3
val[0][1][1] = 4
val[1][0][0] = 5
val[1][0][1] = 6
val[1][1][0] = 7
val[1][1][1] = 8
val[2][0][0] = 9
val[2][0][1] = 10
val[2][1][0] = 11
val[2][1][1] = 12
```

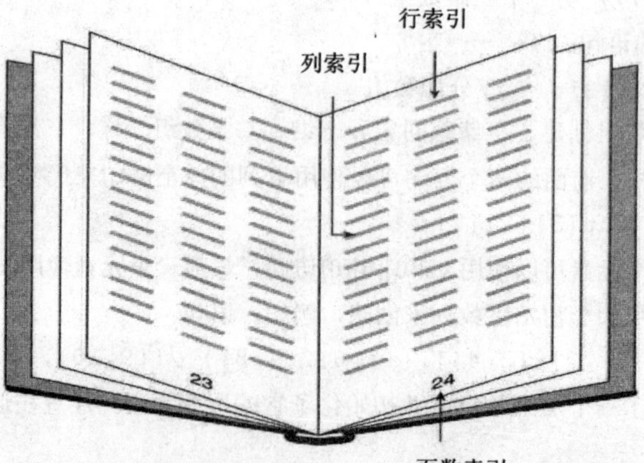

图 8.14　三维数组的表示

如图 8.14 所示，从概念上讲，三维数组可以被看作是一个数据表的书。即，第一个索引值可以被认为是表中要求的行的位置，第二个索引值是要求的列，第三个索引值通常被称为层号，作为选择的表的页数。类似地，可以声明任何维数的数组。从概念上，四维数组可以认为是一个书架，第一个维数用来声明在书架上期望的书；五维数组可以被认为是装满书的书柜，第一个维数表示在书柜中的一个选择的书架。使用同样的理论，六维数组可以被认为是一排书柜，第一个维表示在这一行中期望的书柜；七维数组可以被认为是书柜的多行，第一个维数表示要求的行，等等。或者，三、四、五、六、等维数组可以被看作三、四、五、六等数字的数学的顺序 n 元组。

8.4.3　练习题

1．为下面的描述编写一个声明和分配语句：

- 6 行、10 列的整数数组
- 2 行、5 列的整数数组
- 7 行、12 列的字符数组
- 15 行、7 列的字符数组
- 10 行、25 列的双精度数字数组
- 16 行、8 列的双精度数字数组

2．分析下列方法产生的输出：

```
public static void main(String[] args)
{
  int i,j,val[][]={{8,16,9,52},{3,15,27,6},{7,25,2,10}};
  for(i = 0;i<val.length;i++)
   for(j =0;j<val[i].length;j++)
      System.out.print(val[i][j] + " ");
}
```

3．问题如下：

（1）编写一个 Java 程序，把练习题 2 中使用的数组 val 中的所有元素相加并显示总和。

（2）修改练习题 3（1）编写的程序，为每一行单独显示和。

4．编写一个 Java 程序，把二维数组 first 和 second 中对应的元素相加。这两个数组应该有 2 行和 3 列，例如，结果数组的元素[1][2]应该是 first[1][2]和 second[1][2]的和。first 和 second 应该像如下初始化：

```
  First           Second
----------     ---------------
16  18  23       24  52  77
54  91  11       16  19  59
```

5．问题如下：

（1）编写一个 Java 程序，找到并显示一个二维整数数组中的最大值。数组应该声明为四行五列，使用下列数据初始化：16,22,99,4,18,−258,4,101,5,98,105,6,15,2,45,33,88,72,16,3。

（2）修改在练习题 5（1）中编写的程序，使它也可以显示行和列的下标值的最大值。

6．编写 Java 程序，将一个四行五列的整数数组中的数据以升序排列，并把排序后的值保存在一个一维数组 sort 中。使用在练习题 5（1）给定的数据来初始化二维数组。

7．问题如下：

（1）一个教授创建了一个包含 3 行 5 列的二维双精度类型数组。这个数组包含了当前该教授所教班级的学生的分数。编写一个程序，读取 15 个数组值，然后分析分数小于 60、大于或等于 60 并小于 70、大于或等于 70 并小于 80、大于或等于 80 并小于 90、大于或等于 90 的数目。

（2）为了运行 7（1）的程序，每次输入 15 个分数是很麻烦的。在测试阶段，可以使用什么方法来初始化数组？

（3）应该如何修改练习题 7（1）编写的程序来包含目前没有分数的情况？也就是，什么分数可以用来表示一个无效的分数，应该怎样修改程序以不计算这样的分数？

8．问题如下：

（1）编写一个方法 findMaximum()，在一个整型二维数组中寻找并显示最大值。这个数组在 main()方法中声明为包含 10 行 20 列的整数数组。

（2）修改练习题 8（1）编写的方法，使它也能显示最大值元素所在的行和列数。

9．编写一个方法，能够用来为包含 10 行 20 列的二维整数数组排序（注意：你需要编写一个方法来交换两个数组元素的值）。

8.5 常见编程错误

在声明、创建和使用数组时，经常遇到以下 4 个错误：

（1）当声明一个数组名时，忘记使用空方括号对。如果没有方括号，数组名仅仅被作为一个标量变量。

（2）使用确定的维数大小声明数组引用变量。一个 Java 数组声明只能确定保存在该数组中的元素的类型、数组名和一组空的方括号，这样，一维数组可以使用一个空的方括号对来声明，二维数组使用两个空方括号声明，等等。试图包含一个维数大小将会产生一个编译错误信息 Can't specify array dimension in a type expression.

（3）使用下标访问一个不存在的数组元素，例如，声明数组的大小为 20，却使用下标的值为 25，在运行时产生 ArrayIndexOutOfBoundsException 异常。

（4）在 for 循环中，没有使用足够大的计数器值来循环通过每一个数组元素。这个错误通常是在当一个数组初始化为 n 大小的长度，而程序里的 for 循环格式为 for(int i=0;i<n;i++)时发生。虽然数组的大小增加，但是程序员忘记修改 for 循环里的参数，实际上，这个错误可以通过使用数组大小来避免。

8.6 本 章 小 结

（1）一维数组是用来保存同一数据类型的一组值的数据结构。这样的数组必须使用将保存在数组中值的数据类型、一个引用变量名和一组空方括号来声明，例如，语句：

```
int nums[];
```

声明了引用变量 num，用来访问一个由整数值组成的一维数组。实际上，引用变量通常称为数组名。

（2）在为数组声明了一个引用变量后，必须为其分配内存空间。这可以通过 new 操作符在一个分配语句中实现，例如，语句

```
num = new int[25];
```

创建了一个能存放 25 个元素的整数数组，数组的位置保存在前面声明的引用变量 num 中。所有的数组元素，如果是数字数据类型，将被初始化为 0；如果是引用类型，被初始化为 null。通常，声明和分配数据可以合并为一个语句，例如，语句 int num[] = new int[25];声明了一个数组 num，并分配了 25 个整数值的空间。

（3）数组元素保存在内存中的一个连续空间，可以使用数组名和下标进行访问，例如，num[22]。任何整数值表达式都可以被作为下标，下标0总是指向数组的第一个元素。

（4）二维数组可以通过提供一个数据类型、引用变量名和在数组名后使用两个空方括号来声明，例如，语句：

```
int matrix[][];
```

创建了一个可以用来访问二维数组的引用变量。引用变量通常称为二维数组的名字。

（5）二维数组的行数和列数可以在使用new操作符为数组分配内存空间时确定，例如，假设matrix已经被声明为一个二维数组的引用，分配语句matrix = new int[3][4];在内存中创建了一个三行四列的整数数组，初始化每个数组值为0，并把数组的位置信息保存在引用变量matrix中。

（6）数组可以在声明时被初始化。对于一维数组，通过把所有的数组值包含在花括号中实现（从元素0开始），例如，下列语句

```
int num[][] = {10,20,30,40,50};
```

声明、创建并初始化一个包含5个元素的一维数组。对于二维数组，这种初始化通过显示初始值在以逗号分割的花括号对中实现，例如，声明

```
int  vaks[][] = {{1,2},{3,4},{5,6}};
```

产生了下列的三行两列的数组：

```
1  2
3  4
5  6
```

这些内部的花括号不能省略。数组初始化在声明时自动创建，不能使用一个分配语句来分配更多的空间。

（7）数组提供了属性length的引用数据类型。通过在属性前面使用数组名和一个句号能够返回数组中元素的个数，例如，如果数组是由变量名vals引用，并创建了10个元素，数字10自动保存在变量vals.length中。另外，对于双精度数组，语句arrayName[i].length得到第i行的列数。

（8）通过把要传递数组的引用变量名作为参数，可以将数组传递给方法。实际传递的值是内存中保存的数组的位置。这样，被调方法接收对数组的直接访问，而不是数组元素的拷贝。

（9）在多维数组中，每行的列数不要求相同。

第二部分

创　建　类

第9章 类

除了提供丰富的预编写类，Java 也提供了自创建类的能力。虽然对于大部分应用使用 Java 提供的类已经足够，但是在编程工作中你也可以构造自己的类库。

在许多基本格式中，类被定义为一个抽象数据类型，其仅仅是程序员定义的数据类型。本章将会介绍程序员如何定义自己的数据类型，然后介绍构造类和把多个类放到同一个包中的机制。数据类型的构造基于变量和方法：变量提供了创建新的数据结构的方式，方法提供了操作这些类变量的方式。一个完整的类提供了惟一的方式把变量和方法结合在一个自包含、内聚的格式中，并且可以创建该类对象。

9.1 面向对象编程

我们生活在一个充满对象的世界里——飞机、火车、汽车、电话、书、计算机等，直到 20 世纪 90 年代中期，编程技术根本没有考虑这些。早期的主流编程模式[①]是面向过程的，程序是使用一种机器可读语言编写的算法。

把重点放在面向过程编程是有历史原因的。当计算机在 1940 年被发明后，它们由数学家用于军事目的，例如计算导弹轨迹、破译敌人代码和外交传输；在第二次世界大战后，计算机仍然主要由数学家用于数学计算；1957 年，在第一个可用于商业的高级编程语言出现后，这种状况有了改变，这种语言的名字是 Fortran，即 FORmula TRANslation 的首字母缩写；在 20 世纪 60 年代更进一步地反映了这个状况，在工程或数学系几乎可以学习所有的计算机课程，那时**计算机科学**这个术语并不是很常用，计算机科学系只是刚刚形成。

现在不再使用面向过程的语言，之所以发生了这种戏剧性的变化，主要有两个原因：第一个原因是使用传统语言编写的基于过程的不能提供一个适当的方法包含软件成本。软件成本包含所有在软件初期开发和随后程序维护上的成本。如图 9.1 所示，现在许多计算机项目的主要成本，不管是技术的还是商业的，都是软件上的成本。

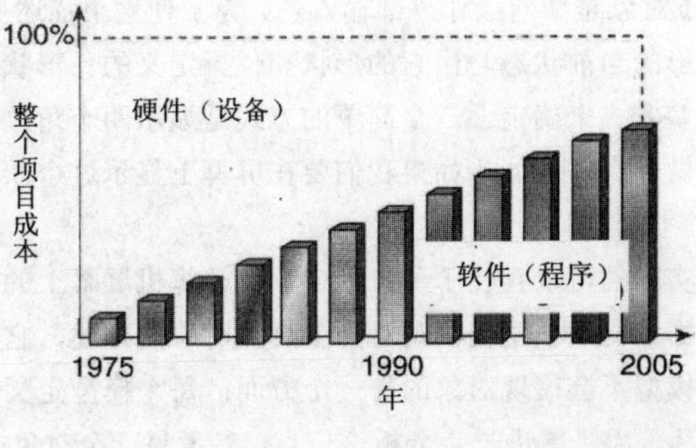

图 9.1 软件成本在大部分计算机项目中占的很大比例

---

① 模式是思考或做事情的标准方式。

软件成本在整个项目成本中占了相当大的比例，因为它们和人类的生产率相关(它们是劳动强化器)，然而硬件成本是和制造技术相关的，例如在 10 年前，微片需要花费超过$500，而现在用不到$1 就可以购买到。

在提高生产效率方面，降低硬件成本比让程序员编写双倍质量的代码或数量更容易，所以随着硬件成本下降，而软件生产率和它的相关成本却保持相对不变，这样，软件成本对总的系统成本的比率已经动态地增长了。

增加程序员的代码生产率的一个方法是创建可以重复使用的代码，这样的代码不需要更多的修改、重复测试和重新编译，面向过程构造代码的方式没有提供这种重复使用能力，因此需要开发别的软件语言。

☆ *知识点* 过程、混合和面向对象的语言

大部分编程语言可以分为三类：面向过程、基于对象或面向对象。Fortran，是第一个商业上可用的高级编程语言，是面向过程的语言。Fortran 被设计用来根据标准的代数公式来完成数学计算，通常，这些公式被描述为算法，然后使用方法和子程序编码这个算法。在 Fortran 后出现了别的面向过程语言，如 BASIC、COBOL 和 Pascal。

面向对象语言的第一个要求是它包含 3 个独有的特征：封装、继承和多态性（在本章和下章介绍这 3 个特征），因为 Java 提供了这 3 种特征，所以它被归类为面向对象语言。

在一个完全面向对象的语言里，所有的数据类型被构造为类，所有的数据值是对象，所有的操作可以被重载，每个数据操作只能通过使用一个类方法来执行，这样，在一个完全面向对象的语言里，它也许不会在程序里使用面向对象的特征。当前，只有 Eiffel 和 Smalltalk 是真正的纯面向对象语言。

使用类但不提供继承和多态性特征的语言被称为基于对象的语言，而不是面向对象的。基于对象语言的一个例子是 Visual BASIC 版本 4 之前的任何版本。Visual BASIC 早期的版本没有提供继承的特征。

不再使用面向过程语言的第二个原因是图形屏幕的出现和窗口应用程序编程的趣味。使用标准面向过程编程技术不可能在同一个图形屏幕中编写多个窗口。

在人工智能和模拟编程技术中，得到了编写能够操作图形屏幕和提供可重复使用窗口编码的程序的解决方案。人工智能包含对几何对象约定和识别的大量的研究。模拟包含了相当多的背景，以及在模拟定义好的对象之间的交互。这个基于对象的范例很适合用在一个图形窗口环境中，每个窗口可以被具体为一个自包含的对象。

对象也非常适合使用编程来表示，因为它可以通过两个基本的特征被定义：当前**状态**，定义了对象是如何出现的；**行为**，定义了对象是如何操作外部输入的。为了使这个描述更具体，参考一个几何对象，例如一个长方形。一个长方形的当前状态是由它的形状和位置定义的。形状实际是由它的长度和宽度决定的，而它的位置可以由很多方式来确定。一个简单的方式是显示两个角位置的值。为长方形所提供的行为取决于我们需要长方形做什么，例如，如果我们要在屏幕上显示这个长方形，可以提供移动位置和改变它的长度或宽度的能力。

要注意区分这里和一个实际的可以存在于一张纸或一个计算机屏幕上的长方形。以上的描述应该更确切地被称为一个模型。根据定义，**模型**仅仅是对一个真实对象的描述，它不是对象本身；模型不可能是非常完整的，也就是说，模型不会展现对象的每一个方面；每个模型定义为一个特定的目的，通常要求表示一个对象的状态或行为。为了更进一步分析这一点，参考另一个对象，电梯。和所有的对象一样，电梯也可以是状态和行为的模型，它的状态可能是它的大小、位置、内部装饰物或别的属性；同样地，它的行为可以由当它的一个按钮被按下时的反应来确定。

构造一个电梯的模型，应选择我们所感兴趣的这些属性和行为。为了模拟的目的，例如，我们只需

要确定当前电梯的楼层位置和如何把它移动到另外一个楼层位置，电梯的别的属性和行为可以不放在模型里，因为它们不会影响我们要研究的有关电梯的方面（在本章末尾，我们将会看到如何构造一个电梯模型，并使用一个非常简单的表现方式使我们的模型移动）。构造电梯模型也需要区分我们选择的包含在模型中的属性和这些属性可以有的值。属性和行为一起定义了一类对象，并可以使用它创建对象，在基于对象编程里，通过给定属性和行为所定义的对象的种类称为一个类。只有将具体的值赋值给属性，才定义了一个具体的对象，例如，属性长度和宽度可以定义一个长方形的一般形状类型，只有在具体的值被赋值给这些属性后，我们才能表示一个特定的长方形，这个区别也被带进了 Java：只有在我们赋值给属性时，才能定义一个特定的对象。

Java 中的属性由变量定义，行为通过方法来构造。定义一个类的一组属性和行为通常称为类的**接口**。确定接口后，可以通过赋值给相应的变量来创建一个特定的对象。下面介绍如何创建一个对象。

9.1.1 练习题

1．定义下列术语：

属性、行为、状态、模型、类、对象、接口。

2．问题如下：

（1）除了可以通过显示两个对角坐标来确定一个长方形的位置，还可以使用什么别的属性？

（2）如果长方形被画在一个颜色监视器上，除了长度和宽度，还可以使用什么属性来描述一个长方形？

（3）描述一组属性，用来定义画在黑白监视器中的圆。

（4）在练习题 2（3）中，如果将圆画在白色监视器中，你可以添加什么属性？

3．问题如下：

（1）对于下列每一项，分析在购买时人们感兴趣的属性：

一本书、一罐汽水、一支钢笔、一盘磁带、一个磁带播放机、一个升降机、一辆汽车。

（2）在练习题 3（1）中你使用的属性是构造一个对象还是对象类？

4．对于下列每一项，在购买它们时人们可能感兴趣的行为是什么？

一辆汽车、一个磁带播放机

5．在本节中，所有类的例子创建的都是没有生命的对象。你认为生动的对象，例如宠物和人类可以使用属性和行为模型化吗？为什么可以或为什么不可以？

6．问题如下：

（1）类的属性表示类的对象是如何在外界显示。行为表示类的对象对一个模拟是如何反映的。基于以上知识，你认为使用什么技巧使一个对象触发另一个对象的行为（注意：考虑一个人是如何让另一个人做事情）？

（2）如果在 Java 中行为通过定义一个适当的方法来构造，你认为行为是怎样被激活的？

9.2 类

类是程序员定义的数据类型。[①]为了更清楚地理解类的含义，参考 Java 提供的 3 种内嵌数据类型：整数、双精度和字符，在使用这些数据类型时，我们通常需要声明一个或多个该类型的变量，并且以正确的方法使用它们。因为模运算符对双精度数字没有意义，在 Java 中并没有提供这种类型的操作。

---

① 通常，程序定义的数据类型被称为抽象数据类型。

在计算机术语中，数据和它们相关操作的组合构造了一个类，也就是说，一个类定义了数据的类型和可以执行在这些数据上的操作类型，在一个简化的模式中，这个关系可以被描述为：

类 = 可操作的数据 + 操作方法

在介绍如何构造自己的类之前，让我们先来了解表 9.1 列出的 Java 内嵌类型所提供的一些操作能力。

表 9.1 Java 内嵌类提供的最基本的功能

能　力	例　子
定义一个或多个变量	int a,b;
在定义时初始化一个变量	int a = 5;
给变量赋值	a = 10;
把一个变量的值赋值给另一个变量	a = b;
执行算术运算	a*b
转换一种数据类型到另一种数据类型	a = int(7.2);

虽然在使用时我们并没有考虑 Java 的这些能力，但 Java 的设计者在创建 Java 编译器时很清楚这是必需的。因为 Java 允许我们创建自己的类，所以我们现在必须掌握这些能力，并提供给所构造的类一些相应的功能。

我们已经掌握了如何声明变量和方法，这样类的构造是很容易的。在 Java 中，变量的不同组合提供了定义新数据类型的方式，方法提供了定义操作能力的方式。使用这个信息，现在可以扩展类的定义为它的 Java 表示，如下：

Java 类 = 数据 + 方法

这样，在 Java 中，类提供了封装数据和方法在一个单元中的机制。在本章中，我们将介绍如何构造一个类以及如何声明和初始化类变量和对象。

9.2.1 构造类

类定义了数据和方法。通常把类构造为两部分，包括声明部分和定义部分。下面语句的声明部分声明了类变量：

```
//类变量声明部分
variable declarations
//类方法定义部分
method definitions
```

该定义部分定义要对这些类变量操作的方法以及任何其他的多用途方法，而这些多用途方法可以与处理类变量没有直接关系。

类中包含的变量和方法一起被称为**类成员**。分别地，变量也称为**数据成员**和**实例变量**（这两个术语是同义的），而方法称为**成员方法**。虽然一个成员方法名可以和数据成员名相同，但一般不对数据和方法成员使用同一个名字。

参考下列定义的类 Date：

```
public class Date
{
 //类变量声明部分
 private int month;
 private int day;
 private int year;
 //类方法定义部分
 Date()    //这是一个构造方法，因为它和类名相同
 {
```

```
    month = 7;
    day = 4;
    year = 2001;
  }
  public void setDate(int mm,int dd,int yyyy)
  {
    month = mm;
    day = dd;
    year = yyyy;
  }
  public void showDate()
  {
    DecimalFormat df = new DecimalFormat("00");
    System.out.println("The date is " +df.format(month) +'/'+df.format(day)
        + '/'+ df.format(year%100) );                    //精确到最后两位
  }
}
```

这个类的类名为 Date。开始的字母大写不是必须的，但定义类名的时候通常将首字母大写。Date 类的主体包含在花括号里，由变量声明和方法定义组成。在这个案例中，将变量 month、day 和 year 声明为整数。关键字 private 和 public 称为**可见修饰符**或**访问限定符**，定义了访问的权限。private 关键字确定了类成员——在这里，为 month、day 和 year——只可以使用 Date 类方法进行访问，这样，只能通过提供的成员方法对这些私有属性进行操作，保证了数据的安全性，这种访问类型能够限制用户看到如何操作数据，称为**数据隐藏**。

通常，我们使用 3 个整数来保存一个日期：month、day 和 year。我们也总是把年保存为四位数字，例如，我们把 1998 年保存为 1998，而不是 98。使用正确的世纪标识保存年可以排除使用最后两位可能产生的问题（例如保存为 98），例如，计算 2002 和 1999 之间的年数可以很快得到 2002 – 1999 = 3，但是如果使用 02 和 99，同样的答案就不是很容易得到。另外，正确的世纪标识，例如 2000 年可以明确地标识年，但是一个两位值例如 00 可以表示为 1900 或 2000。

定义部分在类数据成员的声明之后。类的定义部分用来编写成员方法。注意，定义在 Date 类中的方法已经声明为 public，这意味着这些类方法可以被外部类的对象和方法调用。通常，所有的类方法都应该是 public，这样从外部的类可以通过它们来操作类变量。对于我们的 Date 类，已经提供了 3 个方法：Date()、setDate()和 showDate()，注意，其中的一个方法和它的类名相同，为 Date，这个特定的方法称为**构造方法**，它有一个特定的目的：可以初始化类数据成员。

下面举例分析了在定义部分编写方法的一般格式，这种格式对所有的方法都是正确的，但并不适用于构造方法，因为构造方法没有返回值。成员方法的格式如下：

```
visibilityNodifier returnType methodName(parameter declarations)
{
  方法体
}
```

对于所有自定义的方法都有同样的格式。现在，重新考虑 Date 类的定义部分：

```
//类方法定义部分
Date()    //这是一个构造方法，因为它和类名相同
{
  month = 7;
  day = 4;
  year = 2001;
}
```

```
  public void setDate(int mm,int dd,int yyyy)
  {
    month = mm;
    day = dd;
    year = yyyy;
  }
  public void showDate()
  {
    DecimalFormat df = new DecimalFormat("00");
    System.out.println("The date is " + df.format(month) +'/'+df.format(day)
                         + '/'+ df.format(year%100) );      //精确到最后两位
  }
```

注意，定义部分中第一个方法的名字和类名相同，称为构造方法，构造方法没有返回值类型；头行的 Date()定义了没有参数的方法，在这个方法体中，对数据成员 month、day 和 year 分别赋值为 7、4 和 2001；下一个方法头行定义为 setDate()方法，这个方法的返回值类型为 void，期望 3 个整型参数：mm、dd 和 yyyy，该方法体把它的参数值分别赋值给数据成员 month、day 和 year；最后一个方法头行定义了方法 showDate()，这个方法没有参数，返回值类型为 void，是 Date 类的一个成员。这个方法体有一点需要进行解释，虽然我们选择使用四位数字值来保存包含世纪信息的年，但用户习惯看到日期中的年表示为两位值，例如 12/15/99。为了显示年值的最后两位，可以使用表达式 year%100，例如，如果年为 1999，表达式 1999%100 的结果为 99，如果年为 2001，表达式 2001%100 的结果为 1。注意，如果我们使用赋值语句 year = year % 100;就实际改变了保存在 year 中的值为年的最后一或两位数字。如果我们想保持年为一个四位数字，必须很仔细地使用表达式 year % 100 来显示值，这个格式保证按照习惯的可接受的日期来显示值，例如，日期 December 9,2002 将会显示为 12/09/02，而不是 12/9/2。

程序 9.1 以一个完整的程序分析了如何使用我们自定义的 Date 类。为了使程序更加具有可读性，我们将其分为浅的区域和被阴影化的较深的区域。浅的区域包含了类声明和方法定义部分，我们已经在 Date 类里介绍过；深的区域包含了用来测试类的 main()方法，为了方便，将对于所有的程序使用这种阴影方式。①另外，因为我们将对 Date 类作一些修改，为了避免使用 Date_1、Date_2 等来区分每个类，本章和下章的程序都使用它们的程序名称来保存，例如程序 9.1。②

首先分析包含在 Date 类中的浅的阴影部分。声明和定义部分看起来很熟悉，因为我们已经讨论过（注意，不管怎样，这些部分实际上并不创建任何类变量），它们只声明一组变量。和定义一个整数类型变量一样（实际是为变量保留内存空间），类变量也必须创建实际的存储区域。为类值创建的存储区域称为**对象**。使用这个术语，程序 9.1 的 main()方法中的前两个语句定义了两个 Date 类型的对象，变量 a 和 b 是引用变量，可以用来访问保存在这些对象里的值。在 Java 中，使用 new 操作符创建一个新对象。像我们在第 7 章看到的，这个操作符创建了一个特定类型的对象，并得到足够的内存来保存要求的值。在程序 9.1 中，对象被分配足够的内存来保存 3 个整数值。

程序 9.1

```
import java.text.*;    //用来格式化
public class Date
{
  //类变量声明部分
  private int month;
```

① 这种阴影不是偶然的。实际上，包含 Date 类的浅的阴影部分可以被放置在文件 Date.java 中，并构造为一个包（参见附录 F）。另外，main()中的代码将会被放在一个单独的类中，并保存在一个相应名字的文件里。只要这两个文件在同一目录下，当执行 main()时就能够正确找到 Date 类。如果 Date 类构造在一个包中，任何使用它的类需要包含 import 语句来访问它。

② 你必须重新命名每个程序为 Date.java 并进行编译。

```
   private int day;
   private int year;
   //类方法定义部分
   Date()   //这是一个构造方法，因为它和类名相同
   {
     month = 7;
     day = 4;
     year = 2001;
   }
   public void setDate(int mm,int dd,int yyyy)
   {
     month = mm;
     day = dd;
     year = yyyy;
   }
   public void showDate()
   {
     DecimalFormat df = new DecimalFormat("00");
     System.out.println("The date is " + df.format(month) +'/'+df.format(day)
                          + '/'+ df.format(year%100) );       //精确到最后两位
   }

   public static void main(String[] args)
   {
     Date a = new Date();   //声明了两个 Date 类型的对象
     Date b = new Date();
     b.setDate(12,25,2002);
     System.out.println();

     a.showDate();  //显示对象 a 的值
     b.showDate();  //显示对象 b 的值
   }
}
```

因为这个内存是在程序执行时被动态分配的，所以 new 操作符称为**动态内存分配操作符**。通常，使用动态内存分配操作符创建一个新对象的过程称为**创建一个实例**和**实例化一个对象**。作为这个实例化过程的一部分，new 操作符返回保存在相关引用变量中的对象的地址。从这个观点来看，引用变量是用来访问对象的。作为这个过程的一部分，对象的数据可以被自动初始化，这是因为在创建对象时能够自动调用类的构造方法，例如，参考包含在 main()方法中的语句 Date a = new Date();，该语句定义了变量 a 并调用了构造方法 Date()，这个构造方法被定义来为对象的 month、day 和 year 变量进行赋值，分别为 7、4 和 2000，得到下列的初始化：

```
a.month = 7
b.day = 4
c.year = 2001
```

注意这里所使用的语句。它包含由一个句号分开的对象引用名和一个变量名。下面是访问一个对象的数据成员的标准句法：

```
objectReferenceName.dataMemberName
```

objectReferenceName 为一个特定对象的引用变量名，dataMember 是类变量名。

这样，语句 a.month = 7 称为对象 a 把它的 month 数据成员值设置为 7，在习惯的用法中，这通常被读作“对象 a 的 month 值为 7”，但是要注意 a 本身不是一个对象，仅仅是对一个对象的引用。类似地，a.day =4 和 a.year=2001 称为 a 的 day 和 year 数据成员已经被分别设置值为 4 和 2001。同样，当对象 b

被定义时，使用同样的默认值（注意，虽然 b 称为一个对象，但它实际是对一个对象的引用，本身并不是对象），b 的数据成员的初始化结果为：

```
b.month = 7
b.day = 4
b.year = 2001
```

在程序 9.1 中，main()方法的下一个语句 b.setDate(12,25,2002)调用类的 setDate()方法对 b 进行操作，把值 12、25、2002 分别赋值给 b 的数据成员，产生下列的赋值：

```
b.month = 12
b.day = 25
b.year = 2002
```

注意，在 main()中使用了调用一个类方法的语法，这个语法为

```
objectReferenceName.methodName(arguments)
```

objectReferenceName 是一个特定对象的对象名，methodName 为定义在对象类中的一个方法名。因为我们定义了所有的类方法为 public，语句 b.setDate(12,25,2002)在 main()方法中是有效的，并调用了类的 setDate()方法，这个语句告诉 setDate()方法使用参数 12、25、2002 来操作对象 b。因为所有的数据成员被定义为 private，所以语句 b.month = 12 在类外是无效的，它只允许该类中的方法直接访问私有的数据成员。将 Date 的数据成员声明为 private，则只能用提供的公共方法来访问这些私有的属性。

main()方法的最后两个语句调用了 showDate()方法，分别操作对象 a 和 b。第一个调用显示对象 a 的数据值，第二个调用显示对象 b 的数据值。这样，程序 9.1 的输出为：

```
The date is 02/04/10
The date is 12/25/02
```

注意，语句 System.out.println(a);在 main()方法中是无效的，因为 println()方法不知道如何处理 Date 类的对象。这样，我们可以创建自己的类方法，用来访问并显示一个对象的内部值。

在离开程序 9.1 的 main()方法前，需要注意关于引用变量 a 和 b 的声明。语句 Date a = new Date(); 是一个常用的方式，通常把下列两个单独的语句合并为一条语句：

```
Date a;            //这是一个引用变量的声明语句
a = new Date();    //这个语句创建了一个 Date 类型的对象
```

第一个语句创建了一个 Date 对象的引用变量。因为还没有创建实际的 Date 对象，保存在引用变量 a 的地址为 null 地址；第二个定义语句为一个 Date 对象保留了实际的存储位置，并使用构造方法来初始化这些内存位置，分别为 7、4 和 2001，然后把保留的内存地址赋值给引用变量 a。在编程工作中，你将会遇到定义类对象的这两种方式。

9.2.2 术语

有时候很容易将类、对象与别的面向对象编程相关的术语混淆，在这里我们专门分析并回顾这些术语。

☆ *知识点* 用户接口、定义和信息隐藏

(1) 用户接口和定义这两个术语在面向对象编程中被广泛地使用。每个术语等同于类的声明和定义中的一个具体部分。

用户接口包括类的公共成员方法声明和提供相关的注释。这样，接口能够告诉程序员如何来使用这个

类。

（2）定义包含了类的定义部分，包括 private 和 public 成员定义，类的 private 数据成员也包含在一个类声明部分中。

（3）定义是提供信息隐藏的基本方式。通常，信息隐藏称为构造类的规则，与使用该类的程序员无关。也就是，定义可以并应该对所有的类用户隐藏，确保类不会以任何方式被改变或泄露。程序员使用类时所需要知道的信息应该是由接口提供的。

类是程序员定义的数据类型，可以用来创建对象。对象从类中创建；它们和类的关系和变量与 Java 的内嵌数据类型的关系相同，例如，下列语句

```
int a;
```

声明 a 为一个变量，而在程序 9.1 的语句

```
Date a;
```

声明 a 为一个引用变量。内嵌数据类型的变量 a 包含一个实际的数据值，而引用变量包含一个对象的内存地址。

对象也称为类的**实例**，创建一个新对象的过程通常称为对象的**实例化**。每次实例化一个新的对象时，能够创建一组属于对象的数据成员，[①]包含在这些数据成员中的特定的值确定了对象的**状态**。按照这种方式，类可以认为是一个蓝图，从其中可以创建具体的实例。每个类的实例有它自己的一组特定的值，在类声明部分定义。

除了对象允许的数据类型，类也可以定义**行为**——用来对对象的数据成员进行操作的方法，对象的用户需要知道这些方法的功能和如何通过方法调用来激活它们，但是除非和运行时相关，用户不必知道操作是如何完成的。一个对象操作的实际定义细节包含在类的定义中，对于用户是隐藏的。类定义部分中的方法也称为过程、操作和服务，在本书中将会互换地使用这些术语。

9.2.3　练习题

1．定义下列的术语：

类、对象、声明部分、定义部分、实例变量、成员方法、数据成员、构造方法、类实例、服务、方法、用户接口。

2．为下列的规范编写一个类的声明和定义部分。在每个例子中，包含一个构造方法和一个成员方法 showdata()，以用来显示成员值：

（1）类 Time 有整数数据成员，分别为 secs、mins 和 hours。

（2）类 Complex 有浮点数据成员，分别为 real 和 imaginary。

3．按照下列的规范编写类的声明和定义部分。在每个例子中，包含一个构造方法和一个用来显示成员值的成员方法 showdata()。

（1）类 Circle 有整数数据成员（分别为 xcenter 和 ycenter），和一个浮点数据成员 radius。

（2）System 有字符数据成员 computer、printer 和 screen，每个字符数据成员引用一个字符串，双精度数据成员分别为 compPrice、printPrice 和 screenPrice。

4．问题如下：

（1）编写一个程序，使其包含练习题 2（1）所编写的类声明和定义部分。

（2）编写一个程序，使其包含练习题 2（2）所编写的类声明和定义部分。

---

① 注意只创建了一组类方法，这些方法由所有的对象共享。

5．问题如下：

（1）编写一个程序，使其包含练习题 3（1）所编写的类声明和定义部分。

（2）编写一个程序，使其包含练习题 3（2）所编写的类声明和定义部分。

6．分析下列类的错误：

```
public class Employee
{
 public int empnum;
 public char code;
 private void showemp(int ,char)
 {
     .
     .
 }
}
```

7．问题如下：

（1）在程序 9.1 中的 Date 类中添加另一个方法 convert()，实现下列功能：方法应该访问 month、year 和 day 数据成员，并分别显示每个成员的值，然后使用 year*10000+month*100+day 来返回一个长整数，例如，如果 date 为 4/1/2002，返回值为 20020401（当执行排序时，这个格式的 date 是有用的，因为它按照年月日次序进行排列数字）。

（2）将练习题 7（1）中构造的 Date 类包含在一个完整的程序里。

8．问题如下：

（1）在程序 9.1 中使用的 Date 类中添加一个新方法 leapyr()，当 year 为闰年返回 true，否则返回 false。闰年是可以被 4 整除而不能被 100 整除的年数，例外所有能被 400 整除的年也为闰年，例如，1996 是闰年，因为它能被 4 整除而不能被 100 整除；2000 是闰年，因为它可以被 400 整除。

（2）把练习题 8（1）构造的类包含在一个完整的程序中。main()方法应该根据数据对象 year 的值显示信息 The year is a leap year 或 The year is not a leap year。

9．问题如下：

（1）在程序 9.1 使用的 Date 类中添加方法 dayOfWeek()，分析任何格式为 mm/dd/yyyy 的日期对象的星期的天数。下列为分析星期天数的 Zeller 算法：

```
If the month less than 3
  Month = month +12;
  Year = year -1
Endif
  Set century = int(year/100)
  Set year = year % 100
  Set T = dd + int(26*(month+1)/10) + year + int(year/4) +int(century/4) -
        2*century
Set DayOfWeek = T % 7
If DayOfWeek is less than 0
  Set DayOfWeek = dayOfWeek + 7
Endif
```

使用这个算法，如果日期为星期天，变量 DayOfWeek 为 1，那么星期二则为 2，等等。

（2）将练习题 9（1）构造的类包含在一个完整的程序里。Main()方法应当为测试的 Date 对象显示星期天数。

10．问题如下：

（1）构造类 Rectangle，使其包含浮点数据成员 length 和 width。类包含的两个方法 perimeter()和 area()

分别计算长方形的周长和面积。方法 getdate()设置长方形的 length 和 width，方法 showdata()显示长方形的长、宽、周长和面积。

（2）将练习题 10（1）构造的 Rectangle 类包含在一个完整的应用程序中。

11．问题如下：

（1）修改程序 9.1 定义的 Date 类，使其包含一个 nextDay()方法，用来递增天数。测试你的程序以保证它正确地递增天数到一个新的月和一个新的年。

（2）修改程序 9.1 中的 Date 类，使其包含方法 priorDay()，用来递减天数。测试你的程序，保证它正确地递减天数到前一个月和前一年。

12．修改程序 9.1 中的 Date 类，包含一个方法，比较两个 Date 对象，并返回其中的较大值。方法应该按照下列句法编写：

比较方法：
接收两个 Date 值作为参数
使用下列的过程分析最大值：
　转换每个 date 为 yyyymmdd 格式的整数值（可使用公式 year*100000+month*100+day 来实现）
　比较每个 date 的相应整数
　最大的整数值对应较晚的日期
返回较晚的日期

9.3 构造方法

构造方法的名字和它所在的类名相同。在一个类中，只要它们的参数的个数和数据类型各不相同，就可以定义多个构造方法（也称为方法重载）。

构造方法的目的是初始化一个新对象的数据成员，这样，根据提供的参数个数和类型，在创建一个对象时能够自动调用构造方法。如果没有编写构造方法，编译器将提供一个默认的构造方法，其所有的数字数据值被初始化为 0，所有的字符串被初始化为 null。除了它的初始化规则，构造方法也可以执行别的任务，并可以使用多种方式编写。在本章，我们将介绍构造方法的几种方式。

```
optionalVisibilityModifier className(parameter list)
{
  method body
}
```

图 9.2 构造方法的语法格式

图 9.2 分析了构造方法的一般格式。一个构造方法要求：

- 必须和它所属的类名相同。
- 必须没有返回值类型（不是 void）。

例如，参考下列描述的类：

```
import java.text.*;   //用来格式化
public class Date
{
  private int month;
  private int day;
  private int year;
public void setDate(int mm,int dd,int yyyy)
{
```

```
        month = mm;
        day = dd;
        year = yyyy;
    }
    public void showDate()
    {
        DecimalFormat df = new DecimalFormat("00");
        System.out.println("The date is " + df.format(month) +'/'+df.format(day)
                          + )'/'+ df.format(year%100) );          //精确到最后两位
    }
}
```

因为这里没有声明用户定义的构造方法，编译器将创建一个默认的构造方法来设置 month、day 和 year 为 0。对于我们的 Date 类，这个默认的构造方法等同于下列定义：

```
Date()
{
 month = 0;
 day = 0;
 year = 0;
}
```

虽然编译器提供的默认构造方法可能或不可能在实际应用中有用，但如果没有声明别的构造方法，它确实为每个实例化对象提供了一个状态，在更多的一般应用中，术语**默认的构造方法**指的是不要求任何参数的任何构造方法，例如，在程序 9.1 中使用的构造方法，为一个默认的构造方法。如果提供了一个用户自定义的构造方法，编译器将不会提供默认的构造方法。

```
Date()
{
month = 7;
day = 4;
year = 2001;
}
```

这里，每个数据成员被赋值为一个默认值，对象可以被声明为 Date 类型。使用这样的构造方法，声明 Date a = new Date();使用默认值 7、4 和 2001 初始化最新创建的对象，并把这个对象的地址赋值给引用变量 a。

程序 9.2

```
import java.text.*;    //用来格式化
public class Date
{
   //类变量声明部分
   private int month;
   private int day;
   private int year;
  //类方法定义部分
  Date()   //这是一个构造方法，因为它和类名相同
  {
    month = 7;
    day = 4;
    year = 2001;
    System.out.println("From the default constructor: "     +"\n Created a
      new date object with data values"+"\n month="+month+"day="+day+"year="+year);
  }
  public void setDate(int mm,int dd,int yyyy)
  {
```

```
    month = mm;
    day = dd;
    year = yyyy;
  }
  public void showDate()
  {
    DecimalFormat df = new DecimalFormat("00");
    System.out.println("The date is " + df.format(month) +'/'+df.format(day)
                      + '/'+ df.format(year%100) );        //精确到最后两位
  }
  public static void main(String[] args)
  {
    Date a = new Date();    //声明了两个 Date 类型的对象
    Date b = new Date();
  }
}
```

程序 9.2 说明了在创建一个新对象时，构造方法将被自动调用。注意，在类的定义部分，我们加了一个 println()方法到构造方法中，用来显示一个信息。因为 main()方法创建了两个对象，所以构造方法被自动调用两次并显示两次同样的信息。

程序 9.2 执行时，产生下列的输出：

```
From the default constructor:
 Created a new Date object with data values
  Month = 7  day = 4  year = 2001
From the default constructor:
 Created a new Date object with data values
  Month = 7  day = 4  year = 2001
```

虽然在构造方法中可以使用任何合法的 Java 语句，例如在程序 9.2 中使用的 println()方法，但最好保持构造方法的简单化，并只使用一些用于初始化目的的语句。

9.3.1 构造方法的重载

构造方法和别的用户自定义方法的主要区别是构造方法被调用的方式：当创建对象时构造方法被自动调用，而别的方法必须根据名字来调用。作为方法，构造方法同样遵守对于编写方法使用的所有规则，这意味着构造方法可以重载。

第 6.1 节曾提到过，方法重载允许使用具有不同参数列表的相同名字的方法。根据提供的参数类型，编译器决定在调用时使用哪个方法。

让我们分析一下如何将方法应用到我们所定义的 Date 类。为了方便，将程序 9.2 中使用的构造方法在这里重复如下：

```
Date()    //这是一个构造方法，因为它和类名相同
{
    month = 7;
    day = 4;
    year = 2001;
    System.out.println("From the default constructor: "    +"\n Created a
           new date object with data values"+"\n month="+month+"day="+day
           +"year="+year);
}
```

实际上，我们希望根据自己的选择来初始化每个 Date 对象，而不是总是接收构造方法所提供的默认

值。在程序 9.1 或 9.2 中，首先要求使用默认初始值实例化一个 Date 对象，然后使用 setDate()方法重置变量为要求的值。另一种选择是提供第二个构造方法，使其能够接收并使用参数值来初始化一个新的实例化对象，这样一个构造方法的代码如下：

```
Date(int mm,int dd,int yyyy)    //这是一个重载构造方法
{
  month = mm;
  day = dd;
  year = yyyy;
  System.out.println("From the default constructor: "+"\n Created a new date
      object with data values"+"\n month="+month+"day="+day+"year="+year);
}
```

这里，构造方法被声明为接收 3 个整数参数，然后使用其初始化数据成员 month、day 和 year。另外，我们使用了一个 println()方法来显示值。

程序 9.3 是在一个完整的 Date 类中包含了这个重载的构造方法。

程序 9.3

```
import java.text.*;  //用来格式化
public class Date
{
  //类变量声明部分
  private int month;
  private int day;
  private int year;
  //类方法定义部分
  Date()   //这是一个构造方法，因为它和类名相同
  {
   month = 7;
   day = 4;
   year = 2001;
   System.out.println("From the default constructor: " +"\n Created a new
     date object with data values"+"\n month="+month+"day="+day+"year="+year);
  }
  Date(int mm,int dd,int yyyy)   //这是一个重载构造方法
  {
    month = mm;
    day = dd;
    year = yyyy;
  System.out.println("From the default constructor: "  +"\n Created a new
    date object with data values"+"\n month="+month+"day="+day+"year="+year);
  }

  public void setDate(int mm,int dd,int yyyy)
  {
   month = mm;
   day = dd;
   year = yyyy;
  }
  public void showDate()
  {
   DecimalFormat df = new DecimalFormat("00");
   System.out.println("The date is " + df.format(month) +'/'+df.format(day)
                   + '/'+ df.format(year%100) );            //精确到最后两位
  }

  public static void main(String[] args)
```

```
    {
      Date a = new Date();    //声明了两个 Date 类型的对象
      Date b = new Date(5,1,2004);
    }
}
```

程序 9.3 产生的输出如下：

```
From the default constructor:
  Created a new Date object with data values
   Month = 7 day =4 year = 2001
From the default constructor:
  Created a new Date object with data values
   Month = 5 day = 1 year = 2004
```

在程序 9.3 的 main()方法中创建了两个对象。第一个对象通过变量名 a 引用，由默认构造方法初始化；第二个对象使用参数 5、1 和 2004 初始化，使用的是第二个重载的构造方法。编译器之所以知道使用第二个构造方法是因为该构造方法要求 3 个整数参数，而这里只有一个构造方法可以接收 3 个整数参数。需要指出的是，如果两个构造方法的参数有同样的个数和类型，将会发生编译错误，在这种情况下，编译器不能确定使用哪个构造方法。方法的名字和它的参数的名称、个数以及类型称为该方法的**参数签名**，这样，在每个类中，只有一个构造方法可以被编写为默认的，每个重载的构造方法必须有一个惟一的参数签名。

☆ *知识点* 构造方法

构造方法是一个和它所在的类同名的方法。构造方法的主要目的是在创建对象时，初始化一个对象的成员变量，这样，在对象声明时构造方法被自动调用。

一个类可以有多个构造方法，每个构造方法通过不同的参数列表来区分。当构造方法的参数列表相同时将会产生编译错误。如果没有提供构造方法，编译器将提供一个默认的构造方法，初始化所有的数字数据成员为 0、所有的字符串数据成员为 null。

每个构造方法必须被声明为没有返回类型（不是 void），尽管它们是方法，但构造方法不能在非声明语句中被调用。

9.3.2 添加第 2 个重载的构造方法

确定日期的另外一种方法是使用 year * 100000+ month*100 + day 格式的长整数，例如，使用这种格式，日期 12/24/1998 为 19981224，日期 2/5/2002 为 20020205。[①]使用这种日期格式的构造方法头行为：

Date(long)

这个头行声明了接收一个长整数参数的构造方法。这个新 Date 方法的代码必须正确地把参数转换为一个月、日和年，这样一个构造方法的实际代码为：

```
Date(long yyyymmdd)    //第二个构造方法
{
  year = int(yyyymmdd/10000.0);    //抽取年
  month = int((yyyymmdd - year * 10000.0) / 100.00);  //抽取月
  day = int(yyyymmdd - year * 10000.0 - month*100.0); //抽取日
  System.out.println("From the second overloaded constructor: "
     +"\n Created a new Date object with data values"
```

① 使用这种方式确定日期的原因是其只需要一个数字表示日期，并能够自动按照顺序排列数字。

```
    +"\n month =" + month + "day="+day+" year= " + year);
}
```

我们不必关心方法体中的实际转换代码，这里最重要的是使用一个重载 Date()方法来接收一个长整数的概念。另外，我们已经提供一个 println()方法来显示初始化值。程序 9.4 是在一个完整的 Date 类中包含了第二个重载的构造方法。

程序 9.4

```
import java.text.*;    //用来格式化
public class Date
{
 //类变量声明部分
 private int month;
 private int day;
 private int year;
 //类方法定义部分
 Date()    //这是一个构造方法，因为它和类名相同
 {
  month = 7;
  day = 4;
  year = 2001;
 System.out.println("From the default constructor: "+"\n Created a new date
    object with data values"+"\n month="+month+"day="+day+"year="+year);
 }
 Date(int mm,int dd,int yyyy)    //这是一个重载构造方法
 {
  month = mm;
  day = dd;
  year = yyyy;
 System.out.println("From the default constructor: "+"\n Created a new date
    object with data values"+"\n month="+month+"day="+day+"year="+year);
 }

 Date(long yyyymmdd)    //第二个构造方法
 {
  year = int(yyyymmdd/10000.0);    //抽取年
  month = int((yyyymmdd - year * 10000.0) / 100.00);  //抽取月
  day = int(yyyymmdd - year * 10000.0 - month*100.0); //抽取日
 System.out.println("From the second overloaded constructor: "
  +"\n Created a new Date object with data values"
  +" \n month ="+ month + "day="+day+" year= " + year);
 }

 public void setDate(int mm,int dd,int yyyy)
 {
  month = mm;
  day = dd;
  year = yyyy;
 }
 public void showDate()
 {
  DecimalFormat df = new DecimalFormat("00");
  System.out.println("The date is " + df.format(month) +'/'+df.format(day)
                     + '/'+ df.format(year%100) );        //精确到最后两位
 }

 public static void main(String[] args)
```

```
    {
      Date a = new Date();    //声明一个Date类型的对象
      Date b = new Date(5,1,2004);  //声明一个Date类型的对象
      Date c = new Date(20050915L);  //声明一个Date类型的对象
    }
}
```

程序9.4产生的输出为：

```
From the default constructor:
  Created a new Date object with data values
   Month = 7 day = 4 year = 2001
From the first overloaded constructor:
  Created a new Date object with data values
   Month = 5 day = 1 year = 2004
From the second overloaded constructor:
  Created a new Date object with data values
   Month = 9 day = 15 year = 2005
```

在程序9.4的main()方法中创建并初始化了3个对象。第一个对象由默认构造方法使用默认值7、4和2001初始化；第二个对象由一个重载构造方法使用3个整数值5、1和2004初始化；最后，第三个对象c由一个重载的构造方法使用一个长整数初始化。对于程序9.4的初始化，编译器之所以知道使用第二个构造方法是因为，很明显，参数20050915L是一个长整数。[①]将显示方法println()包含在每个构造方法中，我们可以清楚地看到在每个初始化过程中所使用的构造方法，这些显示仅仅为了教学目的，在实际中，构造方法只用来初始化数据成员，并显示程序9.2提供的数据，而不使用程序9.4中提供的数据。

☆ *知识点* 存取方法

存取方法是任何访问类的私有数据成员的非构造方法，例如，Date中的showDate()方法是一个存取方法。这样的方法是非常重要的，因为它们提供了显示保存在私有数据成员中的值的方式。

当你构造一个类时，应确信提供了一个完整的存取方法组。每个存取方法不必返回一个数据成员的值，但是它应该返回一个有用的值的表示，例如，假设日期12/25/2002以格式20022512被保存为一个长整数，虽然存取方法可以显示这个值，但更有用的显示是12/25/02或December 25,2002。

除了用于输出，存取方法也可以提供数据输入，例如，Date类中的setDate()方法是一个输入存取方法的例子。构造方法，其主要目的是初始化一个对象的成员变量，而不是存取方法。

9.3.3 练习题

1. 分析下列的说法是否正确：

- 构造方法必须和它的类名相同。
- 一个类只能有一个构造方法。
- 一个类只能有一个默认的构造方法。
- 一个默认的构造方法只能由编译器提供。
- 默认的构造方法没有参数。
- 必须为每个类声明构造方法。
- 构造方法必须声明一个返回值类型。
- 创建对象时，自动调用构造方法。

---

① 因为数字的大小，即使没有后缀L，编译器也会认为是长整数。

2．对于程序 9.4，如果使用 Date c = new Date(15);来代替语句 Date c = new Date(20050915L);，则对象 c 被初始化为什么数据？

3．修改程序 9.4，类的惟一数据成员为长整数 yyyymmdd。使用下列的声明

```
private long yyyymmdd;
```

代替已存在的声明

```
private int month;
private int day;
private int year;
```

然后在类的声明部分使用同样的构造方法头行，重新编写每个方法以正确地初始化类数据成员。

4．问题如下：

（1）构造一个 Time 类，包含整数数据成员 seconds、minutes 和 hours。在类中包含两个构造方法：第一个应该是默认构造方法，使用默认值 0 初始化每个数据成员；第二个构造方法应该接收一个长整数表示一个时间的总的数目，拆卸长整数整数为 hours、minutes 和 seconds；最后的方法成员应该显示类数据成员的值。

（2）将练习题 4（1）编写的类包含在一个完整的程序中。

5．问题如下：

（1）构造一个 Student 类，包含一个整数学生标识数字、5 个浮点分数的数组和一个整数表示输入的分数的总数。该类的构造方法应该初始化 Student 数据成员为 0。类中的第一个方法输入一个学生 ID 数字，方法二输入一个测试分数并更新输入的分数的总数目，方法三计算平均分数并在后面显示学生的 ID。

（2）将练习题 5（1）编写的类包含在一个完整的程序中。

6．问题如下：

（1）在练习题 4 中，要求创建一个 Time 类。对于这个类，使其包含一个 tick()方法递增时间 1 秒。测试你的方法，保证它正确地递增到新的分钟和新的小时。

（2）修改练习题 6（1）编写的 Time 类，使其包含一个 detick()方法，递减 1 秒。测试你的方法保证它正确地递减到前面的小时和分钟。

9.4 一个应用程序

现在，读者对如何创建一个类以及在描述它们时使用的术语已经有了相当的了解，下面我们将应用这些知识来构造一个自定义的类。

在本节的应用程序中，我们将模拟一个对电梯的操作。要求得到一个能够描述电梯所在或正在经过楼层的输出，并把按下一个电梯按钮作为移动到另一层的一个请求。这个电梯可以在第 1 到第 15 层之间升降。

9.4.1 解决方案

对于这个应用程序，存在有一个对象，即电梯。惟一的属性是电梯的位置。惟一的请求服务是能够改变所在的位置。另外，我们必须在一个新电梯投入使用时建立初始的楼层位置。

电梯的位置，对应它的当前楼层位置，可以使用一个整数成员变量来表示。这个变量，在这里被命名为 currentFloor，它的值表示电梯的当前状态。把电梯投入服务是通过声明一个类实例来实现的（声明 Elevator 的一个对象），而请求一个新的楼层位置等同于按下一个电梯按钮。

根据上面的分析来声明如下的数据成员：

```
private int currentFloor;
```

☆ *知识点*　包装

术语包装表示将一定数量的项包含到一个单元中，例如，一个方法用来概括一个算法的细节。同样地，一个类将变量和方法概括到一个单元中。

虽然包装有时被用来表示信息隐藏的过程，但这个用法并不正确。这两个术语的正确关系为信息隐藏指的是包装并隐藏所有定义的细节。

数据成员 currentFloor 用来保存电梯的当前楼层位置，作为一个私有成员，它只可以通过成员方法进行访问。每个电梯对象提供的外部服务通过两个成员方法来处理，分别为 Elevator()和 request()。Elevator()方法是类的构造方法，这样，编写的类应该命名为 Elevator，该类将提供两个构造方法：第一个是默认构造方法，其初始化开始的楼层为 1，第二个是重载构造方法，允许初始化一个程序员提供的值。request()方法用来改变电梯的位置。为了实现以上功能，相应的类定义部分如下：

```
//类方法定义部分
public Elevator()   //这是默认的构造方法
{
   currentFloor = 1;
}
   public Elevator(int cfloor)   //一个重载构造方法
{
   currentFloor = cfloor;
}
void request(int newfloor)
{
   if(newfloor < 1 || newfloor > MAXFLOOR || newfloor == currentFloor);
     //不做任何事情
   else if(newfloor> currentFloor)  //向上移动电梯
   {
   System.out.println(" \nStarting at floor " + currentFloor);
   While(newfloor>currentFloor)
   {
     currentFloor++;   //加 1 到当前楼层
     System.out.println("  Going up - now at floor " + currentFloor);
   }
   System.out.println(" Stopping at floor " + currentFloor);
  }
  else //下移电梯
  {
   System.out.println(" \nStarting at floor " + currentFloor);
   While(newfloor<currentFloor)
   {
     currentFloor--;   //下移一层
     System.out.println("  Going Down - now at floor " + currentFloor);
   }
   System.out.println(" Stopping at floor " + currentFloor);
  }
}
```

构造方法的编码非常简单。当声明一个 Elevator 对象时，它可以初始化 currentFloor 为给定的楼层，或如果没有给定楼层，使用默认值进行初始化，例如，语句

```
Elevator a = new Elevator(7);
```

使用重载构造方法初始化了一个新创建的 Elevator 对象，其当前层为 7，下面的语句

```
Elevator a = new Elevator();
```

使用默认的构造方法初始化对象 a 的 currentFloor 为 1。

在定义部分定义的 request()方法比较复杂，其提供了类的主要功能。该方法包含了一个 if-else 语句，实现 3 种条件的服务：如果请求一个错误的服务，不会进行反应；如果选择大于当前楼层的楼层，电梯上移；如果选择当前楼层的下面层，电梯下移。对于上移或下移，方法使用 while 循环每次递增一个楼层位置，并使用 println()方法报告电梯的当前位置。

对 Elevator 类的测试需要测试类中的每个操作。首先将 Elevator 类包含在一个完整的程序中，如程序 9.5 所示。

程序 9.5 中的非阴影部分包含了已经描述的类结构，为了分析这个类是如何进行的，我们将重点分析程序中的阴影部分。在 main()方法中，包含了 3 个语句，第一个语句创建了一个可以使用变量 a 访问的 Elevator 对象。因为没有给定具体的楼层，电梯从 1 层开始，这由默认构造方法提供；然后，请求使电梯移动到 6 层，然后又移动到 3 层。

程序 9.5

```
public class Elevator
{
  //类变量声明部分
  private int currentFloor;
  private static final int MAXFLOOR = 15;
  //类方法定义部分
  public Elevator()   //这是默认的构造方法
  {
   currentFloor = 1;
  }
  public Elevator(int cfloor)   //一个重载构造方法
  {
   currentFloor = cfloor;
  }
  void request(int newfloor)
  {
   if(newfloor < 1 || newfloor > MAXFLOOR || newfloor == currentFloor);
         //不做任何事情
   else if(newfloor> currentFloor)  //向上移动电梯
   {
     System.out.println(" \nStarting at floor " + currentFloor);
     while(newfloor>currentFloor)
     {
       currentFloor++;   //加 1 到当前楼层
       System.out.println("  Going up - now at floor " +  currentFloor);
     }
    System.out.println(" Stopping at floor " + currentFloor);
  }
  else //下移电梯
  {
    System.out.println(" \nStarting at floor " + currentFloor);
    while(newfloor<currentFloor)
     {
       currentFloor--;  //下移一层
       System.out.println("  Going Down - now at floor " + currentFloor);
     }
```

```
      System.out.println("Stopping at floor " + currentFloor);
    }
  }
  public static void main(String[] args)
  {
   Elevator a = new Elevator();   //声明一个对象
   a.request(5);
   a.request(3);
  }
}
```

程序 9.5 产生的输出为：

```
Starting at floor 1
  Going Up - now at floor 2
  Going Up - now at floor 3
  Going Up - now at floor 4
  Going Up - now at floor 5
  Going Up - now at floor 6
Stopping at floor 6

Starting at floor 6
  Going Down - now at floor 5
  Going Down - now at floor 4
  Going Down - now at floor 3
Stopping at floor 3
```

在程序 9.5 中，使用面向对象思想编程的基本要求构造了一个用户自定义的类。在编写 main()方法之前，必须构造一个有效的类。包含在类中的方法有效地承担了 main()方法中的代码，这样，任何从类中创建对象的程序不必在它的 main()方法中重复定义细节。而且，main()方法和其中被 main()调用的方法只关心如何发送信息给它们的对象，从而激活它们，对象如何回应这些信息和对象的状态如何保持都不是 main()方法关心的——这些细节隐藏在类的构造中。

在程序 9.5 中需要注意的另一点是 main()方法提供的控制，这个控制是连续的，同一个对象使用不同的参数值调用了两次方法，该控制是为了测试的目的。将对 request 的调用包含在一个 while 循环中，并使用随机数方法 Math.random()产生要求的随机楼层数，就能够完成电梯运行的一个持续模拟（见练习题 3）。

9.4.2　练习题

1．输入程序 9.5 并运行。

2．问题如下 ：

（1）修改程序 9.5 的 main()方法，创建第二个电梯并从第 5 层开始服务。让第二个电梯移动到第 1 层，然后移动到第 12 层。

（2）添加一个信息到构造方法中，在每次调用构造方法创建对象时显示该信息。运行该程序。

3．在程序 9.5 的 main()方法中，使用一个 while 循环调用 Elevator 的 request 方法，将电梯运行到从 1 到 15 之间的随机楼层。如果随机数和电梯当前楼层相同，则产生另外一个请求。While 循环应该在产生 5 个有效请求和满足电梯的移动后结束（提示：复习第 6.6 节的随机数字的使用）。

4．问题如下 ：

（1）构造一个 Car 类，该类没有属性，并且使该类包含一个构造方法和两个成员方法 arrive()和 gallons()。arrive()方法需提供一个从 1 到 15 之间的随机数字作为返回值，gallons()方法应该提供一个从 3

到 20 之间的随机数字（提示：复习第 6.6 节的随机数字的使用）。

（2）在一个完整的程序中，测试练习题 4（1）中编写的类方法。

5．在程序 9.5 中，将 Elevator 类定义在文件 Elevator.java 中。然后在程序 9.5 中使用一个 import 语句，使该语句包含类 TestElevator。

6．构造类 Light，使其能够模拟一个交通灯。类的颜色属性应该从蓝色改变到黄色，然后通过类的 change()方法返回蓝色。当创建一个新的 Light 对象时，它的初始颜色为红色。

7．问题如下：

（1）构造一个类来表示公司的雇员。每个雇员由整数 ID 数字、一个浮点工资比率和每周雇员应该工作的最多小时数来定义。这个类提供的服务分别是为一个新雇员输入数据、改变一个新雇员的数据、显示一个雇员已存在的数据。

（2）将练习题 7（1）创建的类保存在一个完整的程序中，要求用户输入 3 个雇员的数据并显示输入的数据。

（3）修改练习题 7（2）编写的程序，使其包含一个菜单以提供给用户下列的选择：

- 添加一个雇员
- 修改雇员数据
- 删除一个雇员
- 退出

对应每个选择，程序应该完成相应的功能。

9.5 常见编程错误

在编写类时，常见的编程错误如下：

（1）在构造方法的头行中包含一个返回类型。

（2）在非构造方法的头行中没有包含一个返回类型。

（3）在一个类中定义多个默认的构造方法。

所有的这些错误都会产生一个编译错误信息。

9.6 本章小结

（1）类是程序员自定义的数据类型。类的**对象**可以被定义，它和类之间的关系与变量和 Java 的内嵌数据类型之间的关系相同。

（2）类包括变量声明部分和方法定义部分。定义类的一般格式如下：

```
public calssName
{
  //类变量声明部分
  variables typically declared as private;
  //方法定义部分
  methods typically declared as public
}
```

变量称为**类数据成员**，方法称为**类成员方法**。术语 private 和 public 称为可见修改符和访问限定符。

private 关键字表明它后面的变量对于类是私有的，只能通过成员方法进行访问。public 关键字表明它后面的类成员可以在类外被访问。一般地，所有的数据成员应该被声明为 private，所有的成员方法应该被声明为 public 。

（3）除了构造方法，所有类方法的头行使用下列的语法：

public returnType methodName(parameter list)

（4）**构造方法**在声明对象时被自动调用。它必须和所在类的类名相同，并且不能有返回类型，它的目的是初始化每个声明的对象。

（5）如果在一个类中没有定义构造方法，编译器将提供一个默认的构造方法。编译器提供的构造方法将初始化所有的数字数据成员为 0、所有的字符串数据成员为 null。

（6）术语**默认构造方法**指任何在调用时不需要参数的构造方法。

（7）每个类只能有一个默认的构造方法。如果提供了一个自定义的构造方法，编译器将不会创建它的默认构造方法。

（8）可以使用一个或两个声明语句来创建一个对象。两个语句的声明有下列的格式：

```
className objectName;
objectName = new calssName(optional list of arguments);
```

这种样式声明的一个例子如下：

```
Date a ;    //声明一个 Date 类型的对象
a = new Date(12,25,2003);    //实例化一个对象
```

虽然通常将变量 a 称为对象，但它实际是一个引用变量。new 操作符在内存中创建了一个对象，并可以使用 a 对象进行访问。当使用 new 操作符创建一个对象时，类也称为被**实例化**。

使用一个语句并包含参数列表的声明和实例化的格式如下：

```
className objectName = new className(list of initializers);
```

这种样式声明的一个例子为：

```
Date a = new Date(12,25,2002);
```

（9）构造方法和别的用户定义方法一样，可以被重载。

9.7 本章附录 内部类和外部类

就像算法的概念以方法为中心，封装的概念以对象为中心一样，在本节，我们提供了一种使用进出模拟来观察包装的方式，以帮助你理解面向对象编程的思想。

在编程术语中，对象的属性通过数据来描述，例如一个长方形的长度和宽度，对属性的操作可以通过方法来描述。作为一个实际的例子，假设要编写一个能处理扑克牌的程序，按照面向对象的思想，我们必须模型化的对象是纸牌的背面图案。纸牌的背图案的属性包含了 52 个，分为 4 组（红桃、方块、黑桃和梅花），每组包含 13 个点值（1 到 10、水手、女王和国王）。

现在考虑扑克牌的行为，其包括可以应用到扑克牌的操作，至少我们应该能够洗牌并处理牌。现在，让我们分析一下这个例子是如何使用内外概念和封装相联系的。

可以参考一个煮熟的鸡蛋来理解内外概念，如图 9.3 所示。注意，鸡蛋由三部分组成：最里面的蛋黄、外层的蛋清和最外层的蛋壳，其中蛋壳是鸡蛋对于外部惟一的可见部分。

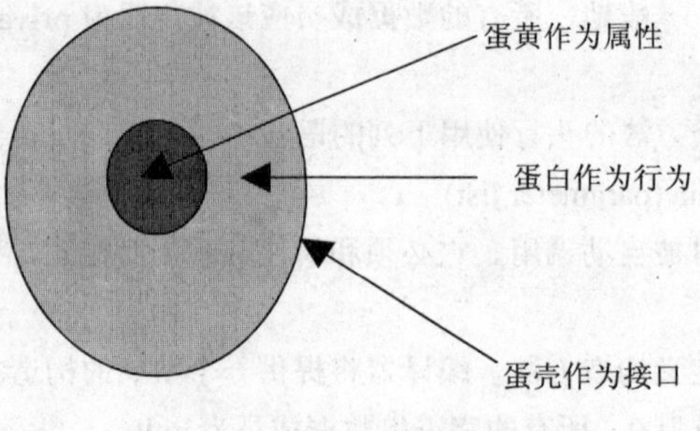

图 9.3 煮熟的鸡蛋对象模型

在煮熟的鸡蛋的模型术语中，对象的属性和行为相当于蛋黄和蛋清，都在蛋壳里面。也就是，对象最深处的保护区域，即它的数据属性，可以被比作是蛋黄。

在蛋黄（数据属性）的周围，使用和鸡蛋的蛋清围绕着它的蛋黄同样的方式，是我们选择来嵌入到对象中的操作。最后，在这个模拟中，外部世界的接口，通过蛋壳来表示，表示用户如何访问对象的内部程序。

通过蛋壳将鸡蛋的内部和外部分开的鸡蛋模型是非常精确的，因为它很明显地区别了包含在对象中的内容和从外边看到的内容的不同。这种分割在面向对象编程中构成了一个基本的元素，下面让我们看一下为什么这么说。

从内外方面来看，对象的数据属性、为对象的操作所选择的算法和这些算法实际是怎样表示的对用户总是隐藏的。用户或另一个对象如何激活一个内部过程则是一个外部发布。

现在，把这些概念应用到扑克牌例子中。首先，考虑如何表示每张卡的背景图案。下列的任何一组属性都可以用来表示一张扑克牌：

（1）两个整数变量、一个表示套（从 1 到 4）、一个表示值（从 1 到 13）。

（2）一个字符和一个整数值。字符表示一张扑克牌的套，一个整数表示扑克牌的值。

（3）值是从 0 到 51 之间的一个整数变量。表达式 int(number/13 + 1)提供了一个从 1 到 4 的值表示套数，表达式(number%13 + 1)表示从 1 到 13 的扑克牌值。

无论我们选择哪种表示，都和外部无关。选择表示扑克牌的具体方式是通过 deck 类的设计来决定的。在外部，所需要关心的是如何访问包含 52 张卡的扑克牌，且有必须的套和点值。

作为扑克牌类的一部分，所提供的操作是同样的。现在我们仅仅考虑洗牌，有很多算法能够完成洗牌操作，例如，可以使用 Java 的随机数字方法 Math.random()，或创建自己的随机数字产生器。所选择的算法通过 deck 类的设计确定一个内部发布。具体选择哪种算法和将它怎样应用到为每张扑克牌选择的属性与对象的外部无关。为了实现分析的目的，假设使用 Java 的 Math.random()产生一种随机的洗牌。

如果使用前面给定的第一种属性，在洗牌中每张牌至少需要使用 Math.random()方法两次：一次是为套数创建一个从 1 到 4 的随机数字，然后为牌的点值创建一个随机数字，这个序列必须构造 52 个不同的属性，并且不能有相同值。

如果我们使用前面给定的第二种属性，洗牌可以使用类似刚才介绍的方式产生，但需做一个修改：第一个随机数字（从 1 到 4）必须被转换为字符的形式来表示套数。

最后，如果使用第三种属性表示方式，则必须使用 Math.random()为每张卡产生 52 个随机数字，从 0 到 51，并且不能有重复。

程序中最重要的一点是算法的选择和怎样将算法应用到一个对象的属性中，这称为定义的发布，定义发布总是内部发布。扑克牌的用户是外部的，不必知道洗牌是如何完成的。所有的用户需要知道如何调用洗牌的方法，实际上，这意味着要给用户提供足够的信息使其能够正确地实例化一个 deck 对象并调用洗牌方法，这对应着接口，相当于鸡蛋的外壳。

9.7.1　抽象和封装

内部和外部之间的区别与抽象和封装的概念直接相关。**抽象**表示在决定如何实现对象之前，集中考虑对象是什么以及对象所要实现的功能。这里，需要定义一个扑克牌和相关的操作（很明显，如果抽象是有用的，最好能捕捉现实世界中扑克牌的属性和操作）。在确定了属性和操作后，就可以实现它们。

封装表示将这些抽象属性和行为的详细定义包含在一个类中。对象的外部应该提供必要的接口给用户，使其能够激活内部的程序。在创建类时，实现一个严格的内外规范也可以说是类成功封装了所有定义的细节。在扑克牌例子中，封装意味着用户不必关心在内部是如何模型化扑克牌或一个操作（例如洗牌是如何执行的），用户只需知道如何激活给定的操作。

9.7.2　编码的可重用性和可扩展性

使用内外方式的一个直接优势是它增加了代码的可重用性和可扩展性。这是外部接口中的对象和限制所有的定义细节在一个对象里相互作用的结果。

例如，参考图 9.4 所示的对象。这里，通过正确地激活外部的圆圈或正方形能够操作两个对象。实际上，激活仅仅是一个方法调用。使用圆或正方形的方式强调了提供给外部使用的两个不同的方法。在扑克牌例子中，一个方法的运行可能是产生一个洗牌，而另一个方法可能产生一个牌套并向对象返回点值。

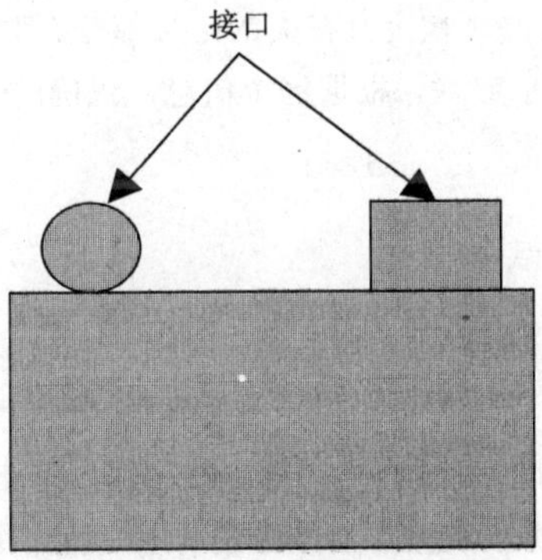

图 9.4　使用一个对象的接口

现在，假设想改变一个已有方法的定义或加更多的方法到类中。只要保留已有的外部接口，任何的内部定义和所有的操作可以被改变，而用户不会意识到发生了改变，这是封装属性数据和操作在类中的直接效果。

另外，只要已有操作的接口没有改变，就可以添加任何需要的操作到类中。本质上，所有要被加的方法应该使用一种新的方式访问内部的属性和修改它们。

第 10 章　附加的类功能

类的创建要求提供声明、初始化、赋值、操作和显示数据成员的能力。在前面的章节中，介绍了方法的声明、初始化和显示。在本章，我们通过使用 Java 继承所提供的创建拷贝结构和扩展已存在类的能力，继续介绍类的结构，根据这些知识，可以很容易地使用已有类创建扩展类，并满足我们的实际要求。

10.1　成 员 赋 值

在第 3 章，我们介绍了如何使用 Java 赋值操作符=实现在变量之间的赋值操作，在本节，我们将介绍如何在对象之间进行赋值操作。作为一个具体的赋值例子，请参考程序 10.1 中的 main()方法，注意，Date 类的方法定义部分没有包含赋值方法，尽管如此，我们仍期望在 main()方法中使用赋值语句 a = b;来把 b 的数据成员值赋值给 a。

在程序 10.1 中列出的赋值语句称为**成员赋值**。Java 编译器为每个类编译该种类型的默认赋值操作符。如果类没有包含任何引用数据类型，这个默认赋值操作符是适用的，不必做更多的考虑就可以来使用。在考虑使用引用数据成员可能发生的问题前，让我们看一下如何构造自己的赋值方法。

赋值方法和所有的类方法一样，必须被定义在类的定义部分。对于我们将要实现的功能，将方法命名为 setEqual()，并提供给它一个 Date 参数，根据这个信息，正确的方法定义为：

```
public void setEqual(Date newdate)
{
 day = newdate.day;   //赋值 day
 month = newdate.month;  //赋值 month
 year = newdate.year;  //赋值 year
}
```

在这个方法的头行，关键字 void 表示方法没有返回值，给定的参数名 newdate 被声明为 Date 对象类型。在方法体中，newdate 对象的 day 成员被赋值给当方法被调用时所引用对象的 day 成员，然后重复 month 和 year 成员。可以使用语句 a.setEqual(b);来调用该方法，并把 b 的成员值赋值给 Date 对象 a。程序 10.2 是在一个完整的程序中包含了我们的赋值方法。

程序 10.1

```
import java.text.*;  //用来格式化
public class Date
{
   //类变量声明部分
   private int month;
   private int day;
   private int year;
   //类方法定义部分
   public Date(int mm,int dd,int yyyy) //构造方法
   {
     month = mm;
     day = dd;
     year = yyyy;
```

```
    }
    public void showDate()
    {
      DecimalFormat df = new DecimalFormat("00");
      System.out.print(df.format(month)+ '/' + df.format(day) + '/'
                                  +df.format(year%100));
    }
    public static void main(String[] args)
    {
      Date a = new Date(04,01,1999);  //创建两个 Date 对象
      Date b = new Date(12,18,2001);

      System.out.print("\n The date stored in a si originally");
      a.showDate();  //显示原始的 Date
      a = b;   //把 b 的值赋值给 a
      System.out.print("\nAfter assignment the date stored in a is");
      a.showDate();  //显示 a 的值
      System.out.println();
    }
}
```

当程序 10.1 运行时，产生下列的输出：

```
The date stored in a is originally 04/01/99
After assignment the date stored in a is 12/18/01
```

除了添加的 setEqual()方法，程序 10.2 等同于程序 10.1，并产生相同的输出。程序 10.2 分析了如何正确地构造自己的赋值方法。

程序 10.2

```
import java.text.*;  //用来格式化
public class Date
{
  //类变量声明部分
  private int month;
  private int day;
  private int year;
  //类方法定义部分
  public Date(int mm,int dd,int yyyy) //构造方法
  {
    month = mm;
    day = dd;
    year = yyyy;
  }

  public void setEqual(Date newdate)
  {
    day = newdate.day;    //赋值 day
    month = newdate.month;  //赋值 month
    year = newdate.year;  //赋值 year
  }

  public void showDate()
  {
    DecimalFormat df = new DecimalFormat("00");
    System.out.print(df.format(month) + '/' + df.format(day) + '/'
                                  +df.format(year%100));
  }
```

```
    public static void main(String[] args)
    {
      Date a = new Date(04,01,1999);  //创建两个 Date 对象
      Date b = new Date(12,18,2001);

      System.out.print("\n The date stored in a si originally");
      a.showDate();  //显示原始的 Date
      a.setEqual(b);  //把 b 的值赋值给 a
      System.out.print("\nAfter assignment the date stored in a is");
      a.showDate();  //显示 a 的值
      System.out.println();
    }
}
```

当前编写的 setEqual()方法有两个潜在的问题：

第一个问题是，这个简单的赋值方法并没有返回值，不能使用其作为多重赋值，例如 a.setEqual(b.setEqual(c))。为了提供这种类型的方法调用，方法必须返回一个 Date 类型的引用。在下节介绍 this 引用时，将提供这种类型的返回。

第二个问题是它提供了浅拷贝，这是在对象中包含一个引用变量时所发生的问题，将在 10.4 介绍如何处理这种问题。

10.1.1 练习题

1．输入并运行程序 10.2。

2．问题如下：

（1）构造一个类 Time，包含 3 个整数数据成员 hrs、mins 和 secs，分别用来保存小时、分钟和秒。类的构造方法为每个数据成员提供默认值为 0，并且存在另一个构造方法，在创建对象时能允许初始化一个 Time 对象为程序员选择的值。类中还应包含一个显示方法输出对象的数据值，以及包含一个赋值方法在两个 Time 对象之间建立一个赋值。

（2）将练习题 2（1）中的 Time 类包含在一个完整的 Java 程序中，在其中创建并显示两个 Time 对象，然后将第一个对象的值赋值给第二个对象。

3．问题如下：

（1）构造类 Complex，包含两个双精度数据成员 real 和 imag，分别用来保存一个实数的整数和小数部分。类中应包含一个构造方法，以为每个成员属性提供默认值为 0，另一个构造方法允许在创建对象时能够初始化一个程序员选择的值。类中还应包含一个显示方法以输出对象的数据值，以及包含一个赋值操作在两个 Complex 对象之间实现成员赋值。

(2)将练习题3(1)中编写的类包含在一个可运行的Java程序中，该程序能够创建并显示两个Complex对象的值，其中第一个对象的值被赋值给第二个对象。

4．问题如下：

（1）构造类 Car，包含下列的 3 个成员：一个双精度变量 engineSize、一个字符串 bodyStyle 和一个整数变量 colorCode。类方法应该包含：

- 一个构造方法，其允许在创建对象时初始化该对象。
- 一个显示方法输出发动机大小，车体样式和一个颜色代码。
- 一个赋值方法在两个对象之间执行成员赋值。

（2）将练习题 4（1）中编写的类包含在一个可运行的 Java 程序中，使该程序能够创建并显示两个

Car 对象的值，其中第一个对象的值被赋值给第二个对象。

5．问题如下：

（1）构造类 Cartesian，包括两个浮点数据成员 x 和 y，分别用来保存一个点的 x 和 y 值。类方法应包含一个初始化对象的 x 和 y 为 0 的构造方法、一个允许创建并初始化一个程序员定义名称的对象的构造方法，方法输入并显示一个对象的 x 和 y 的值。另外，赋值方法应该在两个 Cartesian 对象之间执行成员赋值。

（2）将练习题 5（1）中编写的类包含在一个可运行的 Java 程序中，该程序能够创建并显示两个 Cartesian 对象的值，其中第一个对象的值被赋值给第二个对象。

6．问题如下：

（1）构造一个类 RecCoord，包含两个双精度数据成员 xval 和 yval，分别用来保存坐标点的 x 和 y 值。类方法应该包含一个构造方法和显示方法以及一个 convertToPolar()方法。convertToPolar()方法应该接收一个 RecCoord 对象并将它的直角坐标转换为相互的极坐标。该转换使用下列公式：

$$r = \sqrt{x^2 + y^2} \qquad \theta=\arctan(y/x)$$

（2）将练习题 6（1）编写的程序包含在一个 Java 程序中。

7．问题如下：

（1）构造类 PolCoord，包含两个双精度数据成员 distance 和 angle，分别用来保存坐标点的距离和角度值。类方法应该包含适当的构造方法，显示方法和一个方法 convertToXandY()。convertToXandY()方法接收一个 PolCoord 对象并转换它的极坐标为直角坐标。该转换使用下列公式：

$x=r\cos\theta \quad y=r\sin\theta$

（2）编写一个 Java 程序，使其包含练习题 7（1）编写的类。

8．问题如下：

（1）构造类 RecCoord，包含两个双精度数据成员 xval 和 yval，用来保存坐标点的 x 和 y 值。类方法应该包含适当的构造方法和显示方法，以及方法 distance()。distance()方法接收 RecCoord 读系，并确定两点之间的距离，使用的转换公式如下：

$$distance = \sqrt{(x2-x1)^2 + (y2-y1)^2}$$

（2）编写一个 Java 程序，使其包含练习题 8（1）编写的类。

9．问题如下：

（1）构造类 Saving，包含 3 个浮点数据成员 balance、rate 和 interest，一个构造方法把每个成员初始化为 0，另外，应该有一个成员方法为 balance 和 rate 输入值，然后计算 interest。rate 应该被保存为一个百分数，例如 6.5 保存为 6.5%，interest 使用公式 interest = balance*rate/100。还应该有一个类方法显示所有保存在类变量中的值。

（2）编写一个 Java 程序，使其包含练习题 9（1）编写的类，并测试每个成员方法。

10.2　附加类特征

本节将介绍几个类的附加特征。包括类作用域和可见性、创建静态类数据成员和特定的引用变量 this。这几个知识点都是相互独立的。

10.2.1 类作用域和可见性

像在 6.3 节看到的，变量的作用域定义了在类中可以使用该变量的区域。声明在一个方法中的变量通常称为块作用域，块开始于开的左花括号{，结束于关闭的右花括号}。另外，方法的所有参数也具有块作用域，这样，在一个方法里，任何在内部块中声明的变量的作用域就被限制在所在块的花括号对中。

类作用域开始于开左花括号{，即开始类的定义，以闭花括号}结束，并结束类的定义，这样，类作用域包括声明在类中的声明部分的变量和所有包含在类中的定义部分的方法。图 10.1 举例分析了类中定义的变量和方法的作用域。

☆ 知识点 值和标识

除了对象可以应用于对象的行为，对象和变量共有的特征是它们总是有一个惟一的标识（即一个对象的标识，能够区分每个对象）；对于值不是这样的，例如数字 5，因为所有的 5 不能和另外一个区分，这样在面向编程语言中，值并不被认为是对象。一个值仅仅是代表它自己的一个实体。

现在考虑字符串“Chicago”，作为字符串，这是一个值，然而 Chicago 也可以被认为是 City 类型的一个特定的对象。注意，如果字符串“Chicago”被赋值给一个对象的属性，则它被转换为一个值。

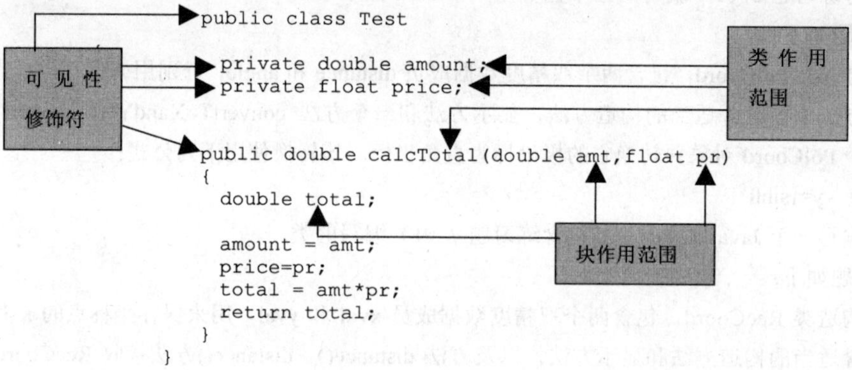

图 10.1 作用域举例

如图 10.1 所示，除了作用域，类和它们的成员有**可见性**，这决定了成员是否可以在定义它的类外被访问。可见性通过不使用或使用一个下列的访问修饰语来实现：public、private 或 protected，不管使用哪个访问修饰符，所有的类变量和方法都可以在它们所在的类中被直接访问，并且遵从下列的可见性规则（本节后半部分将介绍这样的例子）：

（1）声明为 private 的类变量不能从它的类外进行访问。

（2）声明为 public 的类变量可以通过在变量名前加它的类名和一个句号进行访问。

（3）如果一个类变量和一个方法变量同名，则类变量将会在方法中隐藏，任何对变量名的使用都会访问方法变量。在这样的例子中，类变量同样可以在同名变量的方法作用域中被访问，对于 static 变量在其前面加前缀类名，对于非静态变量在其前面加前缀对象名或 this 关键字（在本章后说明），在所有的例子中，必须使用一个句号将前缀名和变量名分隔。

（4）声明为 public 的类方法可以在它的类外进行访问，通常，这样的方法表示类提供给外部的服务。

（5）声明为 public 和 static 的类方法是一个多用途方法，可以执行一个和从类中创建的任何对象无关的操作。

（6）声明为 private 的类方法只可以由同一个类中的别的方法调用。

除了定义在类中的方法和变量的可见性，类自己也有一个可见性。当在关键字 class 前加上关键字 public 时，类可以被别的类访问；如果类前以 private 修饰，则它只可以由它所在文件中的别的类访问；最后，如果类没有可见性修饰符，它具有包可见性，这意味着类可以由它所在包中的其他类访问（参见附录 F）。

10.2.2 静态成员变量

我们已经介绍了静态方法。当使用关键字 static 修饰一个方法时，它创建了一个多用途方法，可以不依赖于任何特定的对象而使用，在被调用时这样的方法不需要一个具体的对象名作为前缀。

当使用 static 修饰一个变量时，它实现了一个不同的功能，为了理解这种作用，首先有必要看一下类对象是如何创建的。

在某些情况下，每个对象需要为一个特定变量共享内存位置，例如，一个包含雇员记录的类，其中每个雇员对应相同的销售税。很明显，需要将销售税声明为一个类变量，并可以包含在每个创建的雇员对象中，但是这个解决方法是很浪费计算内存的，并且如果销售税改变，但这种改变没有在已经存在的对象中体现时就将会产生一个错误。

在 Java 中通过声明类变量为 static 解决了这个问题。static 类变量只有在类进入作用域时才被创建一次，并被类创建的所有对象共享，这样，静态数据成员是一个全局变量，甚至在没有对象被实例化时也会存在。

Java 要求在类的定义部分声明 static 变量，例如，参考程序 10.3 中包含的 Employee 类的定义。

☆ 知识点　static 关键字

在 Java 中，声明为 static 的类变量创建了一个属于整个类的成员变量。这样，一个 static 类变量只可以创建一次，而不管创建了多少个类对象，即使没有创建对象它也会存在。每个对象共享相同的 static 变量，一个对象对该变量值的改变将改变所有对象中的相应变量的值，这是因为实际上只创建了一个 static 变量，这个变量由所有被实例化的对象共享。

因为 static 变量可以不依赖于任何具体的对象而存在，因而在不存在对象时也有一些方式可以访问这样的变量，这是 static 方法的初始目的。一个非常有用的方面是 static 方法可以不依赖于任何对象而被调用，它也允许这样的方法实现多用途方法，而和对象没有联系，在创建任何对象之前，这样的任务和 main()方法一样开始程序的运行。

在 static 和非静态类方法中，静态变量都可以通过使用变量名来被访问。当作为一个特定对象的数据成员被访问时，它前面需加对象名和一个句号。最后，可以通过在变量名前加它的类名和一个句号的方式来访问该静态变量。

在程序 10.3 中，static 变量 taxRate 的定义和初始化通过下列语句实现：

```
private static double taxRate = 0.0025;
```

程序 10.3 中的静态数据成员和方法产生的内存共享如图 10.2 所示。

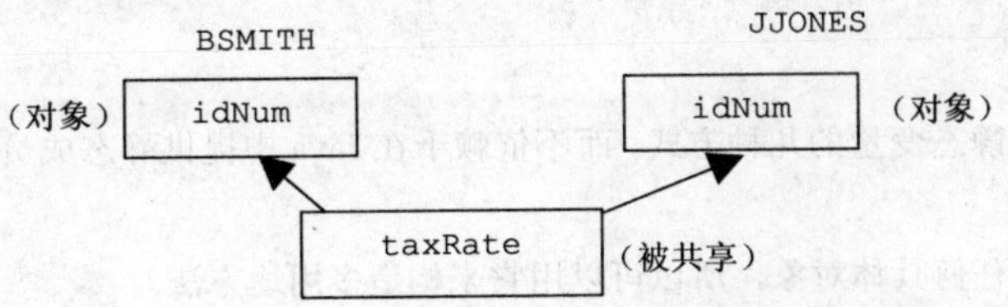

图 10.2　共享静态数据成员 taxRate

程序 10.3

```
public class Employee
{
  //类变量声明部分
  private static double taxRate = 0.0025;
  private int idNum;
  //类方法定义部分
  public Employee(int num) //构造方法
  {
     idNum = num;
  }
  public void display()
  {
     System.out.println("Employee number " + idNum+ " has a tax rate of "
                                                     + taxRate);
  }
  public static void main(String[] args)
  {
     Employee BSMITH = new Employee(11122);
     Employee JJONES = new Employee(11133);

     BSMITH.display();
     JJONES.display();
  }
}
```

程序 10.3 产生的输出为：

```
Employee number 11122 has a tax rate of 0.0025
Employee number 11133 has a tax rate of 0.0025
```

为了验证静态变量不依赖于任何具体的对象存在，参考程序 10.4，其显示了在没有创建对象时，输出 Employee 类的静态 taxRate 变量的值。

程序 10.4

```
public class Employee
{
  //类变量声明部分
  private static double taxRate = 0.0025;
  private int idNum;

  //类方法定义部分
  public Employee(int num) //构造方法
  {
     idNum = num;
  }
  public static void main(String[] args)
  {
     System.out.print("The tax rate is " + taxRate);
  }
}
```

上面的程序提供了访问静态变量的几种方式，而不依赖于在 Java 中提供静态成员方法的任何确定的对象。

因为静态方法不依赖于任何具体对象，所以可以用它来构造多用途方法。

10.2.3　this 引用

除了静态数据成员可以由所有的类对象共享之外，每个对象都保存它自己的类变量。这允许每个对象由它的类变量的值来定义自己的状态，例如，参考程序 10.1 中定义的 Date 类，如下所示：

```
public class Date
{
  //类变量声明部分
  private int month;
  private int day;
  private int year;
  //类方法定义部分
  public Date(int mm,int dd,int yyyy) //构造方法
  {
    month = mm;
    day = dd;
    year = yyyy;
  }
  public void showDate()
  {
    DecimalFormat df = new DecimalFormat("00");
    System.out.print(df.format(month)+'/' + df.format(day) + '/'
                                         +df.format(year%100));
  }
}
```

每次从这个 Date 类中创建一个对象时，将给对象的数据成员分配一个不同的内存区域，例如，如果从这个类中创建了两个引用变量 a 和 b，则这两个对象的内存存储见图 10.3。注意创建了两组类变量，每一组有自己的内存区域。

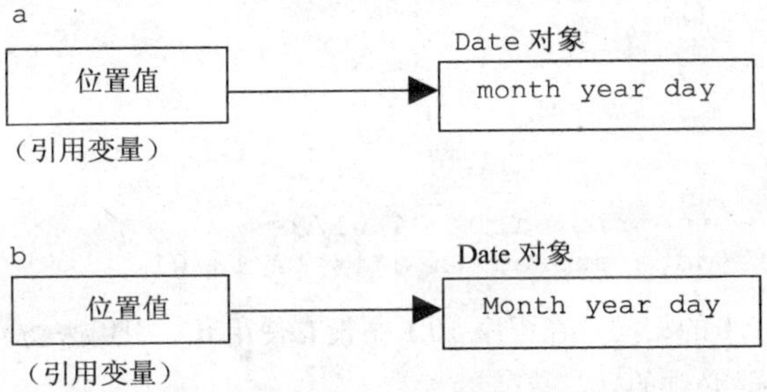

图 10.3　两个对象在内存中的存储

成员方法不能实现数据存储的复制。实际上，对于每个类，只有每个成员方法的拷贝被保存在内存中。

共享成员方法要求提供一种方式来标识成员方法所应该操作的对象，这通过给方法提供一个表示特定对象在内存中位置的信息来实现，这个信息由标识每个对象的引用变量来提供，例如，使用 Date 类，并假设 a 是这个类的一个引用变量，语句 a.showDate()传递保存在 a 中的内存位置信息给方法 showDate()，信息告诉方法对象的位置以及对对象的操作。一个明显的问题是这个对存储对象的引用是如何传递给 showDate()方法的，以及引用信息是在哪里保存的。答案是对象的位置信息保存在一个特定的引用变量 this 中，其在方法调用时自动作为一个隐藏参数传递给每个非静态成员方法，也就是说，每个成员方法实际接收了一个额外的参数，允许它寻找要进行操作的特定的对象，虽然不一定要这样做，但这个隐藏引用参数可以使用在每个成员方法中，例如，参考程序 10.5，其在每个成员方法中包含了 this 引用并访问了相应的对象。

程序 10.5

```
import java.text.*;  //用来格式化
public class Date
{
  //类变量声明部分
  private int month;
  private int day;
  private int year;
  //类方法定义部分
  public Date(int mm,int dd,int yyyy) //构造方法
  {
    this.month = mm;
    this.day = dd;
    this.year = yyyy;
  }
  public void showDate()
  {
    DecimalFormat df = new DecimalFormat("00");
    System.out.print(df.format(month)+ '/ ' + df.format(day) + '/'
                                  +df.format(year%100));
  }
  public static void main(String[] args)
  {
    Date a = new Date(04,01,1999);  //创建两个数据对象
    Date b = new Date(12,18,2001);
    System.out.print("\nThe date stored in a is originally");
    a.showDate();   //显示原始 date
    a = b;
    System.out.print("\nAfter assignment the date stored in a is");
    a.showDate();  //显示 a 的值
    System.out.println();
  }
}
```

程序 10.5 产生的输出为：

```
The date stored in a is originally 04/01/99
After assignment the date stored in a is 12/18/01
```

程序 10.5 的输出和程序 10.1 的相同，在程序 10.1 中没有使用 this 引用来访问数据成员。很明显，使用程序 10.5 中的 this 引用不是必须的。

10.2.4 练习题

1. 输入并运行程序 10.3。

2. 问题如下：

（1）重新编写程序 10.3，包含一个整数静态数据成员 numemps，将该变量作为一个计数器，其初始值为 0，每次创建一个新对象时由类的构造方法进行递增。编写一个静态方法 disp()显示这个静态数据成员的值。

（2）测试练习题 2（1）中编写的类。在 main()方法中，每次创建 Employee 对象后，都调用 disp()方法。

3. 问题如下：

（1）构造类 Circle，包含两个整数数据成员 xCenter 和 yCenter 以及一个双精度数据成员 radius。另

外，类应该包含一个静态数据成员 scaleFactor。这里，xCenter 和 yCenter 值表示圆的中心点，radius 表示圆的实际半径，scaleFactor 表示一个比例，用来使圆适合不同的显示设备。

（2）将练习题 3（1）编写的类包含在一个完整的程序中。

4．输入并运行程序 10.5。

5．修改程序 10.3，在所有的成员方法中使用 this 引用。

6．修改程序 10.2，使它返回一个 Date 的引用。

10.3　继　　承

根据已有类创建一个新类是类和面向对象编程技术的根本目的和基本功能，这样很容易完成新的代码，而不需反复测试和进行有效性检查。类的设计者可使已有类为别的类可用或对其进行扩展，而不需放弃已有类的功能。

使用继承可以从一个类中构造一个新类，和这种能力相关的一个很重要的功能是多态。多态提供了重复定义相关类的方法如何操作引用对象的能力。实际上，作为面向对象的语言，必须提供封装、继承和多态的功能。在本节，我们将介绍 Java 中提供的继承和多态性。

☆ 知识点　基于对象与面向对象语言

基于对象语言将数据和操作合并到一个类中，这样数据值可以通过特定的方法进行访问。绑定数据成员和操作到一个单元的能力称为压缩。对于面向对象的语言，它不提供压缩但提供继承和多态。

继承是从一个类中派生另一个类的能力。一个派生类是一个完整的新类，其包含了原始类的所有变量和方法以及任何自身的新的变量和方法。作为派生类的基本的类称为父类、超类或基类，派生的类称为派生类、子类或孩子类。

多态允许使用同样的方法名对使用父类创建的对象调用一组操作，以及可以对派生类创建的对象调用一组不同的操作。

10.3.1　继承

继承是从一个类中派生一个新类的能力。作为派生类基础的原始类称为**基类**、**父类**或**超类**。派生的类称为**派生类**、**孩子类**或**子类**。

派生类是一个包含它的基类中所有的变量和方法的完整的新类。它可以编写自己的新数据和方法成员，并可以覆盖任何基类的方法。作为一个继承的例子，参考 3 个几何形状，分别为圆、圆柱和球体。对于这些形状，可以将圆作为其他两个形状的基类，并从中分离圆柱和球体，如图 10.4 所示。

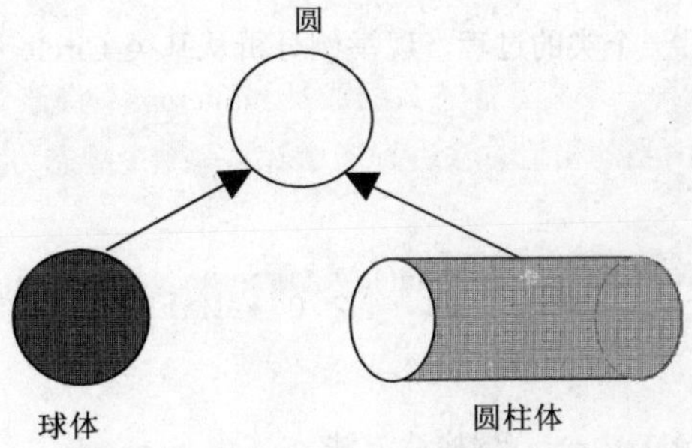

图 10.4　相关的对象类型

图 10.4 所分析的关系是简单继承的例子。在**简单继承**中，每个派生类型只有一个基本类型。比简单继承更复杂的是多重继承，在多重继承中，一个派生的类型可以有两个或多个基类。图 10.5 分析了一个多重继承的例子，Java 并不提供这种方式。

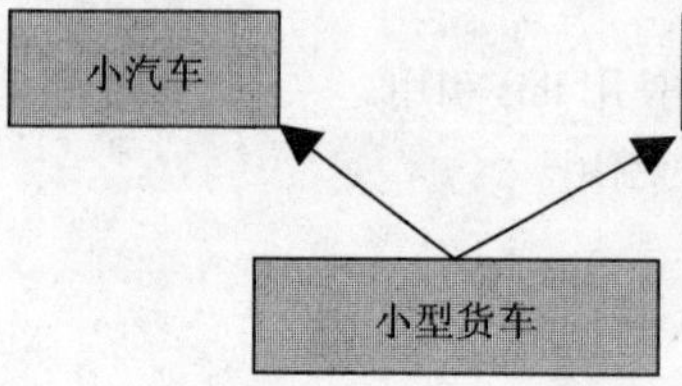

图 10.5　多重继承举例

图 10.5 和图 10.6 中所示的类的派生通常称为**类层次**，这是因为它们分析了一个类从另一个类中派生的层次或顺序。现在让我们看一下如何从一个类中派生一个新类。

派生类和其他任何的类有相同的格式，它包含了变量和方法成员，惟一不同的是类的头行。对于派生类，在头行中应该包含一个基类，语法如下：

```
public class derivedClassName extends baseCalssName
```

例如，如果 Circle 是一个已有类的名字，一个新的派生类 Cylinder 如下：

```
public class Cylinder extends Circle
{
 //添加任何额外的变量声明和方法定义
}
```

除了关键字 extends 和基类名，类 Cylinder 并没有内在的新的或更复杂的结构。在提供 Circle 类的声明并添加数据和方法成员到派生类 Cylinder 中前，我们必须检查可见性规则以及它们如何和派生类相联系。

10.3.2　可见性约束

到现在为止，在类中只使用了 private 和 public 这两个可见性约束。使用 private 修饰所有类变量，保证了它们只能通过类方法进行访问，这种限定防止通过任何非类方法进行访问，也防止通过任何派生类方法进行访问，这是一个可知的限定，因为如果它不存在，那么任何人都可以通过派生一个类跳出 private 定义。

为了保证通过派生类的访问限定，Java 提供了第三个可见性规约：protected。protected 可见性在一个类中的表现等同于 private 可见性，但是它允许通过任何派生类继承这种限定，这样，protected 可见性可以扩展到一个派生类中。

为了分析从一个类中派生另一个类的过程，现举例分析从基类 Circle 中派生 Cylinder 类。Circle 类的定义如下：

```
public class Circle
{
   //类变量声明部分
   public final static double PI = 2.0 * Math.asin(1.0);
   protected double radius;
   //类方法定义部分
   public Circle(double r)  //构造方法
   {
     radius = r;
```

```
    }
    public double calcval()    //计算面积
    {
     return (PI * radius * radius);
    }
}
```

除了使用可见性 protected 代替 private 来声明类变量，这里是一个标准的类定义。注意其中常量 PI 的声明，其在 calcval()方法中被使用。PI 的定义如下：

```
public final static double PI = 2.0 * Math.asin(1.0);
```

注意，使计算机返回的 PI 精确到你的计算机允许的小数位的值，这个值通过求 1.0 的正弦值，并将结果乘 2 得到。关键字 static 保证这个值只计算一次，关键字 final 保证值不能被任何方法改变。最后，关键字 public 使这个值可以被类中或类外的方法访问。

在定义基类后，现在可以编写派生类来继承它。派生类的定义如下：

```
public class Cylinder extends Circle  //Cylinder从Circle中派生
{
  //类变量声明部分
  protected double length;  //添加一个数据成员
  //类方法定义部分
  public Cylinder(double r,double l)
  {
    super(r);
    length = l;
  }
   public double calcval()  //计算面积
   {
    return (length * super.calcvla());  //注意基类方法的调用
   }
}
```

上面类的定义包含了几个有关派生类的非常重要的概念。首先，作为一个派生类，Cylinder 包含了它的基类 Circle 中的所有变量和方法成员，以及任何可以添加的额外的成员。在这个具体的例子中，类包含一个从 Circle 类继承的 radius 数据成员，和一个自己的 length 成员，这样，每个 Cylinder 对象包含两个数据成员，如图 10.6 所示。作为一个 public 类，Cylinder 必须被保存在文件 Cylinder.java 中。

除了包括两个数据成员，Cylinder 类也继承了 Circle 的方法成员。在 Cylinder 的构造方法中，使用了关键字 super，当使用这个关键字并在其后面的圆括号中不使用或使用多个参数时，能够访问基类的有相匹配参数列表的构造方法。注意，Cylinder 的 calcval()方法也使用 super 关键字调用了它的基类的方法。这里，表达式 super.calcval()访问了 calcval()方法的基类版本。

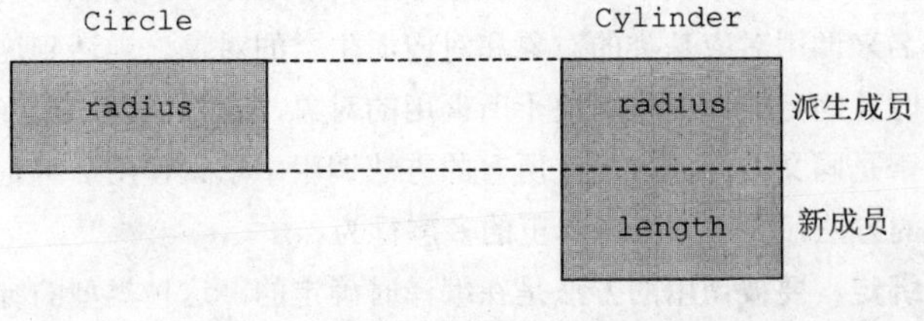

图 10.6　Circle 和 Cylinder 数据成员的关系

在这两个类中，使用了相同的方法名 calcval()，这是派生方法对基类方法的重载。当一个 Cylinder

类型的对象调用 calcval()方法时，它要求使用 Cylinder 类的该方法，而一个 Circle 类型的对象对 calcval()的调用则是对 Circle 版本中的方法的使用。在上述例子中，在 Cylinder 类中可以使用 super 访问 Circle 类的 calcval()方法。程序 10.6 是在一个完整的程序包含了 Cylinder 类。

程序 10.6

```
public class Cylinder extends Circle   //Cylinder 从 Circle 派生
{
  //类变量声明部分
  protected double length; //一个额外的数据成员
  //类方法定义部分
  public Cylinder(double r,double l)
  {
    super(r);
    length = l;
  }
public double cacval()  //计算体积
  {
    return (length * super.calcval()); //注意基类方法调用
  }
public static void main(String[] args)
  {
     Circle circleOne = new Circle(1);  //创建两个 Circle 对象
     Circle circleTwo = new Circle(2);
     Cylinder cylinderOne = new Cylinder(3,4);  //创建一个 Cylinder 对象
     System.out.println("The area of circleOne is " + circleOne.calcval());
     System.out.println("The area of circleTwp is " + circleTwo.calcval());
     System.out.println("The volume of cylinderOne is " +
                                  cylinderOne.calcval());
  }
}
```

假设 Circle 类源文件和 Cylinder 类源文件在同一个目录下，两个类都已经被编译，程序 10.6 产生的输出为：[①]

```
The area of circleOne is 3.141592653589793
The area of circleTwo is 12.566370614359172
The volume of cylinderOne is 113.09733552923255
```

这个输出很简单，由在程序中的 3 个 println()产生。像所显示的，Circle 对象对 calcval()方法的调用激活了 Circle 类中的相应方法，当使用 Cylinder 对象调用 calcval()时则激活了 Cylender 版本的方法。

10.3.3 多态性

使用一个派生成员方法重载基类成员方法，如程序 10.6 中的 calcval()方法，就是一个多态的例子。**多态**允许使用同样的方法名来调用对应基类的对象和对应派生类的对象。当遇到这个调用语句时，哪个重载方法被调用是在运行时被确定的，并且取决于所调用的对象，这种类型的选择称为**运行时绑定**、**后绑定**和**动态绑定**（这些术语是同义的）。Java 在所有的方法调用中默认使用后绑定，这种类型的绑定由被操作的对象确定要调用的方法，并用来实现真正的多态行为。

和后绑定相反的是**早绑定**，要被调用的方法是在编译时确定的，这种类型的绑定，也称为**静态**和**编译时绑定**，是默认使用的绑定技术，不支持真正的多态行为，这样的早绑定可以通过调用方法来执行。

① 如果 Circle 类源文件没有保存在同一目录中，必须在 Cylinder 源代码中包含一个 import 语句（参见附录 F）。

10.3.4 继承图

继承图能够分析基类与一个或多个派生类之间的关系。如图 10.7a 和图 10.7b 所示，这两个图可以通过多种方式描画，但是基类总是位于图的顶部，派生类在它的父类下描画（因为基类在所有的类上面，所以将其放在图的顶部而不是底部）。

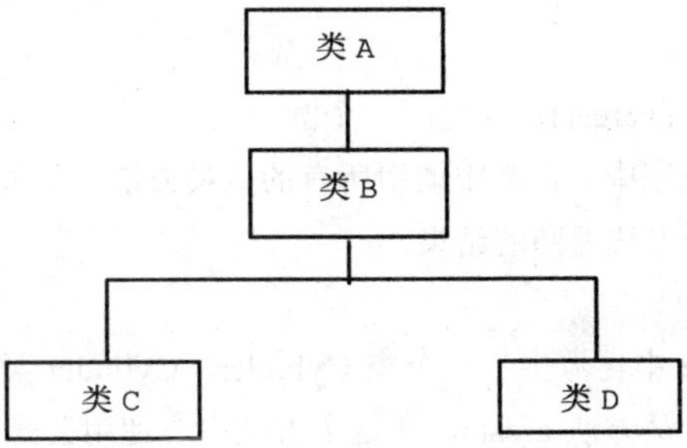

图 10.7a 通过层次表示关系

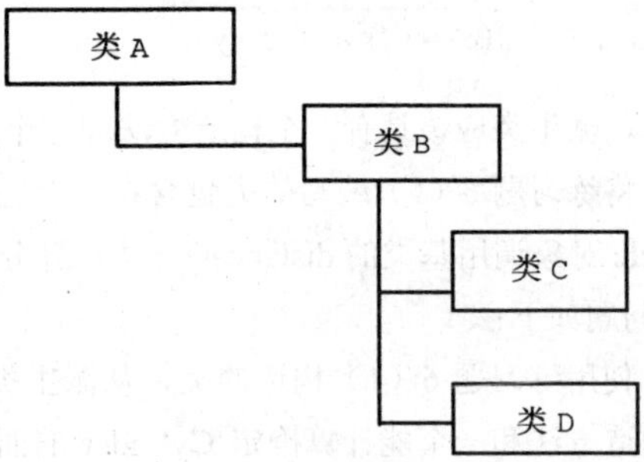

图 10.7b 通过缩进方式表示父/子关系

图 10.7a 和图 10.7b 分析了 4 个类之间的关系，分别命名为 A、B、C 和 D。在图 10.7a 中通过层次来表示关系，派生类放在基类下面；在图 10.7b 中，父/子关系通过缩进方式来表示。

作为多态图的一个实际的例子，图 10.8 分析了 DecimalFormat 类和 Java.lang.Object 类之间的关系，如图所示，这个类的基类是 NumberFormat 类，该图也显示从同一个基类中派生了 ChoiceFomat 类。

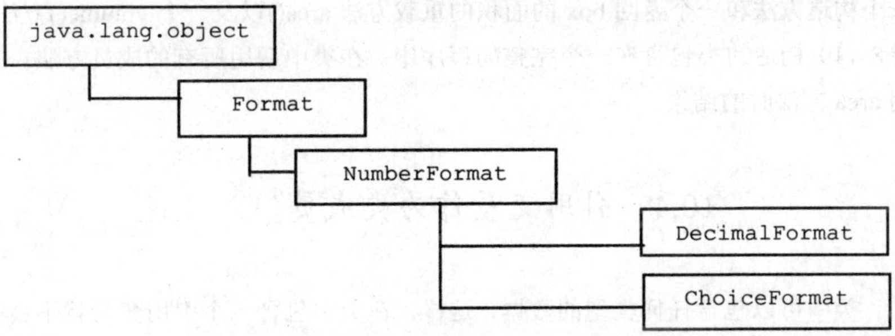

图 10.8 DecimalFormat 的继承层次

10.3.5 练习题

1. 定义下列术语：

继承、基类、派生类、简单继承、多重继承、类层次、多态、后绑定、动态绑定、早绑定。

2. 面向对象语言必须提供哪 3 个特征？

3. 问题如下：

（1）描述 Java 为实现多态提供的两个方法。

（2）练习题 3（1）中列出的哪个方法限定一个语言为一个真正的面向对象，为什么？

4. 描述 private 和 protected 类成员之间的不同。

5. 问题如下：

（1）修改程序 10.6，使其包含一个从基类 Circle 的派生类 Sphere。惟一附加的类成员 Sphere 应该是一个构造方法，方法 calcval()方法返回球的体积（注意：volume = 4/3radius）。

（2）将练习题 5（1）的类包含在一个完整的程序中，使该程序在 Sphere 类中调用所有的成员方法。

6．问题如下：

（1）创建基类 Point，包含 x 和 y 坐标。从这个类中，派生一个类 Circle，其有一个额外的数据成员 radius。对于这个派生类，x 和 y 数据成员表示圆的中心坐标。Point 类的方法成员应该包含一个构造方法、一个面积计算方法 area()并返回 0、一个距离方法返回两点之间的距离。使用公式为：

$$distance = \sqrt{(x2-x1)^2 + (y2-y1)^2}$$

另外，派生类应该具有一个构造方法和一个重载方法 area()，并返回一个圆的面积。

（2）将练习题 6（1）编写的类包含在一个完整的程序中。在类中调用所有的成员方法。另外，使用两个 Circle 对象调用基类的 distance()方法，并分析这个方法返回的结果。

7．问题如下：

（1）使用练习题 6（1）构造的类，从派生类 Circle 中再派生另一个类 Cylinder。Cylinder 类应该包含一个构造方法和一个能计算确定 Cylinder 的面积的成员方法 area()，在这个方法中，使用公式 surface area = 2r(l + r)，其中 r 是 cylinder 的半径、l 为长度。

（2）将练习题 7（1）构造的类包含在一个完整的程序中。在 Cylinder 类中调用所有的成员方法。

（3）如果基类的 distance()方法被两个 Cylinder 对象调用，分析产生的结果？

8．问题如下：

（1）创建一个基类 Rectangle，包含 length 和 width 数据成员，从这个类中，派生一个新类 Box，包含一个额外的数据成员 depth。基类 Rectangle 的方法成员应该包含一个构造方法和一个 area()方法。派生的 Box 应该有一个构造方法和一个返回 box 的面积的重载方法 area()以及一个 volume()方法。

（2）将练习题 8（1）构造的类包含在一个完整的程序中。在类中调用所有的成员方法，并分析使用两个 Box 对象调用 area 方法时的结果。

10.4 引用变量作为类成员①

如图 10.2 所示，类中可以包含任何类型的数据，这样，在类中包含一个引用变量就不会很奇怪，在许多情况中它是非常有用的（在一些情况下，引用类型的数据成员可能因为使用不当而产生看起来很奇怪的行为）。

现在，假设需要保存一组书标题，其中每个标题都为一个字符串，图 10.9 显示了这种情况，其显示了两个对象 book1 和 book2，每个都包括一个引用数据成员，对象 book1 的数据成员访问标题 Window Primer，对象 book2 的数据成员访问 A Brief History of Western Civilization。

用来保存标题的类数据成员的声明如图 10.9 所示，其代码如下：

```
private String title;  //对书标题的引用
```

构造方法 Book()和显示方法 showTitle()的定义如下：

```
//类方法定义部分
public Book(String booktitle)  //构造方法
{
  title = booktitle;
}
public void showTitle()
```

① 可以在第一次阅读本书时跳过这个标题及其内容。

```
{
 System.out.println("The title is " + title);
}
```

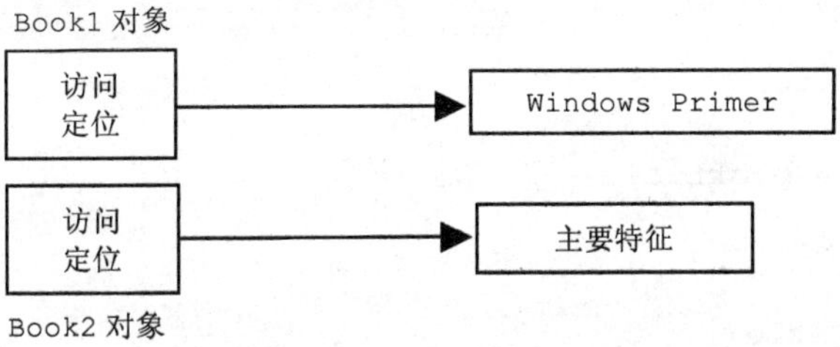

图 10.9 两个包含引用数据成员的对象

Book()构造方法体包含一个语句，该语句使用接收的字符串参数初始化对象的数据成员。showTitle()方法是一个存取方法，显示了保存在 title 数据成员中的字符串值。

程序 10.7 在一个完整的程序中分析了这个类，注意，在 main()方法中，初始化了两个对象，分别为 book1 和 book2。

程序 10.7

```
public class Book
{
  //类变量声明部分
  private String title;
  //类方法定义部分
 public Book(String booktitle)  //构造方法
 {
  title = booktitle;
 }
  public void showTitle()
  {
   System.out.println("The title is " + title);
  }
  public static void main(String[] args)
  {
   Book book1 = new Book("Windows Primer");
   Book book2 = new Book("A Brief History of Western Civilization");

   book1.showTitle();
   book2.showTitle();
  }
}
```

程序 10.7 产生的输出如下：

```
The title is Windows Primer
The title is A Brief History of Western civilization
```

图 10.10a 举例分析了在程序 10.7 运行结束前产生的引用安排和内存分配。程序 10.8 对程序 10.7 做了一个主要的修改：把赋值语句 bokk2 = book1;插入到 main()方法中。根据第 10.1 节中介绍的知识，这个赋值语句产生了一个成员拷贝，把 book1 的值拷贝到 book2 中。这个浅拷贝的结果是这两个引用变量现在都可以访问包含字符串 Windows Primer 的 Book 对象，而标题 A Brief History of Western Civilization 已经丢失，如图 10.10b 所示。

程序 10.8

```
public class Book
{
  //类变量声明部分
  private String title;
  //类方法定义部分
  public Book(String booktitle)  //构造方法
  {
    title = booktitle;
  }
  public void showTitle()
  {
    System.out.println("The title is " + title);
  }
  public static void main(String[] args)
  {
    Book book1 = new Book("Windows Primer");
    Book book2 = new Book("A Brief History of Western Civilization");

    book1.showTitle();
    book2.showTitle();

    book2 = book1;
    System.out.println("\nAfter assignment");
    book1.showTitle();
    book2.showTitle();
  }
}
```

程序 10.8 的输出为：

```
The title is Window Primer
The title is A Brief History of Western Civilization
After assignment
The title is Windows Primer
The title is Windows Primer
```

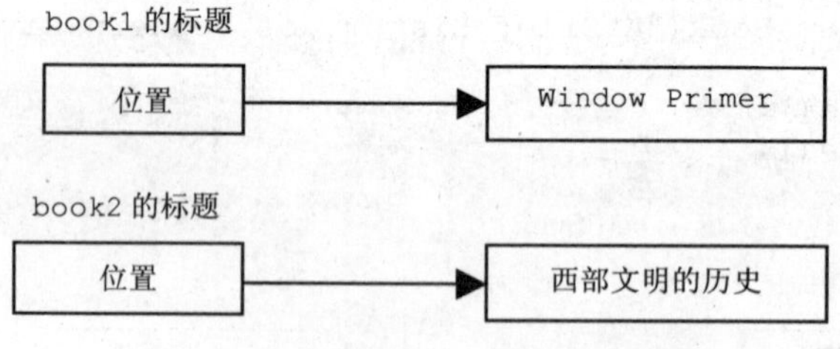

图 10.10a 在定义 book2 = book1;之前

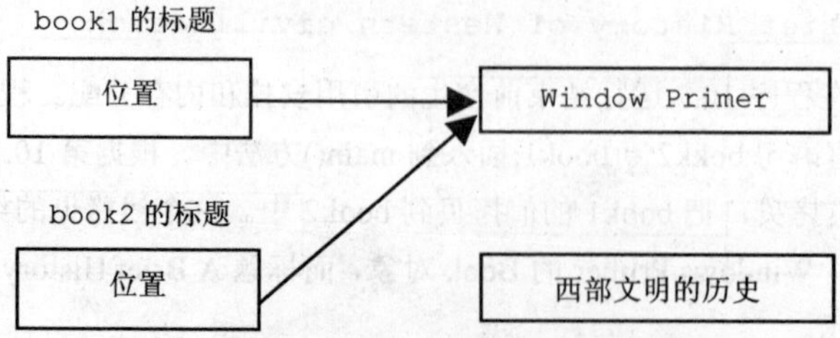

图 10.10b 赋值语句的效果

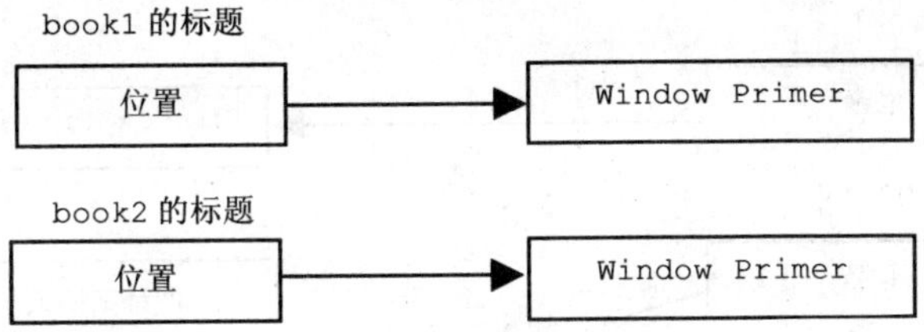

图 10.10c 要求的结果

产生这样的输出是因为 book1.title 和 book2.title 访问的是指向同一个字符串对象的变量，如图 10.10b 所示。成员赋值导致了 A Brief History of Western Civilization 存储位置的丢失，因此分配给这个字符串的内存被 Java 的自动垃圾收集系统释放。

忽略程序 10.8 的影响，通常要求的是书标题自身的复制（如图 10.10c 所示），而不管它们的引用。String 对象不能被拷贝，对于这个问题有两种解决方法：

（1）最容易的是用 StringBuffer 类对象而不是 String 对象，因为 StringBuffer 类允许对字符串值进行拷贝和重写。

（2）第二种方法执行一个深拷贝，首先创建一个新的字符串对象，然后改变引用，使 book2.title 引用变量正确地指向新创建的字符串（如图 10.10c 所示）而不是指向 book1 字符串（图 10.10b）。为了完成要求的赋值，必须准确地编写赋值方法，这个方法的定义为：

```
public void setEqual(final Book oldbook)
{
 Book temp = new Book(oldbook,title);  //创建一个新 Book 对象
 title = temp.title;
}
```

该定义首先创建一个新的 Book 对象，Book 对象和传递给它的对象具有相同的值。参数列表中的 final 保证方法不能改变传递对象的状态。方法首先实例化一个新的 Book 对象，然后把对这个新实例的引用赋值给在这个调用中使用的对象，这样，语句 book2.setEqual(book1)创建了如图 10.11a 和图 10.11b 所示的情况。

如图 10.11a 所示，首先创建一个包含 Windows Primer 的字符串，这个对象和它的引用通过语句 Book temp = new Book(book1.title);来创建，然后语句 title = temp.title 产生了如图 10.11b 所示的情况，现在 book2.title 引用变量正确地指向它的字符串对象。

程序 10.9 在 Book 类中包含了这个 setEqual()方法，并在一个完整的程序中使用了这个类。

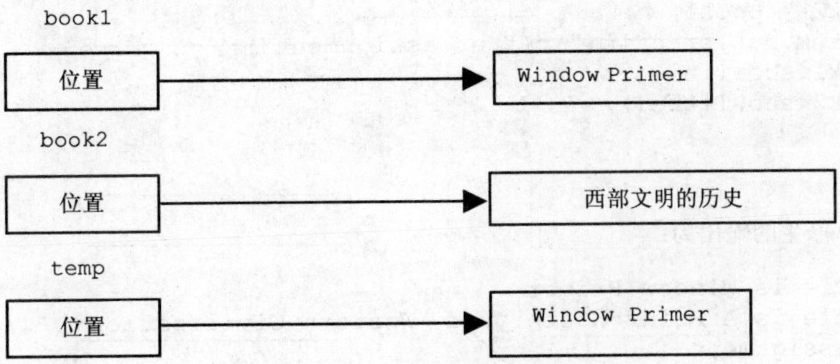

图 10.11a 创建一个新的对象和引用

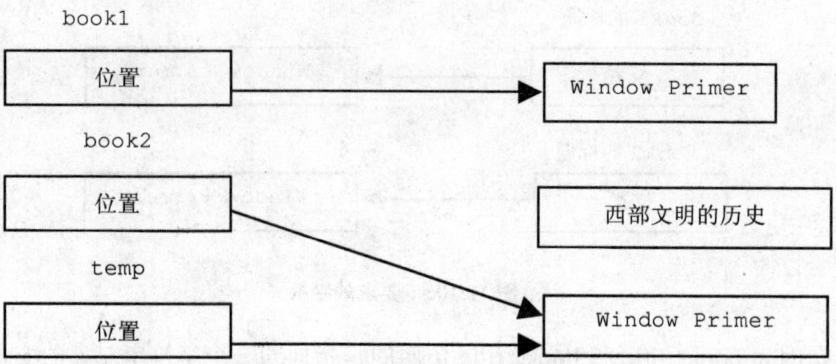

图 10.11b 调整 book2 的引用值

程序 10.9

```
public class Book
{
  //类变量声明部分
  private String title;
  //类方法定义部分
  public Book(String booktitle)  //构造方法
  {
    title = booktitle;
  }

  public void setEqual(final Book oldbook)
  {
   Book temp = new Book(oldbook.title);  //创建一个新的 Book 对象
    title = temp.title;
  }
  public void showTitle()
  {
   System.out.println("The title is " + title);
  }
  public static void main(String[] args)
  {
   Book book1 = new Book("Windows Primer");
   Book book2 = new Book("A Brief History of Western Civilization");

   book1.showTitle();
   book2.showTitle();

   book2 = book1;
   System.out.println("\nAfter assignment");
   book1.showTitle();
   book2.showTitle();
  }
}
```

程序 10.9 产生的输出为:

```
The title is Window Primer
The title is A Brief History of  Western Civilization
After assignment
The title is Windows Primer
The title is Windows Primer
```

该程序的输出和 10.8 的相同，这是因为每个引用变量，包括 book1.title 和 book2.title，都指向各自的字符串对象。

10.4.1　练习题

1. 编译并运行程序 10.7，验证程序的操作。

2. 问题如下：

（1）编译并运行程序 10.8。

（2）编译并运行程序 10.9。

（3）虽然程序 10.8 和程序 10.9 的输出结果相同，但它们本质是不同的，请指出不同之处。

3. 问题如下：

（1）构造类 Car，包含下列 4 个数据成员：一个双精度变量 engineSize、一个字符变量 bodyStyle、一个整数变量 colorCode、一个字符串 vinNum 为车辆标识符。方法成员应该包含一个构造方法和一个显示发动机大小的显示方法、车体样式、颜色和车辆标识码。

（2）将练习题 3（1）编写的包含类在一个完整的程序中，创建两个 Car 对象并显示对象的值。

4. 修改练习题 3 编写的程序，使其包含一个把一个 Car 对象的值赋值给第二个 Car 对象的方法，该方法应该执行赋值语句，每个引用变量在内存中指向一个不同的对象，而不是同一个字符串值。

5. 根据程序 10.7，编写一个创建 5 个 Book 对象的程序。程序应该允许用户输入 5 个书标题，然后显示输入的标题。

6. 修改练习题 5 编写的程序，在显示之前将输入的书标题按照字母排序（注意：需要为标题定义一个排序规则）。

10.5　常见编程错误

在本章中常遇到的编程错误如下：

（1）在多重赋值表达式中使用一个用户自定义的赋值运算，而这个运算并没有返回一个对象。

（2）要使用一个类作为基类，但忘记声明其类变量为 protected。

（3）当要求一个深拷贝时，却执行一个实例变量和引用变量的成员拷贝。一个成员拷贝产生一个引用值的拷贝，而不是引用对象的拷贝。

10.6　本 章 小 结

（1）每个类有一个相关联的**类作用域**，由花括号对{}定义。可以通过变量名而在类作用域的任何地方使用类变量。

（2）变量的作用域和方法的作用域在它们的可见性上是不同的。可见性定义了一个类成员是否可以在它的类外被访问，使用一个或者不使用下列的可见性修饰符来设置：public、private 或 protected，声明为 private 的数据和方法成员只能由声明在类中的对象使用；声明为 public 的数据和方法成员可以在类外被访问；声明为 protected 的数据和成员方法对于它们的类是私有的，但可以扩展到它的派生类，并且保持它们的私有定义。所有的类变量和方法都可以在它们所在的类中被访问，而不管它们的可见性修饰符。

（3）除了类成员的可见性，类也可以有可见性。当在关键字 class 前加上 public 时，表示这个类可以被别的类访问；如果类前使用 private，则它只可以被同一个文件中的其他类访问；如果类前没有可见性修饰符，那么它有包可见性。

（4）除了那些声明为 static 的对象，每个对象都能够接收属于它自己的一组数据成员。static 数据成员可以被所有的类对象共享，并提供两个对象之间的交流。静态数据成员必须在类声明部分被声明。

（5）静态方法成员作为一个整体（而不是单独的对象）应用到类中，这样，一个静态方法成员只可以访问静态数据成员和别的静态方法成员。

（6）类只创建每个成员方法的一个拷贝，每个对象使用同样的方法。对象数据成员的位置通过传递一个隐藏的引用参数 this 来提供给成员方法。this 引用可以被一个成员方法用来访问一个数据成员。

（7）**继承**是指从一个类中派生一个新类的能力。作为派生类基础的初始类称为**基类**、**父类**或**超类**。派生类称为**派生类**、**孩类**或**子类**。

（8）类层次是对一个类从另一个类派生的顺序的描述。

（9）引用数据类型可以作为类数据成员。

第三部分

创建基于SWING的GUIs

第 11 章　可视化编程基础

本章介绍使用图形用户接口（GUI）进行基于事件编程的基础知识。可以使用 Java 2.0 提供的 Swing 包中的类来创建 GUI，本章首先根据一个 GUI 类构造一个没有任何中间组件的简单窗口（对这个类的完全理解需要第二部分介绍的类构造知识），然后扩展这个 GUI 类，在其中包含一个窗口关闭事件，形成了所有组件事件处理的模型结构；最后，本章介绍了按钮组件和当点击按钮时对相关联的事件处理。

11.1　基于事件编程

到目前为止，我们所编写的程序中，事件的序列——也就是什么时候发生，完全由程序决定，当运行这样的程序时，用户可能被要求输入数据或在两个选项中进行选择，但是请求产生的时间是由程序的代码预先定义的，这并不表示不能提供一个图形用户接口，但是 GUI 最好是一个能够显示信息或请求具体输入的对话框，对话框在何时和哪里显示完全由程序决定。

基于事件编程是一种不同的编程模型。基于事件编程提供了一个丰富的图形用户接口，用户可以从中选择图像组件。虽然程序不再控制用户选择哪个组件，但它能够正确地反映所选择的组件，并且分析它们是以什么顺序选择的。

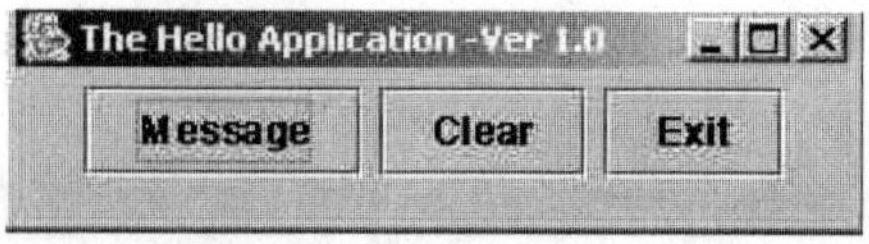

图 11.1　一个简单的 GUI

用户对具体的图形组件的选择和激活，例如按下一个按钮，称为产生了一个**事件**。程序能够正确地分析发生了哪个事件，然后执行相应的代码以完成一个基于事件的操作。

参考图 11.1 中的 GUI，其分析了如何构造一个基于事件的程序。这里，用户可以以任何顺序点击任何一个按钮。另外，用户可以点击窗口顶部的任何按钮。对于组件，目前只考虑 3 个内部按钮标签 Message、Clear 和 Exit，点击其中任意一个组件都会产生一个事件，通常可以使用下列 3 种方式触发事件：

（1）把鼠标放在一个按钮上并点击鼠标的左键（点击表示按下并放开左鼠标键）。

（2）使用 Tab 键，直到要求的按钮被一个点行加亮，然后按下 Enter 键。带有加亮点行的组件称为获得焦点（见图 11.1，Message 按钮获得焦点）。

（3）点击加速键。加速键也称为快捷键和助记键，是通过键盘激活一个 GUI 组件的动作。

当用户触发一个事件后，就可在图 11.1 所示例子中通过选择并激活图 11.1 中的 3 个按钮组件之一，开始执行程序指令。如图 11.2 所示，一个事件，例如在按钮上点击鼠标，设置了一个动作序列。如果创建了一个事件处理对象并正确地连接到一个激活的组件，也称为注册了一个事件对象，事件将会产生一个特定的结果；否则，事件将被忽略。当然，图形用户接口的本质——对执行的事件对象的选择依赖于发生的事件，这个事件取决于用户的操作。创建事件处理对象的代码必须由程序员编写。对于图 11.1 中的程序，有 3 个事件需要提供事件代码。如果用户点击 Message 按钮，在文本框中显示信息 Hello There World!；点击 Clear 按钮将会清空文本框；点击 Exit 按钮将会退出程序，就像用户点击了窗口的关闭按钮一样。

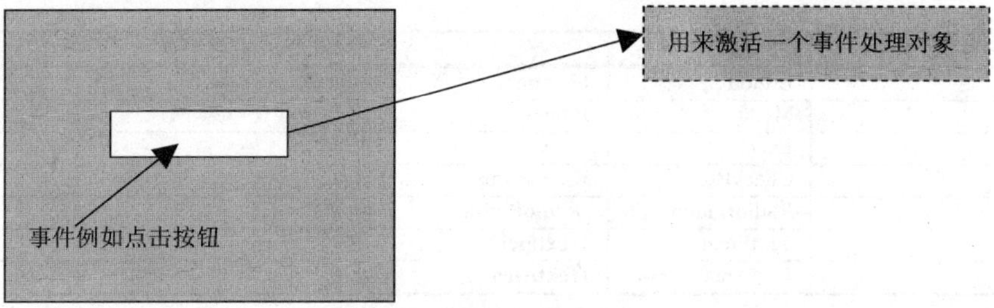

图 11.2　事件对象的事件触发器

注意，事件的顺序——也就是先点击哪个按钮——是由用户控制的。用户可以以任何顺序点击其中一个按钮，甚至在显示 GUI 的程序运行时可以运行一个不同的窗口程序。接着在程序运行时产生用户确定的事件，这与本书第一部分和第二部分使用的是不同的方式，在前面的章节中，是由程序决定哪个动作发生以及以什么顺序发生。

基于事件的图形用户接口（如图 11.1 所示），要求程序员提供创建 GUI 的代码，然后通过激活显示的 GUI 组件来处理触发的事件。

使用 Java 编写 GUI 如此容易是因为它提供了一组对象，可以使用这些对象以非常简单的方式创建产生一个 GUI，在 2.0 版本之前，这些对象通常称为组件，可以从 java.awt 包中使用，awt 表示 Abstract Window Toolkit（抽象窗口工具集）。在 2.0 版本中，javax.swing 包提供了对组件的更简单的使用，因为 Swing 包基于前面的 awt 包，两个包中的基本组件是相同的，但是在 Swing 包中改变了组件的名字。表 11.1 列出了在创建一个 GUI 时使用的 3 个主要对象类型，表 11.2 列出了具体的组件类型以及它们在 AWT 和 Swing 包中对应的名字。如表 11.2 所示，AWT 和 Swing 对象名的惟一区别是 Swing 中的名字是在 AWT 中的名字前加了字母 J。

在本书中，只介绍使用 Swing 包中的类创建 GUI。除了菜单组件，在表 11.2 中列出了所有的自动组件，并且每个组件基于顶层的 JFrame 容器。使用 Swing 包中的类和组件意味着不必关心如何产生表 11.1 和表 11.2 中所列出的图形对象，而只关心所发生的事件，例如“点击鼠标”。选择要求的组件并编写到程序后，Java 需要创建组件并识别相应的组件事件，例如点击按钮。在程序运行时，要关心的是编写并包含正确的能够处理用户和 GUI 组件交互时由用户所触发的事件的代码。

表 11.1　主要 GUI 对象

组件类型	描　述
顶层容器	一个基本的窗口结构，应该包含边框和重定义大小能力，可以用来容纳其他容器和组件。每个 GUI 必须有一个这样的组件，由其把 GUI 联系到操作系统
内部容器	显示在顶层容器的一个图形对象，其本身可以容纳别的容器和组件。用来放置和精确组件的位置
组件	用来接收和/或显示单独的信息项的图形对象。必须使用一个 add()方法加到一个容器中

表 11.2　AWT 和 Swing 组件

组 件 类 型	AWT 名 称	Swing 名 称
顶层容器	Frame	JFrame
顶层容器	Applet	JApplet
顶层容器	Dialog	JDialog
顶层容器	Window	JWindow
内部容器	Panel	JPanel
内部容器	InternalFrame	JInternalFrame
内部容器	LayeredPane	JLayeredPane
内部容器	RootPane	JRootpane

（续表）

组件类型	AWT 名称	Swing 名称
组件	Button	JButton
组件	Menu	JMenu
组件	Label	JLabel
组件	CheckBox	JCheckBox
组件	RadioButton	JRadioButton
组件	TextField	JTextField
组件	TextArea	JTextArea

11.1.1 基于事件模型

为了更好地理解如何构造基于事件的程序，有必要把它们的结构和前面所介绍的过程驱动的程序进行比较，这两种类型程序的结构是完全不一样的。

当使用 DOS 作为操作系统时，过程驱动程序是主要的方式。DOS 是一个单任务操作系统，每次只能执行一个程序。一旦在 DOS 中运行一个程序时，程序将会控制整个计算机，如图 11.3 所示，注意在此图中，DOS 通过控制计算机的操作来运行程序。特别地，如果运行一个 Java 程序，控制将会被转移到 Java 程序的开始，也就是由关键字 main 定义的部分。Java 程序需要的任何操作系统资源，例如从一个文件中读取数据，都是在 Java 程序自身中进行的，只有在程序运行结束后，控制才会从程序返回到操作系统。

在如 Windows 或 UNIX 这样的多任务操作系统中，情况是不一样的。因为可以执行多个程序，操作系统在任何时间都需要对计算机资源的安排进行控制，这种控制能够阻止任何程序控制或阻止别的程序的运行，也能够保证一个预定的信息不会丢失或被另一个程序接收，参考图 11.3。

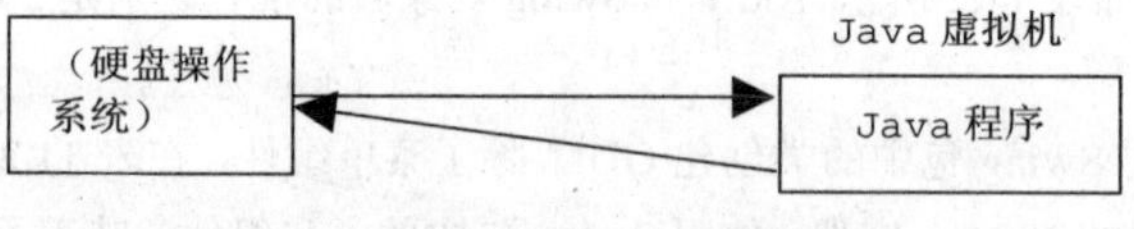

图 11.3 DOS 下的程序控制

假设执行两个不同的程序并在屏幕中都有开放的窗口，在这种情况下，用户可以点击任意一个程序的控制。如果一个程序在计算机的完全控制下，就能够确定用户使用鼠标点击的是哪个对象和程序。很明显，开发其中程序的程序员不关心或不期望知道其他程序的运行，所以如果在一个程序中点击鼠标，当任何别的程序控制计算机资源时，信息就会很容易丢失。

这个问题的解决方案是只允许操作系统，例如 Windows、UNIX 或 Linux 来控制计算机，而不把控制让给任何运行的程序，在这种模式下，许多正在执行的程序通常都处在一种睡眠状态。当操作系统检测到例如鼠标点击事件时，它首先确定发生什么样的事件，并且事件发生在哪个引用程序中，图 11.4 显示了这种类型的操作。

对于图 11.4 所示的操作类型，操作系统首先分析当用户进行操作时发生的事件和它在哪个应用程序中发生。分析完成后，操作系统以特定方式传递这个事件信息到相应的程序，然后只允许这个程序执行。如果操作系统检测到发生了另一个事件，前面的操作可以在任何时候被中断。

图 11.4 所示的过程有效地表示了操作系统提供的用户接口，因为操作系统决定了事件如何被识别以及怎样传递到应用程序，在这种情况，应用程序只需要知道如何接收，然后执行从操作系统接收的信息。很明显，信息如何提交依赖于操作系统，这样，运行的每个程序必须在计算机上运行的操作系统中有一个标准的接口，我们现在看一下这个接口在 Java 中是如何使用 Swing 包组件和相应的方法处理的。

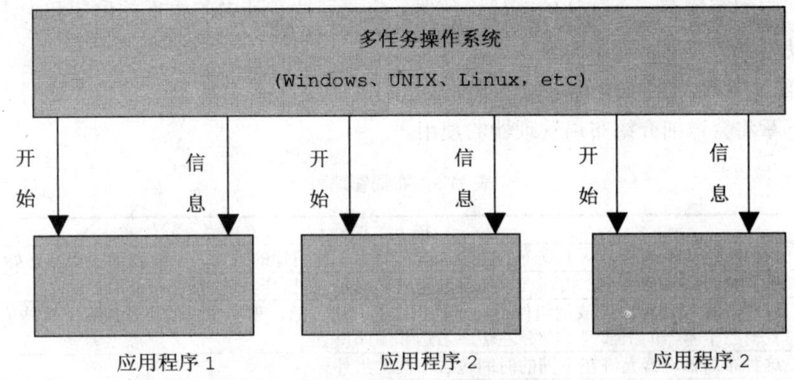

图 11.4　在多任务操作系统中的程序控制

11.1.2　容器层次

在 Java 中创建的每个 GUI 组件都有一个放置的层次，组件和容器可以放置在其他的容器中。组件放置的层次称为容器层次，每个这样的层次由一个并且只由一个顶层容器组成，任何数目的别的中间容器和/或组件被放置其中。顶层容器对于一个独立的基于 Swing 的 GUI 总是 JFrame，构成了层次的开始点。①顶层容器的主要功能是和操作系统直接联系，Java 的早期版本称这样的容器为**重量级组件**，这是因为只有顶层容器有效地实现了和操作系统相联系的功能。

在容器层次中，顶层容器的下一个重要的层次是**内容面板**，这是每个顶层容器提供的中间组件，所有的可见组件必须放在其中。通常，菜单条也可以加到顶层容器中。当菜单条被加到一个 GUI 中时，它被放到顶层容器中，但是显示在容器的面板外。图 11.5 分析了基于 Swing 容器的常用层次，可以根据它构造所有的基于 Swing 的 GUI，如图所示，层次开始于 JFrame，JFrame 自动提供一个根面板，其包含了容器面板（因为可以将中间容器和组件加到其中，所以通常不必关心根面板）。②

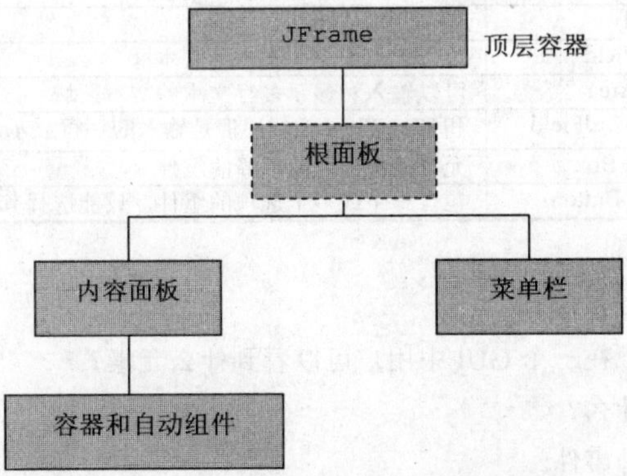

图 11.5　一个典型的基于 Swing 的容器层次

注意在图 11.5 中，虽然所有的可视组件必须放在 JFrame 的内容面板中，但菜单条不必和内容面板相联系。

① 虽然从它的名字判断，你可能认为应该使用 Jwindow，实际上这很少使用，因为它没有提供任何控制或标题栏，并且总是放在别的窗口的顶部。

② 根面板和它的内部组件必须只有在先进的应用中才能被处理，例如，鼠标点击必须被监听或多重组件必须被画图。

每个顶层和中间容器有一个默认的布局管理器，定义了放在其中的组件的位置和大小。默认布局管理器可以通过使用别的布局管理器而被改变。

表 11.3 列出了 6 个当前可用的布局管理器和它们的作用。表 11.4 列出了每个顶层容器类型的默认布局管理器。下章将会详细介绍布局管理器的使用。

表 11.3 布局管理器

管理器	描述	使用类型
FlowLayout	组件按照从左到右、从上到下的顺序加到容器中，使用行的方式，从容器的左上角开始	简单
GridLayout	所有的组件同样大小，按照要求的行数和列数显示。空白区域填充在不使用的列	简单
BorderLayout	最多 5 个组件可以被放到组件中。组件按照北，南，西，东和中央的位置放置。这些位置对应于容器的上部、下部、左边、右边和中间位置	专用目的
CardLayout	这种布局管理器允许在不同的时间包含不同的组件	专用目的
BoxLayout	组件被放置为一个简单的行或列。类组件可以被放置在中间、左边或右边	灵活的
GridLayout	组件可以放在一个伸展表中，组件允许跨越多个表格	灵活的

表 11.4 顶层容器的默认布局管理器

容器	默认布局管理器
JFrame	BorderLayout
JDialog	BorderLayout
JPanel	BorderLayout
JWindow	FlowLayout

容器层次的最低层由中间容器和例如按钮、标签和文本区域这样的组件组成。这些中间容器和组件通常称为**轻量级组件**。使用术语轻量级组件是因为这些组件不是直接固定在操作系统下，它们不需要具备重量级组件那样的功能来和操作系统直接联系。

表 11.5 列出了在本书中将要介绍和使用的轻量级组件。

表 11.5 轻量级组件

组件	描述
JButton	当点击时该组件触发一个事件
JLabel	显示文本或图标
JTextField	可以输入和显示文本的文本框
JTextArea	可以输入和显示多行文本的文本区域
JPasswordField	和 JTextField 类似，但是输入的字符显示为*
JCheckBox	允许选择或取消选择的组件
JRadioButton	包含一个或多个选项的组件，只能选择其中一个

11.1.3 练习题

1. GUI 的目的是什么，在一个 GUI 中用户可以看到什么元素？
2. 当事件发生时执行什么？
3. 列出用户触发的 3 种事件。
4. 列出在 Java 中用来创建一个 GUI 的 3 种组件类型。
5. 使用什么顶层容器类型能够创建一个 Java 应用程序 GUI？
6. 什么是容器层次，如何使用其创建一个 GUI？
7. 所有的可视化 GUI 组件必须被加到哪个顶层容器提供的中间组件中？
8. 问题如下：

（1）布局管理器的作用是什么？

（2）JFrame 容器的默认布局管理器是什么？

11.2　创建一个基于 Swing 的窗口

下面，将介绍 Swing 包中的类，并使用它创建第一个 GUI 窗口。虽然可以使用多种方式创建一个 GUI，但都可以按照下列两种方式来实现：

（1）使用 Swing 组件构造一个 GUI 类，然后使用 main()方法实例化类的一个对象。当实例化一个具体的 GUI 对象，该 GUI 将显示在屏幕中。

（2）在 main()方法中直接使用 Swing 组件构造一个 GUI 对象，而不需首先创建一个自己的 GUI 类。

通常，更优先使用第一种方式，因为它的编写更加面向对象，使用这种方式，GUI 的所有细节被概括到一个类中，然后在要求一个 GUI 时，创建该类的对象；第二种方式是用来介绍 Swing 组件和创建非常简单的 GUIs。在本书中我们将介绍如何使用这两种方式。程序 11.1 使用第二种方式来介绍一个非常简单的 GUI。

程序 11.1

```
import javax.swing.*;
public class FirstGui
{
  public static void main(String[] args)
  {
    JFrame mainFrame;  //声明一个 JFrame 引用变量
    mainFrame = new JFrame("First GUI Window");  //实例一个 Frame 对象
    mainFrame.setSize(300,150);
    mainFrame.show();
  }
}
```

图 11.6　程序 11.1 显示的窗口

在程序 11.1 的 main()方法中，第一个语句声明了一个 JFrame 类型的变量 mainFrame；下一个语句使用 new 操作符创建一个由变量 mainFrame 引用的 JFrame 对象，这个语句同时设置了 JFrame 的标题，在这里是字符串 First GUI Window。当运行程序 11.1 时，JFrame 对象成为一个显示在屏幕中的窗口，虽然在程序中使用了两个语句来实例化一个 JFrame 对象，但也可以将它们组合成下面的一条语句：

```
JFrame mainFrame = new JFrame("First GUI Window");
```

main()方法中的下一个语句 mainFrame.setSize(300, 150);使用 setSize()方法设置了窗口的大小。[①] setSize()方法的一般语法如下：

```
objectReferenceName.setSize(width,height);
```

objectReferenceName 表示一个特定的对象，句号右边的名字表示一个方法，像前面介绍的，这是一个标准的使用类方法操作一个特定对象的面向对象句法。

第四行使用 show()方法将 JFrame 对象显示在屏幕中，一个完全同等的方法为 setVisible(true);，而且，可以互换地使用这些方法。当编译并执行程序 11.1 时，JFrame 创建的窗口如图 11.6 所示，因为这个窗口是由操作系统控制的，它可以使用标准窗口技术来操作，这样，可以点击最大化和最小化按钮，移动或改变窗口的大小，也可以通过点击关闭按钮关闭窗口。但是，关闭窗口并没有关闭 Java 程序的执行，即如果你点击 Close 按钮后，程序 11.1 仍在执行；为了关闭 Java 程序，你必须同时按下 Ctrl 和 C 键，这是大多数操作系统的退出的命令，可以使当前运行的程序结束执行。

从操作系统接收关闭事件并正确关闭程序的事件处理方法将在下节介绍。在介绍这个事件处理之前，我们首先修改程序 11.1，把所有的基本 GUI 封装到一个类中，参考程序 11.2。

程序 11.2

```
import javax.swing.*;
public class FirstWindow extends JFrame
{
  private JFrame mainFrame;
  public FirstWindow()  //构造方法
  {
    mainFrame = new JFrame("First GUI Window");
    mainFrame.setSize(300,150);
    mainFrame.show();
  }
  public static void main(String[] args)
  {
    new FirstWindow();
  }
}//类结束
```

注意在程序 11.2 中提供的类被命名为 FirstWindow，并扩展了类 JFrame，这意味着在 FirstWindow 类中可以访问 JFrame 类的所有 public 和 protected 方法，例如 setSize()和 show()，在该类中，定义了一个 JFrame 类型的类变量 mainFrame，也定义了一个简单的构造方法。构造方法中的 3 个语句和在程序 11.1 的 main()方法中使用的几乎相同，惟一的区别是第一个语句，我们不必必须声明 mainFrame 为 JFrame 类型，因为它已经被声明为一个类变量。现在看一下 main()方法，这里要求产生 GUI 的是创建一个 FirstWindow 类的实例，这通过语句 new FirstWindow()来实现，当运行这个语句时，FirstWindow 类的构造方法被自动调用。这个构造方法执行和程序 11.1 的 main()方法相同的任务，并产生和程序 11.1 相同的 GUI，如图 11.6 所示。程序 11.2 应被保存在文件 FirstWindow.java 中，文件 FirstWindow.java 从它的类名派生出来。必须使用下列语句编译和执行程序 11.2：

```
javac FirstWindow.java
java FirstWindow
```

程序 11.2 比程序 11.1 显得更加复杂。程序 11.2 相对于程序 11.1 有明显的优点，主要的优点是所有的 GUI 组件被封装在一个定义好的类中，从使用它的程序中分离了 GUI 代码，这意味着同样的应用程序可以创建不同的 GUI，系统的不同部分可以不影响别的部分而进行改变，这是面向对象语言提供的优点，这样，当将更多的功能加到程序 11.2 的 GUI 中时，它的基本结构允许我们专注于额外的组件以及将它们作为一个整体和 GUI 的关系并合并这些元素到一个自包含的类中，然后可以使用 main()方法用作 GUI 的测试或包含在一个使用 GUI 为用户输入和显示的更大的程序中。实际上，一个更复杂的 main()方法可以包含在它的类中，如在本书第二部分讨论的。现在，程序 11.2 的 FirstWindow 类是设计所有基于 Swing GUIs 的基本模型。

11.2.1 样式和感觉

GUI 的样式和感觉决定 GUI 如何显示在屏幕中以及用户如何和它交互。Swing 包提供了表 11.6 列出的 4 种样式和感觉类型，其中 3 个如图 11.7 所示，它们之间的不同由行厚度、阴影和使用的是二维还是三维来决定。

① 像素表示在计算机屏幕中的一点，例如，800 乘 600 的屏幕区域表示宽度为 800 像素、长度为 600 像素。

表 11.6　样式和感觉 GUI 类型

类　型	代　码	注　释
Java	setLookAndFeel("javax.swing.plaf.metal.MetalLookAndFeel");	可以在所有系统中使用
Mac	setLookAndFeel("javax.swing.plaf.mac.MacLookAndFeel");	只可以用在 Mac 系统
Windows	setLookAndFeel("com.sun.java.swing.plaf.window.WindowLookAndFeel");	只可以用在 Windows 系统
UNIX	setLookAndFeel("com.sun.java.swing.plaf.motif.MotifLookAndFeel");	可以用在所有系统

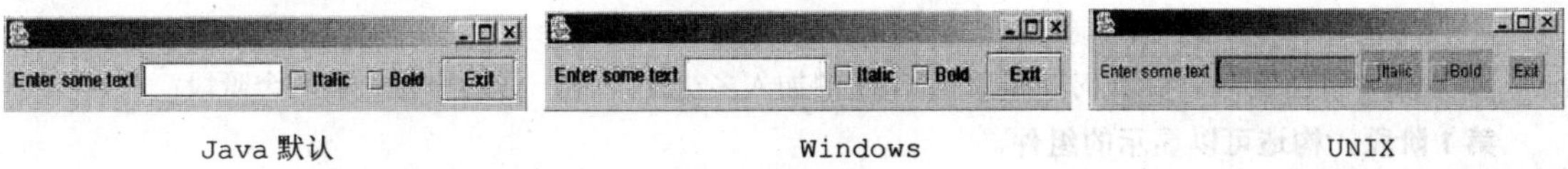

图 11.7　样式例子

表 11.6 列出了使用不同样式和感觉的 Java 语句。除了选择一个正确的样式和感觉，Java 也提供了默认的样式和感觉。为了实现一个特定的样式，表 11.6 中的代码必须被包含在一个 try 和 catch 块中，如下所示：

```
try
{
  UIManager.setLookAndFeel("com.sun.java.swing.plaf.windows.WindowsLookA
    ndFeel");
  SwingUtilities.updateComponent(mainFrame);
  mainframe.pack();
}catch(Exception e)
```

在这段代码中，标识符 mainFrame 是在基于 GUI 程序中的 JFrame 类的对象名。pack()方法在显示 GUI 后改变其显示样式，这样，这段代码可以放在调用 show()方法显示的 GUI 的前面或后面。

11.2.2　练习题

1．描述使用基于 Swing 组件构造 GUI 的两种主要方法。

2．问题如下：

（1）编写并运行程序 11.1。

（2）程序 11.1 的主要问题是什么？

（3）在程序 11.1 中，关闭窗口后，其下部的 Java 程序是如何运行的？

（4）应该如何命名程序 11.1 并进行保存？

3．问题如下：

（1）编写并运行程序 11.2。

（2）程序 11.2 的主要问题是什么？

（3）在程序 11.2 中，关闭窗口后，其下面的 Java 程序是如何运行的？

（4）应该如何命名程序 11.2 并进行保存？

4．在程序 11.2 中，使用语句 mainFrame.show()代替 mainFrame.setVisible(true);，并运行程序验证其产生的同样效果。

5．修改程序 11.2，使其窗口显示的大小为宽 400、高 200。

6．编写一个 Java 程序，使其窗口的标题为 The Hello Application – Ver.1.0。

7．修改程序 11.2，使其 main()方法包含在类 TestFirstWindow 中。程序应该被保存在文件 TestFirstWindow.java 中。

8．阐述 GUI 样式的定义。

9．列出由 Java 的 Swing 包提供的 4 种显示样式。

10．修改程序 11.2，使其可以显示 UNIX 样式。

11.3 窗口关闭事件处理

当在 Java 中创建一个 GUI 时，不管向 GUI 中加入多少个组件，总是分为如下两个阶段：

第 1 阶段：构造可以显示的组件。

第 2 阶段：提供组件的事件处理。

因为已经完成了设计组件的第 1 阶段，当程序 11.2 运行时，组件出现并显示一个空白的窗口。如果点击窗口的关闭(X)按钮，窗口将会关闭，但是其下面的程序将继续执行，必须同时按下 Ctrl 和 C 键才能停止程序的运行，在本节，当点击窗口关闭按钮时，通过使用一个关闭其下面 Java 应用程序的事件处理来完成第 2 阶段。通常，一个事件处理对应事件发生的一个对象，例如点击窗口的关闭按钮。

在编写代码处理窗口关闭事件前，首先分析对 Java 事件处理技术的一般描述。在实际中，主要通过三步来构造一个事件处理，本节主要介绍常用的事件处理方法，读完这一部分，你将很容易理解下章介绍的所有组件和为组件构造的相应事件处理。

11.3.1 事件处理模型

虽然创建 Java 事件处理是一项很简单的工作，但它还是要求一些预规定的步骤，这是因为 Java 通过一个称为事件处理模型的方式来实现事件处理，该模型要求两个基本的元素：一个组件，例如窗口或按钮，可以产生一个事件以及一个事件句柄，通常是一个称为监听器的对象，当事件发生时，组件将其传递给监听器对象，通过注册语句把事件和事件处理方法联系在一起。只有正确注册的事件处理方法才能接收事件发生时的信息。这样，GUI 的第 2 阶段的完整步骤为：

第 2 阶段：提供组件的一个事件处理方法。

第 1 步：编写一个事件处理类，也称为监听器类。

第 2 步：创建一个事件处理类的实例（这意味着要使用 new 操作符实例化一个类的对象）。创建的对象称为监听器对象。

第 3 步：注册在第 2 步创建的监听器对象。

程序 11.3 包含了构造和激活一个事件处理的每个步骤，其实现了当点击窗口关闭按钮时的一个完整的关闭 GUI 的事件处理方法。把程序 11.3 中的 GUI 类命名为 SecondWindow，并把事件处理方法单独放在类 WinHandler 中。注意在程序的顶部添加了语句 import java.awt.event.*。在 java.awt.event 包中，提供了创建监听器类所需要的方法。

现在让我们分析一下程序 11.3 是如何编写每个事件处理方法的。事件处理（监听）类作为一个单独的非内嵌类被编码，这样我们可以将精力集中在事件处理类需要的所有元素。本节后部分将介绍两个有用的方法以减少事件处理代码的长度，下面的分析将为我们理解所有事件处理方法奠定基础。参考程序 11.3 的监听器类，其源代码如下：

程序 11.3

```
import javax.swing.*;
import java.awt.event.*; //用来进行事件处理
public class SecondWindow extends JFrame
{
```

```
  private JFrame mainframe;
  public SecondWindow() //构造方法
  {
  mainframe = new JFrame("Second GUI Window");
  mainframe.setSize(300,150);
  mainframe.show();

  WinHandler handler = new WinHandler(); //第2阶段 - 第2步：创建一个事件处理对象
  mainframe.addWindowListener(handler); //第2阶段 - 第3步：注册事件处理
  }

  public static void main(String[] args)
  {
   new SecondWindow();
  }
}//GUI 类结束

//第2阶段 - 第1步：定义一个处理窗口事件的监听类
class WinHandler implements WindowListener
{
  public void windowClosing(WindowEvent e) { System.exit(0);}
  public void windowClosed(WindowEvent e) {}
  public void windowOpened(WindowEvent e) {}
  public void windowIconified(WindowEvent e) {}
  public void windowDeiconified(WindowEvent e) {}
  public void windowActivated(WindowEvent e) {}
  public void windowDeactivated(WindowEvent e) {}
} //监听类结束

    //第1步：定义一个处理窗口事件的监听类
class WinHandler implements WindowListener
{
  public void windowClosing(WindowEvent e) { System.exit(0);}
  public void windowClosed(WindowEvent e) {}
  public void windowOpened(WindowEvent e) {}
  public void windowIconified(WindowEvent e) {}
  public void windowDeiconified(WindowEvent e) {}
  public void windowActivated(WindowEvent e) {}
  public void windowDeactivated(WindowEvent e) {}
} //监听类结束
```

首先，注意类的头行表示 WinHandler 类实现了 WindowListener 接口。除了类名 WinHandler 是程序员可选择的标识符外，头行的其他部分对于创建一个窗口监听器类都是标准的，所以实现 WindowListener 接口是因为 Java 要使用这个接口处理窗口事件。表 11.7 列出了在本书中对于相应组件要求的接口，这个表在第三列也列出了每种事件处理类型所要求的方法。如果其中一个方法被实现在一个监听类中，那么所有列出的方法都必须被实现在该类中，即使它们仅仅由空的方法体组成。

表 11.7　GUI 组件事件类型

组　件	要求的接口类型	要求的方法	适 配 器 类
Window	WindowListener	windowClosing()	WindowAdapter
		windowClosed()	
		windowOpened()	
		windowActivated()	
		windowDeactivated()	
		windowIconified()	
		windowDeiconified()	

（续表）

组　件	要求的接口类型	要求的方法	适 配 器 类
Mouse	MouseMotionListener	mouseDragged(MouseEvent)	MouseMotionAdapter
		mouseMoved(MouseEvent)	
	MouseListener	mousePressed(MouseEvent)	MouseAdapter
		mouseReleased(MouseEvent)	
		mouseClicked(MouseEvent)	
Keyboard	KeyListener	keyPressed(KeyEvent)	KeyAdapter
		KeyReleased(KeyEvent)	
		KeyTyped(KeyEvent)	
Button	ActionListener	actionPerformed(ActionEvent)	ActionAdapter
Text Field	TextListener	textValueChanged(TextEvent)	(none)
Check Box	ItemListener	itemStateChanged(ItemEvent)	(none)
Radio Box	ItemListener	itemStateChanged(ItemEvent)	(none)
Focus Events	FocusListener	focusGained(FocusEvent) focusLost(FocusEvent)	FocusAdapter

现在介绍监听类的内部结构，注意该类中没有定义变量，仅仅包含 7 个方法，并且只有一个方法的方法体非空。惟一非空的方法是 windowClosing()方法，其方法体中的语句为 System.exit(0);，这个语句你应该很熟悉，因为它和第一部分介绍的关闭应用程序使用的语句相同。其余的 6 个方法仍然是必需的，并作为 WindowListener 接口的实现，如表 11.7 所示。

构造事件处理类（第 2 阶段第 1 步）后，在第 2 步，实例化一个监听类的对象，在程序 11.3 中通过下列语句实现：

```
WinHandler handler = new WinHandler();  //第 2 阶段-第 2 步：创建一个事件处理方法
```

这个语句看起来也很熟悉，因为它是在本书中用来创建对象的标准方法之一。在这个特定的案例中，handler 是程序员声明为 WinHandler 类型的引用变量，这个语句也可以使用下列两个语句实现，第一个声明一个引用变量，第二个实例化一个对象。可以使用两个语句，将第 2 步表示为：

```
WinHandler handler;
Handler = new WinHandler();
```

在程序 11.3 中，下列的语句执行了第 2 阶段的第 3 步，把第 2 步创建的 WindowListener 对象 handler 联系到一个要求的组件，其代码如下：

```
mainframe.addWindowListener(handler);  //第 2 阶段 - 第 3 步：注册处理方法
```

我们将在下节详细介绍 add()方法，现在只是简单地使用这个语句，这个语句的作用是激活第 2 步创建的监听对象，通常称为注册语句。

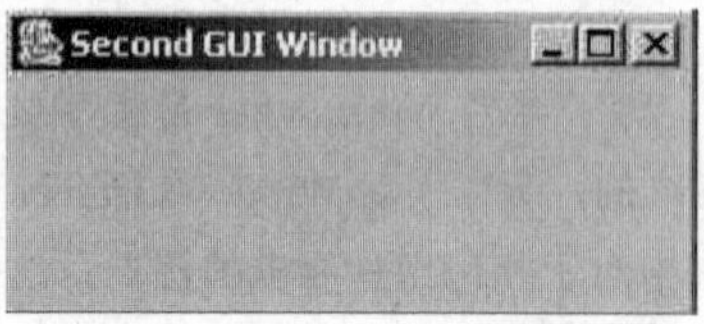

图 11.8　程序 11.3 显示的窗口

使用下列语句编译并运行程序 11.3：

```
javac SecondWindow.java
java SecondWindow
```

程序 11.3 将显示如图 11.8 所示的 GUI，除了标题栏，它和程序 11.2 创建的是相同的 GUI。两个 GUI 的主要不同是点击程序 11.3 产生的窗口时不但关闭窗口，而且退出整个程序的运行，并把控制返回给操作系统。

11.3.2　适配器类和内部类

在程序 11.3 中，监听器类被构造成一个单独的类，这样，它有两个需要被改变的小问题：第一个问题是，尽管只需要处理一个事件，但监听器类仍然要求包含表 11.7 中列出的 WindowLisnter 中的 7 个事件处理方法；第二个问题是监听器类的代码放在 GUI 类代码后面，但它最好是离实例化（第 2 步）和注册（第 3 步）监听器更近一些，下面将依次解决这些问题。

首先，Java 提供了一组特殊的类，称为适配器类，对于给定的接口实现了空的事件处理方法，例如表 11.7 中的 WindowListener 类。因为适配器类提供了一个接口的所有方法声明，所以它可以用作监听器类的父类。所有的适配器类都被构造为抽象类。不能直接使用抽象类实例化一个对象，但是可以将其作为一个父类，并可以派生别的类，例如，如表 11.7 所示，Java 中提供的适配器类 WindowAdapter 可以用作创建窗口监听器类的父类。分析下面的监听器类，其扩展了适配器类 WindowAdapter：

```
  //扩展一个适配器类处理窗口事件
class WinHandler extends WindowAdapter
{
  public void windowClosing(WindowEvent e){System.exit(0);}
} //内部类结束
```

因为扩展了一个适配器类，该类提供了对窗口事件方法的所有声明，所以我们需要做的就是对感兴趣的事件方法编写方法体。类的 windowClosing()方法覆盖了父类 WindowAdapter 的同一方法，而另外 6 个要求的方法由适配器类声明的空方法体提供。

使用新的 WinHandler 类代替程序 11.3 提供的版本，并保留 GUI 类 ThirdWindow，就构成了程序 11.4。这里，新的类被加粗，这样就可很容易地看到它们的区别。也要注意 GUI 类中的加粗行，代码如下：

```
mainFrame.addWindowListener(new WinHandler());
```

这一行代码实例化了一个 WinHandler 类对象，在一个单独的语句中注册了该类，它可以使用下列两行代替：

```
WinHandler handler = new WinHandler(); //第 2 阶段-第 2 步：创建一个事件对象
mainFrame.addWindowListener(handler);  //第 2 阶段-第 3 步：注册事件
```

因为在创建和注册一个事件处理对象时将会用到单行或双行语句，因此你应该对两种样式都加以熟悉。在工作中，可以根据自己的爱好、策略或命令来选择一个样式，并在编写的所有程序中一直使用。

程序 11.4

```
import javax.swing.*;
import java.awt.event.*;
public class ThirdWindow extends JFrame
{
  private JFrame mainFrame;
  public ThirdWindow()//构造方法
 {
  mainFrame = new JFrame("Third GUI Window");
  mainFrame.setSize(300,150);
  mainFrame.show();
    //在一个语句中，创建并注册事件处理方法
  mainFrame.addWindowListener(new WinHandler());
 }
public static void main(String[] args)
{
  new ThirdWindow();
}
}//GUI 类结束
//扩展一个适配器类处理窗口事件
class WinHandler extends WindowAdapter
{
  public void windowClosing(WindowEvent e){System.exit(0);}
}//监听器类结束
```

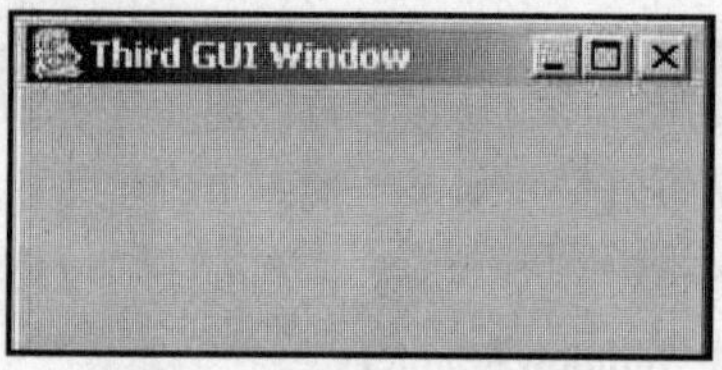

图 11.9 程序 11.4 显示的窗口

运行程序 11.4，显示效果如图 11.9 所示。除了窗口的标题，这个 GUI 和程序 11.3 提供的完全相同，和前面程序的操作一样，当点击关闭按钮时，Java 程序将正确关闭。

注意，通过在程序 11.4 中使用一个适配器类减少了监听器类中代码的数量。下一个将要解决的问题是让事件处理类离创建事件处理对象并注册的点更近，这样能够将所有的事件处理机制集中在同一个地方。

注意在程序 11.3 和 11.4 中，监听器类作为一个单独的类，位于用来构造 GUI 的类的外部，在程序 11.3 中，当事件处理类的代码多于 WinHandler 代码时，它应该以这种方式创建。对于代码较少的监听器类，其代码可以内嵌在 GUI 类中，而需要将这两个类分开，这可以通过内嵌监听器类来实现。

当一个类内嵌于另一个类时，该类为内嵌类，程序 11.5 即是这样的一个例子。注意这个程序的 WinHandler 类和程序 11.4 的相同，但是它现在位于 GUI 类中，这样很容易使事件处理类离创建并注册事件处理对象的代码更近。

程序 11.5

```
import javax.swing.*;
import java.awt.event.*;
public class FourthWindow extends JFrame
{
  private JFrame mainFrame;
  public ThirdWindow()//构造方法
  {
      mainFrame = new JFrame("Fourth GUI Window");
      mainFrame.setSize(300,150);
      mainFrame.show();
        //在一个语句中，创建并注册事件处理方法
      mainFrame.addWindowListener(new WinHandler());
  }
        //扩展一个适配器类处理窗口事件
  class WinHandler extends WindowAdapter
  {
    public void windowClosing(WindowEvent e){System.exit(0);}
  }//监听器类结束

  public static void main(String[] args)
  {
    new FourthWindow();
  }
}//GUI 类结束
```

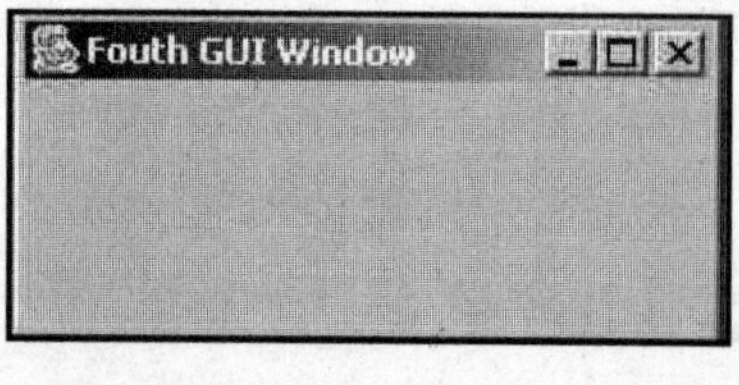

图 11.10 程序 11.5 显示的窗口

图 11.10 显示了程序 11.5 产生的窗口。除了标题，这个 GUI 和程序 11.3 以及 11.4 的完全相同，这 3 个程序可以用同样的方式关闭。

虽然程序 11.5 选择了使用程序 11.4 的适配器类作为一个内部类，但它也可以使用程序 11.3 提供的较长的监听器类。如果事件处理对象在 main()方法中创建，也可以编写内嵌在一个包含 main()方法类中的监听器类。

我们现在已经介绍了构造监听器类的几种不同方式，通用的

原则是监听器类的代码尽可能少，代码应放在离实例化类对象最近的地方；对于代码较多的监听器类，应创建一个放在 GUI 类外部的单独类，对于较小的监听器类，可以使用一个内部类；如果只需要一个或两个事件处理方法，应该使用适配器类来减少代码的编写，这可以通过内部或单独的类来实现。

11.3.3　匿名类

最后一种事件处理的类称为匿名类，从这个术语可以猜测，匿名类是一个没有名字的类，这种类的好处是它允许把事件处理类代码直接放在一个创建事件处理类对象的语句中。匿名类只可以在事件实例化并将其注册在一个语句中时使用，这是因为一个单独的语句首先要求声明一个具体类名的事件对象，而这样就不能使用一个没有名字的类。

作为匿名类的具体的例子，参考下列代码，没有编写头行确保了类为匿名类，如果它有一个标准的头行将会限定为一个独立的类。

```
{
  public void windowClosing(WindowEvent e) {Syste.exit(0);}
}
```

仔细比较这个匿名类和程序 11.5 的 **WinHandler** 类，其在下面显示：

```
class WinHandler extends WindowAdapter
{
  public void windowClosing(WindowEvent e) {System.exit(0);}
}
```

注意除了在匿名类中没有编写类的头行，这两个类是相同，它们具有相同的类体，并执行同样的功能。现在的问题是：这个匿名类应该放在哪里？答案是应该放在创建类实例的地方，作为这个位置的一个具体的例子，参考在程序 11.5 中使用的创建和注册语句，其代码为：

```
mainFrame.addWindowListener(new WinHandler());
```

现在要做的是将最后的括号和关闭的分号向下移动，并提供 3 个单独的行，如下所示：

```
mainFrame.addWindowListener(new WinHandler()



);
```

在新创建的空行中可以放置匿名类，产生下列的代码：

```
mainFrame.addWindowListener(new WinHandler()
{  //匿名类
  public void windowClosing(WindowEvent e){System.exit(0);}
}
);
```

图 11.11　程序 11.6 显示的窗口

因为在 Java 中并不计算空白，所以最后两行通常放在一起，即为});。程序 11.6 在最终的创建窗口关闭事件处理的代码中使用了上述代码。为了方便，把使用匿名类创建和注册监听器对象的语句用粗体表示。

编译并运行程序 11.6，将产生如图 11.11 所示的 GUI，这个窗口和所有的前面程序提供的关闭窗口的方式相同。

程序 11.6

```
import javax.swing.*;
import java.awt.event.*;
public class FifthWindow extends JFrame
{
  private JFrame mainFrame;
  public ThirdWindow()//构造方法
  {
   mainFrame = new JFrame("Fifth GUI Window");
   mainFrame.setSize(300,150);
   mainFrame.show();
    //在一个语句中创建并注册事件
    //使用一个匿名内部类
   mainFrame.addWindowListener(new WindowAdapter()
    { //匿名类
      public void windowClosing(WindowEvent e) {System.exit(0);}
    });
  }
  public static void main(String[] args)
  {
   new FifthWindow();
  }
}//GUI 类结束
```

除了在程序 11.6 中使用的处理窗口关闭事件的匿名类，下面分析了这段代码的其他样式，例如：

```
mainFrame.addWindowListener(new WindowAdapter()
{public void windowClosing(WindowEvent e) {System.exit(0);}});
```

当事件处理由方法来实现时，应使用匿名类，前面编写的事件处理类都符合这个需求，其中匿名类是一个很好的选择；也要注意匿名类总是用在创建类实例的语句中，因为创建语句必须包含在一个类中，所以匿名类也使自己成为一个内部类；最后，要注意在事件处理代码中，为一个事件源构造了一个监听器，在该例子中是一个窗口，这种情况如图 11.12a 所示。多个监听器对象也可以注册到同一个事件源中（图 11.12b），一个监听器对象可以注册到多个事件源中（图 11.12c），在下章的第 12.4 节，我们将以一个具体的例子来介绍后者的情况，也就是同样的事件处理方法可以注册到两个组件中，对于这种情况，事件处理必须使用它的输入参数来判断触发事件的组件，然后执行相应的操作。

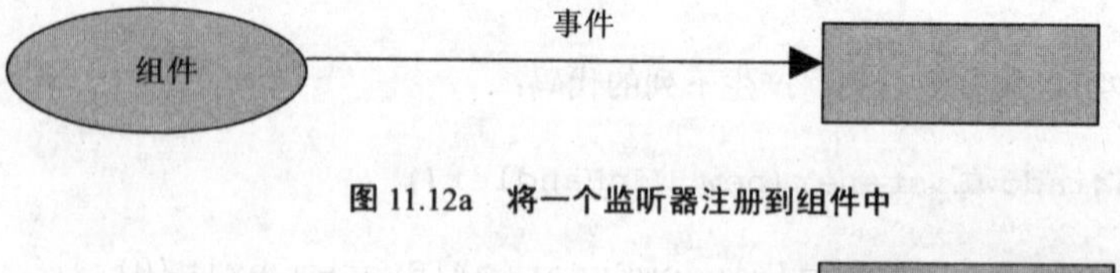

图 11.12a 将一个监听器注册到组件中

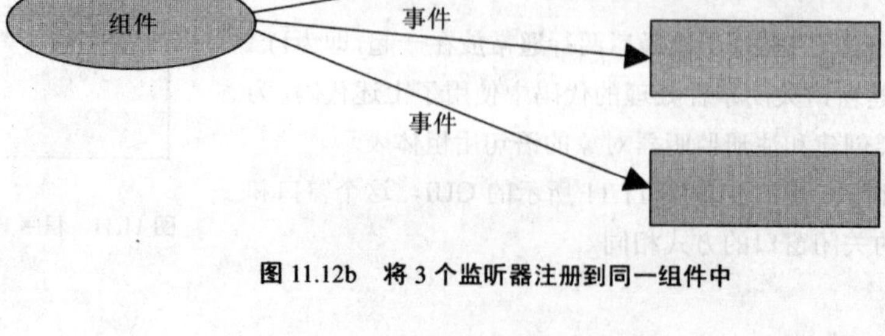

图 11.12b 将 3 个监听器注册到同一组件中

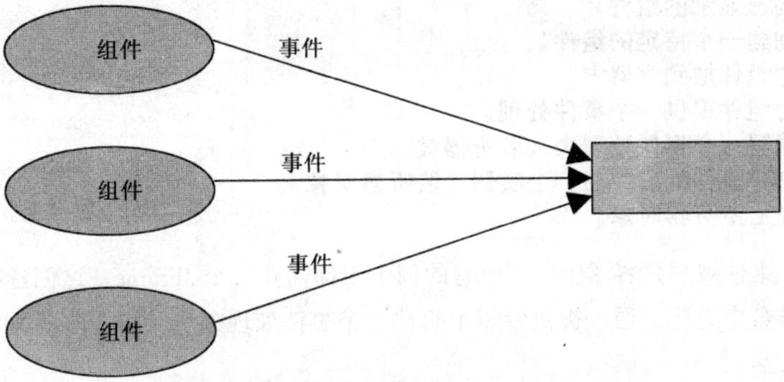

图 11.12c　将一个监听器注册到 3 个组件中

11.3.4　练习题

1. 问题如下：

（1）编译并运行程序 11.3。

（2）重复练习题 1（1），但是删除下列语句：

```
mainFrame.addWindowListener(handler);
```

删除这段代码后，分析在关闭窗口时发生了什么。

2. 修改程序 11.3，当点击关闭按钮时显示一个消息框为 The Underlying Java Program will now be closed，并且只有在用户点击消息框的 OK 按钮时，程序才被中断。

3. 问题如下：

（1）编译并运行程序 11.4。

（2）首先编译程序 11.3，然后修改程序 11.4 的 main()方法的语句为新的 SecondWindow();，再编译运行修改后的程序 11.4。分析发生了什么，为什么？

4. 分析内部类的作用。

5. 问题如下：

（1）描述一个匿名类的作用。

（2）匿名类总要作为内部类吗？

6. 问题如下：

（1）描述匿名类和非匿名类之间的区别。

（2）匿名类必须总是作为内部类吗？

7. 为什么 TextLisntener 和 ItemListener 类没有相应的适配器类（提示：参考表 11.7）？

8. 编写一个程序，构造一个窗口，其标题为 The Hello Application –Ver. 1.0。要求程序包含一个窗口关闭对象，在点击关闭按钮时能够正确地关闭窗口。

11.4　按 钮 组 件

虽然前面介绍的应用程序对于创建基于容器的 GUI 和在所有的 GUIs 中编写窗口关闭事件非常有用，但它并不是非常实用的程序，在实际中必须加进轻量级组件，例如按钮、数据输入和显示域。可以按照下面的两个阶段过程将组件加到 GUI 中：

第 1 阶段：构造显示的组件。
　第 1 步：创建一个特定的组件。
　第 2 步：把组件加到容器中。
第 2 阶段：为组件提供一个事件处理。
　第 1 步：编写一个事件处理类（监听器类）。
　第 2 步：创建事件处理类的一个实例（监听器对象）。
　第 3 步：注册监听器对象。

在第 1 阶段，组件被加到容器中，在所有的例子中都需要一个 JFrame，这创建了一个实际的图形接口，用户可以在屏幕中看到。通过提供给每个组件一个事件处理方法（第 2 阶段），组件在被选择并进行操作时就可被激活。

在本节中，以按钮组件为实例来介绍这两个过程。首先创建一个包含一个按钮的 GUI（第 1 阶段），然后把相应的事件处理方法注册到组件中（第 2 阶段）。在构造并激活 GUI 中的一个轻量级组件后，将介绍如何放置和激活所有别的 Java 组件的方法，例如标签和数据输入组件。在下章将会介绍这些组件的实例。

11.4.1 添加按钮

按钮组件，也称为按钮和命令按钮，是从 JButton 类中构造的。对于本节下文介绍的 GUI，我们将会使用这个组件类型创建图 11.13 所示的用户接口。

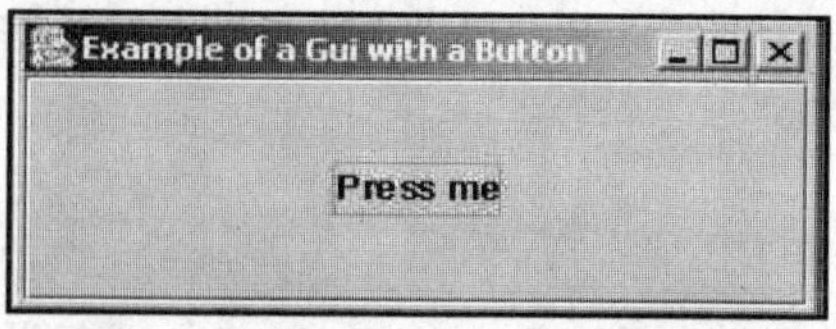

图 11.13 一个 ButtonGuiOne 类的 GUI

添加一个轻量级组件（可以是一个中间容器或一个组件）到一个顶层容器中需要分为以下两步：

第 1 步：创建一个特定的组件。
第 2 步：添加组件到 JFrame 的内容面板中。

对于使用顶层 JFrame 组件来创建一个基本 GUI 窗口，本章已经提供了第 1 步的几个例子。当添加一个轻量级组件到一个顶层容器中时，它们必须被加到容器的内容面板中。一个容器的内容面板直接或间接地容纳所有容器的可视组件，这样，第 2 步主要是用来把一个组件绑定到一个顶层 JFrame 容器。下面将分步创建并添加按钮到基本的 GUI 中。

步骤 1：创建一个按钮

首先使用下列语句声明一个 JFrame 类型的类变量：

```
private JFrame mainFrame;
```

要注意所使用的变量名，在这里是 mainFrame，其可以是任何符合 Java 标识符规则的变量名。变量被声明为 JFrame 类型后，可以使用下列语句创建一个实际的 JFrame 对象：

```
mainFrame = new JFrame("Example of a GUI with a Button");
```

使用同样的方式，可以创建一个 JButton 类型的按钮组件对象。首先，使用下列语句声明一个 JButton 类型的类变量：

```
private JButton firstButton;
```

像所有的类变量名一样，firstButton 也是程序员可选择的。接下来，为了创建要求的 JButton 类型的对象，需把下列的语句放在类的构造方法中：

```
firstButton = new JButton("Prees me");  //创建一个按钮
```

这里，圆括号里的字符串提供了按钮的内部显示，这个文本称为按钮的标题。

步骤 2：添加组件到 JFrame 的内容面板中

创建一个按钮组件后，必须将它添加到容器的内容面板中，可以通过使用两个语句来实现：第一个语句得到内容面板，第二个语句添加组件到面板中。语句

```
Container c = mainFrame.getContentPane();
```

定义了一个访问 mainFrame 对象的内容面板的引用变量。虽然 Container 的引用变量名可以是任何有效的标识符，但这个语句的语法是标准的，将在下面所有的基于 Swing 的程序中使用，其语法为：

```
Container ContainerName = JFrameName.getContentPane();
```

得到内容面板后，可以使用 Container 类的 add()方法添加一个组件。所有的 add()方法都要求把组件的名字作为该方法的参数。另外一个参数通常用来对对象的位置进行微调。语句

```
c.add(firstButton);
```

将按钮 firstButton 添加到 JFrame 的内容面板中。

前面通过两个语句完成了得到内容面板并把组件加到其中的过程，这两个语句也可以被压缩为一个语句，代码如下所示：

```
mainFrame.getContentPane.add(firstButton);
```

在添加组件到内容面板时，你可以使用上述两种方式中的任意一种。

为了创建并添加一个 JButton 组件到一个 JFrame 中，程序 11.7 使用了前面介绍的 4 个语句，为了方便，在本小节（第 11.4.1 节）介绍的语句都用粗体表示，并且都添加了注释；程序中其余的代码我们已经很熟悉了，因为它们都是在本章中为了创建基于 JFrame 窗口而使用过的基本的代码。

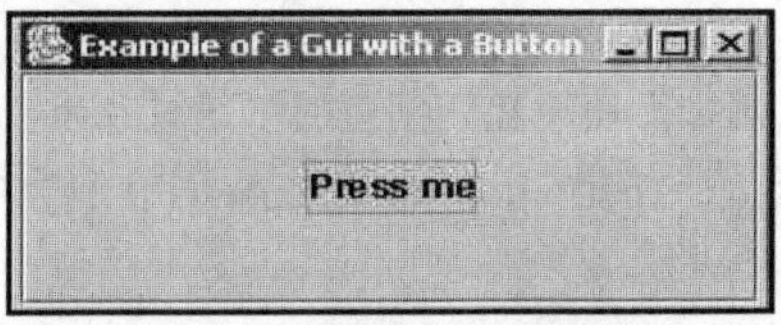

图 11.14　程序 11.7 显示的 GUI

编译并运行程序 11.7，显示如图 11.14 所示的界面。虽然 GUI 可以通过点击窗口关闭按钮来正确地退出程序，但点击按钮时并没有任何响应，这是因为程序没有包含并注册任何按钮事件处理方法。我们首先添加如图 11.14 所示的按钮提示信息和快捷键。

程序 11.7

```
import javax.swing.*;
import java.awt.event.*;
import java.awt.Container;  //用来添加控制
public class ButtonGuiOne extends JFrame
{
   private JFrame mainFrame;
   private JButton firstButton;  //第 1 阶段-第 1 步：第一个语句
   public ButtonGuiOne()  //构造方法
   {
     mainFrame = new JFrame("Example of a Gui with a Button");
       //创建一个按钮对象
     firstButton = new JButton("Press me"); //第 1 阶段-第 1 步：第二个语句
       //得到内容面板
     Container c = mainFrame.getContentPane(); //第 1 阶段-第 2 步：第一个语句
       //添加按钮到内容面板
     c.add(firstButton);   //第 1 阶段-第 2 步：第二个语句
     mainFrame.setSize(300,150);
       //创建并注册按钮事件处理
     mainFrame.addWindowListener(new WindowAdapter()
     {
        public void windowClosing(WindowEvent e){System.exit(0)}
     });
```

```
    mainFrame.show();
  }
  public static void main(String[] args)
  {
    new ButtonGuiOne();  //实例化一个 GUI 对象
  }
} //类结束
```

11.4.2 添加信息提示和加速键

当前窗口可以包括信息提示和加速键。ToolTip 是当用户把鼠标位置放在 GUI 组件上时显示的单个文本行，它的目的是为所选择的组件提供一个单行的文档。加速键也称为快捷键，是任何通过按下 Alt 和一个定义字母键时即可以启动一个动作的键。

使用 set()方法可以创建信息提示和快捷键，该方法从 Java 的 JComponent 类继承得到。通常，创建一个 ToolTip 的句法为：

```
objectName.setToolTipText("string value");
```

语句 firstButton.setToolTipText("This is a button");使用这个句法创建了信息提示 This is a button。

创建加速键的一般语法如下：

```
objectName.setMnemonic('letter');
```

例如，假设我们创建的按钮对象为 firstButton，则语句

firstButton.setMnemonic('P');将字母 P 作为按钮的快捷键。在按钮的标题中，如果存在这个字母，将会在字母下显示一个下划线。如果字母没有包含在按钮的标题中，它仍然可以作为快捷键，但是不会显示在标题中。实际上，快捷键成为了一个隐藏的热键，这样的隐藏键对于专业程序员是需要尽量避免的，否则，只能说明该程序员不是非常有经验。因为快捷键通常是为方便客户服务的，应该让客户知道使用它们的方式。程序的用户需要了解一个程序工作的所有文档特征，提供隐藏特征是不受用户欢迎的，程序 11.8 为在程序 11.7 中创建的按钮添加了信息提示和快捷键。这两个新特征的效果如图 11.15 所示。

图 11.15 程序 11.6 创建的提示和加速键

程序 11.8

```
import javax.swing.*;
import java.awt.event.*;
import java.awt.Container;  //用来添加控制
public class ButtonGuiTwo extends JFrame
{
  private JFrame mainFrame;
  private JButton firstButton;  //第 1 阶段-第 1 步：第一个语句
  public ButtonGuiTwo()  //构造方法
  {
    mainFrame = new JFrame("Example of a Gui with a Button");
      //创建一个按钮对象
    firstButton = new JButton("Press me");  //第 1 阶段-第 1 步：第二个语句
      //得到内容面板
    Container c = mainFrame.getContentPane();  //第 1 阶段-第 2 步：第一个语句
      //添加按钮到内容面板
    c.add(firstButton);   //第 1 阶段-第 2 步：第二个语句
    firstButton.setToolTipText("This is a button"); 创建一个提示
```

```
    firstButton.setMnemonic('P');    //创建一个快捷键
    mainFrame.setSize(300,150);
      //创建并注册按钮事件处理
    mainFrame.addWindowListener(new WindowAdapter()
    {
      public void windowClosing(WindowEvent e){System.exit(0)}
    });
      mainFrame.show();
  }
  public static void main(String[] args)
  {
    new ButtonGuiTwo();  //实例化一个 GUI 对象
  }
} //类结束
```

11.4.3　添加事件处理

使用两个过程开发 GUI 的一个非常重要的特征是它允许在编写任何事件代码之前看到 GUI 的显示效果，这样，可以执行程序 11.8 来验证按钮组件的显示，而不必首先编写它的事件处理代码。满足组件的可视化要求后，可以使用开发过程的第 2 阶段来创建并注册一个事件处理。下面将为程序 11.8 显示的按钮组件添加相应的事件处理代码。

按钮组件的事件处理，将使用和上节介绍的创建并注册窗口关闭方法的相同的方式。对于在程序 11.8 中添加的按钮，将使用开发过程的第 2 阶段：

第 2 阶段：为组件提供一个事件处理。
第 1 步：编写一个事件处理类的代码（监听器类）。
第 2 步：创建事件处理类的一个实例（一个监听器对象）。
第 3 步：注册监听器对象。

给按钮提供一个事件处理，那么在它被选择时，组件将被激活从而完成一定的功能。在该按钮组件实例中，点击按钮时将显示一个信息框。下面将分别介绍第 2 阶段的各步骤。

第 1 步：编写一个事件处理类的代码（监听器类）

参见表 11.7 可知，按钮要求的事件处理接口为 ActionListener，实现这个接口的类必须定义一个方法 actionPerformed()。另外，表 11.7 中也提供了这个方法期望接收一个 ActionEvent 参数类型的信息。将类命名为 ButEventHandler，并将接收传递的参数命名为 e（都是程序员选择的名字），这样监听器类的基本结构如下：

```
class ButEventHandler implements ActionListener
{
  public void actionPerformed(ActionEvent e)
  {
  //当前是一个空的方法体
  }
}
```

当点击按钮时，仅仅显示信息框，产生这个信息对话框的语句为：

```
JOptionPane.showMessageDialog(null, "Button was Pressed",
  "Event Handler Message",JOptionPane.INFORMATION_MESSAGE);
```

把这个 showMessageDialog()方法的调用加到监听器类的 actionPerformed()方法，其代码如下：

```
class ButEventHandler implements ActionListener
  {
```

```
    public void actionPerformed(ActionEvent e)
    {
       JOptionPane.showMessageDialog(null, " Button was Pressed",
        "Event Handler Message",JOptionPane.INFORMATION_MESSAGE);
    }
  }
```

第 2 步：创建监听器类的一个实例（一个监听器对象）

为了创建监听器类的一个对象，可以使用下列语句：

```
ButEventHandler bhandler = new ButEventHandler();  //实例化一个事件处理对象
```

在这个语句中，引用变量 bhandler 的名字也是程序员选择的名字。可以将这个单行声明和实例化语句编写为两行代码：

```
ButEventHandler bhandler; //声明一个引用变量
bhandler = new ButEventHandler();  //实例化一个事件处理对象
```

实例化的事件处理对象通常称为监听器对象。

第 3 步：注册监听器对象

创建一个监听器对象后，必须将它注册到一个或多个组件中，可以使用 add()方法把一个监听器对象和一个组件相联系。对于实现 ActionListener 接口的事件类，正确的注册方式应使用 ActionListener 方法。如果使用引用变量 bhandler 实例化一个监听器对象，并把这个监听器和组件 firstButton 相联系，则必须使用下列的注册语句：

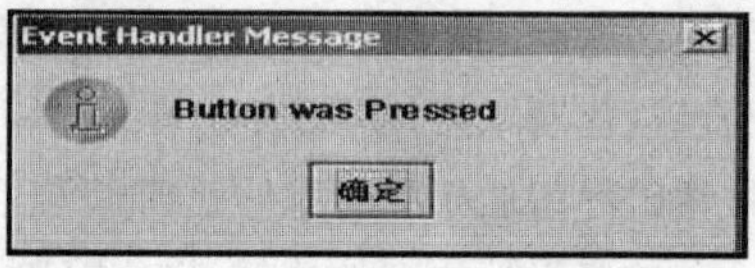

图 11.16　程序 11.9 显示的信息框

```
firstButton.addActionListener(bhandler);  //注册监听器对象
```

程序 11.9 包含了本小节（第 11.4.3 节）介绍的所有事件处理代码，为了方便，这些代码使用粗体显示。注意这个事件处理类构造为一个内部类。

运行程序 11.9，将显示如图 11.15 所示的 GUI，和程序 11.8 产生的完全相同；若对按下按钮应用了事件处理代码，当点击按钮时，将显示如图 11.16 所示的对话框。

程序 11.9

```
import javax.swing.*;
import java.awt.event.*;
import java.awt.Container;  //用来添加控制
public class ButtonGuiThree extends JFrame
{
  private JFrame mainFrame;
  private JButton firstButton;  //第 1 阶段-第 1 步：第一个语句
  public ButtonGuiThree()  //构造方法
  {
    mainFrame = new JFrame("Example of a Gui with a Button");
      //创建一个按钮对象
    firstButton = new JButton("Press me");  //第 1 阶段-第 1 步：第二个语句
      //得到内容面板
    Container c = mainFrame.getContentPane();  //第 1 阶段-第 2 步：第一个语句
      //添加按钮到内容面板
    c.add(firstButton);   //第 1 阶段-第 2 步：第二个语句
    firstButton.setToolTipText("This is a button"); 创建一个提示
    firstButton.setMnemonic('P');  //创建一个快捷键
    mainFrame.setSize(300,150);
    mainFrame.addWindowListener(new WindowAdapter()
    {
```

```
    public void windowClosing(WindowEvent e){System.exit(0)}
    });
      //创建并注册按钮事件处理
    ButEventHandler bhandler = new ButHandler();  //实例化一个事件处理
    firstButton.addActionListener(bhandler);  //注册监听器对象
    mainFrame.show();
  }

    //按钮事件处理的内部类
  class ButEventHandler implements ActionListener
  {
    public void actionPerformed(ActionEvent e)
    {
      JOptionPane.showMessageDialog(null,"Button was Pressed",
       "Event Handler Message",JOptionPane.INFORMATION_MESSAGE);
    }
  }  //内部类结束
  public static void main(String[] args)
  {
    new ButtonGuiThree();  //实例化一个 GUI 对象
  }
} //类结束
```

11.4.4　练习题

1．问题如下：

（1）所有的 GUI 组件必须被加到什么顶层容器中？

（2）在练习题 1（1）中，使用什么方法得到中间容器？

（3）在练习题 1（1）中，使用什么把一个组件添加到窗口中？

2．编写、编译并运行程序 11.7。

3．创建一个程序，包含一个标题为 Message 的 JButton 对象。

4．修改练习题 3 中编写的程序，包含 M 为快捷键。另外，按钮应该显示一个提示信息为 Display a message。

5．编写、编译并运行程序 11.8。

6．编写、编译并运行程序 11.9。

7．修改程序 11.9，当点击按钮时显示信息 Hello World!。

8．编译并运行一个 Java 程序，当用户点击一个 JButton 对象时，能够在信息框中显示你的姓名和地址。JButton 的标题为 Name And Address。另外，按钮应该使用字母 N 作为快捷键并提供一个信息提示。

9．修改程序 11.9，将按钮的监听器类编写为一个匿名类。

11.5　常见编程错误

在创建基于 Swing 的 GUI 时，常见的编程错误如下：

（1）在创建基于 Swing 的 GUI 时，忘记包含以下语句：

```
import javax.swing.*;  //用来创建基于 Swing 的 GUI
import java.awt.event.*; //用来处理事件
import java.awt.Container;//用来添加组件
```

（2）拼写 JButton 为 Jbutton。字母 J 和 B 都必须大写。通常，拼写和大小写问题是在 Java 编程中最常见的错误。如果 GUI 程序没有显示组件或没有执行要求的事件处理，应首先检查所有的组件和方法名的拼写。

（3）创建了一个事件，但是忘记注册它。只有实例化一个事件处理对象并注册这个事件对象，事件处理才能被激活。如果事件处理没有被注册，期望的事件将不会发生。

（4）当添加一个组件（例如按钮）到一个顶层容器中时，错误地拼写了 getContentPane()方法。方法名中必须被大写的是 Content 中的 C 和 Pane 中的 P，这也属于在错误 2 中列出的拼写方面的问题。

（5）修改一个前面编译的 GUI 类，并改变它的名字，但是忘记修改 main()方法中创建一个类实例时的名字，这样，应用程序会运行，但是创建了前面类的一个对象，这是因为前面的编译产生了一个早期 GUI 类的.class 文件，虽然这个类的源代码已经在任何文件中不存在了，但在文件中保存了一个实例化的对象。

（6）创建了一个快捷键，但是其字母并没有包含在按钮的标题中，这样，虽然当按下 Alt 键和这个定义的字母键后也能正确操作，但是用户却并不知道，因为这个字母在按钮的标题中没有下划线。

11.6 本章小结

（1）基于事件的程序根据发生的事件来执行程序，发生的事件又依赖于用户的操作，这样，事件的顺序依赖于用户的操作，而不取决于程序的代码。

（2）GUI 是图形用户接口，提供了能够认识用户操作的组件，例如点击鼠标，并在用户操作时产生相应的事件。

（3）Java 使用一个事件代理模型处理 GUI 组件触发的事件，这个模型区分了显示组件和处理事件之间的代码。组件代理事件处理为一个单独的类。处理组件事件的类称为监听器类。

（4）在 Java 2.0 版本中介绍的 Swing 包中的类，提供了一个简单的方式来构造 GUIs。这个包中的类提供了 3 种主要的图形组件：可以连接 GUI 到低层操作系统的顶层容器、可以用来放置组件的中间容器和例如按钮、标签和文本域等组件。

（5）根据包含层次可以构造基于 Swing 的图形组件。这个层次要求组件必须被加到容器中，最基本的是一个顶层容器，最常用的顶层容器为 JFrame。

（6）为了可见，JFrame 对象必须执行 show()或 setVisible(true)方法，这两个方法可以互换使用。

（7）功能组件可以使用下面的两个阶段添加到 JFrame 容器中：

第 1 阶段：构造可视化的组件。

第 1 步：实例化一个特定的组件。

第 2 步：添加该组件到 JFrame 的内容面板中。

第 2 阶段：为组件提供事件处理程序。

第 1 步：编写一个事件处理类，也称为监听器类。

第 2 步：创建事件处理类的一个实例（使用 new 操作符创建一个类对象）。创建的对象称为监听器对象。

第 3 步：注册第 2 步创建的监听器对象。

（8）可以使用 getContentPane()和 add()方法将一个实例化的对象添加到 JFrame 的内容面板中（第 1 阶段～第 2 阶段），例如，如果实例化一个 JFrame 对象，语句

```
Container c = mainFrame.getContentPane();
```

定义了一个可以访问 mainFrame 对象的内容面板的引用变量。对于按钮对象 firstButton，语句

```
c.add(firstButton);
```

添加了这个按钮到 mainFrame 的内容面板中。

首先得到一个内容面板，然后添加组件到面板中。这两个语句可以合并为如下的一个语句：

```
mainFrame.getContentPane().add(firstButton);
```

(9) 组件的大小可以通过方法 setSize()进行设置，例如，如果 mainFrame 为一个 JFrame 对象的名字，那么，方法 mainFrame.setSize(300,150)可以设置显示的窗口长为 300、宽 200 高。

（10）为每个 Swing 组件构造的监听器类必须是在 Java 中已定义的。对于本文中介绍的这些组件，如果要为组件提供一个监听器类，那么要求的监听器类名如表 11.8 所示。

表 11.8　组件及对应的监听器类名

组　　件	要求的监听器类名
Window	WindowListener
Mouse	MouseMotionListener
	MouseListener
Keyboard	KeyListener
Button	ActionListener
Text Field	TextListener
Check Box	ItemListener
Radio Box	ItemListener

（11）每个监听器类要求必须包含一组方法，这也意味着要创建方法体。监听器类中应包含的方法如表 11.9 所示。

表 11.9　监听器类对应组件要求的方法

监 听 器 类	要求的方法
WindowListener	windowClosing()
	windowClosed()
	windowOpened()
	windowActivated()
	windowDeactivated()
	windowIconified()
	windowDeiconified()
MouseMotionListener	mouseDragged(MouseEvent)
	mouseMoved(MouseEvent)
MouseListener	mousePressed(MouseEvent)
	mouseReleased(MouseEvent)
	mouseClicked(MouseEvent)
KeyListener	keyPressed(KeyEvent)
	KeyReleased(KeyEvent)
	KeyTyped(KeyEvent)
ActionListener	actionPerformed(ActionEvent)
TextListener	textValueChanged(TextEvent)
ItemListener	itemStateChanged(ItemEvent)

下面的 Winhandler 类实现了 WindowListener 接口，只在关闭窗口的方法中添加了代码，WindowListener 的其余 6 个方法的方法体为空。

```
//处理窗口时间的监听器类
class WinHandler implements WindowListener
{
  public void windowClosing(WindowEvent e){Systeme.exit(0);}
  public void windowClosed(WindowEvent e){}
  public void windowOpened(WindowEvent e){}
  public void windowIconified(WindowEvent e){}
  public void windowDeiconified(WindowEvent e){}
  public void windowActivated(WindowEvent e){}
  public void windowDeactivated(WindowEvent e){}
```

```
} // 监听器类结束
```

（12）监听器类可以内嵌在实例化和显示 Gui 组件的类中，这样的内嵌类称为内部类。

（13）监听器类也可以通过扩展 Java 提供的适配器类来构造。适配器类是为一个对应的监听器类定义空的事件处理方法的类。所有的适配器类被构造为抽象类，也就是这些类不能直接创建对象，但是它可以用作别的派生类的父类。监听器类和相应的适配器类如表 11.10 所示。

表 11.10 监听器类和适配器类之间的对应

监 听 器 类	适 配 器 类
WindowListener	WindowAdapter
MouseMotionListener	MouseMotionAdapter
MouseListener	MouseAdapter
KeyListener	KeyAdapter
ActionListener	ActionAdapter
TextListener	(none)
ItemListener	(none)

例如，下列的扩展类 WinHandler 使用适配器类 WindowAdapter 创建了一个监听器类，仅仅能够有效地处理窗口关闭事件：

```
//继承一个适配器类来处理窗口事件
class WinHandler extends WindowAdapter
{
  public void windowClosing(WindowEvent e){System.exit(0);}
} //类结束
```

（14）定义一个监听器类后，必须实例化该类型的一个对象，并且该对象必须被注册到组件中，例如，下面的语句

```
WinHandler handler = new WinHandler();  //实例化一个事件处理对象
mainFrame.addWindowListener(handler);  //注册事件处理
```

首先实例化一个监听器类 WinHandler 类的对象，然后注册了该对象。这两个语句可以被合并为下面的一个语句

```
mainFrame.addWindowListener(new WinHandler());
```

（15）当实例化和注册只包含一个监听器方法的对象时，可以使用匿名类的方式来构造监听器类。匿名类是一个不必使用类头行来命名的类，只有在监听器类中包含一个或两个语句时才被使用，类定义被放在实例化监听器对象的语句中，例如，语句

```
mainFrame.addWindowListener(new WindowAdapter()
{
  public void windowClosing(WindowEvent e) {System.exit(0);}
});
```

将匿名类

```
{
  public void windowClosing(WindowEvent e) {System.exit(0);}
}
```

直接放在实例和注册语句中。

第 12 章　组件和事件处理

本章将介绍如何将其他的 GUI 组件添加到第 11 章介绍的 JFrame 中，分别包括添加文本框、单选按钮和复选框的过程，具有这些组件的 GUI 能够产生一个更完整的图形用户接口。

本章还介绍了布局管理器，其允许定位所添加组件的位置。

本章将为新的组件介绍相应的监听器类（在检测和处理焦点事件时将会介绍），监听器类也称为焦点监听器，当组件获得或失去焦点时，就发生了一个焦点事件。

最后，本章介绍用户输入有效性检查的过程。

12.1　添加多个组件

使用前面介绍的添加按钮的方式，可以添加任何组件到一个容器中，这个过程由下面两个阶段组成：

第 1 阶段：构造可视化的组件。

第 1 步：实例化一个特定的组件。

第 2 步：添加该组件到 JFrame 的内容面板中。

第 2 阶段：为组件提供事件处理程序。

第 1 步：编写一个事件处理类，也称为监听器类。

第 2 步：创建事件处理类的一个实例。

第 3 步：注册第 2 阶段第 2 步创建的监听器对象。

当添加多个组件时，需要考虑容器中每个组件的位置。像 11.1 节介绍的，每个容器——包括顶层容器和中间容器——有一个默认的布局管理器。这个默认的布局管理器（也可以改变为指定的其他的管理器），决定了组件的大小和安排的位置。

12.1.1　布局管理器

可用的布局管理器（如表 11.3 所示，在这里为了方便又以表 12.1 表示），可以按照简单（BorderLayout 和 GridLayout）、灵活（BoxLayout 和 GridLayout）和特定目的（BorderLayout 和 CardLayout）进行分类。在本章中，将介绍如何使用 FlowLayout 和 BorderLayout 管理器来管理加到 GUI 中的多个组件的位置。当没有具体指定时，JFrame 容器的布局管理器默认为 BorderLayout。

表 12.1　布局管理器

管理器	描述	使用类型
FlowLayout	组件按照从左到右，从上到下的顺序加到容器中，使用行的方式，从容器的左上角开始	简单
GridLayout	所有的组件同样大小，按照要求的行数和列数显示。空白区域填充在不使用的列	简单
BorderLayout	最多 5 个组件可以被放到组件中。组件按照北、南、西、东和中央的位置放置。这些位置对应于容器的上部、下部、左边、右边和中间位置	专用目的
CardLayout	这种布局管理器允许在不同的时间包含不同的组件	专用目的
BoxLayout	组件被放置为一个简单的行或列。类组件可以在中间、左边或右边放置	灵活的
GridBagLayout	组件可以放在一个伸展表中，组件允许跨越多个表格	灵活的

首先使用 FlowLayout 管理器创建一个包含 3 个按钮的 GUI，以此作为本章的第一个例子。因为 FlowLayout 不是 JFrame 容器的默认管理器，所以需要使用 setLayout()方法来定义布局管理器，这个方法

的一般语法为：

```
containerName.setLayout(new managerName());
```

例如，如果 c 是 JFrame 内容面板容器的名字，并且需要将这个容器的布局管理器声明为 FlowLayout，使用的语句如下：①

```
c.setLayout(new FlowLayout());
```

设置后，布局管理器将对组件的大小和位置有完全的控制。组件如何被初始化形成，然后如何被重新形成和定位，都由布局管理器决定。表 12.2 提供了可以用来影响组件大小的 3 个方法，但是这些设置通常由管理器来使用，从而确定每个组件的大小和位置。

表 12.2 影响组件大小的方法

方　法	描　述
component.setPreferredSize(int pexels)	设置组件的指定大小
component.setMaximumSize(int pexels)	设置组件的最大的长度
component.setMinimumSize(int pexels)	设置组件的最小的长度

程序 12.1 设置了 FlowLayout 管理器，然后添加了 3 个按钮到 JFrame 的容器中。设置布局管理器的语句和创建以及添加每个按钮到容器中的语句都使用粗体表示。在这个程序中，首先注意使用语句 import java.awt.*;来使用布局管理器；也要注意每个按钮都是单独创建的，然后分别加到容器的内容面板中，并都使用了类似于下面创建第一个按钮的语句：

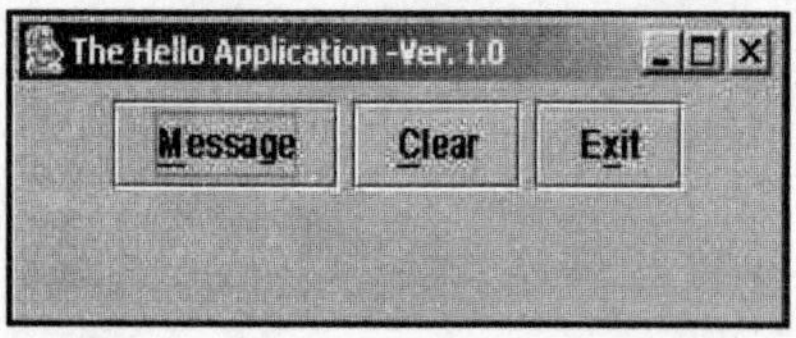

图 12.1 程序 12.1 产生的 GUI

```
//声明一个 JButton 类型的按钮
private JButton messageButton;
//创建一个按钮对象
messageButton = new JButton();
//添加按钮到内容面板中
c.add(messageButton);
```

使用 FlowLayout 管理器，每个组件按照遇到它的 add()方法的顺序添加到容器中。第一个组件被加到容器的左上部分，其余的组件在同一行中顺序放置，一直到达容器的右边。如果需要额外的空间，将会从下一个新行开始。运行程序 12.1，显示如图 12.1 所示的 GUI。注意程序 12.1 虽然没有为它的组件包含事件处理程序，但它仍然可以被编译并执行。

程序 12.1

```
import javax.swing.*;
import java.awt.event.*;
import java.awt.Container;//用来控制
import java.awt.*;    //布局管理器的需要
public class MultiButtons extends JFrame
{
  private JFrame mainFrame;
  private JButton messageButton;
  private JButton clearButton;
  private JButton exitButton;
  public MultiButtons() //构造方法
```

① 需要注意这个单行规范等同于下列的两个语句格式：
FlowLayout manager = new FlowLayout();
c.setLayout(manager);
这里 manager 是任何有效的用户选择的标识符。

```
{
 mainFrame = new JFrame("The Hello Application -Ver. 1.0");
  //创建按钮对象
 messageButton = new JButton("Message");
 clearButton = new JButton("Clear");
 exitButton = new JButton("Exit");

  //得到内容面板并设置布局管理器
 Container c = mainFrame.getContentPane();
 c.setLayout(new FlowLayout());

  //添加按钮到内容面板中
 c.add(messageButton);
 c.add(clearButton);
 c.add(exitButton);
  //创建快捷键
 messageButton.setMnemonic('M');
 clearButton.setMnemonic('C');
 exitButton.setMnemonic('X');
 mainFrame.setSize(300,100);
  //定义并注册窗口事件处理
mainFrame.addWindowListener(new WindowAdapter()
{
  public void windowClosing(WindowEvent e){System.exit(0);}
});
 mainFrame.show();
}
public static void main(String args[])
{
 MultiButtons app;  //声明一个变量
 app = new MultiButtons(); //实例化一个 GUI 对象
}
}//类结束
```

12.1.2　属性表

当使用多个组件来构造 GUIs 时，有必要创建一个包含所有要添加到面板中的组件的相关数据表，实现这个功能的表称为**属性表**，这个表对于编写文档和编程都非常有用。作为一个编程工具，应该在编写代码之前准备属性表，它能为你提供所有要使用的组件名和初始化设置，例如，程序 12.1 的属性列在表 12.3 中。

表 12.3　程序 12.1 的初始属性表

对　象	属　性	值
JFrame	Name	mainFrame
	Caption	The Hello Application – Ver.1.0
	Layout manger	FlowLayout
JButton	Name	messageButton
	Caption	Message
	Mnemonic	M
JButton	Name	clearButton
	Caption	Clear
	Mnemonic	C
JButton	Name	exitButton
	Caption	Exit
	Mnemonic	x

12.1.3 添加事件处理

添加事件处理是完成图形用户接口编程的第 2 个阶段，这个阶段包含如下的步骤：

第 2 阶段：为组件提供一个事件处理程序。

第 1 步：编写一个事件处理类（一个监听器类）。

第 2 步：实例化事件类的一个对象。

第 3 步：注册监听器对象。

程序 12.1 中构造的 GUI 已经包含了标准窗口关闭事件处理程序，并使用了匿名类的方式来编写。为了完成这个 GUI，需要为每个按钮提供一个事件处理，为每个事件处理程序选择的名称如表 12.4 所示，它是一个对初始属性表的扩展。

表 12.4 程序 12.1 的扩充属性表

对　象	属　性	值	监 听 器 类	监听器对象
JFrame	名称	mainFrame	匿名类	
	标题	The Hello Application – Ver.1.0		
	布局管理器	FlowLayout		
JButton	名称	messageButton	MessageButtonHandler	mhandler
	标题	Message		
	快捷键	M		
JButton	名称	clearButton	ClearButtonHandler	chandler
	标题	Clear		
	快捷键	C		
JButton	名称	exitButton	ExitButtonHandler	ehandler
	标题	Exit		
	快捷键	x		

在表 12.4 中，前面两个按钮的事件处理程序只是用来显示一个信息框，表示按钮被点击，而第三个处理程序用来关闭这个程序。下列代码，放在构造方法关闭花括号前（也就是在 mainFrame.show()语句后）能够完成这些功能：

```
//按钮事件处理的内部类
class MessageButtonHandler implements ActionListener
{
 public void actionPerformed(ActionEvent e)
 {
   JOptionPane.showMessageDialog(null,"Message Button was Clicked",
    "Event Handler Message",JOptionPane.INFORMATION_MESSAGE);
 }
}//内部类结束

class ClearButtonHandler implements ActionListener
{
 public void actionPerformed(ActionEvent e)
 {
   JOptionPane.showMessageDialog(null, "Clear Button was Clicked",
    "Event Handler Message",JOptionPane.INFORMATION_MESSAGE);
 }
}//内部类结束

class ExitButtonHandler implements ActionListener
{
 public void actionPerformed(ActionEvent e)
 {
   System.exit(0);
```

```
  }
}//内部类结束
```

把这段代码包含在程序 12.1 中后，剩下的就是实例化和注册每个事件处理程序（第 2 阶段的第 2 步和第 3 步）。下面的语句放在程序 12.1 的 mainFrame.show()语句之前，其代码为：

```
//创建并注册按钮事件处理
MessageButtonHandler mhandler = new MessageButtonHandler(); //实例化一个对象
messageButton.addActionListener(mhandler);  //注册监听器对象

ClearButtonHandler chandler = new ClearButtonHandler(); //实例化一个对象
clearButton.addActionListener(chandler);  //注册监听器对象

ExitButtonHandler ehandler = new ExitButtonHandler(); //实例化一个对象
exitButton.addActionListener(ehandler);  //注册监听器对象
```

在创建 3 个按钮的事件处理程序时，为每一个组件分别编写了单独的事件处理程序。另一种在编程工作中的选择是 GUI 里的所有按钮都使用同一个按钮处理程序，由事件处理程序判断点击了哪个按钮。然后，根据选择的按钮执行相应的处理，使用这种方式，我们将下列的单个按钮处理类命名为 ButtonHandler，用来代替前面介绍的 3 个单独的类。

单个监听器类的方法集中了所有的事件处理程序。回顾类 ButtonHandler，注意使用一个 getSource()方法判断哪个按钮被点击。这里，传递给方法的参数 e 提供了触发事件处理的 ActionEvent 的事件源。使用 getSource()方法能够确定其中的哪一个按钮是事件源，在确定了触发事件的按钮后，由代码提供相应的处理。

```
//按钮事件处理的内部类
class ButtonHandler implements ActionListener
{
  public void actionPerformed(ActionEvent e)
  {
    if(e.getSource()==messageButton)
      JOptionPane.showMessageDialog(null,"Message Button was Clicked",
       "Event Handler Message",JOptionPane.INFORMAITON_MESSAGE);
    else if(e.getSource()==messageButton)
      JOptionPane.showMessageDialog(null, "Message Button was Clicked",
       "Event Handler Message",JOptionPane.INFORMAITON_MESSAGE);
    else if(e.getSource() == exitButton)
       System.exit(0);
  }
}//内部类结束
```

和所有的事件处理代码一样，它仍然需要实例化并注册一个事件处理对象。这里只需要实例化一个按钮事件处理程序，然后为每个按钮注册同一个对象，使用下列的代码：

```
//创建并注册一个按钮事件处理程序
ButtonHandler bhandler = new ButtonHandler();  //实例化一个处理程序
messageButton.addActionListener(bhandler); //注册一个事件对象
clearButton.addActionListener(bhandler); //注册一个事件对象
exitButton.addActionListener(bhandler); //注册一个事件对象
```

图 12.2 显示了每种事件处理方式所产生的消息框。点击 Exit 按钮和点击窗口关闭按钮一样，都能够退出程序。

图 12.2 通过按钮事件显示的文本框

在下一节，将通过为这个新组件添加一个文本显示域和相应的事件处理程序来完成程序 12.1，在实现之前，先通过程序 12.1 来介绍两个重要的概念：键盘焦点和标签顺序。

12.1.4 键盘焦点和标签顺序

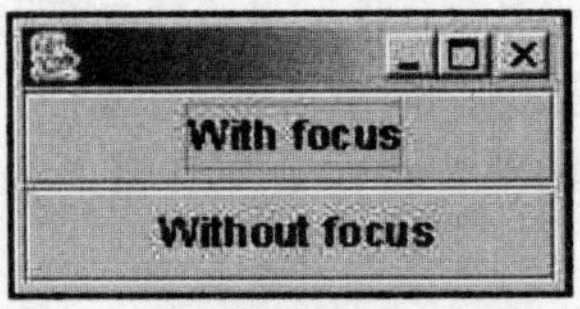

图 12.3 获得焦点

在程序运行时用户可以观察容器，其中只有一个容器的控制能够获得**键盘焦点**，或简称焦点。焦点控制是一个对象，可以通过按下一个键或点击鼠标改变，例如，当一个按钮获得焦点时，它的标题被一个立体或点线长方形环绕，如图 12.3 所示。类似地，当一个文本域获得焦点，在其中显示一个游标时，表示用户可以输入数据。

一个对象只有在对通过键盘或鼠标获得的用户输入有相应的反应时，它才能够接收键盘焦点，例如标签和行这样的控制永远不能得到焦点。为了得到焦点，必须激活一个可视的控制，例如按下一个键或点击鼠标。对于组件，默认的设置是被激活的，你不需关心这个设置，除非你想关闭它。一个能够获得焦点的组件，例如按钮，可以通过下列 4 种方式得到焦点：

（1）用户在对象上直接点击鼠标。

（2）用户按下 Tab 键，直到对象得到焦点。

（3）用户按下对象的快捷键。

（4）代码激活焦点。

为了分析前面 3 种方式是如何操作的，需编译并运行程序 12.1。程序运行后，点击任何一个按钮，注意焦点是如何转移的。现在按下 Tab 键一段时间，并分析焦点是如何从一个组件转移到另一个组件。也可以为每个按钮按下快捷键。当按下 Tab 键，焦点从一个组件到另一个组件的顺序称为**标签顺序**，这个顺序初始是由组件放在容器中的顺序决定，但是它可以使用程序代码改变。对于下面的例子，焦点从 Message 按钮转移到 Clear 按钮，再到 Exit 按钮，然后返回到 Message 按钮。

默认的标签顺序可以通过调用 setNextFocusableComponent()方法改变，例如，下列语句

```
messageButton.setNextFocusableComponent(exitButton);
exitButton.setNextFocusableComponent(clearButton);
clearButton.setNextFocusableComponent(messageButton);
```

将会改变焦点顺序，从 Message 按钮到 Exit 按钮，再到 Clear 按钮，然后返回 Message 按钮。为了使第一个组件接收焦点，必须知道什么时候窗口得到焦点或使用一个焦点监听器在第一个组件得到焦点时开关焦点，在 12.3 节后半部分将会介绍如何实现该功能。

12.1.5 练习题

1．编写、编译并运行程序 12.1。

2．修改程序 12.1，使其包含在本节介绍的 3 个单独的事件类。编译并运行该程序，验证它能够正

确运行。

3．修改程序 12.1，使其包含在本节介绍的单个监听器类。编译并运行该程序，验证它能够正确运行。

4．怎么为一个 JButton 组件创建一个快捷键？

5．组件接收组件的 4 种方式是什么？

6．问题如下：

（1）编写一个 Java 程序，创建一个具有表 12.5 所示的 GUI。

表 12.5　属性表

对　象	属　性	值
JFrame	名称	MainFrame
	标题	Messages
	布局管理器	FlowLayout
JButton	名称	CmdGood
	标题	Good
	快捷键	G
JButton	名称	CmdBad
	标题	Bad
	快捷键	B

（2）为练习题 6（1）添加一个单独的事件处理程序，当用户点击 Good 按钮时，在对话框中显示信息 Today is a good day!，当点击 Bad 按钮时，显示信息为 I'm having a bad day today!。

7．编写一个包含 3 个按钮的应用程序。点击第一个按钮时应产生信息 See no evil，点击第二个按钮应产生信息 Hear no evil，点击第三个按钮应产生信息 Speak no evil。

8．创建一个包含 4 个按钮和两个文本框的图形用户接口。这些组件的名字为 butOne，butTwo，butThree 和 butFour。这些组件应该按照 butThree、butOne、butTwo 和 butFour 的顺序被加到 JFrame 内容面板中。使用代码，设置标签顺序，使控制从 butThree 到 butFour 到 butTwo 到 butOne。

12.2　显示文本组件

Swing 提供的 3 种文本输入和显示组件分别为文本框、密码框和文本域，这些类型的对象分别使用类 JtextField、JPasswordField 和 JTextArea 来构造。在本节中将分别介绍这 3 个组件，特别是 JTextField 组件。

12.2.1　添加一个 JTextField 组件

可以使用 JTextField 组件在一行中输入数据和显示结果。在目前的程序中，当程序 12.1 中的 messageButton 按钮被点击时，将显示一个信息在 JTextField 组件中。使用 JTextField 类创建的对象称为**文本框**。

使用前面所介绍的两个阶段过程，能够在一个容器中放置并激活一个文本框——也就是，首先实例化并添加一个文本框到一个容器中，然后实例化并注册一个相应的事件处理程序。将在第一阶段使用的语句，能够初始化并添加一个文本框到程序 12.1 所使用的容器中，其代码如下：

```
private JTextField tField;  //声明一个类变量
tField = new JTextField("Hello World!"); //实例化一个对象
c.add(tField,BorderLayout.NORTH);  //添加对象到容器中
```

除了第二个语句

```
tField = new JTextField("Hello World!"); //实例化一个对象
```

是用来实例化一个 JTextField 对象，第一个和第三个语句我们应该很熟悉，这些语句和在图 12.1 显示的添加 3 个按钮到 GUI 中的语句很类似。第二个语句使用 4 个可选择构造方法中的一个方法来实例化了一个 JTextField 对象。4 个可用的构造方法分别为：

```
JTextField(initial displayed string)
JTextField(initial displayed string,integer text field size)
JTextField(integer text field size)
JTextField()
```

当将一个字符串包含在构造方法中时，这个字符串将显示在文本框中；类似地，当提供了一个整数字段长度时，这个整数为定义文本框的宽度提供了一个比例。文本框的实际长度由宽度参数和当前使用的文本框字体的平均字符的像素所确定。如果文本框大小不能容纳要显示的字符串，则只能显示规定大小的一部分字符串，字符串剩余的部分可以通过滚动文本框看到。

程序 12.2 是在一个完整的程序中，包含了这 3 个语句，以实现添加一个文本框到 GUI 中的基本功能。为了方便，这 3 个语句已经使用粗体显示。注意，程序使用了默认的 BorderLayout 管理器来放置每个组件。因为我们把文本框放在北部或顶部，所以，位置、文本框的宽度由容器的宽度决定。在程序 12.2 中，为文本框提供的任何尺寸都将被布局管理器忽略。

程序 12.2

```
import javax.swing.*;
import java.awt.event.*;
import java.awt.Container;//用来控制
import java.awt.*;   //布局管理器的需要
public class TextGuiOne extends JFrame
{
  private JFrame mainFrame;
  private JButton messageButton;
  private JButton clearButton;
  private JButton exitButton;
  private JTextField tField;
  public TextGuiOne() //构造方法
  {
   mainFrame = new JFrame("The Hello Application -Ver. 2.0");
     //创建按钮对象
   messageButton = new JButton("Message");
   clearButton = new JButton("Clear");
   exitButton = new JButton("Exit");
   tField = new JTextField("Hello World!");
     //得到内容面板并设置布局管理器
   Container c = mainFrame.getContentPane();
     //添加按钮到内容面板中
   c.add(tField,BorderLayout.NORTH);
   c.add(messageButton,BorderLayout.WEST);
   c.add(clearButton,BorderLayout.CENTER);
   c.add(exitButton,BorderLayout.EAST);
     //创建快捷键
   messageButton.setMnemonic('M');
   clearButton.setMnemonic('C');
   exitButton.setMnemonic('X');
   mainFrame.setSize(300,100);
     //定义并注册窗口事件处理
   mainFrame.addWindowListener(new WindowAdapter()
```

```
        {
          public void windowClosing(WindowEvent e){System.exit(0);}
        });
        mainFrame.show();
      }
     public static void main(String args[])
      {
        new TextGuiOne();  //实例化一个 GUI 对象
      }
    }//类结束
```

回顾程序 12.2，注意在 main()方法中并没有声明一个 TextGuiOne 类型的引用变量，而是直接实例化了一个 TextGuiOne 对象，这是允许的，因为不需要一个该类的对象来访问类中的方法。编译并运行程序 12.2，可显示如图 12.4 所示的 GUI。

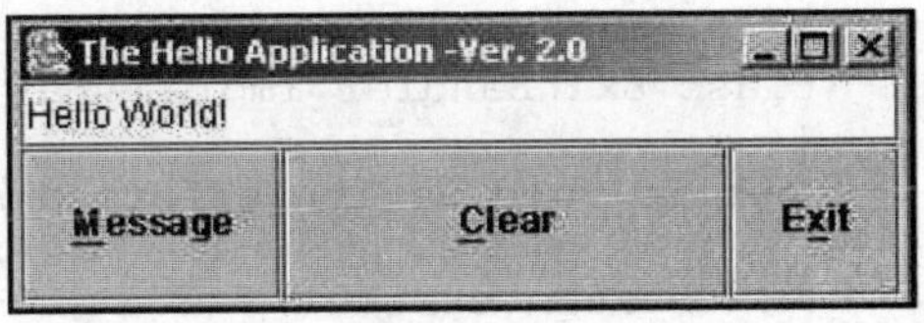

图 12.4　程序 12.2 显示的 GUI

到目前为止，我们已使用了程序需要的所有的组件，属性表 12.6 提供了设置每个组件属性的摘要。

表 12.6　程序 12.2 的初始属性设置

对　象	属　性	值
JFrame	名称	mainFrame
	标题	The Hello Application –Ver.2.20
JButton	名称	messageButton
	标题	Message
	快捷键	M
JButton	名称	clearButton
	标题	Clear
	快捷键	C
JButton	名称	exitButton
	标题	Exit
	快捷键	X
JTextField	名称	tField
	文本	Hello World!

这样，在开发一个完整程序的过程中，我们已经完成了两个阶段过程中的第一个阶段，实现了把每个组件加到 JFrame 中的功能。

第 1 阶段：构造可视化显示的组件。
第 1 步：初始化一个特定组件。
第 2 步：添加组件到 JFrame 的内容面板中。

余下的工作是添加事件处理代码，使每个按钮在被点击时能够完成指定的任务。

12.2.2　添加事件处理

上面已经完成了 GUI 的 3 个图形用户接口（图 12.4 所示），现在需要为 3 个按钮提供事件处理代码。因为文本框只用于显示的目的，和按下 Message 或 Clear 按钮相反，这个组件没有对应的事件代码，因此需要创建 3 个鼠标点击事件对象，通过点击可以激活对应的按钮。这些事件程序的其中两个可以改变文本框中显示的文本，最后一个用来退出程序。

3 个按钮使用的监听器类分别为：

```
class MessageButtonHandler implements ActionListener
```

```
{
 public void actionPerformed(ActionEvent e)
 {
     tField.setTexit("Hello World Once Again");
 }
}//内部类结束
class ClearButtonHandler implements ActionListener
{
 public void actionPerformed(ActionEvent e)
 {
     tField.setText(" ");
 }
}//内部类结束
class ExitHandler implements ActionListener
{
 public void actionPerformed(ActionEvent e)
 {
     System.exit(0);
 }
}//内部类结束
```

这些事件类是非常简单的。3 个监听器类中最简单的是第三个，用来在点击 Exit 按钮时关闭应用程序。最后一个事件代码和点击窗口的关闭按钮时所使用的代码完全一致。

Message 和 Clear 按钮对应的事件代码使用了 setText()方法把文本设置到文本框中。当点击 Message 按钮时，执行语句 tField.setText("Hello World Once Again!");，注意这个语句可改变一个对象的属性，在文本框中显示对应的文本；类似地，当点击 Clear 按钮时执行语句 tField.setText(" ");并在文本框中显示一个空字符串。空的字符串是其中没有任何字符的字符串，设置文本框显示的文本为这个字符串值时能够清空文本框中的所有文本内容。注意一个值例如"   "，包含一个或多个空格，也可以清空文本框。有一个或多个空格的字符串并不是一个空字符串。程序 12.3 在一个完整的程序中包含了这个事件代码，以粗体显示，程序中也包含了必需的语句来实例化和注册 3 个事件处理程序，也显示为粗体。

程序 12.3

```
import javax.swing.*;
import java.awt.event.*;
import java.awt.Container;//用来控制
import java.awt.*;   //布局管理器的需要
public class TextGuiTwo extends JFrame
{
  private JFrame mainFrame;
  private JButton messageButton;
  private JButton clearButton;
  private JButton exitButton;
  private JTextField tField;
  public TextGuiTwo() //构造方法
  {
   mainFrame = new JFrame("The Hello Application -Ver. 2.0");
     //创建按钮对象
    messageButton = new JButton("Message");
    clearButton = new JButton("Clear");
    exitButton = new JButton("Exit");
    tField = new JTextField("Hello World! ");
     //得到内容面板并设置布局管理器
  Container c = mainFrame.getContentPane();
```

```
    //添加按钮到内容面板中
  c.add(tField,BorderLayout.NORTH);
   c.add(messageButton,BorderLayout.WEST);
   c.add(clearButton,BorderLayout.CENTER);
   c.add(exitButton,BorderLayout.EAST);
    //创建快捷键
  messageButton.setMnemonic('M');
  clearButton.setMnemonic('C');
  exitButton.setMnemonic('X');
  mainFrame.setSize(300,100);
    //定义并注册窗口事件处理
  mainFrame.addWindowListener(new WindowAdapter()
  {
    public void windowClosing(WindowEvent e){System.exit(0);}
  });
    //创建并注册按钮事件处理
  MessageButtonHandler mhandler = new MessageButtonHandler();//实例化一个对象
  messageButton.addActionListener(mhandler);

  ClearButtonHandler chandler = new ClearButtonHandler();//实例化一个对象
  clearButton.addActionListener(chandler);

  ExitButtonHandler ehandler = new ExitButtonHandler();//实例化一个对象
  exitButton.addActionListener(ehandler);

  mainFrame.show();
}
  //按钮事件处理的内部类
class MessageButtonHandler implements ActionListener
{
  public void actionPerformed(ActionEvent e)
  {
   tField.setText("Hello World Once Again");
  }
}//内部类结束
class ClearButtonHandler implements ActionListener
{
 public void actionPerformed(ActionEvent e)
  {
   tField.setText("");
  }
}//内部类结束
class ExitButtonHandler implements ActionListener
{
 public void actionPerformed(ActionEvent e)
  {
   System.exit(0);
  }
}//内部类结束

public static void main(String args[])
{
 new TextGuiTwo();  //实例化一个 GUI 对象
}
}//类结束
```

回顾程序 12.3，注意内部监听类、从这些类中实例化每个监听对象的语句和注册监听对象的语句。

编译并运行程序 12.3，显示图 12.5 所示的 GUI。

注意，在程序运行时，焦点显示在文本框中，并在文本框的开始位置显示了游标。焦点显示在文本框中是因为它是第一个添加到容器中的组件。文本框中显示的初始字符串通过构造方法得到，用来初始化文本框。现在点击 Message 按钮，触发这个按钮的点击事件处理程序，并显示如图 12.6 所示的信息。

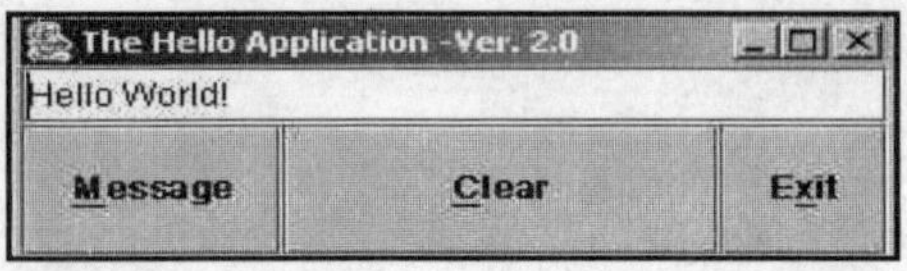

图 12.5 程序 12.3 显示的 GUI

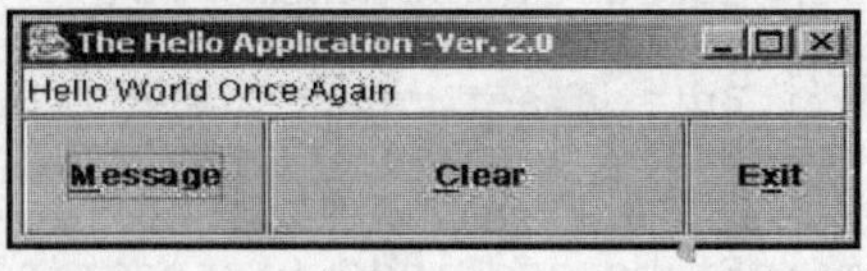

图 12.6 在按下 Message 按钮后显示的 GUI

点击 Clear 按钮调用 chandler 事件对象，其清空了文本框中的文本信息；点击 Exit 按钮调用 ehandler() 监听器对象，这个对象终止程序的运行。在离开程序 12.2 前，还有一个知识点需要注意，因为我们构造的程序主要将文本框作为显示目的，因此可以改变对文本框的属性，使用户不能在文本框中输入数据。这里，可以使用 setEditable()方法，例如，语句

```
tField.setEditable(false);   //不允许用户输入
```

使 tField 组件不能用作用户数据输入，这个语句可以放在 tField 引用变量的初始化后和添加 tField 到内容面板的语句前之间的任何地方。如果这样做，这个不能编辑的文本框将会显示一个灰色背景，而不是图 12.6 所示的白色背景。

密码框和文本框只有一点不同，在一个 JPasswordField 组件中显示的每个字符，因为是用键盘输入或在程序控制下发送的，将作为一个星号*显示。从一个密码框中接收的数据，是一个字符串格式，和它们被输入到文本框中的一样；密码框仅仅是隐藏了实际的数据。

12.2.3 设置字体和颜色

除了本节介绍的 setText()和 setEditable()方法，还可以在文本框对象中使用很多有效的 JComponet 方法，这些方法有一个广泛的引用，也可以用在别的基于 Swing 的组件。表 12.7 列出了这些方法，其中包含了我们已经介绍的两个方法。

表 12.7 常使用的设置方法

方 法	描 述	例 子
object.setText(string)	把字符串显示在指定的对象	tField.setText("This is a text");
object.setEditable(boolean)	启动或禁止一个文本组件的输入	tField.setEditable(false);
object.setFont(Font)	设置字体、样式和大小	tField.setFont(new Font("arial",Font.BOLD,10))
object.setEnable(boolean)	启动或禁止一个组件	mButton.setEnable(false);
object.setForeground(color)	设置组件的前景色	mButton.setForegound(red);
object.setBackground(color)	设置组件的背景色	mButton.setBackground(gray);

1. 字体

在为显示的文本设置组件字体时（例如按钮的标题、标签的文本或文本框中显示的文本等），可以使用方法 setFont()，这个方法使用一个 Font 类型的引用变量作为参数，通常可以由字体、样式和点大小所确定。使用的字体必须包含在双引号中，例如"Arial"，"TimesToman"或"Courier"。如果你选择了一个没有安装在运行程序的机器上的字体，将会使用默认字体。另外，可以使用如下字体，如"Serif"，"MonoSpaced"或"SansSerif"。Java 通常将 Times Toman 作为阿拉伯的默认字体、将 Courier 作为拉丁字体的默认字体、Helvetica 或 Arial 作为无衬线字体的默认字体。

为了选择一个式样，可以使用一个或多个符号常量。常量 Font.PLAIN、Font.BOLD 和 Font.ITALIC 分别代表明码、黑体和斜体表示，此外，表达式 Font.BOLD + Font.ITALIC 将产生一个黑体和斜体文本样式。点数必须是一个整数值，用来设置显示样式的点大小（1 英尺有 72 点），例如，下列语句

```
tField.setFont(new Font("Courier",Font.BOLD,12));
```

将会设置 tField 组件中的文本显示为 12 点黑体。需要注意，前面设置字体的语句可以使用另外的方式编写：

```
Font myFont = new Font("Courier",Font.BOLD,12);
tField.setFont(myFont);
```

如果没有设置字体的语句，必须使用 repaint()方法将新的字体应用到当前显示在组件中的文本，例如，如果希望当前组件中的文本使用一个新的字体，应该使用语句 tField.repaint()。

2. *颜色*

表 12.7 中最后的两个方法允许设置组件的前景色和背景色。前景色决定了任何显示的文本或图形的颜色，背景色决定了背景的颜色，例如，若某页的前景色是黑色，则它的背景色为白色。

大部分的颜色管理器都是 RGB 类型，也就是它们可以混合红、绿和蓝色来创建新的颜色。屏幕中显示的每个颜色都是使用 3 个参数数字来定义的，分别为红色、绿色和蓝色。颜色组件的红、绿和蓝色使用 0～255 的整数数字表示。表 12.8 列出了常用颜色面板的红、绿和蓝值。

表 12.8　RGB 颜色值

颜　色	红 内 容	绿 内 容	蓝 内 容
Black	0	0	0
Blue	0	0	255
Cyan	0	255	255
Dark Gray	64	64	64
Gray	128	128	128
Green	0	255	0
Light Gray	192	192	192
Magneta	255	200	0
Orange	255	200	0
Pink	255	175	175
Red	255	0	0
Yellow	255	255	0
White	255	255	255

表 12.8 中的颜色值规定了最终颜色中的红、绿和蓝色之间的相互光亮度。颜色类，由 java.awt 包提供，提供了相应的方法来选择并设置指定的前景和背景色。为了对颜色代码能够完全理解，可以使用 Color()方法，它允许通过确定红、绿和蓝色来设置颜色代码，这个方法的格式为：①

```
Color(red,green,blue)
```

在这里：

red 是一个 0～255 的整数数字，表示颜色的红组件
green 是一个 0～255 的整数数字，表示颜色的绿色组件
blue 是一个 0～255 的整数数字，表示颜色的蓝色组件

例如，语句：

```
Color myColor;
myColor = new Color(255,255,0);
```

或使用下列的单个语句

① 这个方式的另一种格式为 Color(float red,float green,float blue)，其中每个颜色组件都可以表示为一个 0.0f～0.1f 的浮

```
Color myColor = new Color(255,255,0);
```

确定变量 myColor 表示黄颜色（参见表 12.8）。如果使用一个小于 0 或大于 255 的值，将产生一个编译错误信息。

表 12.9 颜色常量

类	常 量	颜 色
Color	static final black	black
Color	static final blue	blue
Color	static final cyan	cyan
Color	static final darkGray	dark gray
Color	static final gray	gray
Color	static final green	green
Color	static final lightGray	light gray
Color	static final magenta	magenta
Color	static final orange	orange
Color	static final pink	pink
Color	static final red	red
Color	static final white	white
Color	static final yellow	yellow

除了分别确定颜色面板的红、绿和蓝色，Color 类提供了表 12.9 中列出的符号常量（参见表 12.8 为每个常量提供的单独的红、绿和蓝组件），例如，使用 magenta 常量，语句

```
Color someColor = Color.magenta;
```

可以被下列语句代替

```
Color someColor = new Color(255,0,255);
```

确定所要求的颜色后，可以使用 setForeground()和 setBackground()方法来设置任何 GUI 组件的前景色和背景色，包括内容面板，例如，如果 c 是内容面板的对象名，则下列的每个语句

```
c.setBackground(Color.blue);
c.setForeground(new Color(0,0,255));
```

用来设置内容面板的背景色为蓝色。类似地，可以使用下列语句设置前景色为红色：

```
c.setBackground(Color.red);
c.setForeground(new Color(255,0,0));
```

因为第一个语句中显式地定义了颜色，它是一个可取的语句。当需要使用一个没有包含在表 12.9 中的颜色时，应该使用第二个语句，然后你应该决定期望的颜色是什么并使用所选择颜色对应的标识符名来声明一个语句，在这种方式中，任何组件的前景色和背景色都可以被确定。使用这两个语句的要求是使用适当的 set() 方法和前缀组件名。

12.2.4 JTextArea 组件

如果 GUI 要求一个单行的输出，那么 JTextField 组件是一个可以使用的 Swing 组件。有时，可能需要显示更多行的文本，对于这种情况，可以使用 JTextArea 类构造的对象。另外，像将在下一节介绍的，JTextField、JPasswordField 和 JTextArea 组件也可以用来进行文本输入。①

JTextArea 组件使用和 JTextField 类似的方式来构造，但是 JTextArea 构造方法要求两个参数：一个表示文本域的行数、一个表示列数，例如，表达式 new JTextArea(10,30)将创建一个包含 10 行和 30 列的文本域。

点值。f 后缀是必须的，因为如果没有它，编译器将把值作为双精度数字。

① 如前面注释的，JPasswordField 组件将每个输入的字符显示为星号。

当实例化一个文本域后，可以使用 append()方法在其中显示文本，例如，如果已经定义了一个文本域组件 outArea，则语句 outArea.append("This is a test");将在文本域中显示这个字符串参数。每次对 append()方法的调用都会将文本添加到已经显示的文本后，例如，代码

```
outArea.setFont(new Font("Courier",Font.PLAIN,10));  //设置字体
for(num = 1;num< 11;num++)
 outArea.append("The number is now"+num + '\n');
```

首先设置 Courier 字体的显示，然后在文本域对象 outArea 中有下列显示：

```
The number is now 1
The number is now 2
The number is now 3
The number is now 4
The number is now 5
The number is now 6
The number is now 7
The number is now 8
The number is now 9
The number is now 10
```

注意我们在每个传递到 append()方法中的参数后都添加了新行转义符，这个转义符在将文本域作为显示目的时非常常用。如果一个文本域的行或列太小而不能显示要求的字符串，这个行和列的定义将被忽略，文本域将自动扩展并容纳输出的字符串。

程序 12.4 在文本域中显示了一个包含 10 个数字以及它们的平方值和立方值的表。除了使用 append()方法而不是 print()方法以外，这段代码和程序 5.10 中的非常类似，比较这两个程序是有意义的。为了方便，在程序 12.4 中将创建文本域对象的 3 个语句以粗体显示，它们和创建所有基于 GUI 的组件所使用的语句相同。

在学习完如何创建一个文本域后，你应该注意用来在文本域中显示文本的 append()方法的使用。最后，要注意 main()方法中的 createTable()的使用，因为 createTable()是一个非构造类方法，它必须使用一个特定的类调用。运行程序 12.4，显示的效果如图 12.7 所示。

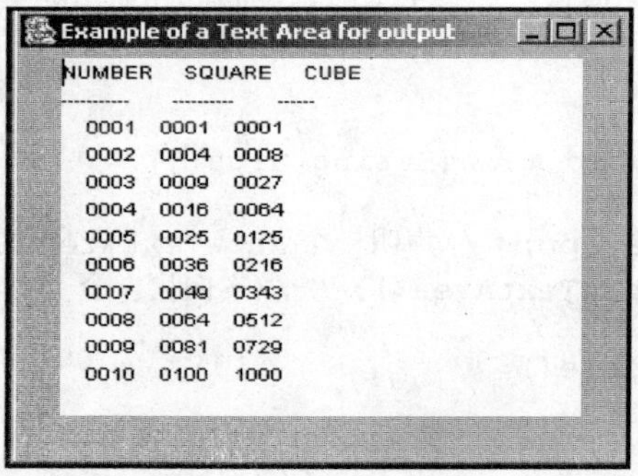

图 12.7 程序 12.4 显示的 GUI

程序 12.4

```
import javax.swing.*;
import java.awt.event.*;
import java.awt.Container;  //用来添加控制
import java.awt.*;  //用来设置布局管理器
import java.text.*;  //用来格式化
```

```
public class ShowTextArea extends JFrame
{
  private JFrame mainFrame;
  private JTextArea outArea;
  public ShowTextArea()  //构造方法
  {
    mainFrame = new JFrame("Example of a Text Area for output");
     //创建所有的组件
    outArea = new JTextArea(10,28);
     //得到内容面板
    Container c = mainFrame.getContentPane();
    c.setLayout(new FlowLayout());
    //添加组件到内容面板中
    c.add(outArea);
    mainFrame.setSize(300,250);
     //定义窗口事件处理程序
    mainFrame.addWindowListener(new WindowAdapter()
     {
     public void windowClosing(WindowEvent e){System.exit(0);}
     });
     mainFrame.show();
  }
  public void createTable()
  {
      int num;
      DecimalFormat df = new DecimalFormat("0000");
      outArea.setFont(new Font("Courier",Font.BOLD,10));
      outArea.append("NUMBER      SQUARE      CUBE\n");
      outArea.append("-----------      ----------      ------\n");
      outArea.setFont(new Font("Courier",Font.PLAIN,10));
      for(num = 1; num < 11;num++)
      {
        outArea.append("    " + df.format(num));
        outArea.append("    " + df.format(num*num));
        outArea.append("    " + df.format(num*num*num) + '\n');
      }
     return;
     }
     public static void main(String args[])
     {
        ShowTextArea app;  //声明一个 ShowTextArea 类型的对象
        app = new ShowTextArea();   //实例化一个 GUI 对象

        app.createTable();
     }
}//类结束
```

12.2.5 练习题

1．编译并运行程序 12.3。

2．创建一个图形用户接口，包含两个按钮和两个文本框。这些组件的名字分别为 butOne、butTwo、txtFirst 和 txtSecond。这些组件应该按照 txtFirst、butOne、butTwo 和 txtSecond 的顺序添加到 JFrame 的内容面板中。使用代码设置标签的顺序，即从 txtFirst 到 txtSecond 到 butTwo 到 butOne。

3．问题如下：

（1）编写一个包含如表 12.10 所示的属性表的 Gui 程序。

表 12.10　属性表

对　　象	属　　性	值
JFrame	名称	mainFrame
	标题	Message
	布局管理器	FlowLayout
JButton	名称	cmdGood
	标题	Good
	快捷键	G
JButton	名称	cmdBad
	标题	Bad
	快捷键	B
JTextField	名称	txtMessage
	文本	(none)

(2) 在练习题 3 (1) 中，添加事件处理程序，使当用户点击 Good 按钮时，在文本框中显示信息 Today is a good day!，当点击 Bad 按钮，在文本框中显示信息为 I'm having a bad day today!。

4. 编写一个包含 3 个按钮和一个文本框的程序，使当点击第一个按钮时在文本框中显示信息 See no evil，点击第二个按钮时产生信息 Hear no evil，点击第三个按钮时产生信息 Speak no evil。

5. 问题如下：

(1) 创建一个前景色为红色、背景色为蓝色的文本框组件，使显示在文本框中的初始文本为 Welcome to Java。

(2) 添加一个文本框组件到练习题 5 (1) 中，使该文本框组件有一个白前景色和一个红背景色，在文本框中显示的初始文本为 Object-oriented language。

6. 编写、编译写并运行一个包含一个文本框和三个按钮的程序，文本框中包含文本 This is a test，当点击第一个按钮时，文本框中的文本变为 Helvetica 字体；当点击第二个按钮时，文本框改变为 Garamond 字体（如果程序中没有 Garamond，则选择一个存在的字体）；当点击第三个按钮时，文本框改变为 Courier 字体。

7. 问题如下：

(1) 编写一个具有如表 12.11 所示的属性表的 GUI 的程序。

表 12.11　属性表

对　　象	属　　性	值
JFrame	名称	mainFrame
	标题	TypeFace Example
	布局管理器	FlowLayout
JButton	名称	cmdBold
	标题	Bold
	快捷键	B
JButton	名称	cmdItalic
	标题	Italic
	快捷键	I
JTextField	名称	txtMessage
	文本	This is a test

点击文本框，用户应该使用非黑体和非 italic 字体输入要求的文本。当用户点击 Bold 按钮时，文本框中的文本应该改变为加粗体，当用户点击 Italic 按钮时，文本改变为斜体。

(2) 从用户的观点来看，编写的程序存在什么样的问题？

8. 添加两个按钮到练习题 7 (1) 编写的程序中。当点击一个按钮时，改变文本框中的文本为非黑体状态；当点击第二个按钮时，文本应该显示为一个非斜体状态（注意：看练习题 6）。

9．编译并运行程序 12.4。

10．修改程序 12.4 的 JTextArea 为 5 行 10 列，并在程序运行时验证程序是否忽略了尺寸。

11．添加按钮到程序 12.4 中。使当点击第一个按钮时产生如图 12.7 所示的表，点击第二个按钮应清除文本框中的信息，点击第三个按钮应关闭程序（注意：把当前的 createTable()方法中的代码移动到第一个按钮的事件处理类中）。

12.3 在文本组件中的数据输入

虽然到目前为止，我们只使用了 JTextField 组件进行数据输出，但该组件也可以用来创建交互式用户输入，它允许用户在终端输入一个字符串，并能够很容易地接收和处理该字符串。

当用作输入时，JTextField 组件基本上总是和一个标签组件一起使用，其中标签提供了一个提示，文本框提供了用户输入数据的途径，例如，参考程序 12.5 的属性表，如表 12.12 所示，对应该表的 GUI 如图 12.8 所示，在该图所示的 GUI 中，标签为 Enter a Fahrenheit temperature:，对应的文本框提供了输入数据的区域。

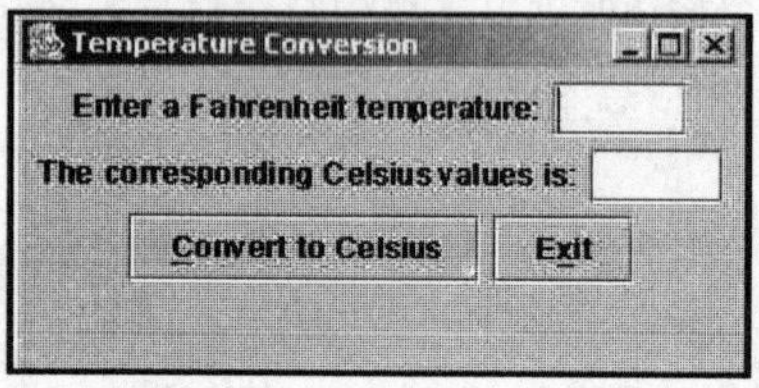

图 12.8 对应表 12.12 的用户接口

标签对象从 JLable 类构造，使用和构造按钮以及文本框同样的方式来创建，例如，图 12.8 所示的第一个标签使用下列语句构造，和前面介绍的添加组件使用同样的方式：

```
private JLabel fahrLabel;   //声明一个类变量
fahrLabel = new JLabel("Enter a Fahrenheit temperature");  //实例化一个对象
c.add(fahrLabel);  //添加对象到内容面板中
```

表 12.12 程序 12.5 的属性表

对 象	属 性	值	监 听 器 类	监听器对象
JFrame	名称	mainFrame	匿名类	
	名称	mainFrame		
	布局管理器	FlowLayout		
JLabel	名称	fahrLabel		
	标题	Enter a Fahrenheit temperature		
JLabel	名称	celsLabel		
	标题	The corresponding Celsius value is:		
JTextField	名称	fahrField		
	大小	5		
JTextField	名称	celsField		
	大小	5		
JButton	名称	convertButton	ConvertButtonHandler	chandler
	标题	Convert		
	快捷键	C		
JButton	名称	exitButton	ExitButtonHandler	ehandler
	标题	Exit		
	快捷键	x		

当程序运行时，可以在表 12.12 列出的 fahrField 文本框中输入数据。在 Java 中所有输入到文本框中的数据都被作为一个字符串数据处理。这意味着如果输入的是数字，则必须将得到的字符串转换为数字数据；也意味着需要进行数据有效性检查，从而确保用户不会输入导致程序中断的数据。

参考图 12.8 所示的接口，其提示用户输入一个华氏温度。当用户输入一个华氏温度后，程序将计算对应的摄氏温度，并在第二个文本框中显示计算的结果值。现在参考程序 12.5，其实现了表 12.11 中定义的 GUI，要注意 ConverButtonHandler 监听器类中的代码，其显示为粗体。

程序 12.5

```
import javax.swing.*;
import java.awt.event.*;
import java.awt.Container;  //用来添加控制
import java.awt.*;  //用来设置布局管理器
import java.text.*;  //用来格式化
public class ConvertTmpOne extends JFrame
{
   private JFrame mainFrame;
   private JButton convertButton;
   private JButton exitButton;
   private JTextField fahrField;
   private JTextField celsField;
   private JLabel fahrLabel;
   private JLabel celsLabel;
   public ConvertTmpOne()  //构造方法
    {
   mainFrame = new JFrame("Temperature Conversion");
    //创建所有的组件
   convertButton = new JButton("Convert to Celsius");
   exitButton = new JButton("Exit");
   fahrLabel = new JLabel("Enter a Fahrenheit temperature: ");
   celsLabel = new JLabel("The corresponding Celsius values is: ");
   fahrField = new JTextField(5);
   celsField = new JTextField(5);
    //得到内容面板
   Container c = mainFrame.getContentPane();
   c.setLayout(new FlowLayout());
    //添加组件到内容面板中
   c.add(fahrLabel);
   c.add(fahrField);
    c.add(celsLabel);
    c.add(celsField);
    c.add(convertButton);
    c.add(exitButton);
     //创建快捷键
    convertButton.setMnemonic('C');
    exitButton.setMnemonic('x');
    mainFrame.setSize(300,250);
     //定义窗口事件处理程序
    mainFrame.addWindowListener(new WindowAdapter()
    {
       public void windowClosing(WindowEvent e){System.exit(0);}
    });
     ConvertButtonHandler chandler = new ConvertButtonHandler();
                                 //实例化一个事件对象
     convertButton.addActionListener(chandler);  //注册事件对象
     ExitButtonHandler ehandler = new ExitButtonHandler();
                                 //实例化一个事件对象
     exitButton.addActionListener(ehandler);  //注册事件对象

     mainFrame.show();
```

```
    }
      //按钮事件处理的内部类
    class ConvertButtonHandler implements ActionListener
    {
      public void actionPerformed(ActionEvent e)
      {
        DecimalFormat num = new DecimalFormat(",###.##");
        String instring;
        double invalue,outvalue;
        instring = fahrField.getText();  //读取输入数据
        invalue = Double.parseDouble(instring);  //转换为 double 类型
        outvalue = 5.0/9.0 * (invalue - 32.0);
        celsField.setText(num.format(outvalue));
      }
  }//内部类结束
  class ExitButtonHandler implements ActionListener
  {
      public void actionPerformed(ActionEvent e)
       {
         System.exit(0);
       }
    }//内部类结束
    public static void main(String args[])
    {
      new ConvertTmpOne();   //实例化一个 GUI 对象
    }
  }//类结束
```

当点击 Convert 按钮时，执行摄氏温度的计算和显示，这个转换通过下列语句实现：

```
instring = fahrField.getText();  //读取输入的值
invalue = Double.parseDouble(instring);  //转换为 double 类型
outvalue =5.0 / 9.0 * (invalue - 32.0);
```

然后通过调用方法 setText()来显示计算的结果值。注意，程序使用方法 getText()读取 fahrField 文本框中的字符串。getText()方法是 setText()的对应方法，后者用来向文本框中设置一个字符串，读取的字符串被保存到变量 instring 中；在第二个语句里，这个字符串通过作为 parseDouble()方法的参数而被转换为一个双精度数字（复习 3.3 节中关于该方法的介绍）；最后，第三个语句把输入的值转换为一个对等的摄氏值。图 12.9 显示了程序 12.5 运行的结果。

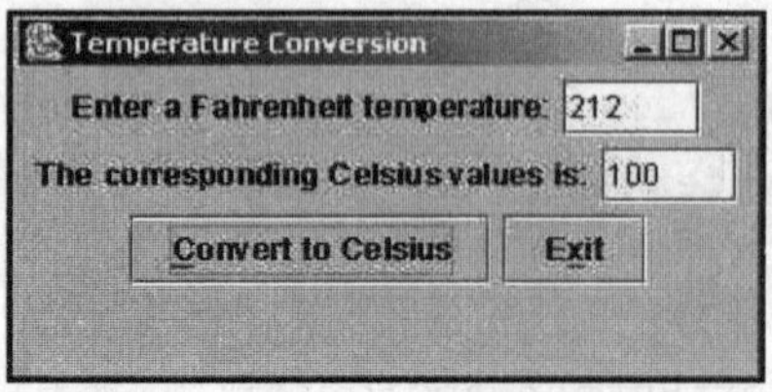

图 12.9 程序 12.5 运行的例子

在离开程序 12.5 前，需要指出在使用它时可能产生一些严重的问题，这些问题将在本节的后半部分和 12.5 节被改正。首先，考虑转换语句：

```
invalue = Double.parseDouble(instring);
```

当用户输入的是可以被认为是数字的字符串时，例如 212 或 187.45，这个语句能够正确操作；但如果用户输入的是例如 212a 这样的字符串，程序将会出错，这是因为 parseDouble()不能用来处理无效的数字字符；另外，parseDouble()方法不能转换一个空字符串，这发生在用户没有在文本框中输入数据而直接点击 Convert 按钮时，为了处理这个问题，可以在执行转换之前检查空字符串，无效字符的检测，一般通过对输入的每个字符进行检查来实现，在 12.5 节，将介绍使用键盘事件来完成数据输入有效性检查。

还可能出现的问题是，因为程序的事件驱动性，用户可能试图输入一个摄氏温度而不是华氏温度；

类似地，在转换一个华氏温度后，用户又输入第二个这样的温度，这就覆盖了第一个被正确转换的温度，在这点上，接口应该在显示摄氏温度的同时显示华氏温度，在创建 GUI 时，程序员应该构造一个焦点监听器类来避免此类错误。

12.3.1　构造焦点监听器类

在 12.1 节中介绍过键盘焦点的概念，当一个组件得到焦点时，它能够自动触发一个获得焦点的事件；当它失去焦点时，它触发一个失去焦点事件，失去焦点的组件应在下一个组件获得焦点之前触发一个失去焦点事件①。用来处理这些事件的监听器类必须实现 FocusListener 接口（如表 12.13 所示）以及必须包含两个方法。

表 12.13　FocusListener 事件方法

方　法	描　述
public void focusGained(FocusEvent e)	当组件得到键盘输入焦点时触发该方法
public void focusLost(FocusEvent e)	当组件失去键盘焦点时触发该方法

使用 FocusListener 接口的第一个要求是确定触发焦点事件的组件。参考下列的 FocusHandler 类的代码。这个类实现了 FocusListener 接口，用来检测 fahrField 和 celsField 组件什么时候得到和失去焦点，注意这个类应该正确地包含方法 focusGained()和 focusLost()，每个方法使用一个 if-else 语句来检测哪个组件触发了焦点事件。使用 FocusEvent 类型的参数 e 和 getSource()方法就能够确定触发事件的事件源。

```
Class FocusHandler implements FocusListener
{
  public void focusGained(FocusEvent e)  //该方法检测获得焦点
  {
      if(e.getSource() == fahrField)  //检测 fahrField 获得焦点
      {
        //实现一些语句
      }
      else if(e.getSource() == celsField)  //检测组件 celsField 获得焦点
      {
        //实现一些语句
      }
  }
  public void focusLost(FocusEvent e)
  {
      if(e.getSource() == fahrField)  //检测 fahrField 失去焦点
      {
        //实现一些语句
      }
      else if(e.getSource() == celsField)  //检测组件 celsField 失去焦点
      {
        //实现一些语句
      }
  }
}//内部类结束
```

现在介绍如何使用类 FocusListener 来正确地处理在程序 12.5 中产生的和用户相关的两个问题。为了理解这两个问题，首先复习一下程序 12.5 的功能，其允许用户输入一个华氏温度，然后通过点击 Convert 按钮，让程序计算并显示对应的摄氏温度；然而，用户也可能首先输入摄氏温度而不是华氏温度，类似

① 术语“释放一个事件”和“触发一个事件”是同义的。

地，在正确转换一个华氏温度后，如果输入第二个华氏温度，将显示新输入的华氏温度和对应的摄氏温度。为了解决这些问题，下面提供了新的事件处理程序和为什么为每个事件处理选择特定操作的注释。

（1）华氏温度文本框监听的事件处理程序

● 当这个框得到焦点时：

设置华氏温度文本框为空。

设置摄氏温度文本框为空。

● 对这个事件处理程序的注释：

在华氏温度文本框中得到一个新的输入值，并在用户输入一个新的华氏温度时显示一个正确的摄氏值。

（2）摄氏温度文本框监听的事件处理程序

● 当这个框得到焦点时：

设置使华氏文本框得到焦点。

● 关于这个事件处理程序的注释：

这将禁止用户在摄氏文本框中输入数据，因为文本框只有在得到焦点后才能在其中输入数据，这时，事件处理将自动地在华氏文本框中设置焦点，华氏文本框也就是用户要输入值的地方。一旦焦点移动到华氏文本框中，文本框的获得焦点事件将清空摄氏文本框并将其禁止使用。

（3）转换按钮的事件处理程序

● 当这个按钮被点击时：

读取华氏文本框的数据值。

如果没有数据被输入，设置输入为"0"。

转换华氏数据为摄氏值，使用公式：Celsius = 5/9 *(Fahrenheit - 32)。

启动摄氏文本框。

显示计算的摄氏值。

● 对于这个事件处理程序的注释：

这是一个非常简单的任务，即把输入的值转换为一个输出值，并启动摄氏文本框使显示的值不会是阴影的。当用户没有在华氏文本框中输入任何数据就点击 Convert 按钮时，将进行一个空字符串的检查。

（4）退出按钮的监听类的事件处理代码

● 当这个按钮被点击时：

关闭应用程序。

● 对于这个事件处理程序的注释：

这是一个标准的关闭事件处理程序。

虽然事件处理程序方法中的动作非常简单，但这种动作的类型是一个简单窗口程序所必须采用的，并需要使用 JComponent 类的方法来执行它们。表 12.14 列出了一些非常有用的 JComponent 类的方法，下面将使用其中的第一个和最后一个语句来完成模板 FocusListener 类，这两个方法可以用来设置和确定下一个接收焦点的组件，能够在程序的控制下使焦点进入一个不同的组件，其中的一个方法是在 12.1 节介绍的 setNextFocusableComponent()。

表 12.14 焦点控制方法

方 法	描 述
grabFocus(Componet)	设置焦点在它的 Component 参数中。虽然它设置焦点在一个已经调用 setEnable(false)的组件上，但在这种情况下它不再有用，因为该组件已经被禁止；另外一种方式是使用 isRequestFocusEnabled(),setRequestFocusEnabled()和 requestFocus()序列

（续表）

方　法	描　述
requestFocus(Component)	设置焦点在它的 Component 参数上，当且仅当组件的 setRequestEnabled()被设置为 true，并且组件没有获得焦点
setRequestFocusEnabled(boolean)	设置接收的组件是否在调用 requestFocus()时得到焦点
isRequestFocusEnabled(Component)	返回一个布尔值 true 或 false，表示组件是否可以使用 requestFocus()得到焦点
setNextFocusableComponent(Component)	确定下一个组件得到焦点，但不会把焦点移到这个组件中

前面介绍的事件处理程序，现在可以使用表 12.14 中的方法来重新编写，并作为 ConvertTempOne 类的焦点监听器类的事件代码。①

12.3.2　ConvertTempOne 焦点监听器类事件代码

```
class FocusHandler implements FocusListener
{
 public void focusGained(FocusEvent e)  //该方法检测获得焦点
 {
   if(e.getSource() == fahrField)  //检测 fahrField 获得焦点
   {
      fahrField.setText(" ");  //清空输入文本框
      celsField.setText(" ");   //清空摄氏文本框
   }
   else if(e.getSource() == celsField)  //检测组件 celsField 获得焦点
   {
      celsField.setNextFocusableComponent(fahrField);
      fahrField.grabFocus();
   }
  }
  public void focusLost(FocusEvent e)
  {
   if(e.getSource() == fahrField)  //检测 fahrField 失去焦点
   {
     fahrField.setNextFocusableComponent(convertButton);
   }
  }
}//焦点监听类结束
class ConvertButtonHandler implements ActionListener
{
  public void actionPerformed(ActionEvent e)
  {
   DecimalFormat num = new DecimalFormat(",###.##");
    String instring;
   double invalue,outvalue;
   celsField.setEnabled(true);  //启动摄氏文本框
   instring = fahrField.getText();  //读取输入值
    //防止输入一个空的字符串
   if(instring.equals(" "))
   {
      instring ="0";
      fahrField.setText("0");
```

① 需要注意，在这段代码中使用的语句 fahrField.grabFocus()可以用下列两个语句代替：
fahrField.setRequestFocusEnabled(true);
fahrField.requestFocus();
通常，在使用这些语句之前，需要使用 isRequestFocusEnabled()方法进行测试，因为 fahrField 组件总是可以接收焦点，所以不必无条件地使用 grabFocus()方法。

```
    }
    invalue = Double.parseDouble(instring);   //转换为double类型
    outvalue = 5.0/9.0 * (invalue - 32.0);
    celsField.setText(num.format(outvalue));
  }
}

class ExitButtonHandler implements ActionListener
{
  public void actionPerformed(ActionEvent e)
  {
    System.exit(0);
  }
}
```

在定义了需要的焦点监听类事件处理代码后，余下的是把它们作为应用程序的一部分编写进去。最后两个事件类的监听器对象 ConvertButtonHandler 和 ExitButtonHandler 可以被实例化并进行注册。可以使用下列语句实例化并注册 FocusHandler 类的监听对象：

```
FocusHandler fhandler = new FocusHandler();
fahrField.addFocusListener(fhandler);
celsField.addFocusListener(fhandler);
```

注意，最后两个语句对组件 fahrField 和 celsField 注册了同样的监听对象。

12.3.3 输入有效性检查

ConvertTempTwo 类的事件代码涉及了对用户输入有效性的检查，使用一个常用的和文本框相关的技术，能够正确地测试一个空字符串，这种检查也可以在用户输入数据后马上进行（在这种情况下它将由组件的失去焦点事件触发），或者也可以在使用或保存之前检查。很明显，这两种方式都能够保证不会将无效数据输入到系统并产生错误结果。

另一种非常重要的有效性检查发生在使用键盘输入数据时，这种有效性检查通过 KeyListener 类实现，能够检测按键所触发的键盘事件，它使得按键在输入到一个字符串前可以拒绝一个无效的键。键盘事件能够返回每一个键的 Unicode 值，和检测是否功能键、排列键和控制键被按下一样，使用这些事件进行数据有效性检查基于选择要求的字符并从输入的最终字符串中拒绝无效的字符。在 12.5 节，将介绍使用 KeyListener 类的方法实现数据有效性检查。

12.3.4 练习题

1．编写并运行程序 12.2。

2．编写并运行程序 12.3。

3．修改程序 12.3，使用户不能在文本框中输入任何数据（注意：使用 setEditable(false)方法）。

4．编写并运行程序 12.4。

5．修改程序 12.5，包含本节介绍的 ConvertTempOne 类。

6．重新编写本节介绍的为 ConvertTempOne 类创建的两个 FocusListener 接口对象——一个为 fahrField 组件，另一个为 celsField 组件。将类名分别命名为 FahrFocusListener 和 CelsFocusListener。

7．问题如下：

（1）对于练习题 6 编写的类，假设 FahrFocusListener 类的监听对象为 fahrhandler，CelsFocusListener 类的监听对象为 celshandler，可使用什么语句实例化监听对象并正确地注册这些对象？

（2）将练习题 6 编写的焦点处理类和练习题 7（1）编写的实例化和注册语句添加到程序 12.5 中并

运行。

8．问题如下：

（1）编写一个 Java 程序，使用一个 JLabel 组件显示下列提示：

Enter the amount of the bill:

使用文本框接收了一个 amount 值后，点击第一个 Calculate 按钮，使程序计算销售税，假设税率为 6%。销售税应该显示在文本框 taxShow 中。第二个按钮用来终止程序的运行。

（2）将练习题 8（1）编写的事件程序包含在一个完整的程序中。为了测试的目的，使用一个初始值 $36.00 来验证程序。在确定程序运行正确后，使用该程序完成表 12.15。

表 12.15　待完成的表

数目(dollars)	销售税(dollars)
36.00	
40.00	
52.60	
87.95	
125.00	
182.93	

9．问题如下：

（1）编写一个 Java 程序，用来把摄氏温度转换为对等的华氏温度值。使用一个标签显示下列的提示：

Enter the temperature in degree Celsius:

在从键盘接收了一个数据后，程序应该使用公式 Fahrenheit = (9.0/5.0)*Celsius + 32.0 把输入的温度转换为对等的华氏温度。然后程序在一个编辑框中显示该华氏温度，并应该提供一个按钮退出程序。

（2）首先通过手工计算如下数据的对等华氏温度，以验证练习题 9（1）编写的程序的正确性，然后使用程序判断是否会产生正确的结果。

```
Test data set1:0degrees Celsius
Test data set2:50degrees Celsius
Test data set 3:100 degrees Celsius
```

在确定程序正确运行后，使用它完成表 12.16。

表 12.16　待完成的表

摄　氏	华　氏
45	
5	
55	
60	
65	
70	

10．编写并运行一个 Java 程序，使用两个标签组件显示下列的提示：

```
Enter the length of the office:
Enter the with of the office:
```

该程序应该在两个文本框中接收用户输入。在点击第一个按钮后，程序计算办公室的面积并在一个文本框中显示计算的结果，这个显示应该在输入文本框接收到焦点时被清空；第二个按钮用来退出程序的运行。使用下列测试数据验证程序的正确性：

```
Test data set1:length=12.5,width=10
Test data set1:length=12.4,width=0
Test data set1:length=0,width=10
```

11．问题如下：

（1）编写一个 Java 程序，使其能够显示下列的提示并使用两个文本框接收输入的数据：

```
Enter the miles driven:
Enter the gallons of gas used:
```

当点击第一个按钮时程序应该在一个文本框中计算米/加仑，使用公式为 miles per gallon=miles/gallons。当一个文本框得到焦点时显示应该被清空。第二个按钮用来退出程序的运行，使用下列数据验证程序：

```
Test data set1:Miles = 276,Gas = 10 加仑
Test data set2:Miles = 200,Gas = 15.5 加仑
```

在需要程序正确运行后，使用程序完成表 12.17。

表 12.17 待完成的表

米	使用的加仑	MPG
16.00		
18.00.		
19.54		
17.39		

（2）对于练习题 11（1）编写的程序，分析要验证多少次才能保证程序的正确性，并给出原因。

12．编写一个程序，显示下列的提示：

```
Enter the length of the swimming pool:
Enter the width of the swimming pool:
Enter the average depth of the swimming pool:
```

编写的程序应在 3 个文本框中接收用户输入。当点击第一个按钮时，程序应计算一个游泳池的体积并将结果显示在第四个文本框中，当输入文本框得到焦点时这个显示应该被清空。在计算体积时，使用等式 volume = length * width * average depth。

13．编写一个 Java 程序，提供 3 个文本框以分别用来输入 3 个数字，并且应该有一个标签提示用户在文本框中输入 3 个数字。当用户点击第一个按钮时，程序应计算 3 个数的平均值并在第四个文本框中显示该平均值，当其中的某一个文本框接收到焦点时这个显示的值应该被清空；第二个按钮应该被用来结束程序的运行。使用下列测试数据验证程序：

```
Test data set 1: 100,100,100
Test data set 2: 100,50,0
```

在确定程序正确运行后，使用该程序完成表 12.18。

表 12.18 待完成的表

数 字	平 均 值
92,98,79	
86,84,75	
63,85,74	

14．编写一个 Java 程序，提示用户输入两个数字，每一个数字都通过一个文本框接收，并且包括一个标题为 Swap 的按钮，当点击该按钮时，交换两个文本框中的值。

12.4　添加复选框、单选按钮和组

当用户必须从一组给定的选择中进行选择时，复选框和单选按钮就非常有用，这两种组件的不同体现在必须选择的属性上。在一个单选按钮组中，用户可以从一组选择中选择一个——例如，从单身、已婚、离婚和丧偶中选择一个，即用户从一组选择中选择一个并且只能选择一个选项；在一个复选框控制中，用户也将看到一组选项，但是可以选择其中的一个或多个选项，例如，为显示文本所提供的一组显示样式，有斜体和加粗，用户可以从中选择一个、两个或不进行选择。单选按钮和复选框这两种类型的组件是相联系的，我们将在本节中一起介绍它们。

12.4.1　复选框

复选框控制提供给用户一个简单的 yes 或 no 类型的选项，例如，在图 12.10 中的接口中有两个复选框。表 12.19 中列出了这个接口的属性表。

如图 12.10 所示，斜体（Italic）和加粗（Bold）两个复选框都没有被选中。这是一个 JCheckBox 组件被添加到容器中时的默认设置，可以使用 setSelected()方法改变，例如，语句 chkItalic.setSelected(true);将会使图 12.10 的 Italic 选项被选中；另外，不管一个复选框被选中还是没有被选中，都可以在运行时由用户通过点击这个框、在框得到焦点时按下空格键，或按下框的加速键来改变；它也可以在程序运行时通过执行程序代码中的 setSelected()方法改变。

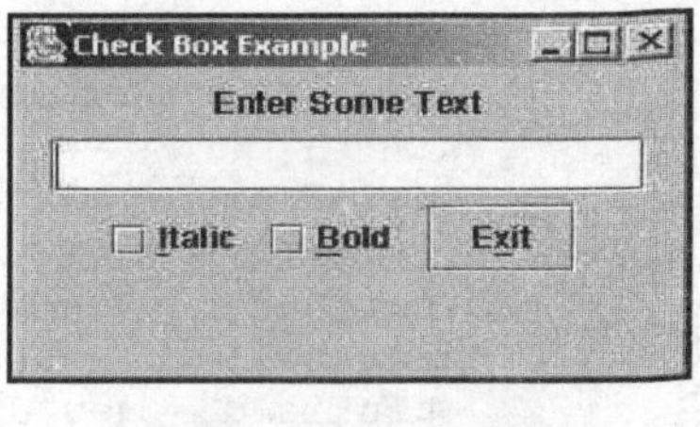

图 12.10　两个复选框的界面

表 12.19　图 12.10 的属性表

对　　象	属　　性	值
JFrame	名称	mainframe
	标题	Check Box Example
JLabel	名称	lblPrompt
	标题	Enter Some Text:
JTextField	名称	txtBox1
	文本	(Blank)
	字体	SansSerif
	样式	Font.PLAIN
JCheckBox	名称	chkItalic
	标题	Italic
	快捷键	I
JCheckBox	名称	chkBold
	标题	Bold
	快捷键	B
JButton	名称	exitButton
	标题	Exit
	快捷键	x

应用程序中的每个复选框和其他的复选框是互相独立的，这意味着对一个复选框的选择不会影响、不会依赖于对其他复选框的选择，这样，复选框在提供一组或多组选项时非常有用，可以同时进行选择，每项是独立的 yes-no、on-off 或 true-false 类型，例如，在图 12.10 所示的接口中，复选框选项组中包含了两个复选框，选择或取消选择 Bold 对 italic 的选择与否没有影响。

因为具有开关属性，复选框也可以被认为是开关选择，用户可以在一个选择标记和非选择标记之间

开关或前后转换。如果复选框没有被选中，点击它能够改变它的选择状态为 true，并显示选择状态；否则，如果复选框被选中，点击它能够改变它的选择状态为 false 并取消对它的选择。

程序 12.6 提供了图 12.10 所示的接口的代码。用来创建和显示复选框组件的语句显示为粗体。

程序 12.6

```
import java.text.*; //用来格式化
import javax.swing.*;
import java.awt.event.*;
import java.awt.Container;  //用来添加控制
import java.awt.*;  //用来设置布局管理器
public class CheckBoxOne  extends JFrame
{
   private JFrame mainFrame;
   private JButton exitButton;
   private JLabel inLabel;
   private JTextField tinField;
   private JCheckBox boxItalic;
   private JCheckBox boxBold;

   public CheckBoxOne()  //构造方法
   {
     mainFrame = new JFrame("Check Box Example");
      //创建所有的组件
     exitButton = new JButton("Exit");
     inLabel = new JLabel("Enter Some Text");
     tinField = new JTextField(20);
     boxItalic = new JCheckBox("Italic");
     boxBold = new JCheckBox("Bold");
      //得到内容面板
     Container c = mainFrame.getContentPane();
      //设置布局管理器
     c.setLayout(new FlowLayout());
      //添加组件到内容面板中
     c.add(inLabel);
     c.add(tinField);
     c.add(boxItalic);
     c.add(boxBold);
     c.add(exitButton);

      //创建快捷键
     boxItalic.setMnemonic('I');
     boxBold.setMnemonic('B');
     exitButton.setMnemonic('x');
     mainFrame.setSize(250,150);
      //定义并注册事件处理
     mainFrame.addWindowListener(new WindowAdapter()
     {
      public void windowClosing(WindowEvent e){System.exit(0);}
     });
      //创建并注册退出按钮事件处理
     ExitButtonHandler ehandler = new ExitButtonHandler(); //实例化一个对象
     exitButton.addActionListener(ehandler);  //注册对象
     mainFrame.show();
   }
      //退出按钮事件处理的内部类
   private class ExitButtonHandler implements ActionListener
```

```
    {
      public void actionPerformed(ActionEvent e)
      {
       System.exit(0);
      }
    }//内部类结束

    public static void main(String args[])
    {
      new CheckBoxOne();  //实例化一个 GUI 对象
    }
  }
```

12.4.2　添加一个复选框监听类

提供选择的用户接口后，仍然需要提供代码来分析选择并根据不同的选择执行相应的操作，完成这个功能的事件代码（程序 12.6 的复选框监听类事件代码）如下：

```
//复选框监听类事件代码
class ChkBoxHandler implements ItemListener
{
    private int italicFont;
    private int boldFont;

    public void itemStateChanged(ItemEvent e)
    {
     if(e.getSource() == boxBold)
        if(e.getStateChange() == e.SELECTED)
          boldFont = Font.BOLD;
        else
          boldFont = Font.PLAIN;
    else
        if(e.getStateChange() == e.SELECTED)
          italicFont = Font.ITALIC;
        else
          italicFont = Font.PLAIN;

      tinField.setFont(new Font("Courier",italicFont + boldFont,14));
      tinField.repaint();
    }
}//监听类结束
```

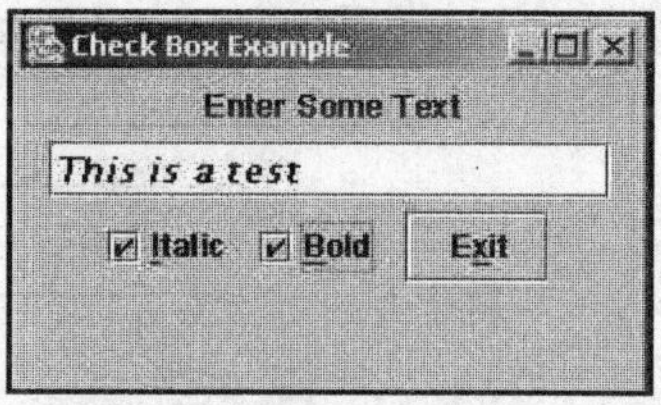

图 12.11　选中两个复选框的例子

注意在这个事件代码中，itemStateChanged()方法使用一个 if 语句来确定 Italic 和 Bold 这两个复选框中的哪一个触发了事件。在每个 if 语句中包含一个嵌套的 if 语句，用来确定复选框是被选中还是被取消选择，基于这个分析，可以设置各自的文本域样式属性为 Font.ITALIC、Font.BOLD 或 Font.PLAIN。如果需要，可以使用语句 boxBold.setSelected(true);使 boxBold 复选框根据程序的控制被选中。

在编写类 ItemListener 后，最后一步是实例化该类的一个对象，并把它注册到接口中的每个复选框。这可以通过下列语句实现：

```
ChkBoxHandler chandler = new ChkBoxHandler();
boxItalic.addItemListener(chandler);
boxBold.addItemListener(chandler);
```

为了把 ItemListener 类加到程序 12.6 中，要求在类似的使用 exitButton 的语句前后放置初始化和注册语句，并在 exitButton 的内部类前或后编写内部类 ItemListener（把这作为一个练习题（练习题 3））。当实现了监听类并且选择了两个复选框后，图 12.11 分析了输入到文本域的文本所显示的效果。

12.4.3 单选按钮

一组单选按钮能够提供给用户一个或多个选择，但只允许用户选择其中的某一个。定义在组中的单选按钮是一起操作的，即选择组中的一个单选按钮能够马上取消组中别的已经选择的按钮，也就是说，一个单选按钮组中的选择是互相影响的。

图 12.12 单选按钮组

雇员的婚姻状态的信息可作为使用单选按钮的例子，一个雇员可能是单身（Single）、已婚（Married）、离异（Divorced）或丧偶（Widowed），如果选择了其中一项，也就意味着别的选项的取消，这种类型的选择是一个典型的单选按钮组，如图 12.12 所示，在这里组中包含了 4 个单独的单选按钮。

放在容器中的每个按钮默认构成了一个组。为了把一定数目的单选按钮分组，必须把它们添加到一个按钮组 ButtonGroup 中。ButtonGroup 是一个非视组件，它对按钮的显示没有影响，其作用是使组中的按钮相互保持一定的关系，这样，ButtonGroup 保证一次只能选择一个按钮。在下面创建按钮组的例子中，假设已经有了 3 个按钮，分别为 rdbutCourier、rdbutSansSerif 和 rdbutSerif，如下的语句实例化一个 ButtonGroup 对象，并把每个组件加到该组中：

```
//实例化一个 ButtonGroup 对象
ButtonGroup rgroup = new ButtonGroup();
//添加按钮到这个组中
rgroup.add(rdbutCourier);
rgroup.add(rdbutSansSerif);
rgroup.add(rdbutSerif);
```

现在分析如何创建刚才分析的单选按钮。例如在图 12.13 中所示的接口中包含了 3 个标题分别为 Courier、SansSerif 和 Serif 的单选按钮，这些按钮能够控制显示在文本框中的字体的样式。因为一次只能操作一个显示样式，所以选择使用单选按钮是适当的。图 12.13 所示的接口的属性表如表 12.20 所示。

表 12.20 图 12.13 的接口的属性表

对　象	属　性	值
Form	名称	mainframe
	标题	Radio Button Example
JFrame	名称	lblPrompt
	标题	Enter Some Text:
JTextField	标题	tinField
	文本	(Blank)
	字体	Courier
	Style	Font.PLAIN
	大小	12
JRadioButton	名称	rdbutCourier
	标题	Courier
	快捷键	C
	选择状态	false
JRadioButton	名称	rdbutSerif
	标题	Serif
	快捷键	f
	选择状态	false

（续表）

对　象	属　性	值
JButton	名称	exitButton
	标题	Exit
	快捷键	false

注意在属性表 12.20 中，只有一个单选按钮被选中。如果试图在一个组中选择多个单选按钮，则只有最后一个选择是有效的。单选按钮使用前面介绍的方式从 JRadioButton 类创建。程序 12.7 中包含了图 12.13 所示接口的语句，并用粗体显示。

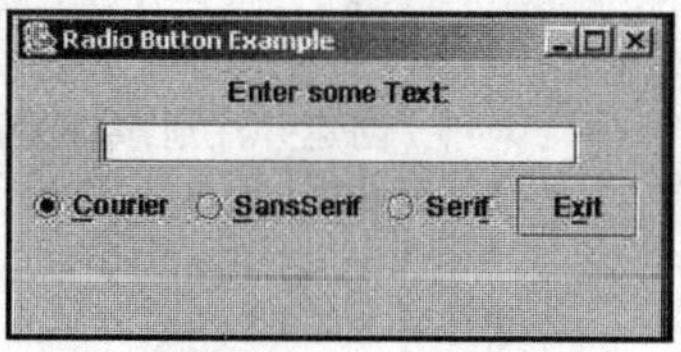

图 12.13 包含一个单选钮组的 GUI

程序 12.7

```
import java.text.*;
import javax.swing.*;
import java.awt.event.*;
import java.awt.Container;  //用来添加控制
import java.awt.*;  //用来设置布局管理器
public class RadioButtons extends JFrame
{
private JFrame mainframe;
private JButton exitButton;
private JLabel inLabel;
private JTextField tinField;
private JRadioButton rdbutCourier;
private JRadioButton rdbutSansSerif;
private JRadioButton rdbutSerif;

public RadioButtons()  //构造方法
{
   mainframe = new JFrame("Radio Button Example");
      //创建所有的组件
   exitButton = new JButton("Exit");
   inLabel = new JLabel("Enter some Text: ");
   tinField = new JTextField(20);
   rdbutCourier = new JRadioButton("Courier");
   rdbutSansSerif = new JRadioButton("SansSerif");
   rdbutSerif = new JRadioButton("Serif");

      //把按钮加到一个组中
   ButtonGroup rgroup = new ButtonGroup();
   rgroup.add(rdbutCourier);
   rgroup.add(rdbutSansSerif);
   rgroup.add(rdbutSerif);
     //得到内容面板
   Container c = mainframe.getContentPane();
     //设置布局管理器
   c.setLayout(new FlowLayout());
     //添加组件到内容面板中
   c.add(inLabel);
   c.add(tinField);
   c.add(rdbutCourier);
   c.add(rdbutSansSerif);
   c.add(rdbutSerif);
   c.add(exitButton);
     //创建加速键
   rdbutCourier.setMnemonic('C');
   rdbutSansSerif.setMnemonic('S');
```

```
    rdbutSerif.setMnemonic('f');
    exitButton.setMnemonic('x');

      //设置初始按钮和对应的字体
    rdbutCourier.setSelected(true);
    tinField.setFont(new Font("Courier",Font.PLAIN,12));

    mainframe.setSize(300,150);
      //定义并注册窗口事件
    mainframe.addWindowListener(new WindowAdapter()
    {
      public void windowClosing(WindowEvent e){System.exit(0);}
    });
      //创建并注册事件处理
    ExitButtonHandler ehandler = new ExitButtonHandler();  //实例化一个对象
    exitButton.addActionListener(ehandler); //注册对象
    mainframe.show();
   }

     //按钮事件处理的内部类
   class ExitButtonHandler implements ActionListener
   {
    public void actionPerformed(ActionEvent e)
    {
       System.exit(0);
    }
   } //

   public static void main(String args[])
   {
    new RadioButtons();  //实例化一个对象
   }//内部类结束

 }//类结束
```

回顾程序 12.7 中的代码，特别是程序中的创建 3 个单选按钮的语句，可以总结出对单选按钮比较常用而对于别的组件并不常用的步骤为：

（1）将它们包含到一个组中。

（2）使用 setSelect()方法初始化每个按钮的选择。

如果没有使用 setSelect()方法初始选择一个按钮，在第一次显示 GUI 时不选中任何一个按钮。同样地，如果按钮没有被放到一个组中，则每个按钮是独立地构成自身的组，和别的按钮没有关系。当然，这将破坏提供 3 个相互关联的选择的目的。

12.4.4 添加一个单选按钮监听类

将一个基于 Swing 的组件放到 GUI 后，剩下的工作是为它提供一个监听类。

程序 12.7 中的单选按钮监听类事件代码如下：

```
//单选按钮事件处理的监听类
private class RbutHandler implements ItemListener
{
  public void itemStateChanged(ItemEvent e)
  {
   if(e.getSource() == rdbutCourier)
```

```
      tinField.setFont(new Font("Courier", Font.PLAIN,12));
    else if(e.getSource() == rdbutSansSerif)
     tinField.setFont(new Font("SansSerif", Font.PLAIN,12));
    else if(e.getSource() == rdbutSerif)
     tinField.setFont(new Font("Serif", Font.PLAIN,12));
    tinField.repaint();
  }
}//内部类结束
```

监听类代码的主要作用是分析按钮组中的哪个按钮被选择，然后适当地使用这个信息。这样，监听类处理的第一个任务是分析哪个按钮被选中，这通过使用一个 getSource()方法，并把方法返回的值和每个单选按钮对象的名字进行比较来实现。一旦确认了所选择的按钮，就可以根据选择的项来设置字体。

提供监听代码的最后一步是实例化一个监听对象，然后把它注册到每个单选按钮上，可以通过下列语句实现：

```
RbutHandler rhandler = new RbutHandler();
rdbutCourier.addItemListener(rhandler);
rdbutSansSerif.addItemListener(rhandler);
rdbutSerif.addItemListener(rhandler);
```

这些语句应该被放到 exitButton 的注册语句的前面或后面。类似地，ItemListener 类自身也应该放在 exitButton 的内部监听类前或后面（我们把这些类和语句添加到程序 12.7 中作为练习题 6），假设上述语句已经完成，当 Serif 单选按钮被选择后，图 12.14 即可显示相应的样式。

现在可以通过选择单选按钮来改变图 12.14 中的文本和任何别的输入文本的显示样式。当程序正在运行时，可以按照下列方式选择一个单选按钮：

（1）在要求的按钮上点击鼠标。

（2）使用一个加速键。

（3）使用 setSelected()方法，例如 butCourier.setSelected(true);。

例如，如果用户选择 Courier 单选按钮，文本的显示如图 12.15 所示。

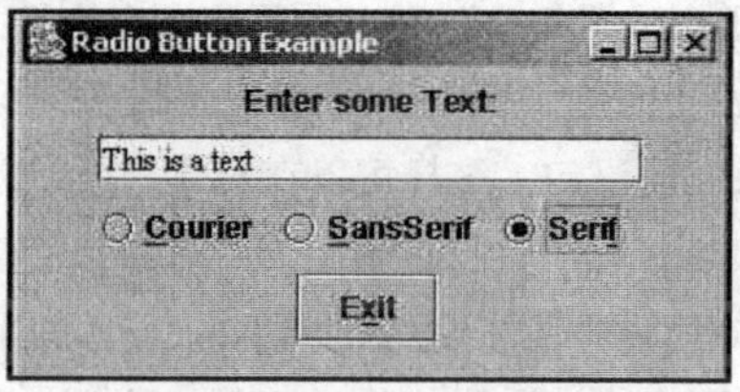

图 12.14　用户输入框的例子

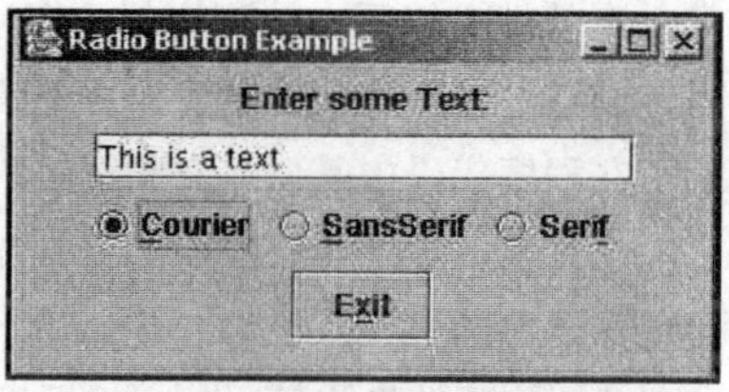

图 12.15　Courier 字体的文本

在离开程序 12.7 之前，有一点需要说明，和复选框的事件代码不同，当单选按钮的事件处理代码确认所选中的按钮后，不需要再使用选择语句，这是因为被操作的复选框有两种状态：选中或取消选择。一旦选择一个单选按钮，就触发一个事件，事件可以马上被执行，而不需要进一步分析按钮的状态。

12.4.5　练习题

1．分析下列选择是否应该使用复选框或单选按钮表示：

- 自动或人工的选择。
- AM/FM、AM/FM 形状或 AM/FM CD 的选择。
- 备份系统或非备份系统的选择。
- 14、15 或 17 英尺颜色管理的选择。

- CD-ROM 的选择。
- 600、800 或 1000MHz 奔腾处理器的选择。

2．编写并运行程序 12.6，并验证它正确地产生了图 12.10 所显示的 GUI。

3．添加一个适当的监听类到程序 12.6 中，编译并运行该程序。

4．问题如下：

（1）修改练习题 3 所编写的程序，将复选框表示的选择以两个按钮来代替。

（2）在基于练习题 4（1）的程序的基础上，分析哪种类型的选择使用复选框比使用按钮更适合。

5．输入并运行程序 12.7，并验证它正确地产生了如图 12.13 所示的 GUI。

6．添加一个适当的监听类到程序 12.7 中。编译并运行程序，保证它能正确运行。

7．问题如下：

（1）修改程序 12.6，使通过复选框表现的选择可以用按钮实现。

（2）基于练习题 7（1）的程序，分析那种类型的输入选择使用复选框比使用按钮更适合。

8．问题如下：

（1）修改程序 12.7 产生的 GUI，使用户可以确定文本框的字体的大小。字体的默认大小为 10，用户可以修改为 8、10 和 12。

（2）添加适当的事件代码到练习题 8（1）所编写的程序中，使其能够正确地处理字体大小的选择。

9．修改程序 12.7，除了选择字体类型，用户还可以通过选择两个按钮组成的按钮组中的任意一个，改变显示的文本为大写或小写。确保包含正确的事件代码，使显示的文本可以对应用户的选择（提示，使用 String 类的 toUpperCase()和 toLowerCase()方法，例如，表达式"abcd".toUpperCase()创建了字符串"ABCD"）。

12.5 键击输入有效性

验证用户输入有效性是编写专业程序的重要组成部分，例如，一个专业程序不允许输入像 5/33/02 这样的日期，因为很明显这个日期包含了一个无效的天；也不允许在程序中将任何数字除 0，例如 14/0。这两个例子表明了在程序代码中需要包含验证输入有效性的语句，这样可以在对数据操作之前检查输入数据的正确性。现在有很多方式为像程序 12.5 中的温度转换编写键盘输入数据的有效性检查代码。

很明显，程序 12.5 期望用户在文本框中输入一个数字而不是文本字符串。如果输入的数据不能被转换为数字数据，在试图将其转换为等同的摄氏温度时程序将终止运行。在 12.3 节，我们介绍了在使用输入数据计算之前进行有效性检查的技术。理想地，最好是在每个字符被输入或在输入组件失去焦点后，能够一个一个字符地确认输入的数据，该种验证实际上是方法 focusLost()的主要用途之一——在数据被传递到系统处理或保存前对其验证，如果数据没有通过要求的有效性检查，将会显示一个错误信息，并且马上把焦点返回到输入组件中，直到输入有效的数据。

在键盘输入有效性检查中，也可以在用户输入时就对每个字符验证，这种类型的合法性检查使用 keyPressed()、keyReleased()或 keyTyped()方法实现，本节将介绍如何完成这种类型的验证。

表 12.21 列出了用来进行键盘输入有效性检查的 3 个方法。表中的每个事件方法都提供了用户激活的键击信息，这些事件方法之间的区别是提供信息的数量。keyTyped()方法只能用来提供一个字符键的 Unicode 编码，而 keyPressed()和 keyReleased()方法除了不可检测和处理可印刷字符之外，可以用来检测和处理功能、游标、回车和 Shift 键。因为我们需要检测非字符键，例如 Enter、BackSpace 和 Function 键，因此必须使用 keyPressed()或 keyReleased()方法。

表 12.21　要求的 KeyListener 事件方法

方　法	描　述
public void keyPressed(KeyEvent e)	这个方法在按下键时被调用
public void keyReleased(KeyEvent e)	这个方法在键被释放时被调用
public void keyTyped(KeyEvent e)	这个方法在键被点击时调用

表 12.22　初始 Validation 类的属性表

对　象	属　性	值
Form	名称	mainframe
	标题	Input validation
JFrame	名称	inputLabel
	标题	Enter an integer number:
JTextField	名称	inputField
	文本	(Blank)
	大小	5
JTextField	名称	messageField
	文本	(blank)
	大小	20
JButton	名称	exitButton
	标题	Exit
	快捷键	x

作为一个实例，请参考图 12.16 所示的 GUI，这个接口的属性如表 12.22 所示，对应这个类和表的类被命名为 Validation，像程序 12.8 所提供的，这个类的代码也包含了窗口关闭按钮和 Exit 按钮的事件处理代码。

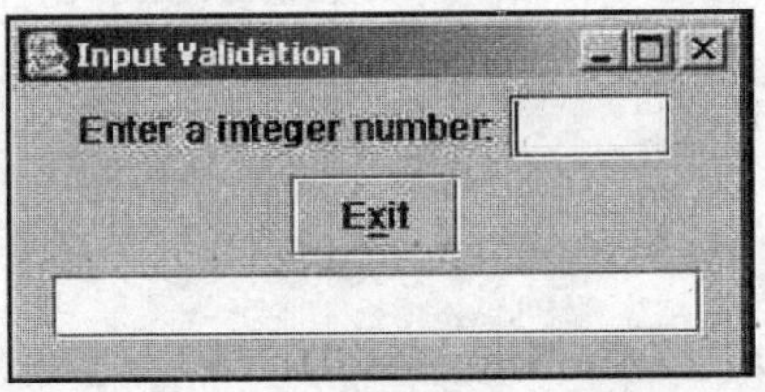

图 12.16　对应表 12.21 的 GUI

程序 12.8

```
import javax.swing.*;
import java.awt.event.*;
import java.awt.Container;  //用来添加控制
import java.awt.*;  //用来设置布局管理器
import java.text.*;  //用来格式化
public class Validation extends JFrame
{
    private JFrame mainFrame;
    private JButton exitButton;
    private JTextField inputField;
    private JTextField messageField;
    private JLabel inputLabel;
    public Validation()  //构造方法
    {
    mainFrame = new JFrame("Input Validation");
      //创建所有的组件
    exitButton = new JButton("Exit");
```

```
        inputLabel = new JLabel("Enter a integer number: ");
        inputField = new JTextField(5);
        messageField = new JTextField(5);
          //得到内容面板
        Container c = mainFrame.getContentPane();
        c.setLayout(new FlowLayout());
          //添加组件到内容面板中
        c.add(inputLabel);
        c.add(inputField);
        c.add(exitButton);
        c.add(messageField);
          //创建快捷键
        exitButton.setMnemonic('x');
        mainFrame.setSize(300,250);
          //定义窗口事件处理程序
        mainFrame.addWindowListener(new WindowAdapter()
        {
          public void windowClosing(WindowEvent e){System.exit(0);}
        });
          ////创建并注册按钮事件处理
        ExitButtonHandler ehandler = new ExitButtonHandler(); //实例化一个事件对象
        exitButton.addActionListener(ehandler);  //注册事件对象

        mainFrame.show();
    }
      //退出按钮事件处理的内部类
    class ExitButtonHandler implements ActionListener
    {
        public void actionPerformed(ActionEvent e)
        {
         System.exit(0);
        }
     }//内部类结束
     public static void main(String args[])
     {
       new Validation();   //实例化一个 GUI 对象
     }
   }//类结束
```

对于图 12.16 显示的 GUI，输入的数据必须是一个整数，这意味着每次按下的键只能是 Enter 键、BackSpace 键或对应在‘0’～‘9’之间的字符。为了保证只能输入数字数据，可以检查每个键入的字符，并拒绝接收任何不在‘0’～‘9’之间的数字，这可以通过对输入文本框添加一个键监听器来实现。使用 keyReleased()方法，并使用适配器类构造一个键监听器类，相应的类和事件处理代码行如下：

```
class InputFieldKeyHandler extends KeyAdapter
{
 public void keyReleased(KeyEvent e)
  {
```

注意，和所有的监听器类一样，类名 InputFieldkeyHandler 是一个由程序员选择的名字。

现在分析一下在每个键被释放后用来检测合法性的代码。

传递到 keyReleased()方法的 KeyEvent 类型的参数 e 提供了所有可输出键的字符值和对应非可打印键的代码。表 12.23 列出了用来析取字符和代码信息的两个方法。

表 12.23 接收键击字符和代码信息

方 法	描 述	例 子
getKeyChar()	返回一个键 typed,pressed 或 released 的字符	e.getKeyChar()
getKeyCode()	返回一个键 pressed 或 released 的代码	e.getKeyCode()

从表面上看，一个无效的整数字符仅仅是指不在‘0’～‘9’之间，可以使用下列代码检测：

```
keyChar = e.getChar();  //得到字符
if e.getChar() < '0' || e.getChar() > '9'  //检测是否按下一个无效的键
```

检测到一个无效的键输入后，我们需要把它从字符串中删除，因为在有效性检查中，程序负责直接操作显示的文本字符串，必须考虑到在用户按下 BackSpace 键时删除该字符，这样，就必须检测 BackSpace 键，在每次它被释放时通过删除一个字符来实现对显示字符串的调整。

最后，为了完整性，必须有一个额外的验证。许多用户期望在按下 Enter 键时终止数据输入，当然，对于文本域不是这个情况，用户必须按下 Tab 键、点击另外一个对象或使用加速键来离开文本域。不管怎样，需要考虑按下的键为 Enter 键时的情况。

Java 为每个键提供了命名常量，包括所有的键盘上可用的字符和非字符。表 12.24 提供了一组常用的命名常量。最后按下的键的键代码可以和这些常量进行比较，并能够准确地确定按下了哪个非打印键。使用表 12.23 和表 12.24 提供的信息可以创建如下的语句：

```
If(e.getKeyCode() == VK_ENTER)
 exitButton.grabFocus();
```

表 12.24 Java 键命名常量

命 名 常 量	键
VK_0 to VK_9	0～9
VK_A to VK_Z	A～Z
VK_BACK_SPACE	BackSpace
VK_F1-VK_F12	功能键 f1～f12
VK_UP	UP 方向键
VK_DOWN	Down 方向键
VK_ENTER	Enter 键
VK_TAB	Tab 键
VK_SPACE	Space 键
VK_RAGE_UP	PgUp 键
VD_PAGE_DOWN	PgDn 键
VK_SHIFT	Shift 键
VK_ADD	+键
VK_SUBTRACT	-键
VK_HOME	Home 键

当最后一个键被检测为 Enter 键时，这个语句将焦点转移到 extButton 组件。我们将在有效性检查代码的最后部分使用这个语句。

现在可以将所有的这些代码集合在一起从而创建一个键监听类，该键监听类提供了相应的有效性检查，只允许用户在图 12.16 中输入一个有效的整数，这个有效性检查的算法为：

检测一个键释放事件：
1. 清空任何前面的错误信息。
2. 从文本框中读取字符串。
3. 按照以下步骤处理最后检测的键：
如果按下的键为 Enter，
移动焦点到下一个组件。

否则如果按下的为 BackSpace 键，
从字符串中删除最后一个字符。
否则如果键不是一个有效的整数字符，
从字符串中删除最后一个字符。
4. 将字符串显示在文本框中。

最后一步是从输入的字符串中删除最后输入的一个字符，为了实现这个功能，需要使用将在第 7 章介绍的字符串方法，即 substring()方法，其语法如下：

```
stringObject.substring(starting index number,ending index number)
```

substring()方法的第一个参数确定了抽取字符串的开始位置（注意字符串中的第一个字符的索引值为 0），第二个参数确定了要抽取的最后一个字符的位置，例如，表达式"123a".substring(0,3)所得到的字符串值为"123"，这个结果通过如下方式得到：

第一个参数确定了开始的位置为 0，其包含的字符为‘1’；字符的抽取在小于第二个参数 3 的位置停止，这样，字符的抽取在下标为 2 的地方停止，包含了字符‘3’，可见，使用 substring()方法可以删除最后一个字符（这样做是因为用户按下 BackSpace 键表示期望删除最后一个输入的字符，或因为在合法性代码检测时最后一个字符被确定为不是一个有效的整数数字）。

类名 InputFieldHandler 是程序员选择的一个名字，可以使用 KeyListener 对应的 KeyAdapter 适配器类来构造键监听器类，完整的整数有效性检查语句如下：

```
//键击监听器类
class InputFieldKeyHandler extends KeyAdapter
{
  public void keyReleased(KeyEvent e)
   {
    int keyCode,length;
    char keyChar;
    String inputGood;
    kyCode = e.getKeyCode();  //得到最后按下键的数字编码
    kyChar = e.getKeyChar();  //得到最后按下键的字符编码
    mssageField.setText("");  //清空最后的错误信息
    iputGood = inputField.getText();  //得到当前的字符串
    lngth = inputGood.length();
     //处理最后的键击事件
    if(keyCode == KeyEvent.VK_ENTER)
    {
     System.out.println("Enter key was pressed");
     exitButton.grabFocus();
    }
   else if(keyCode == KeyEvent.VK_BACK_SPACE)
   {
     System.out.println("BackSpace key was pressed");
     length = inputGood.length();
     inputGood = inputGood.substring(0,length);
     System.out.println("length= " + length + " input = " + inputGood);
   }
   else if(keyChar <'0' || keyChar> '9')
   {
     messageField.setText("Invalid Character - Not accepted");
     inputGood = inputGood.substring(0,length -1);
     System.out.println("length= " *+ length +"input= " + inputGood);
   }
     //显示有效的字符串
   inputField.setText(inputGood);
```

```
    }
}//监听类结束
```

构造了一个 KeyListener 类后，最后一步就是实例化该类的一个对象，并把它注册到 inputField 文本框，其代码如下：

```
//实例化并注册输入文本框的键监听类
InputFieldKeyHandler khandler = new InputFieldKeyHandler();
inputField.addKeyListener(khandler);
```

若将 KeyListener 类包含到程序 12.8 中，需把前面的实例化和注册语句放在类似的对 exitButton 注册的前面或后面，并把 KeyListener 类作为一个内部类放在 exitButton 的内部监听类的前面或后面。我们把这个过程作为练习题 2。

12.5.1　练习题

1．输入并运行程序 12.8。

2．在程序 12.8 中添加一个 KeyListener 类，包括实例化一个监听类对象和把它注册到程序 12.8 的输入文本框中的语句。

3．问题如下：

（1）修改练习题 2 编写的程序，使当文本被清空时禁止使用错误信息文本框。

（2）修改练习题 3（1）编写的程序，使当一个错误信息被输入到错误信息文本框时，其有一个红色的背景和一个白色的前景色。

4．问题如下：

（1）重新编写本节介绍的 KeyListener，使程序提供一个公共的方法 checkInteger(char keyChar,int keyCode)以被其他 KeyListener 对象使用。这个方法在触发按下事件时被调用，方法的调用应该从 KeyListener 代码中产生。

（2）从实践的观点解释，为什么当 Enter 键被按下时，转移焦点的代码不能被包含在练习题 4（1）编写的方法中？

5．修改本节介绍的 KeyListener 类，用来验证输入的有效实数。这样的数字可以包含 0～9 的数字和一个小数位。

6．问题如下：

（1）重新编写练习题 5 所编写的 KeyListener，使监听类的有效性检查部分提供一个可以被任何 KeyListener 对象使用的 public 方法名 checkInteger(char keyChar,int keyCode)，该方法应该在触发一个按下事件时被调用，对方法的调用应该从 KeyListener 代码中产生。

（2）从实践的观点说明，为什么当 Enter 键被按下时，转移焦点的代码不能被包含在练习题 6（1）编写的方法中？

12.6　常见编程错误

在本章中基于 Swing 组件编程时，常见的编程错误如下：

（1）错误地拼写关键字 JTextField 为 JTextfield，同样对 JPasswordField 和 JTextArea 组件也会产生类似的错误。如果编写的 GUI 没有显示一个组件或看起来没有运行一个事件处理，应该首先检查所有的组件和方法名的拼写。

（2）忘记将单选按钮包含在一个按钮组中，这样每个单选按钮将默认形成它自己的一个组。

（3）创建了一个事件处理程序，而忘记注册它。事件处理程序只有在实例化一个监听对象并将其注册到组件后才能被激活；如果没有被注册监听对象，那么期望的事件不会被处理，和没有编写事件代码是同样的效果。

12.7 本 章 小 结

（1）Swing 包提供了可以添加到一个基于 Swing 的 GUI 的很多自动组件，最常用的是命令按钮、标签、文本域、单选按钮和复选框。

（2）文本组件包括 JTextField、JPasswordField 和 JtextArea，其中前两个允许输入并显示一个单行文本，注意 JPasswordField 组件将每个字符显示为星号；JTextArea 组件允许输入和显示多行文本。

（3）在许多案例中，需要一起使用文本框和标签组件。标签组件是一个从 JLabel 类中创建的只读的文本框。

（4）复选框显示为一个四方框和一个相关的标签，并提供一个 yes 或 no 类型的选择。如果提供了多个复选框，可以对其中的任何一个复选框进行选择而和别的选择无关。这样，对于多个复选框，用户可以选择一个、所有都选择或不进行选择。

（5）在一个单选按钮组中，用户只可以从一组选择中选择一个选项。

（6）组件的放置由容器的布局管理器决定。JFrame 容器默认的布局管理器为 BorderLayout，使用这种管理器，最多 5 个组件按照上、下、左、右和中间的位置进行放置，可以通过 setLatyou()方法来使用另一个布局管理器。别的类型的布局管理器包括 FlowLayout、GridLayout、CardLayout、BoxLayout 和 GridBagLayout。

（7）在把一个组件放到 GUI 中后，应该提供一个事件处理。添加事件处理的步骤如下：

步骤 1：为事件监听类编写代码。

步骤 2：实例化一个监听类的对象。

步骤 3：注册监听类对象。

（8）**属性表**列出了一个 GUI 中包含的所有组件和它们的相关监听器类，这个表在文档化一个 GUI 时非常有用，并提供了程序员为每个组件定义的名字和属性。

（9）在运行程序时，用户可以观察容器，容器中只有一个组件能够得到**键盘焦点**，或简称焦点。焦点控制是一个在按下一个键或点击鼠标时所产生的对象。

（10）焦点监听类是一个对应焦点事件的事件处理类，这样的事件在组件接收或失去焦点时被触发。

第四部分

附加编程知识

第 13 章　文件输入输出

到目前为止，本书的程序数据都是在程序中被赋值或在程序执行时被交互式输入的，这种类型的数据输入只适合较少数据的情况。

在本章，将介绍使用 Java 的面向对象能力在程序外保存数据，这种数据保存方式允许程序重复使用数据而不必在每次运行程序时重新创建，这提供了在程序之间共享数据的基础，使一个程序的输出数据都可以直接输入到另一个程序中。

13.1　文 件 和 流

为了在 Java 中实现数据的保存和接收，需要使用两个术语：文件、文件流对象。

13.1.1　文件

在一个存储介质上，除了计算机的主内存，使用同一个名字保存在一起的数据称为**数据文件**。通常，数据文件可以保存在磁盘、磁带或 CD-ROM 中，例如，保存在磁盘中的 Java 程序就是一个文件，以这种特定格式保存的数据称为**程序文件**，包含了要进行编译的程序代码。

文件通常被保存在一个外部的媒质中，例如磁盘，并使用一个称为**外部文件名**的惟一文件名。外部文件名是一个能够被操作系统识别的名字。当使用操作系统显示一个目录的内容时，显示的是所有的外部名。

每个操作系统都有自己的规范，其确定了外部文件名所允许的最大字符数。表 13.1 列出了大多数操作系统对此的规范。

表 13.1　文件名的最大字符数

操 作 系 统	最 大 长 度
DOS	8 个字符加 1 个句号和 3 个扩展的字符
VMX	8 个字符加 1 个句号和 3 个扩展的字符
Windows 95、98、2000	255 个字符
UNIX 早期版本	14 个字符
UNIX 当前版本	255 个字符

为了保证本书中的例子与表 13.1 中列出的所有操作系统是兼容的，通常使用限制性更高的 DOS 和 VMX 规定。如果正在使用别的操作系统，则可以使用更大的长度来创建文件名，但通常在 12～14 个字符，最大不超过 25 个字符。应该避免非常长的文件名，虽然长的文件名非常适合描述，但它们却需要花费更多的时间来输出和显示错误。

使用 DOS 规定，下列的计算机数据文件名是有效的：

```
prices.dat      records      info.txt
exper1.dat     scores.dat     math.mem
```

计算机的文件名应该能够表示文件中数据的类型以及它的用途。通常，前 8 个字符描述数据自身，而扩展名（在小数点后的字符）描述了应用，例如，Lotus 123 扩展表程序自动地将扩展名 wk3 应用到所有的扩展表文件中。Microsoft 的 Word 和 Wordperfect 字处理程序使用的扩展名为 doc 和 wpx（x 表示版本数），Java 编译器要求程序文件的扩展名为 java。为了正确地创建自己的文件名，应该遵守对计算机的文件名的规定，例如，名称 exper1.dat 描述了对应实验 1 的数据文件。

13.1.2　文件流对象

文件流是连接保存在物理设备上的文件（例如磁盘或 CD-ROM 中的文件）和程序的一个传输路径。每个文件流都有自己的模式，其决定了在传输路径上的数据方向——也就是，路径是用来将数据从一个文件移动到程序中或将数据从程序移动到文件中。从一个文件接收或读取数据到程序中的文件流称为**输入文件流**；发送或写数据到一个文件中的文件流称为**输出文件流**。

注意，文件流的方向或方式总是和程序相关而和文件无关；传输到程序的数据认为是输入数据，从程序中发送的数据认为是输出数据。

图 13.1 分析了使用输入和输出流从文件中读和向文件中写的数据流程。

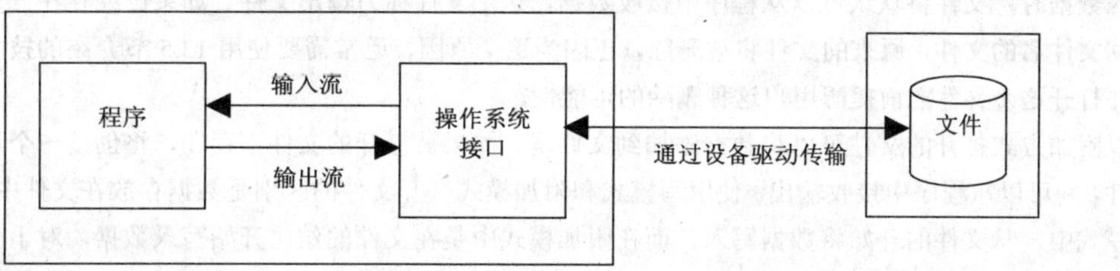

图 13.1　输入和输出文件流

对于程序使用的每个文件，都需要分别创建不同的文件流对象。如果要读和写一个文件，需要分别创建一个输入和输出文件流对象。根据文件保存的位置以及文件中的数据是字符还是字节值，可以从不同的类中创建特定的流对象。表 13.2 列出了常用的文件输入和输出流类，在这里将文件分为两种类型，分别为**基于字符**的文件（也称为**文本文件**）和**基于字节**的文件，将在 13.8 节介绍这两种文件类型。简要地说，保存在基于字节文件中的字符和数字使用和 Java 的基本数据类型相同的二进制编码；而基于字符的文件则使用一种单独的字符编码保存每个字母、数字和特定的符号，例如小数点和美元符，允许使用一个词处理程序或文本编辑器来读取这种文件的内容。如果需要从一个基于字符的文件中读取数据，表 13.2 中的信息表明应该使用 Java 的 FileReader 类创建一个输入流对象；同样地，为了向一个字节流文件写入数据，相应的输出流对象应该从 Java 的 FileOutputStream 类创建。

表 13.2　基本 I/O 流类

模　式	基于字符文件	基于字节文件
Input	使用一个 FileReader 类	使用一个 FileInputStream 类
Output	使用一个 FileWriter 类	使用一个 FileOutputStream 类

☆ *知识点*　输入和输出流

流是源和目标之间的一种传输方式，在这个传输路径中的是字节流。字节流的一个形象比喻是提供了从水源头到目的之间的传输路径的水流。

前面使用过的两个流对象分别是输入流对象 System.in 和输出流对象 System.out。System.in 对象提供了从键盘到程序的数据传输路径，而输出流对象则提供了一个从程序到终端屏幕的数据传输的路径。System.in 是 java.io.BufferedInputStream 的一个实例，其为 java.io.InputStream 的字类；System.out 对象是

java.io.PrintStream 类的一个实例，其为 java.io.OutputStream 的字类，这两个流对象由 Java 编译器自动声明并实例化。

文件流对象提供了和 System.in 和 System.out 对象同样的功能，但是它们连接的是文件而不是键盘或终端屏幕。文件流对象也必须被实例化。

创建文件流对象是一个固定的步骤。在创建文件流对象后，也就在程序和一个外部数据文件之间创建了一个物理通信，这个路径定义了数据传输的方向和数据流转换的能力，以及程序和文件之间的数据缓冲。

一个输入文件流对象能够自动以读的模式打开与它相连接的文件，这意味着文件中的数据可以通过程序读取，这样的文件称为**输入文件**。使用 13.5 节介绍的技术，可以做一个相应的检查，在使用输入流打开文件之前确保该文件是存在的。

输出文件流可以使用下列两种方式之一打开它的相关文件：写或添加。当输出流打开一个文件并准备写入数据时，文件将默认可以从程序中接收数据，这个文件称为**输出文件**。如果已经存在一个和写文件相同文件名的文件，原来的文件将被删除，正因为这个原因，通常需要使用 13.5 节介绍的技术进行检查，在打开这个文件之前提醒用户这种删除的可能性。

以附加方式打开的文件可以将数据添加到文件尾。如果被打开的文件不存在，将创建一个该名字的新文件，并可以从程序中接收输出。使用写模式和附加模式打开文件的区别是数据存放在文件中的位置，在写模式中，从文件的开始将数据写入，而在附加模式中是在文件的结尾开始写入数据，对于一个新文件，这两种模式是相同的。

下面使用了一个具体的例子来分析在实际中如何创建一个对象流（假设希望从一个基于字符的文件 prices.txt 中读取数据）。图 13.2 分析了读取文件所需要的输入流的结构。完整的流从文件开始，并在程序中结束。

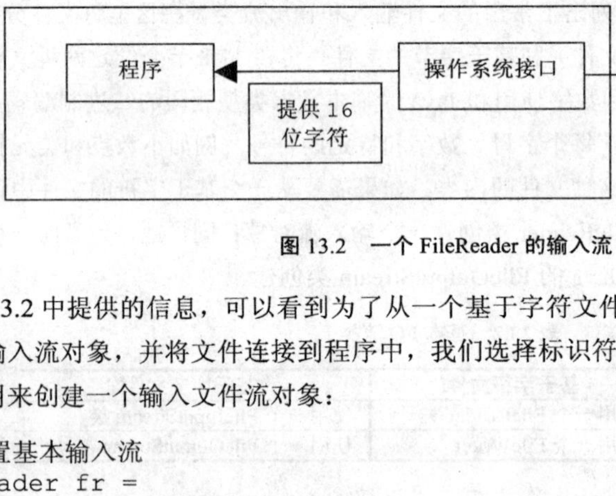

图 13.2　一个 FileReader 的输入流

根据表 13.2 中提供的信息，可以看到为了从一个基于字符文件中读取数据，应从 FileReader 类中创建一个基本输入流对象，并将文件连接到程序中，我们选择标识符 fr 作为输入流对象的引用变量，下面的语句可以用来创建一个输入文件流对象：

```
//设置基本输入流
FileReader fr =
     new FileReader("prices.txt");
```

注意，这个语句创建了一个输入流，并打开了文件 prices.txt 以便于读取数据（因为程序和数据文件之间的物理连接的建立是通过 Java 和操作系统实现的，除了确保成功地建立该连接，程序员不必考虑别的方面）；从编程的观点来看，该语句的另一个作用是非常重要的，除了在程序和一个数据文件之间创建一个实际的物理连接，文件流等同于在程序内部使用的引用变量所对应的外部文件，并提供了使用这个变量访问文件的文件流方法。

在使用前面的语句创建了 fr 流对象后，程序将使用这个引用变量名 fr 来访问文件，计算机的操作系统将通过名字 prices.txt 识别该文件。作为一个从 FileReader 类创建的对象，现在可以使用这个类的方法从文件中读取数据，下列语句

```
fr.read();
```

从 prices.txt 文件中读取了一个字符。

使用同样的方式，可以从 FileWriter 类创建基于字符的输出流对象，例如，语句

```
FileWriter fw =
    new FileWriter("backup.txt");
```

创建了对应文件 backup.txt 的基于字符的输出流对象。在创建一个输出流对象时，将由操作系统创建一个给定名字的文件，而不管这个文件是否存在。如果给定名字的文件已经存在，它将被删除，并创建一个新的空的文件，这样，原文件中的数据自动丢失。为了防止删除已有的文件，应该在开始对它写入数据前检查该文件是否存在。创建了一个新文件后，任何由程序写到输出流中的数据将自动保存到新的文件中。对于前面的实例化语句，程序可以使用引用变量名 fw 访问这个文件，例如，下面语句

```
fw.write('a');
```

将把小写字母 a 写到文件 backup.txt 中。假设操作系统使用 ASCII 码来保存字符数据，则字节码 01100001 等同于十六进制 0x61，并将被保存到文件中。

注意，从 FileReader 和 FileWriter 类创建的基于字符的流总是以 16 位数据的方式传递字符。对于使用 8 位文件系统的计算机，这些 16 位数据使用计算机的默认字符编码方式被编码并保存为 8 位 ASCII 字符（这将在 13.8 节介绍）。

因为使用表 13.2 中列出的基本 I/O 类创建的流对象（对于基于字符和基于字节的文件）只有基本的字节处理能力，因此从这些类中创建的基本输入和输出流对象通常被封装到别的能够提供扩展功能的流对象中，因为提供了额外的处理功能，这些扩展流称为**处理流**。在 13.2 节将介绍如何创建对应 FileReader 和 FileWriter 类型对象的处理流对象，并将详细介绍基于字符的处理；同样，将在 13.3 节介绍创建对应 FileInputStream 和 FileOutputStream 类型对象的处理流对象，并将详细介绍基于字节的处理。在所有的例子中，创建一个扩展处理流对象前都需要先创建一个在表 13.2 中列出的类的一个对象。

13.1.3　关闭流对象

可以使用 close()方法关闭一个流对象。这个方法能够关闭基本 I/O 流对象和所有从中创建的处理流，例如，语句

```
fw.close();
```

关闭了对象流 fw。像所表示的，close()方法没有参数。因为所有的操作系统都对同时访问一个文件的数目有限制，所以关闭流对象不再是必须的。在程序结束时，任何存在的对象流将被自动关闭。

13.1.4　缓冲流

每次向文件写或从文件中读取一个字节或一组字节时，都要求对底层操作系统的调用。因为访问一个存储文件媒质的次数，例如磁盘，和对操作系统的调用可以通过使用缓冲而减少，所以对于所有的文件数据都可以使用这种类型进行传输。图 13.3 分析了如何在程序和数据文件之间构造数据缓冲。

如图 13.3 所示，当在程序和文件之间使用缓冲流传递数据时，缓冲流提供了一个存储区域，由在程序和文件之间传递的数据使用。在许多情况下，使用缓冲流将提供强大的 I/O 速度和性能。

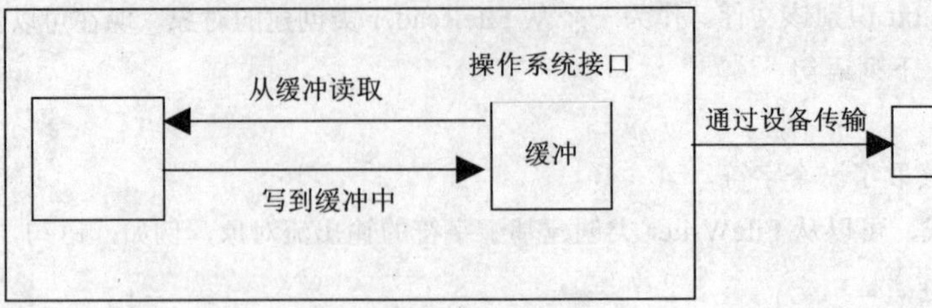

图 13.3 数据传输介质

程序能够将一组字节数据写到缓冲流中或从流中读取字节数据。在流的文件方面，保存实际数据文件（通常是一个磁带，磁盘或 CD-ROM 驱动）的设备和流之间的数据传输是通过称为设备驱动的特定操作系统程序来实现的。[①]一般地，磁盘驱动器只在磁盘和流之间传递固定大小的数据，例如每次 1024 个字节，这样，当程序使用一个不同大小（一般每行为独立的字符或一个固定数目的字符）来访问它们时，缓冲流提供给设备驱动以块大小的数据来传输数据的方式。

缓冲对象流从缓冲流类中创建。如果要创建一个缓冲流，首先需要使用表 13.2 中列出的流类来创建一个基本的 I/O 流对象，也就是，必须首先创建一个基本 I/O 流对象，然后才能创建一个缓冲流对象。除了在 13.2 节末尾分析非缓冲 I/O 时，本书中所有的文件例子都将使用缓冲流。在 13.2 节将介绍如何构造基于字符的缓冲流，在第 13.3 节将介绍如何构建基于字节的缓冲流。

13.1.5 练习题

1．使用你的计算机操作系统提供的规范，分析一个文件名中允许的字符的最大数目。

2．把一个保存的 Java 程序称为文件正确吗？为什么？

3．问题如下：

（1）用来构造基于字符文件的输入和输出流对象的基本输入和输出流类是什么？

（2）用来构造基于字节文件的输入和输出流对象的基本输入和输出流类是什么？

4．编写适当的 Java 语句，分别为基于字符的文件 inData.txt、prices.txt、coupons.txt 和 results.mem 创建一个输入流 fr。

5．编写适当的 Java 语句，分别为基于字符的文件 outdata.txt、prices.txt、coupons.dat 和 resutls.mem 创建输出流 fw。

6．编写适当的 Java 语句为基于字节的文件分别创建一个输入流：inData、distance、rates.dat 和 coupons.dat。

7．编写适当的 Java 语句为基于字节的文件分别创建一个输出流：outData、distance、rates.dat 和 coupons.dat。

8．为表 13.3 中的每个外部数据文件创建相应的流对象。

表 13.3 需创建相应的流对象的外部数据文件

文件名	文件类型	流 名	模 式
coba.mem	text	memo	input
book.let	text	letter	input
coupons.bnd	text	coups	output
yield.bnd	byte-based	yield	input
test.dat	byte-based	inFile	output
rates.data	byte-based	outFile	output

① 设备驱动不是一个单独的程序，而是操作系统的一部分。设备驱动是能够访问硬件设备的操作系统代码的一部分（例如一个硬盘区），设备驱动能够处理设备和计算机内存之间的数据传输，这样，它必须正确地同步在计算机和设备之间发送和接收数据的速度（因为计算机的内部数据传输速率通常比连接到它的设备更高）。

9．为练习题 8 中编写的文件流对象编写 close()语句。

13.2　读写基于字符的文件

读写基于字符的文件包含了大部分用来从键盘读取输入并向显示屏幕输出数据的基本操作。为了实现向一个基于字符的文件中写入数据，FileWriter 流对象提供了连接文件和程序的基本流。

像在 13.1 节看到的，FileWriter 输入流对象每次只能向文件中写入一个字节，因此，我们提供了表 13.4 中列出的处理流类，每个类都对 FileWriter 流对象进行了扩展，用来增强性能和改进数据传输速度。

表 13.4　使用 FileWriter 对象的处理流对象

模　式	流　类	注　释	常用方法
Output	BufferedWriter	提供了一个改进性能的输出缓冲	write(int c)
			write(String s,int start,int end)
Output	PrintWriter	提供了一组有用的输出方法	flush(),close(),print(char)
			print(String),print(int)
			print(float),print(double)
			print(boolean)和对应的 println()方法

注意，不能使用表 13.4 中的类直接创建一个扩展输出流对象，而需要首先构造一个基本的 FileWriter 输入流对象。这是因为所有这些扩展的基于字符的输入流都是建立在 FileWriter 流对象的基础上的，所以应首先创建这个基本的流对象，现举例说明，假设要打开文件 prices.txt 对应的输出流，为了实现这一步，使用下列的语句：

```
//设置基本输出流
FileWriter fw =
    new FileWriter("prices.txt");
```

注意，我们选择了 fw 作为一个指向 FileWriter 对象的引用变量名，执行这个语句后，可以使用 FileWriter 类的字节方法编写针对 prices.txt 的代码（像在第 13.1 节中介绍的）。类似地，可以用同样的方式创建一个以附加方式打开文件的输出流，例如，语句

```
//设置基本的输出流并以附加模式打开一个文件
FileWirter fw =
    new FileWriter("prices.txt",true);
```

打开了文件 prices.txt，并可以向文件的结尾添加数据，该语句的第二个参数，即布尔值 true，使文件以附加的模式打开。像在第 13.1 节中介绍的，连接到一个以附加模式打开文件的输出流和连接到一个以只读模式打开的文件之间的惟一不同是数据存放在文件中的位置，在附加模式中，数据被写到已有文件的末尾；在只写模式中，数据被写到文件的开始。这意味着对于已经存在的文件，附加模式能够保留已存在的数据，但是在非附加模式中，任何已存在的数据都会丢失，对于一个新文件，这两种模式是等同的。

不管以何种方式打开连接到基本 FileWriter 输出流的文件，相关的流方法每次只能输出一个字节。为了创建一个能够直接将这两块顺序倒换的输出流对象，例如整数、双精度数字以及保存为字符串的字符数据序列，必须扩展这些基本输出流对象，为了实现这一功能，第一步是把输出流包装到一个缓冲流中，这允许 Java 程序将字节写到缓冲流中，而不必在写每个字节时都调用底层操作系统。对于缓冲流，首先将所有的数据写到一个中间缓冲，然后只有在缓冲区达到了它的实际容量后才将其中的数据写到文件中，最后关闭缓冲流，或使用一个 flush()方法发送缓冲流。

假设使用下列语句创建了一个 FileWriter 类型的对象 fw：

```
//设置基本的输出流
FileWriter fw =
    new FileWriter("prices.txt");
```

现在可以使用 fw 引用变量创建一个缓冲输出流：

```
//缓冲它，能够更快地输出
BufferedWriter bw = new BufferedWriter(fw);
```

在这个语句中，引用变量名 bw 是程序员选择的，可以被任何有效的 Java 变量来代替。因为缓冲提供了一个增强的功能，所以最好在所有的文件 I/O 中都使用它。虽然缓冲字节流改进了 I/O 性能，但这些流对象只能使用 BufferedWriter 类中提供的字节或字符串方法，例如，假设我们的 BufferedWriter 对象由引用变量 bw 引用，语句

```
bw.write('a');
```

将字母 a 放到缓冲中，类似地，下列语句

```
bw.write("This is a test");
bw.newLine();
```

将字符串 This is a test 和一个新行符写到输出缓冲中。

输出缓冲可以发送，并可以使用 bw.flush()方法把数据写到相应的文件中。需要注意，现在有两个文件流对象，虽然可以使用任何一个流的引用变量来写文件，但最好使用后面一个创建的对象流的方法；还要注意，下列的两个实例化一个 BufferedWriter 对象的语句

```
FileWriter fw=
    new FileWriter("prices.txt");
BufferedWriter bw =
    new BufferedWriter(fw);
```

可以被如下的一个语句代替：

```
BufferedWriter bw =
    new BufferedWriter(new FileWriter("prices.txt"));
```

在编程工作中，会看到这两种情况的交替使用，你应该对这两种方式都掌握。

需要创建的最后一个封装流对象是 PrintWriter 对象。原因是 PrintWriter 类包含了非常有用的类方法，其允许将字符串、双精度、浮点、整数和布尔类型的字节写入文件。虽然可以从 FileWriter 对象或 BufferedWriter 对象中构造一个 PrintWriter 对象，但最好是使用缓冲对象，这样能够增强与缓冲相关的内在性能。在本章中，构造给定字符文件的输出流对象的完整语句为：[1]

```
//设置基本的输出流
FileWriter fw =
    new FileWriter("prices.txt");
```

现在可以使用 fw 引用变量创建一个缓冲输出流：

```
//缓冲它，以便能够更快地输出
BufferedWriter bw =
    new BufferedWriter(fw);
//这提供了一组有用的方法
PrintWriter pw =
```

① 向基于字节的文件写入数据有类似的步骤。我们将在 13.3 介绍基于字节文件的写入。

```
new PrintWriter(bw);
```

同样，这 3 个语句可以被如下的一个语句来代替：

```
PrintWriter pw = new PrintWriter(new BufferedWriter(new FileWriter("prices.txt")));
```

在创建了最后一个流后，就可以使用 PrintWriter 类提供的方法把数据写到文件中。

不管使用什么方法，总是将一个或一组字符写到一个文本文件中，例如，如果 pw 是一个 PrintWriter 类型的流对象，则下面的每个输出语句都可以把一个或多个字符写到和 pw 流相连接的文件中：

```
pw.print('a');
pw.print("Hello World! ");
pw.print(22);  //输出一个整数字符串
pw.print(39.95);  //输出一个双精度字符串
pw.println("Have a Good Day");  //输出一个字符串并换行
```

pw 在这些语句中代替了 System.out，表示把输出流写到一个特定的文件中，而不是写到标准显示设备上。程序 13.1 分析了如何使用 PrintWriter 方法把一组描述和价格写到文件 prices.txt 中，在检查这个程序时，需要注意在 main()方法头行使用了句法 throws java.io.IOException，因为在 main()方法体中并没有提供处理 I/O 异常的语句，因此必须抛弃可能由语句产生的异常（这和 3.3 节介绍的键盘输入是同样的原因）。如果发生一个 I/O 异常，将由 main()方法将其抛弃，程序终止执行并显示一个错误信息。

程序 13.1

```
import java.io.*;
public class WriteTextPrices
{
 public static void main(String[] args)
    throws java.io.IOException
  {
      //设置基本的输入流
    FileWriter fw = new FileWriter("prices.txt");
      //设置缓冲流
    BufferedReader br = new BufferedReader(fw);
      //这提供了一组有用的方法
    PrintWriter pw = new PrintWriter(bw);
    pw.println("Mats 39.95");
    pw.println("Bulbs 3.22");
    pw.println("Fuses 1.08");
    pw.close();
  }
}
```

运行程序 13.1，文件 prices.txt 被创建并写入数据。在打开这个文件后，写入了下列数据：

```
Mats 39.95
Bulbs 3.22
Fuses 1.08
```

文件中字符的实际存储依赖于计算机使用的字符编码。虽然文件中只显示了 30 个字符，但如果包括写到文件中的描述、空格和价格，文件实际包含 36 个字符。额外的字符由回车符和 println()方法产生的换行符组成。假设使用 ASCII 码保存字符，prices.txt 文件中数据的保存如下所示（为了方便，将每个十六进制编码的字符列在下面，其中有 20 个表示空格符号，另外，系统也添加了一个文件结尾符作为文件的最后一个字节）：

```
4D 61 74 73 20 33 39 2E 39 35 0D 0A 42 75 6C 62 73 20
M  a  t  s     3  9  .  9  5  cr lf B  u  l  b  s
```

```
33 2E 32 32 0D 0A 46 75 73 65 73 20 31 2E 30 38 0D 0A
3  .  2  2 cr lf F  u  s  e  s     1  .  0  8 cr lf
```

13.2.1 嵌入和交互文件名

虽然程序 13.1 能够创建一个基于字符的文件并把数据保存到其中，但是它还存在 3 个问题，这些问题是：

（1）外部文件名被嵌入在程序代码中。

（2）当程序运行时，用户不能输入指定的文件名。

（3）没有检查文件是否已经存在。

文件名嵌入在程序代码中的问题可以通过把文件名作为一个字符串变量并在程序的顶部声明来解决，这个解决方案也可以改正第二个错误，因为如果使用字符串变量表示文件名，该字符串变量可以使用一个字符值或在程序运行时使用读取的文件名进行赋值。

为了分析如何实现上述功能，首先参考程序 13.2，在其代码中把字符串值 prices.dat 赋值给变量 filaName。程序 13.2 产生的输出和程序 13.1 产生的输出是等同的。

程序 13.2

```
import java.io.*;
public class WriteTextPrices2
{
    public static void main(String[] args)
        throws java.io.IOException
    {
        String filename = "prices.txt";
          //设置基本的输入留
        FileWriter fw = new FileWriter(filename);
          //设置缓冲流
        BufferedReader br = new BufferedReader(fw);
          //这提供了一组有用的方法
        PrintWriter pw = new PrintWriter(bw);
        pw.println("Mats 39.95");
        pw.println("Bulbs 3.22");
        pw.println("Fuses 1.08");
        pw.close();
    }
}
```

在声明了一个字符串变量来保存文件名后，可以通过两种方式来使用它：首先，像程序 13.2 所示，它可以被放在程序的顶部，能够明显地标识文件的名字，而不是把文件名嵌入到程序的一个或几个语句中（如程序 13.1 所示）；其次，使用字符串变量允许用户在程序执行时动态地输入文件名，这样就能够省却在修改文件名时需要重新编译程序的麻烦，例如，下列的代码：

```
    //设置基本的键盘输入流
InputStreamReader isr = new
     InputStreamReader(System.in);
    //进行缓冲设置
BufferedReader br = new
     BufferedReader(isr);
String filename;
System.out.print("\nEnter the file's name: ");
filename = br.readLine();
```

允许用户使用 3.3 节介绍的键盘输入技术在程序运行时输入文件的名字，这些代码的惟一限制是用户不能把输入的字符串值封装在双引号中，而且输入的字符串值也不能包含空格，原因是，编译器在遇到一个空格时将终止这个字符串。

13.2.2　从文本文件中读取数据

除了在程序中使用声明的文件流对象代替 System.in 对象外，从字符文件中读取数据和从一个标准键盘中读取数据是非常类似的。在表 13.5 中列出了文本文件输入所使用的两个主要的文件流类，如表所示，字符输入方法 read()和字符串输入方法 readLine()是使用的两个主要方法，这样，从读取文本文件的内容来看，可考虑把文件中的每一行作为一个字符串，即读取每一行数据，然后使用 3.3 节介绍的 StringTokenizer 方法将其分割成几个单独的部分。

表 13.5　字符输入流

类	类　型	注　释	方　法
FileReader	基本输入流	用于字节输入的基本流。支持字符输入	read()
BufferedReader	处理流	提供缓冲，并改进性能支持字符和行输入。通常使用一个 FileInputStream 对象作为参数	read() readLine()

☆ *知识点*　准确标识文件名和存储位置的方式

在程序开发期间，通常将数据文件和程序放在同一目录下，这样，表达式 File inFile = new File("test.dat");在定位文件时就不会存在问题。在部署期，数据文件一般单独放在一个目录，而程序放在另一个目录中，因为这个原因，在使用文件时最好包含文件的完整路径，当使用完整路径名时，需要使用双定界符\\来分割文件名。双斜杠提供了一个转义顺序，第一个反斜杠告诉编译器正确地把第二个字符作为一个反斜杠。

还要注意，应该在程序的顶部列出所有的文件名，而不是把名字放在程序的代码中，这可以很容易通过把每个文件名赋值给一个字符串变量实现，例如，下列的声明语句

```
String inputFile = "c:\\jdk\\test.dat";
```

被放在程序文件的顶部，这样可以很清楚地看到文件名和它的位置。如果要使用别的文件，仅仅需要在程序的顶部做一个改变。

为文件名使用一个字符串变量对于文件检查和显示信息也是非常有用的，例如，参考下列语句：

```
System.out.println("The file" + inputFile +"is not available for input.");
```

这里文件名作为信息的一部分被输出，而不需第二次编写完整的路径名。

程序 13.3 读取了在程序 13.1 中创建的 prices.txt 文件，使用 readLine()方法每次读取一行。实际上，该程序是一个逐行的文本拷贝程序，从文件中读取一行文本然后显示在终端。

程序 13.3

```
import java.io.*;
 public class ReadTextPrices
 {
    public static void main(String[] args)
        throws java.io.IOException
    {
        String filename = "prices.txt";
        int i;
        String inline;
          //设置基本输入流
        FileReader fw = new FileReader(fileName);
```

```
        //设置缓冲流
        BufferedReader br = new BufferedReader(fr);
          //读取并显示三行
        for(i=0;i<3;i++)
        {
            inline = br.readLine();  //读取一行
            System.out.println(inLine);  //显示该行
        }
      br.close();
    }
}
```

程序 13.3 产生的输出为：

```
Mats 39.95
Bulbs 3.22
Fuses 1.08
```

程序 13.3 使用了一个固定数目的循环来读取了三行数据，而通常需要让程序一直读取，直到读取到文件的结尾，这很容易实现，因为 BufferedReader()类的方法 readLine()在输入流不再包含任何行时将返回 null 值。可以使用下列的 while 循环代替在程序 13.3 中使用的 for 循环：

```
while((inline=br.readLine())!=null)
{
  System.out.println(inLine);  //显示一行
}
```

需要注意，表达式(inLine=br.readLine())中的圆括号是必须的，用来保证首先读取一行文本并赋值给变量 inLine，然后将这个变量和 null 进行比较。如果没有它们，完整的表达式将会是 inLine = br.readLine()!=null。按照运算的顺序，关系表达式 br.readLine()!=null 将被首先计算，因为这是一个关系表达式，它的结果根据 br.readLine()方法接收的数据为 true 或 false，试图把这个布尔类型的结果值赋值给字符串变量 inLine 是一个无效的转换，将产生一个编译错误。

最后，如果需要分别得到描述和价格，可以将程序 13.3 中 readLine()返回的字符串解析为单独的数据项，这主要通过使用 StringTokenizer 对象来实现，和操作键盘输入使用的是相同的方式（参见 3.3 节），例如，假设变量 desc 和 price 已经被声明为字符串和双精度变量，语句

```
st = new StringTokenizer(inLine);
desc = st.nextToken();
price = Double.parseDouble(st.nextToken());
```

可以析取程序 13.3 得到的 inLine 字符串中的描述和价格值，这些语句被放在一个完整的程序 13.4 中以粗体显示。注意程序 13.4 使用了一个单行的声明来打开缓冲输出流，代替了在程序 13.3 中使用的两行声明。每一种类型的声明都是可以接受的，这两种在实际中都可以被使用。

程序 13.4

```
import java.io.*;
import java.util.*;  //使用 StringTokenizer
public class ReadTextPrices2
{
    public static void main(String[] ars)
    throws java.io.IOException
    {
        String filename = "prices.txt";
        int i;
        String price;
```

```
        String inline,desc;
        StringTokenizer st;
          //设置缓冲流
        BufferedReader br = new BufferedReader(new FileReader(fileName));
          //读取并显示三行
        for(i=0;i<3;i++)
        {
          inline = br.readLine();  //读取一行
          st = new StringTokenizer(inLine);  //这里字符串被析取为单独的值
          desc = st.nextToken();
          price = Double.parseDouble(st.nextToken());
          System.out.println("Description:"+desc+'\t'+"Price:"+price);
        }
          br.close();
      }
  }
```

程序 13.4 产生的输出为：

```
Description: Mats  Prices:39.95
Description: Bulbs  Prices:3.22
Description: Fuses  Prices:1.08
```

虽然在程序 13.4 中没有将数字值用于数字计算，但程序仍然分析了转换基于文件的文件数据为数字数据类型的过程。很显然，一旦字符串值被转换为数字值，这些值就可以用在适当的数学计算中。注意在解析每个值时，程序员需要知道数据是如何保存在文件的每行中的。

13.2.3 非缓冲的 I/O①

本节中的例子分析了文本文件的输入和输出，它们都使用缓冲流。在有些情况，需要使用非缓冲的方式读写字符，下面举了一个非常简单的例子来说明，假设希望从一个字符文件 info.txt 中每次读取一个字符，并把读取的数据写到一个文件 backup.txt 中，本质上，这是一个文件拷贝程序，从一个文件中一个一个字符地读取数据，并把它们写到另一个文件中。为了便于分析，假设输入文件中的字符（保存在 info.txt 中的数据）如下所示：

```
Now is the time for all good people
  To come to the aid of their party
Please call (555) 888-6666 for
  Further information
```

图 13.4 分析了用来完成文件拷贝的流的结构，在这个图中，输入流对象由变量 fr 引用，能够从文件 info.txt 中读取字节；输出流对象由变量 fw 引用，用来向文件 backup.txt 中写入数据。

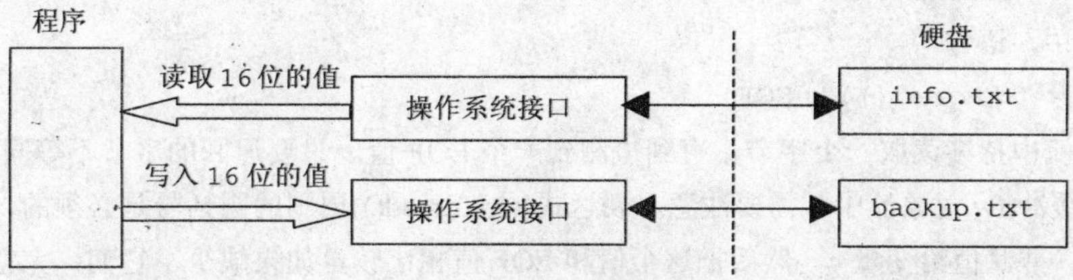

图 13.4 文件拷贝流结构

因为处理的是字符文件，所以必须从 FileReader 和 FileWriter 类中构造基本输入和输出流对象（参

---

① 在第一次阅读本书时可以跳过该标题。

见表 13.2）。使用引用变量 fr 和 fw，下面的语句创建了适当的文件流对象：

```
  //设置基本输入流
FileReade fr = new
    FileReader("info.txt");
  //设置基本输出流
FileWriter fw = new
    FileWriter("backup.txt");
```

不管字符是如何保存在文件中，从 FileReader 和 FileWriter 类创建的流对象总是以 16 位的格式来传递数据的（许多文件系统保存字符为 8 位 ASCII 数据，参见第 13.8 节），这样，使用 FileReader 的 read()方法所读到的一个 Java 程序的字符将返回一个整数值而不是一个 char。除了能够接收 16 位 Unicode 数据，该方法返回的整数值提示到达流的结尾，已经没有数据剩下。当到达流的结尾时，read()的返回值为-1，因为-1 没有相应的字符表示，保证了当这个值被检测到时，不会像其他合法的字符那样被接受。

现在参考程序 13.5，它在执行文件拷贝之前忽略了对文件的检查和流的缓冲。它使用了非缓冲的方式读写一个文本文件。当运行结束后，程序 13.3 创建了一个文件 backup.txt，并复制了文件 prices.txt 中的内容。

程序 13.5

```
import java.io.*;
 public class CopyTextPrices
 {
     static final int EOF = -1;
     public static void main(String[] args)
          throws java.io.IOException
   {
         //打开一个基本输入流
        FileReader fr = new FileReader("info.txt");
         //打开一个基本输出流
        FileWriter fw = new FileWriter("backup.txt");
        int c;
        while((c = fr.read())!=EOF)
            fw.write(c);
        fr.clsoe();
        fw.close();
   }
 }
```

回顾程序 13.5，注意程序中使用了非缓冲 FileReader 和 FileWriter 类的流对象以及它们相关的字节方法 read()和 write()，同时也使用了一个命名常量 EOF，其值为-1，将这个值作为命名常量的原因是在 read()方法读到输入流的结尾时返回-1。

在程序 13.5 中，语句

```
while((c = fr.read())!=EOF)
```

被用来从 fr 输入流中持续读取一个字节，直到检测到一个 EOF 值。只要返回的字节不等同于 EOF 值，字节将被写到非缓冲 fw 对象流中。需要注意，表达式(c = fr.read())周围的圆括号是必须的，用来确保首先读取一个字节，并赋值给变量 c，然后把这个值和 EOF 值相比较，如果缺少了它们，完整的表达式将是 c = fr.read() != EOF。因为操作的顺序，关系表达式 fr.read()!=EOF 将首先被执行，因为这是一个关系表达式，它的结果为 true 或 false，试图把这个布尔值赋值一个变量 c 是一个无效的转换，并会产生一个编译错误。

13.2.4　练习题

1. 在计算机上编写并运行程序 13.1。

2. 在计算机上编写并运行程序 13.2。

3. 修改程序 13.2，允许用户交互地输入文件名。

4. 在计算机上编写并运行程序 13.3。

5. 问题如下：

（1）编写一个 Java 程序，从键盘中读取 5 行数据，并把每行都写到文件 text.dat 中。

（2）修改程序 13.3，读取并显示练习题 5（1）所创建的 text.dat 文件中的数据。

6. 分析计算机中为显示一个文件的内容而提供的操作系统的命令和程序，并比较练习题 5（1）中的操作。

7. 编写、编译并运行一个 Java 程序，把 4 个实数 92.65、88.72、77.46 和 82.93 写到文本文件 results.txt 中。在把数据写到文件中之后，程序应从文件中读取数据，并计算读取的 4 个数字的平均值，然后显示该平均值。通过手工计算验证程序所计算的平均值。

8. 问题如下：

（1）编写并运行一个 Java 程序，使其能够创建一个文本文件 points，并将下列三行字符写到该文件中：

```
6.3   8.2  18.25  24.32
4.0   4.0  10.0   -5.0
-2.0  5.0  4.0    5.0
```

（2）使用 points 文件中的数据，编写、编译并运行一个 Java 程序，读取每个记录并将每个记录的第一个和第二个数字作为一个点的坐标，第三和第四个数字作为第二个点的坐标。让程序计算并显示每个输入点的斜率和中点。

9. 问题如下：

（1）编写、编译并运行一个 Java 程序，使其能够创建一个文本文件 grades.txt，并把下列五行数据写到文件中：

```
90.3  92.7  90.3  99.8
85.3  90.5  87.3  90.8
93.2  88.4  93.8  75.6
82.4  95.6  78.2  90.0
93.5  80.2  92.9  94.4
```

（2）使用练习题 9（1）创建的 grades.txt 文件，编写、编译并运行一个 Java 程序，从文件中读取每一行，然后计算每行的平均值并显示。

10. 问题如下：

（1）创建一个包含下列每辆汽车的汽车编号、行驶距离和耗费的加仑油数的文件：

汽车编号	行驶距离	使用的汽油
54	250	19
62	525	38
71	123	6
85	1,322	86
97	235	14

（2）编写一个 Java 程序，读取练习题 10（1）创建的文件中的数据，并显示汽车编号、行驶距离和耗费的汽油。输出的数据应包括总的行驶距离和耗费的总汽油数以及每加仑的平均米数，这些结果应该

在输出的结尾显示。

11．问题如下：

（1）文件 polar.txt 包含一个图形程序所需要的极坐标。目前，这个文件包含下列的数据：

```
  距离              角度
--------------   ------------
  2.0               45.0
  6.0               30.0
  10.0              45.0
  4.0               60.0
  13.0              55.0
  8.0               15.0
```

编写一个 Java 程序，在计算机系统上创建包含这些数据的一个文件。

（2）使用练习题 11（1）中创建的 polar.txt，编写一个从这个文件中读取数据的 Java 程序，并创建第二个文件 xycord.dat。新文件中的实体应该包含极坐标的矩形坐标。极坐标使用下列的等式转换为矩形坐标：

```
X = r cos @
Y = r sin @
```

r 是坐标之间的数据，@是在 polar.txt 文件中的角度坐标的对等弧度。

12．问题如下：

（1）把下列数据保存在文件中：5 98 87 78 93 21 4 92 82 85 87 6 72 69 85 75 81 73。

（2）编写一个 java 程序，计算并显示在练习题 12（1）中创建的文件中的每组数字的平均值。数据被排列在文件中，每组数字的数目显示在它的数据项前面，这样，文件的第一个数字 5 表示下面的 5 个数字被分为一组；数字 4 表示下面的 4 个数据是一组的；6 表示最后 6 个数字为一组（注意：使用一个内嵌的循环）。

13．将下列数据输入到一个字符文件 info.txt 中：

```
Now is the time for all good people
  To come to the aid of their party
Please call (555) 888-6666 for
  Further information
```

14．输入并运行程序 13.5。当程序运行完毕，验证存在一个文件 backup.txt，其包含了在练习题 11 中创建的 info.txt 中的数据。

15．重新编写程序 13.5，使它可以使用缓冲输入和输出流，代替非缓冲的 FileReader 和 FileWriter 类。

16．修改程序 13.5，使输入文件可以使用 readLine()方法读取，输出文件使用 println()方法写数据（注意，应该添加处理流到已存在的 FileReader 和 FileWriter 流对象中。参见练习题 15）。

13.3 读写字节文件

基于字节文件中的每个字符使用一个惟一的码表示。字节文件的优势是 Java 的基本数据类型，例如 int 和 double，可以直接使用它们对应的二进制形式来编写、保存和读取，这意味着在写一个数字时不需数字到字符串的转换，当从文件读取值时不需字符串到数字的转换，对于包含数字数据的文件，这是一个非常明显的优势，能够有效地改进程序；其缺点是使用词处理或文本编辑程序检查文件和查看作为正文信息的数字值的功能被丢失。在本节，首先介绍使用输出流创建一个字节文件，然后介绍如何使用字节输入流从文件中读取数据。

表 13.6 列出了常用的字节输出文件流。和字符流类似，一个基本的字节输出流也可以被封装到另外一个提供额外功能的处理流中。

表 13.6　常用的基于字节文件的输出流类

类	模　式	描　述	对 象 名
FileOutputStream	Output	用作字节输入的基本流。提供了字符输出	fos
BufferedOutputStream	Output	提供改进性能的缓冲。提供了字符和字节输出。一般使用一个 FileOutputStream 对象作为参数	bos
DataOutputStream	Output	提供额外的输出方法。一般使用一个 FileOutputStream 对象或 BufferedOutputStream 作为参数	dos

为了输出，从表 13.6 中的类实例化的对象为：

```
    //设置基本输出流
FileOutputStream fos =
    new FileOutputStream(outFile);
    //设置缓冲流
BufferedOutputStream bos =
     new BufferedOutputStream(fos);
    //这提供了一些有用的方法
DataOutputStream dos =
    new DataOutputStream(bos);
```

在这些实例化语句中，术语 fos、bos 和 dos 都是程序员为相应流类型的对象选择的名字。在创建第一个流中使用的 outFile 参数可以是一个字符串变量、字符串常量或 File 对象名。

第一个封装创建了一个 BufferedOutputStream 对象，主要因为这个流能够写入完整的行而不仅仅是单个的字节，写字节的功能由 FileOutputStream 提供，缓冲输出通常比非缓冲的字节输出更有效率。

第二个封装创建了一个 DataOutputStream 对象，主要因为这个流提供了写字符串和数字数据的方法。表 13.7 列出了 DataOutputStream 类提供的常用方法。当要把不同类型的数据写到一个字节文件中时，可以从表 13.7 中选择相应的方法。

表 13.7　DataOutputStream 类方法

方　法	描　述
flush()	发送流，使任何缓冲输出写到文件中
close()	关闭文件输出流
writeByte(int b)	写一个字节到输出流中
writeBoolean(boolean v)	写一个布尔值到一个输出流中。值 true 被写作 1，值 false 被写作 0
writeBytes(String s)	写一个字符串到一个输出流中。每个字符的高八位不会被写进去
writeChar(int v)	写一个 char 值到输出流中，使其作为一个两位字节 Unicode 值
writeChars(String s)	写字符串 s 到输出流中，使其作为一系列的字符。写每个字符到输出流中，使其作为一个两位字节 Unicode 值
writeDouble(Double v)	转换 double 值 v 为一个 long 值，然后写这个 long 值到输出流中
writeFloat(float v)	转换 float 值 v 为一个 int 值，然后把这个 int 值写到输出流中
writeInt(int v)	使用 4 个字节把 int 写到输出流中
writeLong(long v)	使用 8 个字节把 long 值写到输出流中
writeShort(int v)	使用两个字节把 short 值写到输出流中

使用类似的方式，可以创建一个以附加模式打开相应文件的输出流。如果以附加方式打开的文件不存在，将会创建一个指定名称的文件，并可以使用输出流从程序中接收数据。输出流和以附加模式打开的文件之间的连接可以通过添加一个布尔参数到第一个创建流对象的构造方法中来实现，例如，下列语句

```
    //设置基本输出流并以附加模式打开
  FileOutputStream fos =
      new FileOutputStream(outFile,true);
```

打开 outFile 并可以把数据附加到文件的末尾。

程序 13.6 是一个创建字节文件的具体例子。

程序 13.6

```
import java.io.*;
public class WritePrices
{
    public static void main(String[] args)
      throws java.io.IOException
    {
      String fileName = "prices.dat";
       //设置基本输出流
      FileOutputStream fos =
          new FileOutputStream(fileName);
       //设置缓冲流
      BufferedOutputStream bos =
          new BufferedOutputStream(fos);
       //提供更多有用的方法
      DataOutputStream dos =
          new DataOutputStream(bos);
      dos.writeDouble(39.95);
      dos.writeDouble(3.22);
      dos.writeDouble(1.08);
      dos.close();
      System.out.println("A new " + fileName+" file has benn written. ");
    }
}
```

程序 13.6 创建的字节文件（保存在 prices.dat 文件中的字节数据和它们的对等小数值）如下所示：

```
|40 43 F9 99 99 99 99 9A|←对应值 39.95
|40 09 C2 8F 5C 28 F5 C3|←对应值 3.22
|3F F1 47 AE 14 7A E1 48|←对应值 1.08
```

其使用了十六进制值表示对等的二进制值，[①]它把文件的数据分为三行，并使用竖线分割不同的项，文件被保存为一组字节；每个值由 8 个字节组成，也是 Java 中双精度数字的长度；字节文件的读取要求构造一个基于字节的输出流，然后使用数据输入的相应流方法。表 13.8 列出了常用的字节输入文件流。

表 13.8 常用的字节文件输入流类

类	模 式	注 释	对 象 名
FileInputStream	Input	用作基于字节输入的基本流。支持字符输入	fis
BufferedInputStream	Input	提供改进性能的缓冲。支持字符行输入。一般使用一个 FileInputStream 对象作为参数	bis
DataInputStream	Input	提供额外的输入方法。一般使用一个 FileOutputStream 或 BufferedInputStream 对象作为参数	dis

在程序 13.6 中，和所有的流对象一样，若要首先创建一个基本流，使用了 FileIntputStream 类，然后封装这个基本对象到别的流中，从而获得额外的功能，例如缓冲流提供的额外的方法。对于字节流，DataInputStream 类提供了表 13.9 中列出的方法，这些方法和表 13.7 中方法的区别是：DataInputStream

① 具体的字节模式可以使用附录 I 介绍的实数存储规范得到。

类中的方法是输入方法，而 DataOutputStream 类中的方法是输出方法。这些输入方法允许读取使用 DataOutputStream 直接写到文件中的基本数据，而不需任何别的转换。

表 13.9　DataInputStream 类方法

方　法	描　述
close()	关闭输入流
readBoolean()	从输入流中读取一个 boolean 值
readByte()	从输入流中读取一个 byte 值
readChar()	从输入流中读取一个 char 值
readDouble()	从输入流中读取一个 double 值
readFloat()	从输入流中读取一个 float 值
readInt()	从输入流中读取一个 int 值
readLong()	从输入流中读取一个 long 值
readShort()	从输入流中读取一个 short 值
readLine()	被 BufferedReader.readLine()代替

程序 13.7 分析了创建一个字节输入流对象，并读取在程序 13.7 中创建的文件中的数据，最后显示这些数据。到现在为止，我们对输入流对象的构造应该很熟悉了。回顾实际输入的数据，注意每一个数据项都通过 readDouble()方法读取为双精度值。虽然选择了直接显示输入值，在许多应用中，输入值将被赋值给一个双精度变量，然后作进一步的操作。

程序 13.7

```
import java.io.*;
public class Readprices
{
    public static void main(String[] args)
      throws java.io.IOException
     {
      String fileName = "prices.dat";
       //设置基本输入流
      FileInputStream fis = new FileInputStream(fileName);
       //设置缓冲流
      BufferedInputStream bis = new BufferedInputStream(fis);
       //提供更多有用的方法
       DataInputStream dis = new DataInputStream(bis);
      System.out.println("The values read form the " + fileName + " file are: ");
      System.out.println(dis.writeDouble());
      System.out.println(dis.writeDouble());
      System.out.println(dis.writeDouble());
      dis.close();
     }
}
```

程序 13.7 产生的输出为：

```
The values read form the prices.dat file are:
39.95
3.22
1.05
```

注意，表 13.9 列出了 DataInputStream 类提供的 readLine()方法，这个方法在 Java 2.0 中被替代，也就是说它在一些应用中可能并不被支持。

替代 DataInputStream 中 readLine()方法的原因是在读取发送到网络的文件或键盘的输入时，它可能导致程序意外终止。这是因为该方法使用一个返回行结束序列(\r\n)来确定什么时候停止程序，对于本地保存的文件，这对码在一行结束时被创建，所以 readLine()很少产生错误；然而，如果在程序中使用了这个方法，而发送到网络中的文件没有把\r\n 作为行尾（HTTP 协议没有把这作为要求的行结束符号），程序将会终止执行。

在发现这个问题之前，readLine()被广泛用来读取字符串数据，例如，如果一行包含一组数字数据，然后是字符串数据，则数字数据可以使用表 13.9 中列出的基本数据类型读取方法，然后对字符串使用 readLine()方法。这个技术现在被读取并附加单个字符到一个 StringBuffer 变量的方法所代替，直到遇到一个已知的行结束符号，这种代替方式的一个具体应用如下（其中 inchar 被声明为一个字符变量、dis 是一个 DataInputStream 对象、sbvar 是一个 StringBuffer 变量）：

```
while((inchar = dis.inChar())!='\r')
    sbvar.append(inchar);
```

在这个例子中，假设每行以一个返回符终止。

13.3.1 练习题

1．输入并运行程序 13.6。

2．输入并运行程序 13.7。

3．编写、编译并运行一个 java 程序，把数字 92.65、88.72、77.46 和 82.93 作为双精度数字写到一个字节文件 results.dat 中。在把数据写到文件后，程序应从该文件中读取数据，并分析 4 个数字的平均值，然后显示该平均值。通过手工计算验证你的程序的正确性。

4．问题如下：

（1）编写、编译并运行一个 Java 程序，使其创建一个字节文件 points，并把下列数字写到该文件中：

```
 6.3  8.2  18.25  24.32
 4.0  4.0  10.0   -5.0
-2.0  5.0   4.0    5.0
```

（2）使用练习题 4（1）创建的 points 文件，编写、编译并运行一个 java 程序，使用一个 for 循环从中读取数据并把每条记录的第一和第二个数字作为一个点的坐标、第三和第四个数字作为第二个点的坐标，使程序计算并显示每对输入点的斜率和中间点。

5．问题如下：

（1）编写、编译并运行一个 Java 程序，创建一个字节文件 grades.bin，并把下列数据写到文件中：

```
90.3  92.7  90.3  99.8
85.3  90.5  87.3  90.8
93.2  88.4  93.8  75.6
82.4  95.6  78.2  90.0
93.5  80.2  92.9  94.4
```

（2）使用练习题 5（1）创建的 grades.bin 文件，编写、编译并运行一个 Java 程序，读取、计算并显示每组数字的平均值。

6．问题如下：

（1）创建一个包含表 13.10 所示的汽车号、行驶距离和每辆车使用的汽油数的字节文件。

表 13.10 创建一个字节文件

汽 车 号	行 驶 距 离	使用的汽油
54	250	19
62	525	38
71	123	6
85	1,322	86
97	235	14

（2）编写一个 java 程序，读取练习题 6（1）中创建的文件中的数据，并为每辆车显示汽车号、行驶距离、使用的汽油和每加仑汽油行驶的距离。输出也应该包含行驶的总距离、使用的总加仑数和所有汽车的每加仑行驶的距离，这些总和被显示在输出的结尾。

7．问题如下：

（1）一个基于字节的文件 polar.dat 包含了在一个图形程序中所需要的极坐标。当前该文件包含表 13.11 所示的数据，编写一个 Java 程序，创建这个文件。。

表 13.11　文件中的数据

距　离	角　度
2.0	45.0
6.0	30.0
10.0	45.0
4.0	60.0
13.0	55.0
8.0	15.0

（2）使用练习题 9（1）创建的文件 polar.dat，编写一个 Java 程序以读取这个文件的数据，并创建第二个字节文件 xycord.dat。新文件的实体应该包含对应极坐标的矩形坐标。极坐标使用下列等式转换为矩形坐标（r 是在 polar.dat 文件中的距离坐标、@是角度坐标的弧度）：

```
X = r cs @
Y = r sin @
```

13.4　随机访问文件

文件中数据被写入和接收的方式称为**文件访问**。到目前为止，本书创建的所有文件都使用**顺序访问**，也就是文件中的数据被顺序访问，一项接着一项，例如，在一个顺序访问文件中的第四项只有在前面三项被读取后才能被访问，文件中的最后一项只有在前面的所有的项被访问后才能被访问。序列文件的数据不能被代替，更新一个顺序访问文件要求使用一个文件更新程序，需要为每次更新创建一个完整的新文件，所以对于文件中的主要数据必须被读取和更新的应用，例如更新一个月工资表文件，序列访问必须遵从文件更新的方式，而不是进行限制。

在一些应用程序中，随机访问文件中的数据，也就是文件中的数据可以被接收、修改和重新编写，而不需读取或编写别的数据，**随机访问**文件即**直接访问**文件，在本节，将介绍如何创建和使用随机访问文件。在 Java 中，随机访问文件一般使用前面章节中 DataInputStream 和 DataOutputStream 所提供的类似的方法来创建。

创建和使用随机访问文件的关键是改进文件的结构，使其可以定位和更新特定的项。大多数常用的结构包含固定长度的记录，每个记录也包含了固定长度的项，这允许定位任何特定的记录和在记录中的具体的项，例如，图 13.5 分析了一组记录，每条记录包含一个整数标识码、一个表示库存的数量的整数数字、一个表示价格的双精度数字。使用字节文件，每个整数值要求 4 个存储字节、双精度值要求 8 个字节，这样，文件中的每个记录要求 16 个存储字节，标识码、数量和价格保存在每条记录的同一位置。

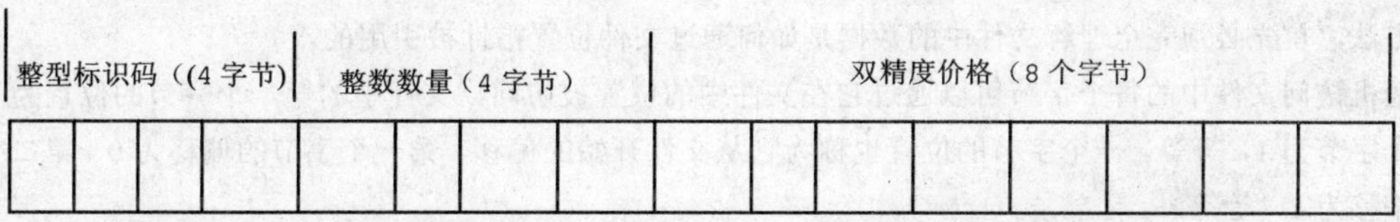

图 13.5　由 16 个字节组成的固定长度记录

随机访问文件被创建为类 RandomAccessFile 的一个对象。创建并使用一个随机访问文件的基本流对象需要一个文件名，该文件名可以是一个字符串变量、字符串常量或 File 对象，以及一个状态，这个状态可以是一个只读的"r"或允许读写的"rw"，例如，语句

```
RandomAccessFile raf = new RandomAccessFile("products.dat","rw");
```

创建了一个随机访问文件流，可以对文件 products.dat 进行读写，如果这个文件存在，它将被打开，否则，它将被创建。

在以读写模式打开随机访问文件流后，读写文件和读写一个字节文件的步骤类似，也就是，RandomAccessFile 类的方法和 DataInputStream、DataOutputStream 类相似，它们允许从文件中读和写基本数据值。表 13.12 列出了 RandomAccessFile 类提供的方法。

表 13.12 RandomAccessFile 成员方法

方法名	类型	描述
getFilePointer()	访问	得到当前文件的指针
seek()	访问	移动文件指针
length	信息	返回文件的字节数
getFD()	信息	得到文件描述符
close()	关闭	关闭文件
read()	输入	读取字节
readBoolean()	输入	读取一个 boolean 值
readByte()	输入	读取一个 8 位字节
readChar()	输入	读取一个 16 位字节
readDouble()	输入	读取一个 64 位字节
readFloat()	输入	读取一个 16 位字节
readFully	输入	读取要求的字节数直到读取完毕
readInt()	输入	读取一个 32 位 int
readLine()	输入	读取一行
readLong()	输入	读取一个 64 位 long 值
readShort()	输入	读取一个 16 位 short 值
readUnsignedByte()	输入	读取一个无符号的 8 位字节
readUnsignedShort()	输入	读取一个无符号的 8 位 short
readUTF()	输入	使用 UTF 码读取
skipBytes()	输入	跳过字节
writeBoolean()	输出	写一个 boolean 值
writeByte()	输出	写一个 8 位字节
writeChar()	输出	写一个 16 位 char
writeDouble()	输出	写一个 64 位 double
writeFloat()	输出	写一个 16 位 float
writeInt()	输出	写一个 32 位 int
writeLine()	输出	写一行
writeLong()	输出	写一个 64 位 long 值
writeShort()	输出	写一个 32 位 short 值
writeUTF()	输出	使用 UTF 码写数据

提供随机访问文件的关键是每个随机访问流能建立一个内部的文件位置指针，这个指针能够跟踪下一个字节从哪里被读取、写或跳过。表 13.12 中列出的前两个方法可以用来访问和改变文件位置标记。

seek()方法允许程序员将指针移动到文件中的任何字节位置，不管进行读、写或跳过操作。为了理解这个方法，首先必须完全理解文件中的数据是如何通过文件位置指针被引用的。

随机访问文件中的每个字节可以通过它在文件中的位置被访问。文件中的第一个字节的位置为 0、下一个字节为 1，等等。一个字节的位置也称为它从文件开始的偏移，第一个字节的偏移为 0、第二个字节的偏移为 1，等等。

seek()方法需要一个参数：一个长整数类型的偏移。偏移从文件的开始就被计算。使用这个参数，seek()

方法设置了文件内部位置指针的当前值。所有随后的读、写或跳过操作，都根据这个文件指针表示的位置来操作文件。作为一个具体的例子，假设数据文件 test.dat 包含图 13.6 中列出的数据。

文件长度	8 字节(每个字符 2 个字节)							
字节位置:	0	1	2	3	4	5	6	7
存储值:	00	4E	00	65	00	78	00	74
字符:	N		e		x		t	

图 13.6　test.data 文件中的数据

注意，图 13.6 所分析文件中的每个字符包含 2 个字节，这是因为该文件是使用 DataInputStream 的 writeChar()方法来创建的，其使用了 2 个字节来写入一个字符。实际上，文件可以被构造为字节文件或随机访问文件，因为用来创建这些文件的输出流使用了相同类型的输出方法（这个文件的创建留作练习题 1）。

对于图 13.6 所示的文件，其长度为 8 个字节。现在如果执行表达式 raf.readChar()，存储的下两个字节将被读取，文件的位置指针自动被移动到字节位置 6，这种对文件指针的自动调整在遇到一个读、写或跳过时发生。

程序 13.8 分析了使用 seek()方法按照从最后一个字符到第一个字符的顺序，从一个字节文件 test.dat 中逆序读取字符，在读取每一个字符的同时，进行相应的显示。

程序 13.8

```
import java.io.*;
public class DisplayReversed
{
    static final int SIZEOFCHAR=2;  //每个字符包含两个字节
    public static void main(String[] args)
     throws java.io.IOException
    {
     String fileName = "test.dat";
     char ch;
     long last,position,setbytepos;
       //设置基本速记访问输入/输出流
     RandomAccessFile raf = new RandomAccessFile(fileName, "rw");
     last = raf.length();  //得到文件的长度
     position = last - SIZEOFCHAR; //从最后一个字符开始
     while(position>=0)
      {
       raf.seek(position);   //移动到相应的字符
       ch = raf.readChar();
       System.out.print(ch + "| ");
       position = position - SIZEOFCHAR;  //定位到前面的字符
      }
      raf.close();
    }
}
```

假设文件 test.dat 包含图 13.6 所示的数据，则程序 13.8 产生的输出为：

```
t | x | e | N |
```

程序 13.8 初始定位到文件的最后一个字符，最后一个字符的位置可以通过文件的长度得到，其为 8 个字节除 2。如果仅仅设置文件的位置指针到 8，将指到最后一个字符的结尾，这里应该定位于最后一个字符的开始位置，最后字符的这个位置如图 13.6 所示，为 6，是在文件尾的前两个字节。seek()方法的第一次调用定位了文件指针的值到最后一个字符的开始，当每读一个字符时，显示这个字符，然后把位置调整到下一个字符。

使用 seek()方法可以移动文件指针的位置，而 getFilePointer()方法用来得到当前文件位置指针的值，例如，在程序 13.8 中的第一个 readChar()被执行后，下列方法的调用

```
raf.getFilePointer();
```

将返回 long 整数值 8。在程序 13.8 中，暂时没有使用 getFilePointer()方法。程序 13.8 中分析的重点是随机访问文件需要知道数据如何保存在随机文件中，并且能够精确地定位文件中每个数据项的字节位置，实际上，这通常通过将数据项聚集到一个固定长度的记录中来实现，将在下一节介绍。

13.4.1 使用固定长度记录①

因为对随机访问文件中数据的随机访问是通过字节定位来实现的，所以使用随机访问文件的应用程序必须提供一个定位每个数据项的方法，这通过提供包含一个标识数字或可以被转换成字节位移的记录码的一组数据项来实现。把数据项聚合到固定长度记录可以实现上面的功能，例如，假设创建了一个包含表 13.13 中数据的随机访问文件。

表 13.13 保存在随机访问文件的信息

标 识 码	库 存 数 量	销 售 价 格
1001	476	28.35
1002	348	32.56
1003	517	51.27
1004	284	23.75
1005	165	35.25

创建一个包含表 13.14 中的数据的随机访问文件是通过向文件中写入 5 个记录项来实现的。文件中的每个记录用来保存一个产品标识数字、产品库存的数量和产品的销售价格，每个数据项保存为数据格式而不是字符串。一般地，产品标识数字使用一个四位数字来表示，这样从标识数字中扣除 1000 就能得到正确的记录数字，例如，产品标识数字 1001 将被保存为数字 1，产品标识数字 1002 将被保存为记录数字 2，等等（转换一个记录数字的标识码通常称为散列）。程序 13.9 创建了要求的文件。

程序 13.9

```
import java.io.*;
public class WriteRandom
{
  public static void main(String[] args)
    throws java.io.IOException
   {
    String fileName = "products..dat";
    String acctstring,amtstring,pricestring;
    int acct,amt;
    double price;
      //设置字符串输入
    InputStreamReader isr =
        new InputStreamReader(System.in);
    BufferedReader br =
        new BufferedReader(isr);
      //设置基本的随机访问输入/输出流
    RandomAccessFile raf = new RandomAccessFile(fileName, "rw");
```

① 在第一次阅读本书时，可以跳过该标题。

```
    //输入并保存 5 个记录的数据
    for(int i=1;i<=5;i++)
    {
      System.out.print("Enter the identification number: ");
      acctstring = br.readLine();
      acct = Integer.parseInt(acctstring);
      raf.writeInt(acct);
      System.out.print("Enter the quantity in stock: ");
      amtstring = br.readLine();
      amt = Integer.parseInt(amtstring);
      raf.writeInt(amt);
      System.out.print("Enter the price: ");
      pricestring = br.readLine();
      price = Double.parseDouble(pricestring);
      raf.writeDouble(price);
    }
    System.out.println("The file" + fileName+ " has been written. ");
    System.out.println("The length of the file is "+raf.length() + " bytes. ");
    raf.close();
  }
}
```

回顾程序 13.9，注意大部分的代码关心的是如何从键盘输入数据和如何把输入的数据转换为数字格式。实际上，把数字数据写到随机访问文件是通过 for 循环中包含的下列 3 个语句来实现的：

```
raf.writeInt(acct);
raf.writeInt(amt);
raf.writeDouble(price);
```

运行程序 13.9，并假设表 13.12 中的数据被正确地输入，则该程序创建的字节文件（程序 13.9 生成文件中的数据）如下所示：

```
|00 00 03 E9|00 00 01 DC|40 3C 59 99 99 99 99 9A|←第一个记录包含 16 个字节
|00 00 03 EA|00 00 01 5C|40 40 47 AE 14 7A E1 48|←第二个记录包含 16 个字节
|00 00 03 EB|00 00 02 05|40 49 A2 8F 5C 28 F5 C3|←第三个记录包含 16 个字节
|00 00 03 EC|00 00 01 1C|40 37 C0 00 00 00 00 00|←第四个记录包含 16 个字节
|00 00 03 ED|00 00 00 A5|40 41 A0 00 00 00 00 00|←第五个记录包含 16 个字节
```

这里，使用了十六进制表示对等的二进制值，虽然把文件的记录分割为每一行，并使用竖线|区分每条记录的单独项，但实际上文件是作为一组连续的字节来保存的，文件的长度为 80 个字节，对应了 5 条记录，每条记录包含 16 个字节。下面列出了被转换为小数格式的文件中的数据（和程序 13.9 产生的文件中的数据对等）：

```
|1001| 476| 28.35|←第一个记录
|1002| 348| 32.56|←第二个记录
|1003| 517| 51.27|←第三个记录
|1004| 284| 23.75|←第四个记录
|1005| 165| 35.25|←第五个记录
```

为了检查这些值，首先应该把程序 13.9 产生的文件中的十六进制数据转换为对等的二进制值。然后，对于每个记录的前面两个整数值，可以使用第 1.8 节介绍的技术将二进制转换为小数。在转换每个记录中的最后 8 个字节的双精度数据时，需要使用在附录 I 中介绍的知识。

程序 13.10 分析了使用数字方法 readInt()和 readDouble()直接读取程序 13.9 所创建的随机访问文件中的数字数据。注意，因为连续地从文件中读取所有的数据，即从第一个标识数字开始，因此程序不会直接使用文件的随机访问功能。

程序 13.10

```
import java.io.*;
public class ReadRandom
{
    public static void main(String[] args)
      throws java.io.ioException
    {
      String fileName = "products.dat";
      int acct,amt;
      double price;
        //设置基本随机访问输入/输出流
      RandomAccessFile raf =
            new RandomAccessFile(fileName, "rw");
        //输出头信息
      System.out.println("       Quantity");
      System.out.println("ID. No.     In Stock   Price");
      System.out.prinltn("-------    ---------   -----");
        //读取并输出数据
      for(int i=1;i<=5;i++)
      {
        acct = raf.readInt();
        amt = raf.readInt();
        price = raf.readDouble();
        System.out.println("" + acct   +"       " + amt+"      $" + price);
        }
    raf.close();
    }
}
```

程序 13.10 产生的输出为:

```
ID. No.        Quantity In Stock      Price
_______        _________________      ______
  1001               476              $28.35
  1002               348              $32.56
  1003               517              $51.27
  1004               284              $23.75
  1005               165              $35.25
```

随机访问文件的优势是可以按照任意的顺序来进行读和写操作文件中的记录，这允许查看文件中的任何一个记录，并能更新每一个正在访问的记录。参考程序 13.11，其要求用户输入一个标识数字，如果对应标识数字的记录被找到，要求用户输入一个新的数量并更新原有记录的数据；否则，通知用户对于输入的标识数字没有相应的记录存在。

程序 13.11

```
import java.io.*;
public class UpdateRandom
{
  static final int RECLEN = 16;
  static final int BASEREC = 1000;
  public static void main(String[] args)
    throws java.io.IOException
  {
    String fileName = "products..dat";
    String acctstring,amtstring,pricestring;
    int acct,amt;
```

```
      double price;
      long filelen,position,setbytepos;
       //设置字符串输入
      InputStreamReader isr =
          new InputStreamReader(System.in);
      BufferedReader br = new BufferedReader(isr);
       //设置基本的随机访问输入/输出流
      RandomAccessFile raf =
          new RandomAccessFile(fileName, "rw");
      filelen = raf.length();  //得到文件的长度
      System.out.print("Enter the identification number(999 to stop): ");
      acctstring = br.readLine();
       //输入并保存 5 个记录的数据
      while(!acctstring.equals("999"))
     {
        //计算这个 id 数字的记录数
       recnum = Integer.parseInt(acctstring) - BASEREC;
         //计算这个记录的开始字节位置
       position = (recnum -1)*RECLEN;
         //确定这是一个有效的字节位置
       if(position < 0 || position>(filelen -1))
       {
         System.out.print("There is no record for this id number");
         System.out.print("Please recheck and reenter the identification "
                +"number (999 to stop): ");
         acctstring = br.readLine();
         continue;
       }
       raf.seek(position); //移动到记录
       acct = raf.readInt();
       setbytepos = raf.getFilePointer();
       amt = raf.readInt();
       System.out.println("The current quantity in stock is : " + amt);
       System.out.print("Enter the new quantity: ");
       amtstring = br.readLine();
       amt = Integer.parseInt(amtstring);
       raf.seek(setbytepos);  //重置位置到 amt
       raf.writeInt(amt);
        System.out.println("The record has been updated: ");
       System.out.print("Enter a new identification number (999 to stop) : "");
        acctstring = br.readLine();
       }
       raf.close();
    }
  }
```

下面是执行程序 13.11 的结果，其中两个已存在的记录被成功更新，一个不正确的标识数字已经被正确地检测到。

```
Enter the identification number (999 to stop):1003
The current quantity in stock is :517
Enter the new quality: 436
The record has been updated.
Enter a new identification number(999 to stop): 1008
There is no recordfor this id number
Please recheck and reenter the identification number(999 to stop) : 1005
The current quantity in stock is:165
Enter the new quantity: 196
```

```
The record has been updated
Enter a new identification number(999 to stop): 999
```

13.4.2 练习题

1．通过从本书的网站拷贝文件或自编写一个 Java 程序，创建一个字节文件 test.dat，并保存下列的 4 个字母（参见图 13.6）：

```
Next
```

这个文件可以使用 DataOutputStream 或 RandomAccessFile 类的方法来创建。

2．输入并运行程序 13.8，读取并显示练习题 1 创建的文件中的数据。

3．假设使用文本编辑器创建了练习题 1 的文件 test.dat 或该文件是使用 PrintWriter 创建一个该文本文件。在这个例子中：

（1）保存的字符和图 13.6 中所示的有什么区别？

（2）如何修改程序 13.8，才能使该程序读取并显示文件中的字符？

4．编写并运行一个 Java 程序，读取并显示练习题 1（1）创建的 test.dat 中的第二个字符。

5．编写一个方法 findChars()，返回一个字节文件中的字符的总数目。假设文件只由字符组成。

6．问题如下：

（1）编写一个方法 readBytes()，从一个字节文件的任何位置开始读取并显示 n 个字符，该文件只由字符组成。该方法接收 3 个参数：文件名、读取的第一个字符的位置和要读取的字符的数目。字符位置参数应该是字符，不是字节，这样，如果字母 An unusual opportunity 被保存在文件中，则在 unusual 中的 u 的字符数目为 4。

（2）修改练习题 6（1）中编写的方法 readBytes()，将读取的字符保存为一个 String 或 StringBuffer 对象。这个方法应该返回创建的 String 或 StringBuffer 对象。

7．输入并运行程序 13.9。

8．输入并运行程序 13.10。

9．输入并运行程序 13.11。

13.5 File 类

在从文件读取数据或向文件写入数据之前，最好先检查文件的状态，这种检查可以使用 File 类中的方法来实现，需要注意，这个类的方法不允许执行任何文件输入或输出；如果要进行输入和输出，则需要建立相应的文件流对象。File 类提供了对文件状态进行检查的一组方法，表 13.14 列出了该类提供的方法。

表 13.14 常用的 File 类方法

方 法	描 述
canRead()	如果文件可以被读取数据，返回一个布尔值 true
canWrite()	如果文件存在并可以被写入数据，返回一个布尔值 false
delete()	删除指定的文件，如果成功则返回一个布尔值 true
exists()	如果指定的文件存在则返回一个布尔值 true
getAbsolutePath()	根据系统的目录信息得到这个文件的完整路径
getName()	从给定的路径返回这个文件的文件名
getParent()	返回给定路径中文件的父目录
isDirectory()	如果指定的文件是一个目录，返回一个布尔值 true
isFile()	如果文件是一个非目录文件，返回 true

（续表）

方 法	描 述
length()	返回文件的长度
renameTo()	重新命名文件

程序 13.12 以一个完整的程序分析了 File 类方法的使用。

程序 13.12

```
import java.io.*;
public class CheckFile
{
   public static void main(String[] args)
     throws java.io.IOException
    {
     File inFile = new File("C:\\jdk\\prices.dat"); //注意这是一个完整的路径
     File newName = new File("backup.dat");  //可以使用一个相对路径
     if(inFile.exists())
      {
       System.out.println("The file " + fileName + "exists");
         //检查这个文件的类型
       if(inFile.isDirectory())
         System.out.println("This is a directory");
       else if(inFile.isFile())
         System.out.println("This is a regular file");
         //检查这个文件是否是可读的
       if(inFile.canRead())
         System.out.println(" The file can be read");
       else
         System.out.println(" The file is not readable");
         //检查这个文件是否是可写的
       if(inFile.canWrite())
         System.out.println("The file can be written to");
       else
         System.out.println("The file is not written to");
         //返回文件的长度
       System.out.println("The file length is " + inFile.length() + "bytes. ");
        //返回文件的目录名
       System.out.println("The pathname of this file's parent is
                         "+inFile.getParent());
         //重命名文件
        inFile.renameTo(newName);
        System.out.println("The file has been renamed" + newName);
        System.out.println("The full pathname for this file is"
                         newName.getAbsolutePath());
     }
       else
        System.out.println("The file" + fileName + "does not exits. ");
    }
}
```

程序 13.12 产生的输出为：

```
The file prices.dat exists
  This is a regular file
  The file can be read
  The file can be written to
The file length is 24 bytes.
The pathname of this file's parent is C:\jdk
```

```
The file has been renamed backup.dat
The full pathname for this file is C:\jdk\backup.dat
```

虽然程序 13.12 的输出非常简单，其中还是有一些需要注意：首先，getParent()方法返回的路径名由程序提供的路径名得到，如果提供的是相对路径，getParent()将返回一个 null 值，如果想让程序输出文件的完整路径信息，必须使用方法 getAbsolutePath()，像最后一行所分析的；最后，renameTo()方法可以重新命名一个文件，当然前提是新的文件名没有被别的文件使用，一旦一个文件被重新命名，以前的名字就不再有效。

如果在程序 13.12 中使用的文件名需要改变，则必须在 3 个地方分别进行修改，并重新编译这个文件，这和在 13.2 节遇到的问题同样。解决方案和在本章使用的方法相同——把名字赋值给程序顶部的一个字符串变量，这在程序 13.13 中实现了，其产生了和程序 13.12 同样的输出。

程序 13.13

```
import java.io.*;
public class CheckFile2
{
    public static void main(String[] args)
     throws java.io.IOException
    {
      String fileName = "c:\\jdk\\prices.dat";
      String nextName = "backup.dat";
      File inFile = new File(fileName);
      File newName = new File(nextName);
      if(inFile.exists())
      {
        System.out.println("The file " + fileName + "exists");
          //检查这个文件的类型
        if(inFile.isDirectory())
          System.out.println("This is a directory");
        else if(inFile.isFile())
          System.out.println("This is a regular file");
          //检查这个文件是否是可读的
        if(inFile.canRead())
          System.out.println(" The file can be read");
        else
          System.out.println(" The file is not readable");
          //检查这个文件是否是可写的
        if(inFile.canWrite())
          System.out.println("The file can be written to");
        else
          System.out.println("The file is not written to");
          //返回文件的长度
        System.out.println("The file length is " + inFile.length() + "bytes. ");
          //返回文件的目录名
        System.out.println("The pathname of this file's parent is "
                    +inFile.getParent());
          //重命名文件
        inFile.renameTo(newName);
        System.out.println("The file has been renamed" + newName);
        System.out.println("The full pathname for this file is"
                    +newName.getAbsolutePath());
      }
      else
        System.out.println("The file" + fileName + "does not exits. ");
    }
}
```

13.5.1　文件检查

File 类的重要作用之一是检查要进行输入的文件是否存在以及是否可读，类似地，如果要写一个文件，首先应该检查给定名字的文件是否存在，如果存在，原文件中的所有数据在一个数据流连接到文件时会被删除。

程序 13.14 分析了在读取文件之前对该文件的两种类型的检查：首先，程序检查文件是否存在。其次，如果文件存在，程序检查它是否可读，这样的检查对 UNIX 系统是非常重要的，因为其可读性很容易被禁止。

程序 13.14

```
import java.io.*:
public class CheckForRead
{
    public static void main(String[] args)
        throws java.io.IOException
    {
        String fileName = "prices.dat";
        File inFile = new File(fileName);
         //检查文件是否存在和可读
        if(inFile.exists() == false)
        {
          System.out.println("The file " + fileName+"does not exits - please
                               check and return");
          System.exit(1);
        }
         else if(inFile.canRead() == false)
        {
        System.out.println("The file "+ fileName
               +" exists but does not have read permission - please check. ");
        System.exit(1);
        }
          //设置输入流并从文件读取数据
        System.out.println("The file " + fileName + " exists and can be read. ");
    }
}
```

如果文件 prices.dat 和程序 13.14 没有保存在同一目录下，将显示下列的信息：

```
The file prices.dat does not exits - please check and return
```

类似地，如果文件存在但并没有可读性，显示下列的信息：

```
The file prices.dat exits but does not hava read permission - please check.
```

在这些例子中，System.exit()方法可以终止程序的运行。如果文件存在并可读，将显示下列信息：

```
The file prices.dat exists and can be read.
```

实际上，这个语句可以被前面介绍的读取和处理文件中数据的语句代替。

在离开程序 13.14 之前，有一点需要注意，实际中，表达式 if(inFile.exists() == false)将被专业程序员使用语句 if(!inFile.exists())代替；类似地，表达式 if(inFile.exists() == true)将被编码为 if(inFile.exists())。需要注意这个简单的编码方式，在以后的编程工作中你将经常遇到。

在输出方面，当将数据写到一个文件前，你应该检查这个文件在系统中是否存在，如果存在，可以选择不打开一个对应该文件的输出流或给用户一个是否打开输出流的选择，这是一个很重要的决定，因为一旦打开一个输出流，文件中的原有数据将自动被丢失，除非已存在的文件是以附加的方式被打开。程序 13.15 分析了如何实现这种类型的检查。

程序 13.15

```
import java.io.*;
public class CheckForWrite
{
    public static void main(String[] args)
        throws java.io.IOException
    {
    String fileName = "prices.dat";
    char response;
    File outFile = new File(fileName);
     //检查文件是否存在
    if(outFile.exists())
    {
    System.out.println("The file" + fileName + " currently exists. ");
    System.out.print("Are you sure you want o write to it? Enter y or n: ");
    response = (char)System.in.read();
    if(response=='n')
        System.exit(1);
    }
      //设置输出流并向文件中写数据
    System.out.println("The file" + fileName +" can be written to. ");
  }
}
```

假设文件 prices.dat 是当前目录中可用的，运行程序 13.15 将产生下列的输出：

```
The file prices.dat currently exists.
Are you sure you want to write to it?Enter y or n:
```

根据用户的选择，文件中的数据将被删除并被重新写入或终止程序的运行。实际上，显示给用户的信息和是否给用户一个删除已存在文件的选择取决于应用程序和被操作文件的重要性。

13.5.2 练习题

1．问题如下：

（1）描述保存在字符文件和字节文件中的数字的不同。

（2）描述在字符文件和字节文件中字母的不同。

2．编写并运行程序 13.12。

3．修改程序 13.12，使文件名可以由用户交互输入。

4．输入并运行程序 13.13。

5．输入并运行程序 13.14。

6．修改程序 13.3，使其包含程序 13.14 提供的输入数据检查。

7．输入并运行程序 13.15。

8．修改程序 13.1，使其包含程序 13.15 提供的输入数据。

13.6 常见编程错误

在使用文件时常见的编程错误如下：

（1）在访问文件时，使用了文件名而没有使用文件流对象引用变量。使用外部文件名的惟一流方法是第一次用来打开文件的流。

（2）在实例化一个输出流对象时，没有认识到文件以默认的写的模式打开，这样将自动删除所有的文件数据。如果数据需要被加到一个已存在的文件中，文件应该以附加的模式打开。

（3）使用不正确的方法测试读取文件的结束。一般地，当试图在字符文件的结尾前读取数据时，将返回一个 null 值，当试图在一个字节文件的末尾前读取数据时将产生一个 EOF 异常；当做了一个文件结尾的不正确的测试时，程序将被终止或进入一个无限循环。

（4）使用一个字符变量检测文件的结尾。如果使用一个变量检测文件的结尾，它必须被声明为一个整数变量，例如，如果语句 while((c=fr.read())!=EOF)被用来持续地从一个 fr 输入流读取字节，直到检测到一个 EOF 值，c 必须是一个整数变量，如果 c 被声明为一个字符变量，表达式将产生一个无限循环，[①]这是因为字符变量不会得到一个有效的 EOF 码。EOF 标记必须是一个整数值（通常是-1），这保证一个 EOF 码不会和任何有效的字符混淆。为了终止前面表达式产生的循环，变量 c 必须被声明为一个整数变量。

（5）在一个循环里，例如 while((c = fr.read())!=EOF)，忘记在表达式 c = fr.read()外加圆括号，就用来从一个文件流中读取字节。圆括号是必须的，用来确保首先读取一个字节并在将接收的值和 EOF 比较之前赋值给变量 c。如果缺少了圆括号，完整的表达式为 c = fr.read()!=EOF，因为操作的顺序，关系表达式 fr.read()!=EOF 将被首先执行，因为这是一个关系表达式，所以它的结果将是一个 true 或 false，试图把这个布尔结果赋值给变量 c 是无效的转换，并产生一个编译错误。同样的错误也会发生在表达式(inLine=br.readLine())中，周围的圆括号用来从一个文件读取数据，不能被省略。

13.7　本 章 小 结

（1）**数据文件**是使用一个共同的名字保存在媒质中的数据的集合。

（2）**字符**文件使用字符编码保存文件中的每个数据项，例如 ASCII。字符文件也称为**文本文件**。在 Java 中，对于字符文件没有固定的结构，这意味着保存的数据由应用程序和程序员创建的字符数据来确定。

（3）**字节**文件使用计算机的内部二进制码保存文件中的每个数据项。字节文件也称为**二进制文件**。Java 对字节文件也没有提供固定的结构，这意味着保存的数据由应用程序和程序员创建的数据的放置所决定。

（4）字符和字节文件可以以读、写或附加的方式打开。以写方式打开的文件创建一个新文件或删除任何已存在的同名文件；以附加方式打开的文件可以将数据添加到文件的结尾，如果文件不存在，将创建一个新的同名文件；以只读方式打开的文件只能从中读取数据。

（5）用来创建输入和输出流的文件流类见表 13.15。

表 13.15　用来创建输入和输出流的文件流类

类	类　型	注　　释	方　　法
Reader	抽象	基于字节输入的抽象类	-
FileReader	基本输入	用来字节输入的基本流。支持字符输入	read()
BufferedReader	处理流输入	提供缓冲，一般能够改进性能	read() readLine()
Writer	抽象	字节输入的抽象类	
BufferedWriter	输出	提供输出缓冲，能够改进性能	write(int c) write(String s,int start,int end)

① 如果文件将字符保存为有符号整数时，这不会发生。

（续表）

类	类 型	注 释	方 法
PrintWriter	输出	提供一些有用的输出方法	flush(),close(),print(char) print(float),.print(double) print(boolean)和对应的 println()方法

（6）为了向一个字符文件中写入数据，必须实例化一个输出流对象，通常可以使用下列语句来实现：

```
//设置基本输出流
FileWriter fw = new FileWriter(fileName);
//fileName 是一个 File 参数、字符串变量或字符串常量

//设置缓冲流
BufferedWriter bw = new BufferedWriter(fw);
//这提供一些有用的方法
PrintWriter pw = new PrintWriter(bw);
```

这些单独的语句也可以使用下列一个语句代替：

```
PrintWriter pw = new PrintWriter(new BufferedWriter(new FileWriter(fileName)));
```

这组语句中的第一个语句以写的方式打开一个文件。如果要以附加模式打开，这个实例化语句应该为：

```
FileWriter fw = new FileWriter(fileName,true);
```

（7）PrintWriter 类包含了下列的以字符格式写数字值的方法：

```
print(char),println(char)
print(String),println(String)
print(int),println(int)
print(float),println(float)
print(double),println(double)
print(boolean),println(boolean)
```

（8）为了从字符文件中读取数据，必须实例化一个输入流。使用下列实例化语句可以创建一个输入流：

```
//设置节本输入流
FileReader fr = new FileReader(fileName);
//fileName 是一个 File 参数、字符串变量或字符串常量

//设置缓冲流
BufferedReader fr = new BufferedReader(fr);
```

这组语句可以使用下列语句代替：

```
BufferedReader fr = new new BufferedReader(new FileReader(fileName));
```

（9）BufferedReader 类允许使用 read() 方法读取单个字节，或者使用 readLine()方法读取完整的一行。一行以\r、\n、\r\n 为结束符号。一般地，字符文件使用 readLine()读取，然后使用 StringTokenizer 方法对每个数据项进行解析。

（10）用来创建字节文件的文件流类如表 13.16 所示。

表 13.16 用来创建字节文件的文件流类

类	模 式	注 释	对 象 名
InputStream	输入	字节输入的抽象类	-
FileInputStream	输入	用作基于字节输入的基本流，支持字符输入	fis
BufferedInputStream	输入	提供改进性能的缓冲。支持字符行输入。一般使用一个 FileInputStream 对象作为参数	bis
DataInputStream	输入	提供额外的输入方法。一般使用一个 FileOutputStream 或 BufferedInputStream 对象作为参数	dis

（续表）

类	模　式	注　　释	对 象 名
OutputStream	输出	字节输出的抽象类	-
FileOutputStream	输出	用作字节输入的基本流。提供了字符输出	fos
BufferedOutputStream	输出	提供改进性能的缓冲。提供了字符和字节输出。一般使用一个 FileOutputStream 对象作为参数	bos
DataOutputStream	输出	提供额外的输出方法。一般使用一个 FileOutputStream 对象或 BufferedOutputStream 作为参数	dos

（11）为了向一个字节文件写入数据，必须实例化一个输出文件流。如果以写方式打开文件，可以使用下列语句：

```
//设置基本输入流
FileOutputStream fos = new FileOutputStream(outFile);
//设置缓冲流
BufferedOutputStream bos = new BufferedOutputStream(fos);
//这提供一些有用的方法
DataOutputStream dos = new DataOutputStream(bos);
```

第一个语句表示文件以写方式打开。为了以附加方式打开，这个实例化语句应该被编写为：

```
FileOutputStream fos = new FileOutputStream(outFile,true);
```

（12）为了从字节文件读取数据，必须实例化一个输入流对象，一般使用下列语句实现：

```
//设置基本输入流
FileInputStream fis = new FileInputStream(inFile);
//设置缓冲流
BufferedInputStream bis = new BufferedIntputStream(fis);
//这提供有效的方法
DataInputStream dis = new DataInputStream(bis);
```

（13）输入、输出和随机访问文件对象一般使用 close()方法关闭，这个方法的句法为：

```
object.close();
```

所有的流和文件在程序完运行结束后会被自动关闭。

（14）把数据写到文件中和从文件中读取数据的方式称为文件的**访问方法**。

- 在一个顺序访问文件中，以顺序的方式访问数据。这意味着文件中的第二个数据项只有在第一个数据项被读取之后才能被读取，第三个必须在第一和第二个被读取之后才能进行读取，等等，直到最后一个数据项被读取。类似地，一个数据项直到前面所有的数据项被写到文件之后才能被写。
- 在一个随机访问文件中，任何数据可以被读取、写入或代替而不会影响文件中别的数据项。随机访问文件中的数据被保存为一个固定长度格式的记录，每个记录包含一个值，其可以被转换为一个记录位置值。

（15）使用 RandomAccessFile 类创建随机访问文件流。

（16）对于读取和写一个随机访问文件，必须实例化一个文件流，这一般通过下列格式的语句实现：

```
//设置基本随机访问输入/输出流
RandomAccessFile raf = new RandomAccessFile(fileName, "rw");
```

如果最后一个参数为"r"，而不是"rw"，那么该文件只能用来读取而不能用来写入数据。

（17）seek()方法提供了设置随机访问文件的内部文件指针位置的功能。随后的读、写或跳过操作都可以由内部的文件指针表示。

（18）字符和字节文件可以使用随机的方式访问，用作随机访问流的类方法通常可以使用字节流的方法，这样，随机访问和字节文件有非常紧密的联系。

（19）使用 File 类的方法可以检查将要使用的文件是否存在。

（20）如果要向一个文件写入数据，首先需要使用 File 类的方法来检查是否存在同名文件。

13.8 本章附录 字符和字节文件存储

用来保存 Java 程序的文件称为文本或字符（这两个术语是同义的）文件。这意味着文件中的每个字符都使用字符码进行保存，一般是 ASCII 码。这种编码方式给字母表中的每个字母、0～9 的数字、特定的符号例如小数点和美元符赋值一个特定的码。

表 13.7 列出了字符 0～9 以及使用二进制和十六进制方式表示它们的 ASCII 和 Unicode 码，另外，小数点、空格、回车、标签符和换行符的 ASCII 和 Unicode 码也被包含在表中，注意 Unicode 表示中的低八位等同于 ASCII 位码并且高八位全为 0，这种对应对前面的 128 个码是正确的，这样，这些 128 个字符的 Unicodes 等同于 ASCII 码（这些 Unicodes 的高位字节全为 0），除了附加的 Unicode 码是 0。因为这种一致性，ASCII 大写和小写字母码可以从表 2.4 提供的 Unicode 字母码中得到。使用表 13.1，可以分析小数数字 67432.83 是如何使用 ASCII 码保存在数据文件中的，使用 ASCII 码表示的数字 67432.83 如下：

36 37 34 33 32 2E 38 33

在 ASCII 中，这个数字和小数点的序列要求八个字符存储位置，并使用表 13.17 所示的码来保存。

表 13.17 ASCII 码

字 符	ASCII 字节值	ASCII 十六进制值	Unicode 字节值	Unicode 十六进制值
0	00110000	30	00000000 00110000	0030
1	00110001	31	00000000 00110001	0031
2	00110010	32	00000000 00110010	0032
3	00110011	33	00000000 00110011	0033
4	00110100	34	00000000 00110100	0034
5	00110101	35	00000000 00110101	0035
6	00110110	36	00000000 00110110	0036
7	00110111	37	00000000 00110111	0037
8	00111000	38	00000000 00111000	0038
9	00111001	39	00000000 00111001	0039
.	00101110	2E	00000000 00101110	002E
Tab	00001001	09	00000000 00001001	0009
空格	00100000	20	00000000 00100000	0020
回车	00001101	0D	00000000 00001101	000D
换行	00001010	0A	00000000 00001010	000A

在文本文件中使用字符码的优势是可以通过任何字处理或编辑程序来读取和显示文件中的数据，这样的字处理和编辑程序称为文本编辑器，它们可以处理按字母顺序排列的文本。字处理程序可以读取数据文件中的字符码并显示对应码的字母、符号或数字，这允许使用其他的文本编辑程序来检查和修改在 Java 中创建的数据文件。

字符文件中文件中的每个字符表示为一个惟一的码，是一个**字节**或**二进制**文件（这两个术语是同义的）。字节文件使用程序的内部数字码来保存数字值，例如，假设程序使用 Java 的 32 位定义保存整数数字。使用这个格式，小数数字 8 被作为 32 位数字 0000000 00000000 00000000 00001000 表示，小数数字 12 表示为 0000000 00000000 00000000 00001100，小数 12 表示为 0000000 00000000 00000001 11110001；如果使用十六进制表示，它们分别为 00 00 00 08,00 00 00 0C 和 00 00 01 F1，下面显示了这 3

个数字是如何使用字节码进行保存的（保存为字节编码的 8、12 和 497）：

```
00 00 00 08 00 00 00 0C 00 00 01 F1
```

使用这种格式的优势是保存或接收数据时不需要内部的转换（外部存储码匹配 Java 程序的内部存储表示），对于包含较大双精度数字的文件，通常会比它的字符版本要求较少的存储空间；这种格式主要的缺点是不能使用文本编辑器查看文件的内容。

注意，基于字节这个术语是一个小的误导，因为字节和字符文件都使用字节保存数据，当使用数字来区分两种类型的文件时，它是对字节流表示的内容的一个解释。在字符文件中，所有的数字被作为单独的数字序列进行保存，每个都使用字符符号 0～9，并包含一个可能的小数点来表示；在字节文件中，数字被保存为一个固定的字节序列，其能够表示数字的二进制值。

对于字母表字符，字节和字符文件使用同样独立的字符码，但是在一个文本文件中，字符使用它的 ASCII 码表示，而字节码则以 Java 的 Unicode 格式保存字符保存为 16 位字符数据类型。图 13.7a 和 13.7b 显示了字符 Hello World 是如何以字符和字节的格式来保存的，这里使用十六进制表示。

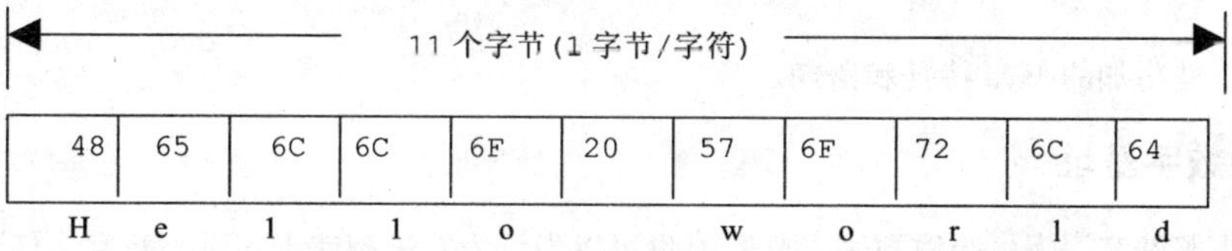

图 13.7a　一个 ASCII 文本文件中保存的 Hello World

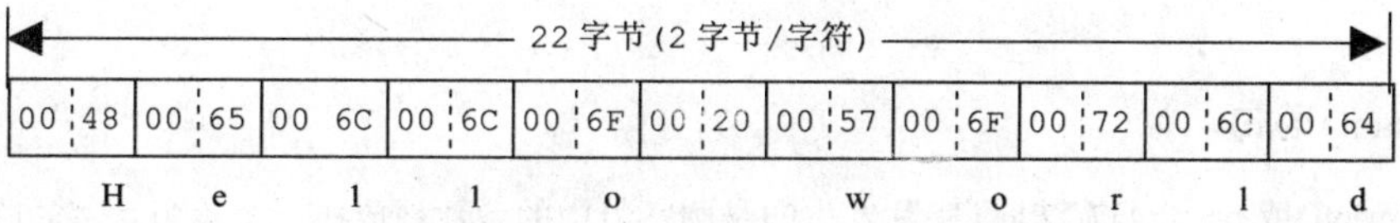

图 13.7b　在字节文件中保存的 Hello World

图 13.7a 和 13.7b 中的每个字符码都可以从表 2.4 中得到。在比较这些数字时，注意图 13.7b 中的字节文件使用两个字节表示每个字符，其中高位由 0 组成，低位字节和图 13.7a 表示 ASCII 文本文件中使用的字节码相同。

第 14 章　附 加 知 识

前面的章节介绍了 Java 的基本结构、语句和功能，本章将要介绍在编程工作中可能会用到的其他功能，虽然这些都不能算是很先进的功能，但是它们的应用很广泛。第 14.1 节和第 14.2 节介绍的知识点不需要前面章节介绍的知识。第 14.3 节介绍的命令行参数应用较多，它们在任何学习 Java 的资料中都会被介绍到。

14.1　附 加 特 征

本节介绍一些附加的 Java 特征和语句。

14.1.1　别的数字基址

除了可以把整数文字表示小数数字，整数值也可以表示为八进制或十六进制数字。任何以 0 开头的整数为一个八进制值，而任何以 0x 或 0X 开头的整数被认为是十六进制数字，这样，例如值 0347 在 Java 中是一个八进制整数数字，而数字 0x467adf 是一个十六进制值，把字母 L 附加到这两个值将使它们成为长整数值。

14.1.2　flush()语句

在使用 print()或 println()方法时，实际发生的是圆括号中的参数被放在一个称为*缓冲*的临时存储区域中，例如，如果执行语句 System.out.print("This");，字母 T、h、i 和 s 被放在缓冲中，如图 14.1 所示。这个缓冲被持续使用，直到它把所包含的内容发送到一个输出流中。把缓冲内容发送到一个输出流称为*发送一个缓冲*或简称*发送*，发送发生在遇到一个行结束符号、程序结束或调用一个 flush()方法时[①]，例如，下列的 3 个语句把字符 This is a test 放在缓冲中：

```
System.out.print("This");
System.out.print(" is a");
System.out.print(" test. ");
```

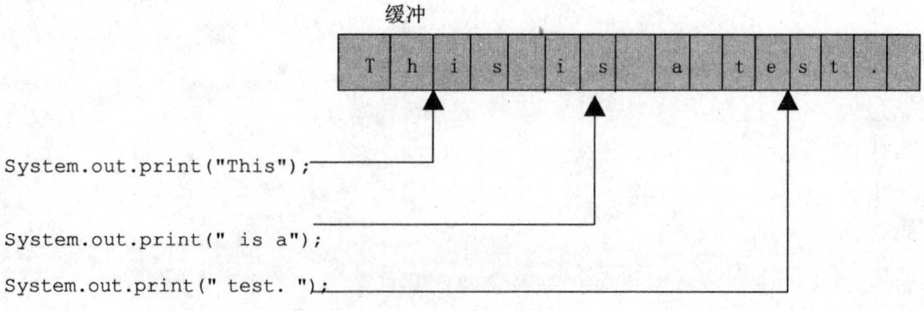

图 14.1　显示保存在缓冲中的字符

① 当遇到一个行结束符时，将自动发送到 System.out，因为这个流是默认的自动发送流。

在执行包含这 3 个语句的程序时，缓冲的内容将被自动发送并显示在屏幕中。使用一个 flush()方法，其句法为 System.out.flush();，可以将缓冲中的内容马上显示并清空缓冲。这样，在前面 3 个 print()语句前添加这个语句将马上显示缓冲的内容并清空缓冲。

下面的代码产生了和前面代码同样的信息 This is a test：

```
System.out.print("This");
System.out.flush();
System.out.print(" is a");
System.out.flush();
System.out.print("test. ");
System.out.flush();
```

上面的代码表示在将每组字符放在缓冲之后马上将其显示。注意这些语句将光标放置在显示行的结尾，因为清空缓冲不会产生一个新行，只有使用新行符\n 才在一个新行进行显示。通过 println()方法，在缓冲中的数据中添加一个新行符将能够发送缓冲，并把光标移动到下一行的开始，光标也作为显示当前缓冲内容的一部分。

14.1.3　条件表达式

条件表达式使用条件操作符?:，其提供了一个和简单 if-else 语句相同的功能。条件表达式的句法为：

```
condition ? expression1 : expression2
```

如果表达式 condition 的值为 true，计算 expression1；否则，计算 expression2。完整条件表达式的值为 expression1 或 expression2 的值。也可以将表达式的值赋值给一个变量。

条件表达式通常被一个简单的 if-else 语句所代替，例如，if-else 语句

```
if(hours > 40)
  rate = .045;
else
  rate = .02;
```

可以由下面一行语句来代替：

```
rate = (hours > 40) ? .045 : .02;
```

这里完整的条件表达式

```
(hours > 40) ? .045 : .02;
```

首先计算然后赋值给 rate，这是因为条件操作符?:比赋值操作符有更高的优先级。在该条件表达式中，首先计算表达式 hours>40 的值，如果这个表达式的值为 true，完整条件表达式的值为.045；否则，完整条件表达式的值为.02。最后，条件表达式的值.045 或.02 被赋值给变量 rate。条件操作符?:在 Java 中是一个三元操作符，表示这个操作符可以连接 3 个操作对象：第一个操作对象是一个首先进行计算的关系或逻辑表达式，接下来的两个操作对象是另外的有效表达式，其可以是常量、变量或更一般的表达式。完整的条件表达式包括条件操作符?和:以及其连接的这 3 个操作对象。

通常，条件表达式的表达并不是很清楚，因此尽量避免使用，只有在 if-else 语句不太复杂时，它们可以用来代替相应的 if-else 语句，例如，语句

```
maxValue = a > b ? a: b;
```

是一个一行语句，把变量 a 和 b 中的最大值赋值给 maxValue，这个语句的一个较长的对等语句为：

```
if(a>b)
maxValue = a;
else
fmaxValue = b;
```

因为表达式的长度的限制，一般不会使用条件表达式来代替下面的 if-else 语句：

```
if(amount>20000)
taxes = .025(amount-20000) + 400;
else
 taxes = .02 * amount;
```

14.2 位操作符

Java 可以对保存为一个或多个字节的数据实体进行操作，例如字符、整数、双精度常量和变量。另外，Java 提供了对字符位、整数常量和变量的位操作。用来执行位操作的操作符称为位操作符，表 14.1 列出了本节将要介绍的位操作符。

表 14.1 位操作符

操作符	描述
&	位与
|	位或
	位异
~	位否
<<	添 0 并向左移动
>>	添符号并向右移动
>>>	添 0 并向右移动

除了~，表 14.1 中的所有操作符，都是二元操作符，也就是需要两个操作对象。对应这些位操作符，每个操作对象可以被认为是一个由一组单独的 0 和 1 组成的二进制数字。然后将每个操作对象的对应位一个一个地进行比较，结果由使用的操作符确定。

表 14.1 列出的位操作也被用作于 boolean 类型数据。当操作 boolean 值时，&、|执行的操作和&&、||相同，但是它们必须同时计算两个操作对象；也就是说，它们不使用布尔操作符&&和||所使用的短路计算（参见 4.1 节）。除非需要特定的结果或必须同时比较两个整数操作对象，通常应使用短路&&和短路||操作符。

14.2.1 AND 运算符

AND 操作符在它的两个操作对象之间进行位与运算。只有在比较的两个位都为真时结果才为 1；否则，运算的结果都为 0，例如，假设需要对下列的两个八位数字进行 AND 运算：

```
  1 0 1 1 0 0 1 1
  1 1 0 1 0 1 0 1
--------------------
```

执行一个 AND 操作，使操作对象的每一个位和另一个操作对象的同样位置的位进行比较。下面分析了这两个操作对象的对应位（位 AND 使用下列的规则进行比较：与比较只有在比较的所有位都为 1 时才为 1。每个比较的结果不依赖于别的位的比较）：

```
    1 0 1 1 0 0 1 1
  & 1 1 0 1 0 1 0 1
--------------------
    1 0 0 1 0 0 0 1
```

AND 操作在掩码或从一个操作对象删除一个选择的位时非常有用，这是因为任何位与 0 的结果都为 0，而任何位与 1 都将不会改变原来的值，例如，假设变量 op1 有任意的位模式 x x x x x x x x，这里每个x为1或0，每一位都分别独立。将这个二进制数字和二进制数字 00001111 与运算的结果为：

```
  Op1 = x x x x x x x x
  Op2 = 0 0 0 0 1 1 1 1
        ---------------
result= 0 0 0 0 x x x x
```

可见，在op2中的0有效地掩盖了op1中的相应位，或没有改变op1的值。在这个例子中，变量op2称为一个掩码。通过选择适当的掩码，操作对象中的任何单独的位可以被选择或被过滤，例如，变量 op1与掩码 00000100 使所有的位都为0，除了第三个位（结果的第三个位将是op1的第三个位的拷贝，这样，如果与的结果为0，op1的第三个位必须是0，如果与的结果是一个非零数字，则第三个位必须是1）。

14.2.2 OR 运算

位或运算符|用来对它的两个操作对象执行或运算，和位与运算类似。或操作符比较的结果由下列的规则确定：*如果相互比较的任意一个位为1，则结果为1；否则结果为0*。

下面分析了一个或运算：

```
   1 0 1 1 0 0 1 1
 | 1 1 0 1 0 1 0 1
------------------
   1 1 1 1 0 1 1 1
```

从这个例子可以看到，当被比较的两个位中的一个位为1时，结果为1；否则，结果为0。与所有的位操作一样，每个比较的结果不影响其他的比较。

或运算在将选择的位设置为1或为了遍历所有的值而不对它们进行改变时非常有用，这是因为将任何位或1所得到的结果都为1，将任何位或0都不会改变原有的值，例如，假设变量op1有二进制位模式 xxxxxxxx ，其中每个x的值为1或0，并且互相独立，将这个二进制数字和二进制数字 11110000 进行或运算的结果为：

```
  op1   =  x x x x x x x x
  op2   =  1 1 1 1 0 0 0 0
           ---------------
result  =  1 1 1 1 x x x x
```

从这个例子可以看到，op2的1使结果位为1，op2的0没有改变相应的op1位的值。这样，使用或可以产生一个和与类似的操作，除了掩码位被设置为1而不是0。另外一种比较的方式是带有0的或运算和带有1的与运算是相同的。

14.2.3 异或操作

异或操作符对两个操作对象的位进行异或比较。比较的结果由下列的规则确定：如果比较的两个位中有一个且只有一个为1时，比较的结果为1；否则为0。

下面分析了一个异或操作：

```
     1 0 1 1 0 0 1 1
 ^    1 1 0 1 0 1 0 1
---------------------
     0 1 1 0 0 1 1 0
```

从这个例子可以看到，当比较的两个位是同一个值（同为1或同为0）时，结果为0。只有当两个位的值不相同（一个位为1，而另一个位为0）时，结果为1。对每对的比较不影响别的位的比较。

异或操作可以用来创建相对值，或创建一个变量的任何单独位的补码，这是因为将任何位异或1的运算都为初始值的相反值，而将任何位异或 0 将不会改变原有位的值，例如，假设变量 op1 的二进制位模式为 x x x x x x x x，其中每个 x 为 1 或 0，并且互相独立，使用 $\overline{x}$ 表示 x 的相反值，将该二进制数字和 0 1 0 1 0 1 0 1 进行异或运算的结果为：

```
   op1 =    x x x x x x x x
   op2 =    0 1 0 1 0 1 0 1
         -------------------
Result=   x x̄ x x̄ x x̄ x x̄
```

从这个例子可以看到，op2 中的 1 使结果值为 op1 的原始值的相反值，op2 中的 0 过滤或通过 op1，不对值产生影响。

14.2.4 否运算符

否运算符是一个一元运算符，能够改变它的操作对象中的每个 1 位为 0，每个 0 位为 1，例如，如果变量 op1 包含二进制数字 11001010，则对 op1 进行否运算的结果为 00110101。补码运算符可以用来使一个操作对象的任何位为 0，独立于用来保存这个数字的实际数字，例如，下列语句

```
op1 = op1 & -07  //07 是一个八进制的数字或它的同等简单语句
op1 &= -07;
```

都能将 op1 的最后三位设置为 0。如果用来保存 op1 的位数是已知的，则这两个语句都可以通过将 op1 的最后三位与 0 来代替。如果 op1 是一个 16 位短整数，相应的与操作为

```
op1 = op1 & 0177770;  //为八进制
```

或

```
op1 = op1 & 0xFFF8;  //为十六进制
```

对于一个 32 位整数值，前面的与操作将把最左边或高 16 位设置为 0，这是一个我们不想要的结果。对于 32 位整数的正确语句为：

```
op1 = op1 & 027777777770;  //八进制
```

或

```
op1= op1 & 0xFFFFFFF8;//十六进制
```

在使用否运算符时，程序员不需考虑操作对象的存储大小。

14.2.5 移位运算

左移操作符<<，将一个操作对象的位向左移动给定的数目，例如，下列语句

```
op1 = op1 << 4;
```

使 op1 的位向左移动四位，并使用 0 填充空余的位。图 14.2 分析了把二进制数字 1111100010101011 向左移动了四位的效果。

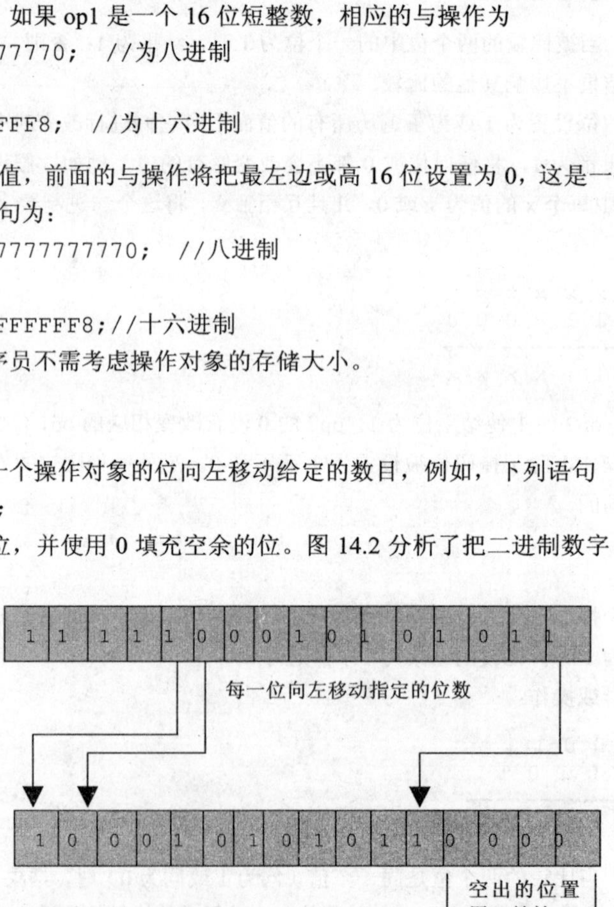

图 14.2 一个左移的例子

对于无符号整数，只要最左边的位没有转换值，每次左移表示将该整数乘以 2，这对于使用两个补码表示的有符号数字也是一样的，因为两个补码数字的最左边位的改变表示符号和值的改变，这样的移动不会表示一个简单的乘 2。

右移动操作符>>，将操作对象的位向右移动给定的数目，例如，下列语句

```
op2 = op1 >> 3;
```

表示将 op1 向右移动三位。图 14.3a 分析了无符号二进制数字 1111100010101011 向右移动三位的状态，这样，3 个最右边的位被移动并丢失，在空出的位中填补符号位；图 14.3b 分析了将一个负二进制数字向右移动了四位，空出的位中填补符号位的情况；图 14.3c 分析了正二进制数字向右移动的情况。

图 14.3b 和 14.3c 分析了这种类型的填充，其符号位在空出的位置产生，被称为算术右移。在一个算术右移中，每次向右移动表示除 2。

除了在右移符号数字产生符号位，右移操作符>>>将自动填充空出的位为 0，这种类型的移动称为逻辑移动。对于整数数字，其最左边为 0，算术和逻辑右移产生的是相同的结果，这两种移动的结果只有在对负数数字移动时有所不同。

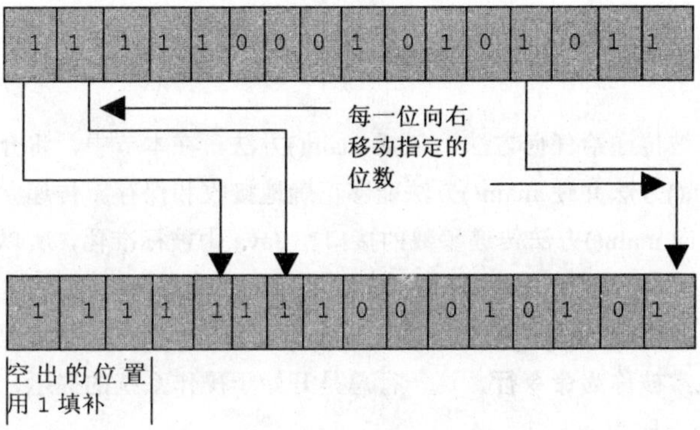

图 14.3a 一个无符号的右移

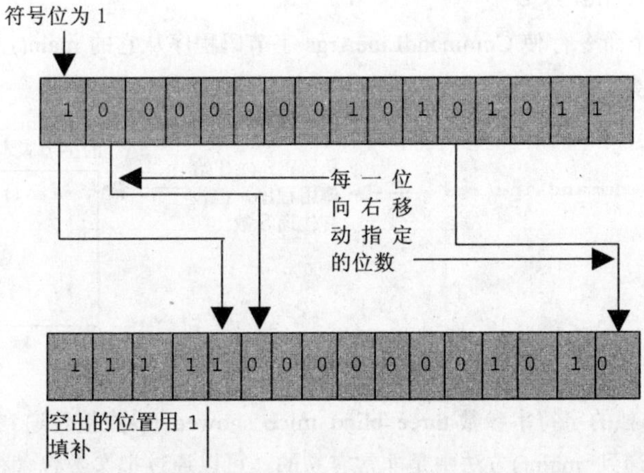

图 14.3b 一个负二进制数字的右移

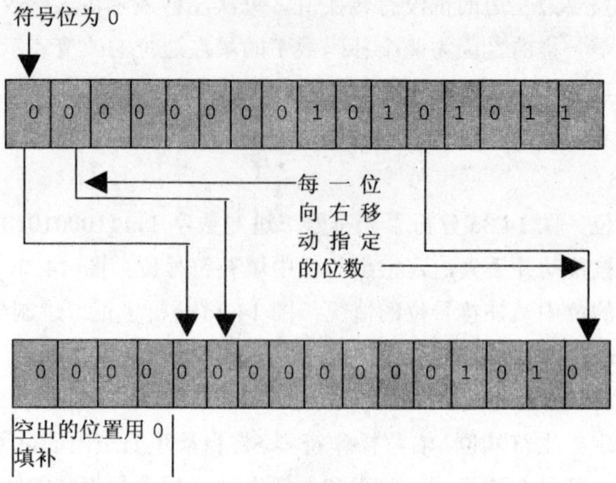

图 14.3c 一个正二进制数字的右移

14.3 命令行参数

在程序中，参数可以被传递给任何方法，包括 main()方法。在本节中，将介绍在程序被初始化调用时如何将参数传递给 main()方法并使 main()方法能够正确地接收和保存。传递参数时，必须考虑到传输的发送和接收这两方面。向 main()方法传递参数的接口在 Java 中被标准化，所以发送和接收参数的步骤几乎是固定的。

到现在为止，本书所有运行的程序都通过使用 Java 和类名来执行的，也就是包含 main()方法的类被执行，这两项所在的行通常被称为**命令行**，这一行总是开始于操作系统的提示，对于 UNIX 操作系统一般是$符号，Window 系统一般为 c:>。

假设正在使用一个 Window 计算机并使用 c>提示，执行类 CommandLineArgs 中 main()方法的完整命令行为：

```
c> java CommandLineArgs
```

如图 14.4 所示，这个命令行使 CommandLineArgs 字节码程序从它的 main()方法开始执行，但是并没有向 main()方法传递参数。

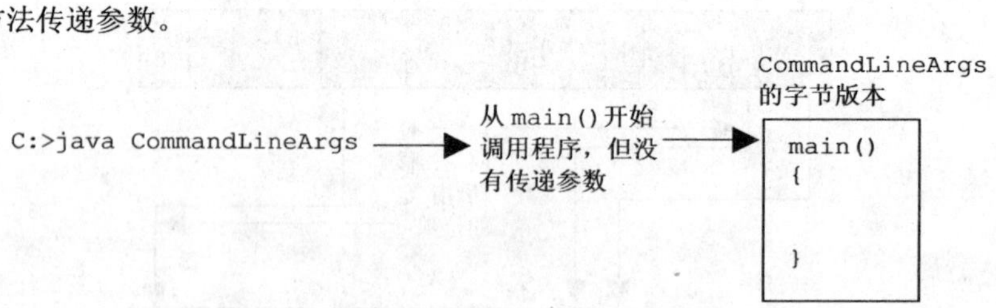

图 14.4 调用 CommandLineArgs 字节程序

假设现在要把 5 个单独的字符串参数 three blind mice showed up 直接传递到 CommandLineArgs 的 main()方法中。将参数传递到 main()方法中是非常容易的，可以通过把参数包含在用来执行程序的命令行中实现。因为参数是写在命令行中的，自然把它们称为**命令行参数**。为了把显示的参数直接传递到 CommandLineArgs 中的 main()方法，需要在命令行程序名后添加指定的数据：

```
c> java CommandLineArgs three blind mice showed up
```

对于上面的命令行 CommandLineArgs three blind mice showed up，操作系统将自动把程序名后面的 5 个参数传递给 main()方法。

发送命令行参数给 main()方法非常简单，参数被写在命令行中，操作系统能够精确地把它们作为一个字符串序列传递给 main()。现在我们分析 main()方法是如何保存并访问这些参数的。

传递给 main()方法的参数和所有的方法参数一样，必须被声明为方法定义的一部分。为了标准化传递给 main()方法的参数类型，只允许一种参数类型，也就是字符串类型的数组。这个数组命名为 args 并被声明为 String[] args，注意这个声明已经被包含在 main()方法的头行中，其为：

```
public static void main(String[] args)
```

这样，本书中的所有程序都可以接收命令行参数。声明在头行中的 args 数组通常是一个引用数组，其中每个引用都可以用来访问传递给 main()中的一个字符串参数，这样，如果传递多个参数给 main()方法，args[0]表示第一个参数，args[1]表示第二个参数，等等。图 14.5 分析了参数 three blind mice showed up 是如何被保存和使用 args 数组进行访问的，注意命令行中参数的个数可以使用表达式 args.length 得到，其为保存在 args 数组中的引用的数目。对于图 14.4 所示的参数，args.length 为 5。

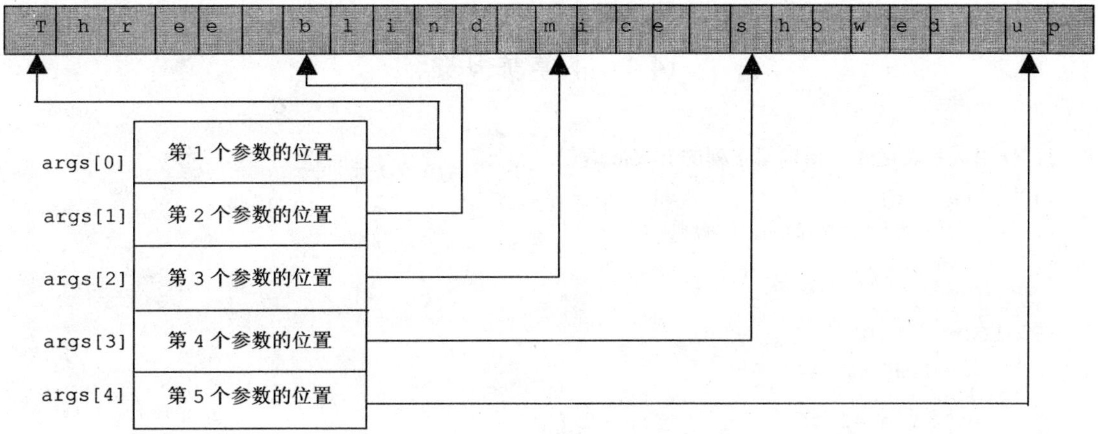

图 14.5　使用 args 数组来访问命令行参数

命令行参数被传递给 Java 程序后，就可以像其他任何的 Java 字符串一样被使用。程序 14.1 显示了 main()方法中的命令行参数。

程序 14.1

```
//显示命令行参数的程序
public class CommandLineArgs
{
    public static void main(String[] args)
     {
      int i,numOfArgs;
      numOfArgs = args.length;
     System.out.println("The number of command line arguments is" +
   numOfArgs);
     System.out.println("These are the arguments that were passed to
   main():");
      for(i=0;i<numOfArgs;i++)
         System.out.println(args[i]);
      System.out.println();
     }
}
```

这个程序的命令行输出为：

```
c>java CommandLineArgs three blind mice showed up
The number of command line arguments is 5
These are the arguments that were passed to main():
Three
Blind
Mice
Showed
Up
```

分析这个输出，args.length 正确地得到命令行参数的个数为 5。也要注意每个命令行参数通过一个 args 数组元素进行访问。

对于命令行参数需要注意两点：第一，任何写在命令行中的参数被认为是一个字符串。如果想传递给 main()方法数字数据，可以把传递的字符串转换为数字类型，这是很少用的，因为很多命令行参数都用来作为字符串标志，并给调用的程序传递相应的处理控制信号；第二，对于参数名 args 没有确定的规定，它表示传递给 main()方法的命令行参数，可以由程序员来选择。

14.4 本章练习题

1. 使用关系表达式重新编写下列的 if-else 语句。

(1)
```
if(a < b)
      minimunValue = a;
  else
      minimumValue = b;
```

(2)
```
if(num < 0)
      sign = -1;
  else
      sign =1 ;
```

(3)
```
if(flag ==1)
     value = num;
  else
     value = num * num;
```

(4)
```
if(credit == plus)
     rate = prime;
 else
     rate = prime + delta;
```

(5)
```
if(!bond)
    coupon = .075;
 else
    coupon = 1.1;
```

2. 分析下列操作的结果：

```
     11001010          11001010          11001010
   & 10100101        | 10100101         ^10100101
   -----------       ----------         ---------
```

3. 把练习题 2 中给定的二进制使用八进制表示。

4．问题如下：

（1）假设二进制位模式为 xxxxxxxx，其中每个 x 表示 1 或 0，被保存在整数变量 flag 中。分析一个掩码的八进制，可以和位模式进行与操作，产生标记的第三和第四位，并设置其他的位为 0。标记的最右边的位为 0。

（2）分析一个掩码的八进制值，可以和位模式进行或操作，并产生第三和第四位，把所有别的值设置为 1。考虑标志的最右位为 0。

（3）分析一个掩码的八进制，其可以用来补码第三和第四位的值，而其他位的值不改变。分析用来和掩码值产生要求结果的位操作。

5．输入并运行程序 14.1。

6．编写一个 Java 程序，接收两个作为命令行参数的整数值。程序应该使这两个值相乘并显示结果（注意：命令行参数只能以字符串数据类型接收，需在乘运算之前将它们转换为数字值）。

7．问题如下：

（1）编写一个 Java 程序，使用命令行参数的形式接收一个数据文件名。使程序打开该数据文件并将它的内容输出在屏幕上。

（2）练习题 7（1）编写的程序能正确地操作一个程序文件吗？

8．修改练习题 7（1）编写的程序，使在每行前显示一个行数。

14.5 本章小结

（1）print()方法只能将它的文本输入放到一个缓冲中，然后在程序完成执行时或在调用一个 flush()时显示其中的数据。println()方法的输出将被自动从缓冲中发送，并作为 println()方法调用的一部分自动添加一个新行符。

（2）条件表达式提供了一种表示简单的 if-else 语句的方式。条件表达式的一般格式为：

```
condition?expression1:expression2
```

对等的 if-else 为：

```
if(condition1)
    expression1;
else
    expression2;
```

（3）字符、整数变量和常量的字符位可以使用 Java 的位操作符进行操作，它们是与、或、异或、否和位移操作符。

（4）与操作符和或操作符在创建掩码时非常有用，这些掩码可以用来传递或从选择的操作对象中输出单独的位。异或操作符在完成一个操作对象的位运算时非常有用。

（5）否操作符可以改变它的运算对象中的每个 1 位为 0、每个 0 位为 1。

（6）位移操作符允许将操作对象中的所有位向左或向右移动固定的数目。向左移时需把空出的位补 0，向右移动时需根据情况将空出的位补 0 或补符号位。

（7）传递给 main()的参数称为命令行参数。Java 提供了一种标准的参数传递方式，其中 main()可以接收任何传递给它的参数。传递给 main()的每个参数为一个字符串，并保存到引用数组 args 中。命令行参数中的总的个数可以通过 args.length 得到。

附　录

附录 A　运算符优先级表

表 A.1 介绍了 java 运算符的符号及优先级。表顶部的操作符比下面的有更高的优先级。每个块中的运算符有相同的优先级和功能。

表 A.1　Java 操作符摘要

<table>
<tr><th>操 作 符</th><th>描　　述</th><th>功　　能</th></tr>
<tr><td>()</td><td>功能调用</td><td>从左到右</td></tr>
<tr><td>[]</td><td>数组元素</td><td></td></tr>
<tr><td>.</td><td>成员引用</td><td></td></tr>
<tr><td>++</td><td>后缀递增</td><td>从左到右</td></tr>
<tr><td>--</td><td>后缀递减</td><td></td></tr>
<tr><td>++</td><td>前缀递增</td><td>从右到左</td></tr>
<tr><td>--</td><td>前缀递减</td><td></td></tr>
<tr><td>-</td><td></td><td></td></tr>
<tr><td>!</td><td>逻辑否</td><td></td></tr>
<tr><td>~</td><td></td><td></td></tr>
<tr><td>new</td><td>对象实例化</td><td></td></tr>
<tr><td>(type)</td><td>类型转换（造型）</td><td>从右到左</td></tr>
<tr><td>*</td><td>乘</td><td>从左到右</td></tr>
<tr><td>/</td><td>除</td><td></td></tr>
<tr><td>%</td><td>求余</td><td></td></tr>
<tr><td>+</td><td>加</td><td>从左到右</td></tr>
<tr><td>+</td><td>字符串连接</td><td></td></tr>
<tr><td>-</td><td>减</td><td></td></tr>
<tr><td><<</td><td>左移</td><td>从左到右</td></tr>
<tr><td>>></td><td>符号右移</td><td></td></tr>
<tr><td>>>></td><td>右移并填充为 0</td><td></td></tr>
<tr><td><</td><td>小于</td><td>从左到右</td></tr>
<tr><td><=</td><td>小于或等于</td><td></td></tr>
<tr><td>></td><td>大于</td><td></td></tr>
<tr><td>>=</td><td>大于或等于</td><td></td></tr>
<tr><td>==</td><td>等于</td><td>从左到右</td></tr>
<tr><td>!=</td><td>不等于</td><td></td></tr>
<tr><td>&</td><td>位与从左到右</td><td></td></tr>
<tr><td>异或</td><td>从左到右</td><td></td></tr>
<tr><td>|</td><td>或</td><td>从左到右</td></tr>
<tr><td>&&</td><td>逻辑与</td><td>从左到右</td></tr>
<tr><td>||</td><td>逻辑或</td><td>从左到右</td></tr>
<tr><td>?:</td><td>条件表达式</td><td>从右到左</td></tr>
<tr><td>=</td><td>赋值</td><td>从右到左</td></tr>
<tr><td>+= -+ *=</td><td>赋值</td><td></td></tr>
<tr><td>/= %=</td><td>赋值</td><td></td></tr>
<tr><td><<= >>= >>>=</td><td>赋值</td><td></td></tr>
<tr><td>&= = |=</td><td>赋值</td><td></td></tr>
</table>

附录 B　Unicode 字符码

Unicode 提供了 65,536 种不同的码，每个码使用两个字节（16 位）。表 B.1 和表 B.2 是在 Unicode 字符集中的前 256 个字符。表 B.1 中的字符（即前 128 个字符）和 ASCII 字符集相同（除了 ASCII 字符使用 8 位保存，这样在对应的 Unicode 字符中不会保存前 8 位），除了 13 和 27，从 0 到 31 的实数字符称为控制字符，因为它们可以通过同时按下 Control 和字母键得到。

表 B.1　Unicode 的前 128 个字符

键	十进制	十六进制	键	十进制	十六进制	键	十进制	十六进制	键	十进制	十六进制
Ctrl 1	0	0000	Space	32	0020	@	64	0040	`	96	0060
Ctr A	1	0001	!	33	0021	A	65	0041	a	97	0061
Ctr B	2	0002	“	34	0022	B	66	0042	b	98	0062
Ctr C	3	0003	#	35	0023	C	67	0043	c	99	0063
Ctr D	4	0004	$	36	0024	D	68	0044	d	100	0064
Ctr E	5	0005	%	37	0025	E	69	0045	e	101	0065
Ctr F	6	0006	&	38	0026	F	70	0046	f	102	0066
Ctr G	7	0007	‘	39	0027	G	71	0047	g	103	0067
Ctr H	8	0008	(	40	0028	H	72	0048	h	104	0068
Ctr I	9	0009	)	41	0029	I	73	0049	i	105	0069
Ctr J	10	000A	*	42	002A	J	74	004A	j	106	006A
Ctr K	11	000B	+	43	002B	K	75	004B	k	107	006B
Ctr L	12	000C	,	44	002C	L	76	004C	l	108	006C
Ctr M	13	000D	-	45	002D	M	77	004D	m	109	006D
Ctr N	14	000E	.	46	002E	N	78	004E	n	110	006E
Ctr O	15	000F	/	47	002F	O	79	004F	o	111	006F
Ctr P	16	0010	0	48	0030	P	80	0050	p	112	0070
Ctr Q	17	0011	1	49	0031	Q	81	0051	q	113	0071
Ctr R	18	0012	2	50	0032	R	82	0052	r	114	0072
Ctr S	19	0013	3	51	0033	S	83	0053	s	115	0073
Ctr T	20	0014	4	52	0034	T	84	0054	t	116	0074
Ctr U	21	0015	5	53	0035	U	85	0055	u	117	0075
Ctr V	22	0016	6	54	0036	V	86	0056	v	118	0076
Ctr W	23	0017	7	55	0037	W	87	0057	w	119	0077
Ctr X	24	0018	8	56	0038	X	88	0058	x	120	0078
Ctr Y	25	0019	9	57	0039	Y	89	0059	y	121	0079
Ctr Z	26	001A	:	58	003A	Z	90	005A	z	122	007A
Esc	27	001B	;	59	003B	[	91	005B	{	123	007B
Ctrl <	28	001C	<	60	003C	\	92	005C	|	124	007C
Ctrl /	29	001D	=	61	003D	]	93	005D	}	125	007D
Ctrl =	30	001E	>	62	003E	^	94	005E	~	126	007E
Ctrl -	31	001F	?	63	003F	_	95	005F	del	127	007F

表 B.2　Unicode 的第 129～256 个字符

键	十进制	十六进制	键	十进制	十六进制	键	十进制	十六进制	键	十进制	十六进制
**	128	0080	(space)	160	0100		192	0120		224	0140
**	129	0081		161	0101		193	0121		225	0141
**	130	0082		162	0102		194	0122		226	0142
**	131	0083		163	0103		195	0123		227	0143
**	132	0084		164	0104		196	0124		228	0144
**	133	0085		165	0105		197	0125		229	0145
**	134	0086		166	0106		198	0126		230	0146
**	135	0087		167	0107		199	0127		231	0147
**	136	0088		168	0108		200	0128		232	0148
**	137	0089		169	0109		201	0129		233	0149
**	138	008A		170	010A		202	012A		234	014A
**	139	008B		171	010B		203	012B		235	014B

（续表）

键	十进制	十六进制	键	十进制	十六进制	键	十进制	十六进制	键	十进制	十六进制
**	140	008C		172	010C		204	012C		236	014C
**	141	008D		173	010D		205	012D		237	014D
**	142	008E		174	010E		206	012E		238	014E
**	143	008F		175	010F		207	012F		239	014F
**	144	0090		176	0110		208	0130		240	0150
**	145	0091		178	0111		209	0131		241	0151
**	146	0092		179	0112		210	0132		242	0152
**	147	0093		180	0113		211	0133		243	0153
**	148	0094		181	0114		212	0134		244	0154
**	149	0095		182	0115		213	0135		245	0155
**	150	0096		183	0116		214	0136		246	0156
**	151	0097		184	0117		215	0137		247	0157
**	152	0098		185	0118		216	0138		248	0158
**	153	0099		186	0119		217	0139		249	0159
**	154	009A		187	011A		218	013A		250	015A
**	155	009B		188	011B		219	013B		251	015B
**	156	009C		189	011C		220	013C		252	015C
**	157	009D		190	011D		221	013D		253	015D
**	158	009E		191	011E		222	013E		254	015E
**	159	009F		192	011F		223	013F		255	015F

注：**代表这些字符没有具体的 Unicode 含义

附录 C　编译并执行一个 Java 程序

使用一个基于 Sun 编译器，来编译一个保存在 name.java 中的程序的最简单的命令语法（其中 name 是一个具体程序的名字，.java 是 Java 程序要求的扩展名）为：

```
javac name.java
```

这一行通常称为命令行。这一行总是以操作系统的提示开始，对于使用 UNIX 操作系统的计算机通常为$符号，对于 Window 系统通常为 c>，假设你使用一个 Window 操作系统的计算机并使用一个 c>提示，这个命令行应该为：

```
c> javac name.java
```

作为这个命令的具体的例子，命令行

```
c> javac DisplayHelloWorld.java
```

将编译程序 DisplayHelloWorld.java，假设它编译成功，这个编译的输出将自动保存在文件 DisplayHelloWorld.class 中。需要注意，Java 编译器除了执行一个简单的编译外，也提供了一些有用的输出信息，如表 C.1 所示，从该表可知，编译命令行的一般句法为：

```
c> javac <options> <source files>
```

其中 c>由操作系统提供，<options>表示表 C.1 中可以选择的选项，<source files>表示一个或多个源文件（表 C.1 没有提供有关源文件的信息）。

作为一个选择其中某些选项的例子，假设你想让编译器告诉你它如何处理并提供调试信息，可以使用下面的命令行来实现：

```
javac -verbose -g DisplayHelloWorld.java
```

这里，-verbose 选项通常称为一个命令行参数，指示编译器输出编译器正在做的工作，-g 选项告诉编译器对任何编译错误都给出调试信息。假设编译成功，编译的输出被自动保存到和源文件同名但是扩展名为.class 的文件中。.class 文件中的代码为字节编码，并只能运行在 Java 虚拟机中，如果这个代码包含一个 main()方法，可以使用下列的命令行执行代码：

```
c> java name
```

其中 name 为用来保存程序的类名，例如，如果程序 DisplayHelloWorld.java 被成功地编译并产生 DisplayHelloWorld.class 文件，下列命令行

```
c> java DisplayHelloWorld
```

将执行编译后的程序。

```
Usage: javac <options> <source file>
```

其中<options>包括的内容见表 C.1。

表 C.1　Javac 编译选项

<options>包括的内容	描　述
-g	产生所有的调试信息
-g:	不产生调试信息
-g(lines,vars,source) -O	产生一些调试信息
-nowarn	不产生警告
-verbose	输出编译器正在工作的相关信息
-deprecation	输出应该不再使用的 API 的源位置
-classpath <path>	确定在哪里找到用户定义类文件
-sourcepath <path> -bootclasspath <path> -extdirs<dirs>	确定在哪里找到输入源文件
-d <dircetory>	确定产生 class 文件的位置
-encoding <encoding>	确定源文件使用的字符编码
-target <release>	为一个特定 JVM 版本产生类文件

附录 D　获 得 地 区

使用下列的程序可以得到你的计算机系统中可用的地区：

```
import java.util.*;  //需要使用 Local
import java.text.*;  //需要使用 NumberFormat
public class DisplayLocales
{
 public static void main(String[] args)
 {
 int i,number;
 Locale availableLocales[] = NumberFormat.getAvailableLocales();
 System.out.println("The available locales are:");
 number = availableLocales.length;
 for(i=0;i<number;i++)
    System.out.println(availableLocales[i].getDisplayName());
 }
 }
```

下面是运行这个程序时所产生的前 30 行显示：

```
The available locales are:
English
English (United States)
Arabic
Arabic(United Arab Emirates)
Arabic(Bahrain)
```

```
Arabic(Algeria)
Arabic(Egypt)
Arabic(Iraq)
Arabic(Jordan)
Arabic(Kuwait)
Arabic(Lebanon)
Arabic(Libya)
Arabic(Morocco)
Arabic(Oman)
Arabic(Qatar)
Arabic(Saudi Arabia)
Arabic(Sudan)
Arabic(Syria)
Arabic(Tunisia)
Arabic(Yemen)
Byelorussian
Byelorussian(Belarus)
Bulgarian
Bulgarian(Bulgaria)
Catalan
Catalan(Spain)
Czech
Czech(Czech Republic)
Danish
Danish(Denmark)
```

附录 E 创建前导空白

正如 2.3 节所介绍的，使用 **setMinimumIntegerDigits()**方法格式化整数存在一个潜在的问题，其开始的非填充位被插入为 0（参见程序 2.3 产生的输出）。下面为一个可以创建开头空格的方法 **addSpaces()**，这个方法要求定义的开始空格的数目，并以参数 n 接收，然后返回一个包含 n 个空间的字符串，对于定义的整数也必须是这样。

```
//这个方法产生 n 个空间字符的字符串
public static String addSpaces(int n)
{
 StringBuffer temp = new StringBuffer();
 Int I;
 //修改 temp，使其包含要求的空格数目
 for(I=0;I<n;I++)
      temp.append(' '); //添加一个空格
 return temp.toString();  //转换为一个字符串并返回
}
```

为了在实际中使用这个方法，首先分析使用 **String** 类 **length()**方法输出的数字的整数部分位数，然后将这个值从要求的显示域宽度中抽取出来，并确定要求的开始位的数目，这个值被作为参数传递给 **addSpaces()**。在 **addSpaces()**返回一个定义空格数目的字符串后，要显示的数目被附加到这个空字符串中，这产生了要求开头空格数目的最终字符串。

为了分析这是如何实现的，参考程序 E.1，其在一个总的 8 位长度中显示了数字 6。因为被显示的值由一个数字组成，我们需要加 7 个空格到这个数字中。

开头空格技术也可以应用于浮点和双精度数字，因为空格的数目由数字中整数部分的位数确定，如果要显示一个小数数字，数字的整数部分首先必须被精确到需要的空间。

程序 E.1

```
public class PadWithSpaces
{
    public static void main(String[] args)
{
    final int WIDTH = 8;  //这设置了输出框的大小
    int n,numlength;
    String outstr = "";
    int testNumber;
    TestNumber = 6;  //这是我们将输出的数字
    outstr  += testNumber;  //转换为一个字符串
    numlength = outstr.length();  //得到整数的位数
    n = WIDTH - numlength;  //确定需要的空格位数
    outstr = addSpaces(n) + outstr;
    System.out.println(outstr);
}
//这个方法创建包含 n 个空格的字符串
public static String addSpaces(int n)
{
    StringBuffer temp = new StringBuffer();
    int i;
    //修改 temp，使其包含要求的空格数目
    for(i=0;i<n;i++)
        temp.append(' '); //添加一个空格
    return temp.toString();  //转换为一个字符串并返回
}
}
```

附录 F　创建并使用包

包由保存在同一目录中的一个或多个独立的类文件组成，并有一个包名。使用一个 import 语句和包名简单和直接访问包中的所有类。

图 F.1 是一个使用包的具体例子，其包含了两个类 ClassOne 和 ClassTwo。在 Java 中，这些类都要求被保存在一个单独的文件中，每个文件和它的类名相同，并加上.java 扩展名。为了使这些类成为同一个包中的成员，这里我们命名包名为 foobar.utilities，要求把语句 package foobar.utilities;包含在每个文件的第一行中，注意这对于图 F.1 中的两个文件是同样的。

创建一个包后，可以在任何需要访问这个包中的类的 Java 程序中使用一个 import 语句，例如，如果一个 Java 程序需要访问在 foobar.utilities 包中的类，包含语句

```
import foobar.utilities.*;
```

将使新的 Java 程序可以使用这个包中的所有的类。新的 Java 程序不必和包在同一个目录中，因为这个包名告诉了编译器在哪里寻找这些类，这样，为包所命名的名字不是固定的，但必须是一个包含所有类保存的路径。import 语句不需要使包中的所有类对一个新程序都可用，例如，如果只有 ClassOne 文件在新的 Java 程序中被使用，语句

```
import foobar.utilities.ClassOne;
```

可以被使用。一般的，因为一个 import 语句只告诉了编译器文件的位置，使用更通用的语法 import packageName.*；编译器只会包含所需要的包中的类。

也需要注意包名总是使用一个句号而不是一个反斜杠\或一个斜杠/来分开不同的目录。因为包名是

相对的而不是完整路径，完整路径的根目录必须被设置在你的操作系统中的 CLASSPATH 变量中，例如，如果 foobar.utilities 目录的完整路径是 c:\java\programs\foobar\utilities，使用下列语句设置 CLASSPATH 变量

```
CLASSPATH = c:\java\programs ←这是对于 Window 系统
CLASSPATH /usr/java/programs←这是对于 UNIX 系统
```

CLASSPATH 变量的设置应该由对设置系统变量比较熟悉的程序员完成。

下面介绍一下**完整匹配名**：

因为一个 import 语句给编译器提供了足够的定位要求的类信息，当要访问一个类时，这个语句要求程序员列出要求文件的完整路径。一个 import 语句并不总是必要的，例如，如果图 F.1 中的 ClassOne 类包含一个公共方法 sample()，这个方法可以通过 java.programs.foobar.utilites.sample()访问，而不需程序使用一个 import 语句来定位 sample()方法，这是因为语句本身提供给编译器 sample()方法完整的位置信息，当以这种方式包含这个包时，方法名称为一个**完整匹配名**。

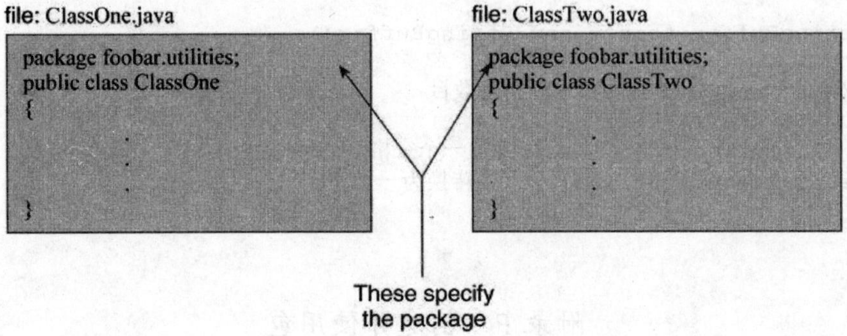

图 F.1 创建一个包含两个类的包

附录 G 一个键盘输入类

第 3.3 节介绍过为了从键盘读取数据而要求设置的输入流，我们可以使用 KBR 类提供的读方法代替那一节介绍的技术，KBR 类的名字是从术语 keyboard read 中而来的，本附录将介绍如何访问和使用 KBR 类的方法，这个类提供了如下的 5 个方法：

```
readChar();
readInt();
readLong();
readFloat();
readDouble();
```

这些方法都是多用途方法，可以读取从键盘中输入的字符、整数、长整形、浮点或双精度值。每个方法可以自动设置需要的输入流，像 3.3 节所描述的，为了从键盘中读取数据，所有的这些方法使用同样的方式调用，例如，下列语句

```
number= KBR.readInt();
```

将从键盘中读取数据。如果数据表示为一个有效的整数值，数字被接收并保存在变量 number 中。这里 number 是任何程序员选择的整数数据类型的变量名；如果输入的数据不是一个有效的整数值，方法将显

示一个错误信息并要求用户重新输入一个整数值。程序 G.1 分析了所有的 KBR 的方法。

程序 G.1

```
public class KeyBoardReadTest
{
   public static void main(String[] args)
       throws java.io.IOException
{
   char key;
   int num1;
   long num2;
   float num3;
   double num4;
   System.out.print("Enter a character:");
   key = KBR.readChar();
   System.out.println("The character enterd is" + key);

System.out.print("Enter a integer value: ");
   num1 = KBR.readInt();
   System.out.println("The integer enterd is" + num1);

   System.out.print("Enter a long integer value: ");
   num2 = KBR.readLong();
   System.out.println("The long integer enterd is" + num2);

   System.out.print("Enter a float value: ");
   num3 = KBR.readFloat();
   System.out.println("The floating point value enterd is" + num3);

   System.out.print("Enter a double value: ");
   num4 = KBR.readDouble();
   System.out.rpintln("The double value entered is" + num4);

}
}
```

像程序 G.1 所示，可以使用同样的方式调用所有的 KBR read()方法。也要注意在程序中没有声明任何输入流，原因是要求的流在 KBR 中已经被构造了。

使用 KBR 类中方法的要求是这个完整类代码要从网络中拷贝，当这个类代码被拷贝到你的编程目录中时，你必须使用下列语句编译它

```
javac KBR.java
```

在类被编译后，这个 KBR 类文件可以在所有的程序和方法中使用。

下面介绍 **KBR 类代码**：

```
//这个类可以用来从键盘上输入单个字符和数字值

import java.io.*;//需要访问输入流类
public class KBR
{
 //这个方法设置基本键盘输入流并从键盘读取一行字符。
//它返回输入的所有的字符为一字符串
public static String readData()
throws java.io.IOException
{
 //设置第一个输入流，具备字节字符转换能力
 InputStreamReader isr = new InputStreamReader(System.in);
```

```
 //设置一个缓冲流，需要访问 readLine()方法
 BufferedReader br = new BufferedReader(isr);
 Return br.readLine(); //读取并返回输入数据
 }
//这个方法捕获并返回第一个输入的字符。如果没有输入字符，它将返回 Enter 键的代码
public static char readChar()
throws java.io.IOException
{
 String inString = null;
 char key;
 inString = readData(;
 if(inString.length() == 0)
    key = 0x000D;//Enter 键的 Unicode 值
 else
    key = inString.charAt(0); //输入的第一个字符
 return key;
 }
//这个方法把输入的字符转换为一个整数值。如果不能进行转换将会显示一个错误信息，并且直到
//输入一个有效的整数
public static int readInt()
throws java.io.IOException
{
 int inValue = 0; //必须初始化变量
 boolean validNumber = false;
 String inString = null;
 while(!validNumber)
 {
 try
 {
 inString = readData();
 inValue = Integer.parseInt(inString.trim());
 validNumber = true;
 }catch(NumberFormatException e)
 {
 System.out.println("The value you entered is not valid.");
 System.out.println("Please enter only numeric digits.");
 System.out.print("Enter an integer value:");
 }
 }
return inValue;
}
//这个方法转换从键盘输入的字符为长整数值。如果不能进行转换，将显示一个错误信息，并直到
//读到一个有效的长整数
public static long readLong()
throws java.io.IOException
{
 long inValue = 0L; //必须初始化这个变量
 boolean validNumber = false;
 String inString = null;
 while(!validNumber)
 {
 try
 {
 inString = readData();
 inValue = Integer.parseLong(inString.trim());
 validNumber = true;
 }catch(NumberFormatException e)
 {
```

```
 System.out.println("The value you entered is not valid.");
 System.out.println("Please enter only numeric digits.");
 System.out.print("Enter an long integer value:");
}
}
return inValue;
}
//这个方法转换从键盘读入的字符为浮点值。如果没有转换成功，将显示一个错误信息，并且直到
//读到一个有效的浮点
public static float readFloat()
throws java.io.IOException
{
 float inValue = 0F;  //必须初始化这个变量
 boolean validNumber = false;
 String inString = null;
 while(!validNumber)
 {
 try
 {
 inString = readData();
 inValue = Integer.parseFloat(inString.trim());
 validNumber = true;
 }catch(NumberFormatException e)
 {
 System.out.println("The value you entered is not valid.");
 System.out.println("Please enter only numeric digits.");
 System.out.println("and,at most,a single decimal point.");
 System.out.print("Enter an float value:");
 }
 }
 return inValue;
 }
//这个方法把输入的字符转换为双精度值。如果不能进行转换，将显示一个错误信息
//并直到输入一个有效的双精度值
public static double readDouble()
throws java.io.IOException
{
 double inValue = 0; //必须初始化这个变量
 boolean validNumber = false;
 String inString = null;
 while(!validNumber)
 {
 try
 {
 inString = readData();
 inValue = Integer.parseDouble(inString.trim());
 validNumber = true;
 }catch(NumberFormatException e)
 {
 System.out.println("The value you entered is not valid.");
 System.out.println("Please enter only numeric digits.");
 System.out.println("and,at most,a single decimal point.");
 System.out.print("Enter an double value:");
 }
 }
 return inValue;
 }
 }
```

附录 H Applets

虽然 Java 目前主要用于创建应用程序，但它开始是因为它创建小程序的能力而被应用，这个小程序可以嵌入到一个 Web 页面中，这种类型的 Java 程序称为 **applet**。

为了执行一个嵌入在 Web 页面中的 applet，需要一个 Web 页面（网页）。**Web 浏览器**运行在用户的计算机中，其主要的功能是接收和显示网页。网页本身可以保存在运行它的计算机中（这里计算机不必连接到 Internet 上）；或从 Internet 发送到用户的计算机中，然后由浏览器显示，在后一种方式中，用户被连接到 Internet，是一个 Internet 用户所采取的方式，但是对于网页和 Applet 的开发者来说，第一种方式是最开始采用的。当前，两种最常用的浏览器是 Microsoft 的 Internet 浏览器和 NetScape 的 Navigator，这两种浏览器都能够运行嵌入到网页中的 Java applets，这两种浏览器基本控制了浏览器市场的 100%。

在本附录中，我们将介绍如何创建一个非常简单的网页并使用一个没有连接到 Internet 的浏览器显示页面，接下来我们将把一个 Applet 嵌入到一个基本网页中，然后使用 Java 提供的 applet 查看程序来查看网页的显示。

1. 创建并查看一个网页

简单地说，网页是一个能够被格式化显示在一个屏幕中的简单文本页面。这种格式通过把标签插入到文本中来实现。这些标记可以描述文本的颜色、背景的颜色、放在窗口标题条的标题和列表如何显示。它们也创建了到别的页面或当前页面别的显示区域的连接。另外，图片和声音也可以和 Java applet 一样被包含在一个页面中。当包含了图形和声音时，页面被称为多媒体页面。

网页使用超文本标记语言创建（HTML）。这些页面由一定数量的标记和码组成，并产生要求的屏幕效果。标记总是被包含在尖括号中。简单的网页由下面格式的标记组成：

```
<HTML>

<HEAD>
   <TITLE>Your tile in here</TITLE>
</HEAD>
<BODY>
   The body of your text in here
</BODY>
</HTML>
```

虽然 HTML 不是敏感的，也就是在尖括号中的标记可以是大写，也可以是小写的，我们通常按照约定对标记使用大写。网页格式需要注意以下几点：

- 一个网页必须以一个<HTML>标记开始。结束的</HTML>标记是可选的。
- 一个 HTML 网页有两部分，即 head 和 body，每部分包含相应的标记。
- 关闭标记需要一个反斜杠/。
- 标记的位置不是固定的，这样，图 H.1 中所示的格式，可以被写作为：

```
<HTML><HEAD><TITLE>Your title in here</TITLE></HEAD>
<BODY>The body of your text in here</BODY></HTML>
```

☆ *知识点* Java 授权

如果使用浏览器执行一个 Java applet，它必须是被授权的，这个设置如下：

- 对于 Internet 浏览器，在菜单条中的 View 菜单下选择 Internet 选项，然后选择标签 Advanced，滚动并一直到你看到 Java VM 选项并选择它们。

● 对于 Netscape Navigator，选择菜单条中 Edit 菜单中的 Preferences，然后点击 Adavanced 并选择 java 选项。

因为 applet 是在别人的计算机页面上执行，浏览器设计者需要确保一个 applet 不能破坏执行该页面的计算机的信息或使操作系统崩溃。这些安全检查通过一个包含在每个浏览器中的安全管理实现。安全管理器进行的安全检查是：不允许一个可执行的 applet 访问计算机的文件系统或执行任何语句来修改计算机或改变其它的系统变量。

作为一个特定的网页的例子，参考下列的代码：

```
<HTML>
<HEAD>
     <TITLE>Your tile in here</TITLE>
</HEAD>
<BODY>
     The body of your text in here
</BODY>
</HTML>
```

为了创建这个代码，你必须使用一个词处理器或一个例如 Notepad 的编辑器程序。在保存文件时，确定使用一个 html 后缀名，为了分析的目的，假设这段代码保存在文件 apptester1.html 中。

为了查看前面代码创建的网页，你必须首先打开一个网页浏览器，后对于 Internet Explorer 和 Netscape Navigator，选择 File 和 Open 菜单选项，再输入正确的驱动，目录和保存文件的文件名。图 H.2 显示了使用 Microsoft 的 IE 浏览器显示 apptester1.html 文件的选项的情况。注意标题栏中的标题显示在顶部，而 body 中的文本显示在显示页面中。如果在代码中没有标题，则窗口顶部的标题栏显示驱动、目录和选择文件的文件名。

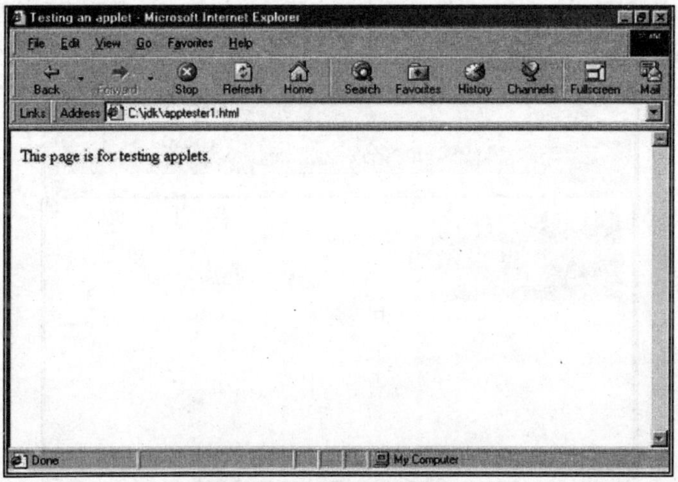

图 H.1　apptester1.html 网页

2. 包含一个 Applet

现在介绍如何把一个 Applet 包含在我们的网页中，首先，我们必须创建一个 applet，然后添加相应的标记到网页中，用来指示浏览器执行这个 applet。我们想执行的 applet 的代码如下所示：

```
import java.applet.*;
import java.awt.*;
public class HelloWorld extends Applet
```

```
{
public void paint(Graphics g)
{
g.drawString("Hello World!",75,50);
}
}
```

注意这段代码没有包含一个 main()方法，HelloWorld 类的头行继承了 Applet 类，为了访问这个类，要求第一个和第二个 import 语句是必须的，用来访问类的图形库。这里，我们使用图形类的 drawString()方法在坐标为 75 和 50 的位置显示文本信息 Hello World!。分配给 applet 的实际画图区域被嵌入到调用 applet 的 HTML 文档中。使用和创建一个 java 应用程序类似的方式时，java applet 的代码必须被保存在一个文件名为类名加.java 扩展名的文件中，这样，这段代码被保存在文件 HelloWorld.java 中，在此段代码被作为 applet 执行前，它必须使用命令 javac HelloWorld.java 进行编译。

在编译了 applet 后，也就是创建了相应的 HelloWorld.class 字节码文件后，可以使用<APPLET></APPLET>把它嵌入到 HTML 文档中并执行，例如，文档名 apptester.html，明确地调用了 HelloWorld.class 中定义的 applet，如下所示：

```
<HTML>
<HEAD>
  <TITLE>Testing an applet</TITLE>
<BODY>
 <APPLET code=HelloWorld.class height=100 width=200></APPLET>
</BODY>
</HEAD>
</HTML>
```

注意这个文档没有显示任何文本，但是简单地调用了 HelloWorld.class 的执行，其包含了编译的 applet。除了确定要被执行的类代码，<APPLET>标记要求确定要显示的 applet 的高度和宽度，在该例子中，确定这个区域为 100 高 200 宽。图 H.2 分析了当打开这个 HTML 文档时该 applet 是如何显示的。

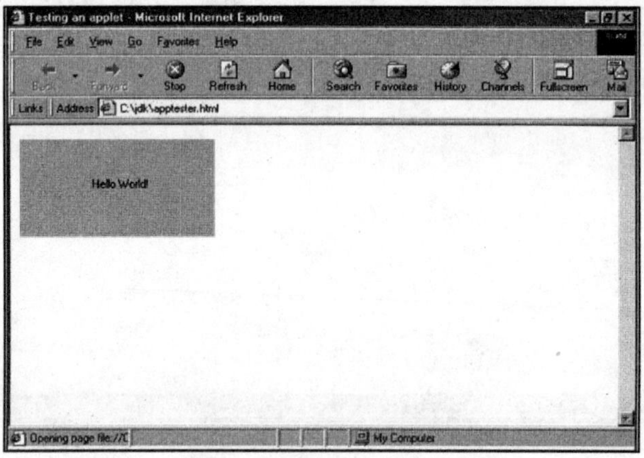

图 H.2 显示 applet.html 网页

3. 独立的 applets

虽然 applet 总是被用在一个网页中，一个单独的 applet 也可以被测试并执行，而不需把它嵌入到一个网页中。这通过使用 Java 开发系统提供的 appletviewer 程序实现，这个程序是命令行驱动，和 javac 编译器的用法非常类似，例如，语句

```
appletviewer testapp.html
```

将启动 appletviewer 并运行 HTML 文档文件 testapp.html。因为 appletviewer 的目的是执行 applet，它所需要的 HTML 标记为<HTML></HTML>和<APPLET></APPLET>，这样，一个 HTML 程序可以通过 appletviewer 执行，其代码如下：

```
<HTML>
<APPLET code="appletClassName.class" height -n width=m>
</APPLET>
</HTML>
```

注意完整的开发过程是首先编写一个 applet，编译它，然后写一个 HTML 文档执行它。当我们想完成一个简单 applet 的测试时，这是浪费时间和徒劳的。为了避开这个过程，定义了 appletviewer 程序来读取任何文本文件，这允许我们通过把标记<APPLET></APPLET>作为 Java 代码中的注释来代替单独的 HTML 文档，例如，如下的 applet 代码包含了 appletviewer 要求的所有 HTML，产生了和图 H.2 相同的 applet：

```
//<APPLET code=HelloWorldApp width=100 height=200>
//</APPLET>
import java.applet.*;
import java.awt.*;
public class HelloWorldApp extends Applet
{
 public void paint(Graphics g)
{
 g.drawString("Hello World!",75,50);
}
}
```

执行如上定义的 applet 的必要的命令行为（把<APPLET>标记作为注释放在 Java 程序中，意味着它们将在编译阶段被忽略，但是能够被程序的浏览器读取）：

```
appletviewer HelloWorldApp.java
```

当执行这个命令时，该 applet 首先被编译，然后对应标记<APPLET>进行相应的显示。图 H.3 显示了这个命令执行 HelloWorldApp.java 所产生的输出。在验证这个 applet 的操作后，它可以被嵌入到网页中，这样，使用 appletviewer，applet 的开发和测试可以从设计和测试网页中分离出来。

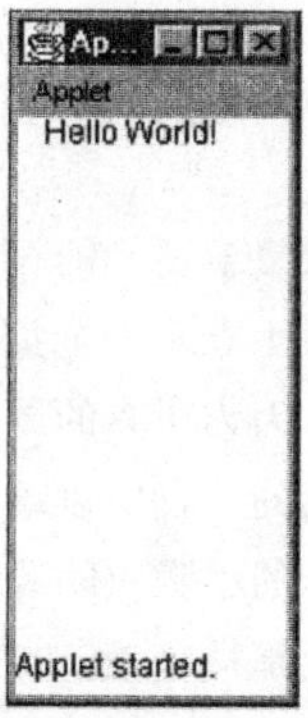

图 H.3　执行 HelloWorldApp.java 所产生的输出

附录 I　实 数 存 储

在 1.8 节我们曾介绍了使用两个二进制码保存整数值。在本附录中，我们将介绍使用二进制存储格式保存单精度和双精度数字。单精度和双精度值通常称为实数和浮点值，这两个术语是同义的。

像小数数字使用一个小数点把整数和数字的小数部分分开一样，浮点数字也使用同样的方式把整数部分和小数部分分开，例如，二进制数字 1011.11，二进制小数点左边的部分表示数字的整数部分，右边部分表示小数部分。

为了保存一个浮点二进制数字，可以使用类似科学记数法的码来进行保存，为了得到这个码，我们把常用的二进制数字格式分为尾数和解释者。表 I.1 列举了使用科学记数表示的浮点数字。

表 I.1 使用科学记数表示的浮点数字的一些例子

常用的二进制记数法	二进制科学记数法
1010.0	1.01 exp 011
-10001.0	-1.0001 exp 100
0.001101	1.101 exp –011
-0.000101	-1.01 exp –100

在二进制科学记数法中，术语 exp 表示解释者。exp 前面的二进制数字称为尾数。除了数字 0，exp 后面的二进制数字称为解释值。除了数字 0，尾数总是在小数点前面有一个 1。解释值表示 2 的次方，也就是小数点应该移动的位数，从而得到传统的二进制数字。如果解释值为正，小数点应该向右移动；如果解释值为负的，小数点应该向左移动，例如，在数字 1.01 exp 011 中的解释者 011 表示需要把小数点向右移动三位，并得到数字 1010，数字 1.101 exp *011 中的-011 解释者表示二进制小数点应该向左移动三位并得到数字.001101。

在保存浮点数字中，把符号、尾数和解释分别保存在不同的区域中。每个区域的位数确定了数字的精度。单精度（32 位）和双精度（64 位）数据由电气及电子工程师学会标准 754-1985 定义，如表 I.2 所示。图 I.1 分析了一个单精度实数数字的格式。

表 I.2 IEEE 标准 754-1985 浮点规范

数 据 格 式	符 号 位	尾 数 位	解 释 位
单精度	1	23	8
双精度	1	52	11

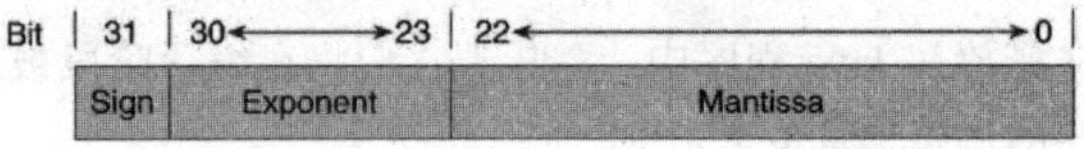

图 I.1 单精度实数数字的格式

图 I.1 所示的符号位称为尾数的符号，符号位为 1 表示一个负数，符号位 0 表示一个正数值。因为所有的尾数，除了数字 0，都有一个开始的 1，所以这两项不会被明确保存。图中所示的小数点隐藏在尾数位 22 的左边，开始的 1 也是被隐藏。二进制数字 0 通过设置所有的尾数和解释位为 0 来确定，对于这种情况，应用的前导尾数也为 0。

解释域保存一个基于 127 的解释，例如，解释 5 将被使用 132(127+5)的对等二进制数字保存，使用八个解释位，这被编码为 100000100。把 127 加到每个解释中允许负数可以被编码到解释域，而不需要一个明确的符号位，例如，解释-011，对应-3，将使用+124(127 - 3)对等的二进制保存。

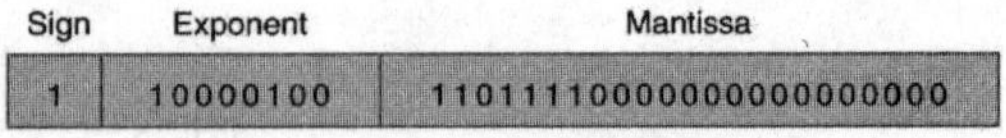

图 I.2 二进制数字的编码和保存情况

图 I.2 分析了小数数字 59.75 作为 64 位单精度二进制数字的编码和保存情况。符号、尾数和解释位的分析如下：

```
-59.75
```

为

```
-111011.11
```

以二进制科学记数法表示，这变为

```
-1.1101111 exp 101
```

这里设置的符号位为 1。尾数开始的 1 和小数点被省略，23 位的尾数域被编码为

```
11011110000000000000000
```

编码的解释域通过添加 101 到 1111111 中得到。

附录 J　解决方案和源代码

本书中所有的练习和程序的源代码可以从 www.Brookscole.com 中下载。

1．得到答案

为了得到练习的答案，可以打开网页 www.Brookscole.com，并选择 Disciplines 分类，从这个分类选择 Computer Science，然后选择 Java。把鼠标放在文本 A First Book of Java 并点击下载。

2．得到源代码

为了得到本书中程序的源代码，打开网页 www.Brookscole.com 并选择 Disciplines 目录。从这个目录中选择 Computer Science，然后选择 java。找到文本 A First Book of Java 并点击下载 Java 源代码。

检7